UE5虚拟现实案例全流程教学
（微视频版）

刘配团　李　铁　朱瑞琪　主编

清華大学出版社
北　京

内 容 简 介

本书以 UE5 虚拟现实项目为例，进行全流程案例教学。本书共分为 8 章，配有 1293 分钟的视频讲解，包括 63 个经典案例和 9 讲基础教学。学习内容主要包括虚拟现实单机版交互体验、闯关游戏和 VR 沉浸式体验。本书重点讲解 UE5 的新功能，如 Lumen 全局光照、Nanite 模型系统、体积云、地形系统、植被系统、破裂系统、Bridge 资产库、Mixamo 模型动作库、数字人、世界分区、数据层等技术。本书将理论与实践相结合，详细讲解虚拟现实交互的原理，包括 UE5 中的场景搭建、角色 UV、材质、灯光、蓝图交互、蓝图关卡、角色动画系统、动画蒙太奇、剪辑系统、UMG 系统、Steam 平台、HTC 手柄传送以及 VR 中的移动、传送、拾取、瞄准、射击等操作。通过学习这些内容，读者可以掌握虚拟现实产品的交互及体验制作技术。为方便学习，本书配套微课视频、素材文件及习题答案等，读者可扫描书中或前言末尾左侧二维码进行观看或下载；针对教师，本书另赠 PPT 课件、教学大纲等，教师可扫描前言末尾右侧二维码获取相关资源。

本书适合对虚拟现实技术和 UE5 感兴趣的读者阅读，也适合相关行业的初学者或有经验的开发者学习，还适合作为高等院校相关专业的教材。本书内容从基础教学到经典案例，再到实战操作，全方位培养读者的虚拟现实项目制作能力。读者在学习本书后可以熟练掌握 UE5 的新功能，并将其应用于虚拟现实项目的制作中，实现高质量的交互和体验。

图书在版编目（CIP）数据

UE5虚拟现实案例全流程教学：微视频版 / 刘配团，李铁，朱瑞琪主编. 北京：清华大学出版社，2025. 5. -- ISBN 978-7-302-68828-0

Ⅰ. TP391.98

中国国家版本馆CIP数据核字第2025H07F19号

责任编辑：桑任松
封面设计：李　坤
责任校对：孙艺雯
责任印制：丛怀宇
出版发行：清华大学出版社

网　　址：https://www.tup.com.cn, https://www.wqxuetang.com
地　　址：北京清华大学学研大厦A座　　**邮　　编**：100084
社 总 机：010-83470000　　**邮　　购**：010-62786544
投稿与读者服务：010-62776969, c-service@tup.tsinghua.edu.cn
质量反馈：010-62772015, zhiliang@tup.tsinghua.edu.cn
课件下载：https://www.tup.com.cn, 010-62791865

印 装 者：天津鑫丰华印务有限公司
经　　销：全国新华书店
开　　本：187mm × 250mm　　**印　　张**：16.75　　**字　　数**：403千字
版　　次：2025年5月第1版　　**印　　次**：2025年5月第1次印刷
定　　价：88.00 元

产品编号：104124-01

前言

Preface

在数字时代的浪潮中，虚拟现实技术以其独特的魅力和无限的可能性，正逐渐改变着我们的生活方式。Unreal Engine 5（虚幻引擎 5，简称 UE5 或虚幻 5）作为领先的游戏和实时渲染引擎，已经成为了虚拟现实内容创作的首选工具。

虚拟现实是一项具有辉煌前景的产业，存在着巨大的发展潜力和广阔的市场空间，国家也在大力发展虚拟现实产业，在政策、投资、技术、教育等多个方面提供了有力的支持。

为了让更多有志于虚拟现实领域的朋友能够迅速掌握 UE5 的精髓，由天津市品牌专业、天津市优势特色专业——天津工业大学动画专业牵头，在多所高校和专家组的指导下，对动画教育的办学理念、人才培养目标、教学模式、学科建设、课程体系、教学内容等方面，不断进行改革创新的研究，并结合教学积累与实践经验总结，吸收国内外虚拟现实成功商业案例、教育成果，我们精心编写了本书。在本书的编写过程中，作者注重理论与实践相结合、艺术与技术相结合，并结合 UE5 虚拟现实的具体案例进行深入分析，强调可操作性和理论的系统性，在突出实用性的同时，力求文字浅显易懂，活泼生动。

本书不仅仅是一本学习参考书，它更是一把钥匙，一把开启虚拟现实世界探索之旅的钥匙。我们通过浅显易懂的语言和丰富实用的案例，带领读者一步步领略 UE5 的魅力，从基础操作到高级技巧，从单一元素的应用到完整项目的构建，全方位解析 UE5 在虚拟现实领域的应用。

本书由天津工业大学刘配团、李铁、朱瑞琪主编。在编写过程中，我们力求内容的严谨性和前瞻性，确保每一个案例都具有实用价值和参考意义。同时，我们也不忘加入一些创新思维和艺术感悟，希望通过这些案例，激发读者的创造力和想象力，让读者在虚拟现实世界中，找到属于自己的那一片天空。

衷心希望本书能够为早日培养出虚拟现实人才，为虚拟现实王国中“中国学派”的复兴尽一点绵薄之力。由于编者水平有限，书中难免存在疏漏之处，恳请广大读者批评指正。

编　者

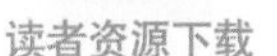
读者资源下载

教师资源服务

目录

Contents

第 1 章

虚幻引擎简介与新功能案例

近年来，随着计算机技术的快速发展，虚幻引擎亦在不断推陈出新。虚幻引擎虽早在 1998 年问世，但虚幻引擎技术仍属于一个全新的技术，本章将针对虚幻引擎的最新版本“虚幻 5”及其各方面的内容进行阐述与总结。内容主要涵盖虚幻引擎的基本概述、核心技术、发展历程及在各行业领域的应用。

1.1 虚幻引擎概述与应用领域

1. 虚幻引擎概述

虚幻引擎（Unreal Engine）是一款由史诗游戏公司（Epic Games，也称 Epic 公司）开发的游戏引擎。虚幻引擎于 1998 年推出，是将渲染、碰撞检测、AI、图形、网络和文件系统集成为一体的引擎。

虚幻引擎是一套完整的开发工具，可以面向任何使用实时技术工作的用户。从设计可视化、电影式体验，到制作网页、主机、移动设备、虚拟现实（Virtual Reality，VR）和增强现实（Augmented Reality，AR）平台上的高品质游戏，虚幻引擎都可以提供全流程的支持。其提供的功能包括但不限于高品质的光照渲染和材质、优秀的管线与媒体集成、轻松的世界场景构建以及非凡的场景模拟。

虚幻引擎被许多世界领先的娱乐软件开发商和发行商采用，也是许多行业领域不可或缺的工具。Epic Games 公司致力于通过其虚幻引擎平台，借助实时渲染技术大幅提升虚拟现实与增强现实体验的速度、灵活性，并显著增强画面的逼真度，以期在电视图形领域树立新的标杆。

虚幻引擎 5 是 Epic 公司于 2020 年公布的第五代游戏引擎。该引擎在 2021 年 5 月 26 日发布了预览版，大部分游戏都可以从虚幻引擎 4.26 升级为虚幻引擎 5。2022 年 4 月 5 日，Epic 官方宣布虚幻引擎 5 的正式推出，同时官方也公布了令人惊叹的图像、可交互的视频案例等。虚幻引擎 5 使各行各业的游戏开发者和创作者能以前所未有的自由度、保真度和灵活性构建次世代的实时 3D 内容和体验。

虚幻引擎的理论概念是虚拟现实技术，又称灵境技术。所谓虚拟现实，顾名思义，即为虚拟与现实的相互结合。从理论上来讲，虚拟现实技术是一种可以创建和体验虚拟世界的计算机仿真系统，它利用计算机生成一种模拟环境，使用户沉浸到该环境中。虚拟现实技术就是利用现实生活中的数据，通过计算机技术产生电子信号，结合各种输出设备，转化为能够让人们感受到的现象，这些现象可以是现实中真真切切的物体，也可以是人类无法接触到的物体，并通过三维模型表现出来。因为这些现象不是人类能直接看到的，而是通过计算机技术模拟出来的，故称为虚拟现实。

2. 虚幻引擎的应用领域

1）虚幻引擎在影视合成（虚拟拍摄）中的应用

虚拟拍摄，是通过搭建虚拟三维场景与真实拍摄进行合成的一种技术解决方案。在广告、影视、电视直播等领域被广泛应用。

虚幻引擎借助其强大的渲染能力与快速迭代能力，搭建超写实场景，使得场景的搭建渲染不再是需要等待的事情，可以完成实时效果合成，打造超逼真场景，大大提升了产品的制作效率。

虚拟现实技术可能会彻底改变电视和电影行业的发展。目前，虚拟现实技术已经开始走进电视节目的制作中，通过将真实世界的视频和虚拟世界结合在一起，使人们沉浸在一个互动游戏体验的电视节目中。将混合现实技术（Mixed Reality，MR）应用于广播电视只是一个时间问题。

2）虚幻引擎在游戏开发与设计中的应用

虚幻引擎在当前的 3D 动画游戏中，最主要的一个应用就是提高场景加载及动画的流畅度。在进行大型的 3D 游戏设计过程中，如果整个场景设计、人物的动作设计等缺乏引擎加速，就会使得游戏内的动画非常卡顿。3D 动画游戏的设计中，如果没有虚幻引擎技术，整个游戏的场景、人物等对象在运动过程中都将缺乏足够的动力源。没有动力源就不可能使游戏的画质得以提升，更不可能使游戏的画面变得流畅。

虚幻引擎在 3D 动画游戏中的另一个应用是为 3D 动画游戏的设计和运行提供良好的平台基础。在进行大型的 3D 动画游戏设计过程中，如果不能很好地进行内容的选择和适当的前期准备，不能使游戏从开发到投入运营都拥有一个非常好的基础场景，那么即使将其应用到了市场，不仅不能展现出优秀的动画效果，而且在游戏运行过程中游戏后台将产生大量的负荷，严重影响整个游戏的正常运行。而将虚幻引擎技术应用到 3D 动画游戏设计中就能够很好地解决这些问题。

虚幻引擎技术的应用能够使得游戏内部的角色更加生动。虚幻引擎技术不仅能够对情节进行引人入胜的设计，也能够使游戏中的人物形象更为鲜明生动。

3）虚幻引擎在 3D 动画创作中的应用

3D 动画技术也称为三维动画技术。3D 动画技术首先要通过一定的动画制图软件建立起一个相对逼真的虚拟场景，进而在这一场景中根据不同对象的参数建立起需要的模型，在此基础上按照相关的要求设定物体的整体运动轨迹与其他实际动画参数，最后还要有针对性地附上所需要使用的材料，采用一定的灯光效果将其呈现出来，最后进行不同程度的渲染。

3D 动画技术和虚幻引擎之间是相互促进的发展关系，虚幻引擎所涉及的技术集成性较高，具体包括计算机图形技术、仿真技术，还有人机交互技术、虚拟现实技术与网络技术等，是一种综合性较强的集成技术，具有高级模拟系统。虚幻引擎可实际应用到 3D 动画技术中，通过对其的应用，可以使 3D 动画技术得到较好的应用与发展，并且，虚幻引擎的发展同样也离不开 3D 动画技术的应用支持。可以说，两者相辅相成。

近年来，由于虚幻引擎自身的出色表现，其逐渐被应用到影视和广告等领域。其中，用游戏引擎制作的动画被称作引擎动画，主要是通过结合特定的游戏引擎来增强实时渲染与修改能力，从而进行具体的动画制作。

随着计算机技术的快速发展，虚幻引擎在 3D 动画领域的应用越来越受到社会的关注，这使得越来越多的制作人在制作 3D 动画时会应用虚幻引擎，3D 动画技术与传统技术、虚幻引擎相互配合，不断丰富动画画面，强化理论和实践的结合。

4）虚幻引擎在建筑行业中的应用

通过三维渲染软件 Twin motion 与引擎的深度结合，使得建筑场景搭建更加地高效简单，随时随地实现全流程的实时建筑可视化就成为了可能。虚幻引擎可以轻松导入来自各种 3D 软件（如 CAD 等）和建筑信息模型（Building Information Modeling，BIM）应用的高保真数据，帮助用户快速搭建沉浸式体验环境。虚幻引擎能够满足大型设计需求，并具有惊人的逼真度，让用户即使在前往展示现场的交通工具上，也能轻松实现最理想的体验效果。

5）虚幻引擎在虚拟人物中的应用

虚拟数字人是指数字信息与生命科学的融合产物，是数字化进程中的产物。虚幻引擎处于数字人领域的前沿，通过其高效的渲染手段与实时捕捉技术，将人的面部数据信息转换为模型表情的运动数据。从而实现超逼真的虚拟角色构建。未来，数字人将会成为包括直播、影视、传媒、游戏、虚拟现实等领域的核心技术。

6）虚幻引擎在训练与模拟中的应用

虚幻引擎在训练与模拟中的应用主要体现在以下几个方面：在医学领域，虚拟手术训练可以帮助医生在术前了解手术过程，提高手术成功率。虚幻引擎可以模拟人体器官结构，为医生提供直观的手术操作体验。此外，通过实时渲染技术，医生可以实时观察手术效果，为患者提供更精准的治疗方案。在军事领域，虚拟仿真技术可以帮助士兵熟悉各种作战环境，提高实战能力。虚幻引擎可以模拟战场环境，包括地形、天气、敌军部署等，为士兵提供逼真的训练场景。同时，通过实时交互技术，士兵可以与其他士兵进行协同作战，提高团队配合能力。

1.1.1 虚幻引擎的发展历程

虚幻引擎的发展从 1998 年的虚幻 1 开始，一直到如今的虚幻 5，下面对其发展历程进行简单总结。

1. 虚幻引擎1

1998 年，大约在《雷神之锤 II》（Quake II）发布后半年左右，由 Epic Games 发行的虚幻（Unreal）游戏，游戏中除了精致的建筑物外，还拥有许多游戏特效，比如荡漾的水波，美丽的天空，逼真的火焰、烟雾和力场。无论是单纯从效果还是从整体画面上来看，第一代经典的虚幻游戏《虚幻竞技场》都是那么的无可挑剔。

虚幻引擎在彩色光照和纹理过滤上的软件渲染性能已经接近硬件加速的水平，而且虚幻引擎还支持当时 CPU 新集成的 SIMD（单指令多数据）指令，使其性能进一步增强。

2. 虚幻引擎2

相比第一代虚幻引擎，虚幻引擎 2 的代码几乎全部重写，并集成了最新的编辑器。随着游戏开发的需要，游戏引擎的内涵也在不断扩大，虚幻引擎拥有了更多的功能。虚幻引擎 2 最初是为《虚幻竞技场 2003》所开发，这个版本被以 Unreal ED3 编码完全重写，也将《虚幻竞技场 2004》中改进载具模拟的 Karma Physics SDK 集成在一起，强化了许多元素，支持 PlayStation 2、Xbox 与 GameCube。

当时物理加速技术已经成熟，虚幻引擎 2 便集成了 Karma 物理加速技术开发包，引擎中的物理加速效果得以增强，并且开始支持 Xbox、PS2 等主机平台。虚幻引擎 2 广泛使用期间有过一次小幅升级，被称为 UE2.5，渲染性能有了一定提高。

有了第一代引擎的铺垫，采用虚幻 2 及其升级型引擎的游戏数量也大幅增加，其中的知名游戏包括《汤姆克兰西的细胞分裂 2：明日潘多拉》《部落：复仇者》《越战英豪》《天堂 2》《杀手 13》《彩虹六号：雅典娜之剑》《荒野大镖客》《虚幻竞技场 2003》《手足兄弟连》等，可以说随着竞争对手 Id Tech（又被称为“毁灭战士 3 引擎”，是一个由 id Software 开发的游戏引擎，首度使用这个引擎的游戏是 PC 游戏《毁灭战士 3》）的衰落，虚幻 2 在这个阶段具有显著优势。

3. 虚幻引擎3

虚幻引擎 3 是一款性能更强大、灵活性更高的新型引擎，融合了众多新技术和新特性，也是当前使用最广泛的引擎之一。

虚幻引擎 3 是一套为 DirectX 9/10 PC、Xbox 360、PlayStation 3 平台准备的完整的游戏开发框架，提供大量的核心技术阵列、内容编辑工具，支持高端开发团队的基础项目建设。虚幻引擎 3 支持 64 位 HDRR 高精度动态范围渲染、多种类光照和高级动态阴影特效，可以在低多边形数量（通常在 5000 ~ 15 000 个多边形）的模型上实现通常数百万个多边形模型才有的高渲染精度，可以用最低的计算资源做到极高画质。虚幻引擎 3 还提供了强大的编辑工具，让开发人员随意调用游戏对象，真正做到所见即所得。

4. 虚幻引擎4

虚幻引擎 4 相比其他引擎，不仅高效、全能，还能直接预览开发效果，赋予了开发者更强的能力。与之相关的游戏有《连线》《绝地求生：刺激战场》等等。

虚幻引擎 4 支持 DirectX 11、物理引擎 PhysX、APEX 和 NVIDIA 3D 技术，以打造非常逼真的画面，它支持的登录设备包括 PC、主机、手机和掌上电脑。继虚幻引擎 3 后，Epic Games 公司期望他们所开发出来的游戏引擎能被用来制作更多更特别的游戏，如今也已有许多游戏公司运用 UT 引擎成功开发出不少知名的游戏大作，例如《天堂 2》甚至是未来的《天堂 3》等等。

5. 虚幻引擎5

虚幻引擎 5 的目标是助力各种规模的团队在视觉领域和互动领域挑战极限，施展无限潜能。虚幻引擎 5 将带来前所未有的自由度、保真度和灵活性，帮助游戏开发者和各行各业的创作者创造新一代实时 3D 内容和体验。

虚幻引擎 5 可以帮助大小各异的团队不断突破视效和交互体验的边界，用户可以在虚幻引擎 5 中实现以下功能。

❶ 实现颠覆性的真实度。通过 Nanite（虚幻引擎 5 中新的虚拟几何系统，类似于虚拟纹理系统，目标主要是支持直接渲染高精度的 mesh 格式资产）和 Lumen（虚幻引擎 5 中的一套动态全球照明技术）等开创性新功能，在视觉真实度方面实现质的飞跃，构建完全动态的世界，提供身临其境和逼真的交互体验。

❷ 构建更广阔的世界。想象有多大，场景就有多大。虚幻引擎 5 提供了所有必要的工

具和资产，允许用户创建广袤无垠的世界，供玩家尽情探索。

❸ 快速构建动画和模型。新增了对美术师友好的动画创作工具、重定向工具和运行时工具，同时结合大幅扩容的建模工具集，可减少迭代并避免循环往复，从而加快创作过程。

❹ 加快上手速度。全新的用户界面既简洁流畅又灵动时尚，提升了用户体验和操作效率。更新后的行业模板可作为更实用的起始参考。迁移指南可帮助现有用户从早期版本平稳过渡。因此，虚幻引擎 5 比以往任何版本都更容易上手和学习。

随着计算机技术的快速发展，虚拟现实技术充满活力，它正在向实用方向迈进。虚幻引擎 5 的功能目前已经足够强大，但并不是最终目标，虚幻引擎的开发仍在继续，将不断地推出更新的版本。并且虚幻引擎向人们展示了广阔的应用前景，其应用领域也将越来越广泛。作为科学和艺术的结合体，它将会不断走向成熟，在各行各业中将得到广泛应用，21 世纪将是虚拟现实技术的时代。

1.1.2 虚幻引擎的获取与安装

虚幻引擎的获取与安装.mp4

本节将详细讲述 UE5 下载及安装的操作步骤，通过 Epic Games 启动程序安装虚幻引擎时，会自动安装运行编辑器和引擎所需的一切内容，包括多个 DirectX 组件和 Visual C++ 可再发行程序包等。

UE5 下载及安装的具体操作步骤如下。

步骤 01 打开浏览器，登录虚幻引擎官网 https://www.unrealengine.com，在网页右上角单击“下载”按钮，在弹出的“打开 Epic Games 启动程序”对话框中单击“下载启动程序”按钮，开始下载安装程序，如图 1–1 所示。

图1-1 下载界面

步骤 02 安装程序下载完成后，双击安装程序图标打开“Epic Games Launcher 安装程序”对话框，在该启动器中可以更改安装路径，尽量安装在空间比较大的硬盘中。单击“安装”按钮，开始安装 Epic Games 启动器，继续单击“下一步”按钮，持续进行组件的下载与安装，如图 1–2 所示。

图1-2 持续进行组件的下载与安装

步骤 03 程序安装完成后，双击桌面上的程序图标，在弹出的对话框中首先需要进行注册，单击右下方“注册”按钮。单击“使用电子邮件地址登录”按钮选择邮件注册方式，在弹出的对话框中准确填写个人信息后，单击“提交”按钮，如图 1–3 所示。

图1-3 注册界面

步骤 04 注册完成后，重新启动程序，登录已注册的账户信息，就可以进入 Epic Games 平台界面。在 Epic Games 平台工具栏单击“库”按钮，进入程序下载界面，单击引擎版本旁边的“添加”按钮，添加自己所要下载的版本，如图 1–4 所示。

图1-4 程序下载界面

步骤 05 指定合适的安装位置后，单击“安装”按钮，进行下载安装，如图 1–5 所示。

步骤 06 需要下载的内容会显示“正在下载”或者“已排队”，等待安装。安装完毕后，桌面会有图标显示，可以通过双击桌面图标或者在 Epic Games 平台界面中单击“启动”按钮，如图 1–6 所示。

图1-5 选择安装位置界面

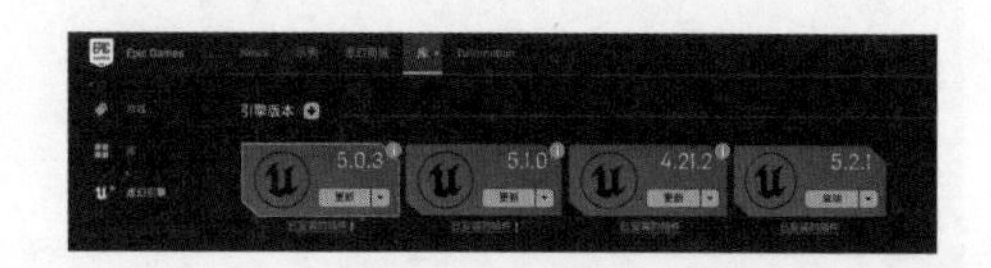

图1-6 启动界面

虚幻引擎编辑器的主界面与主要功能.mp4

1.1.3 虚幻引擎编辑器的主界面与主功能

在本节中，我们将深入探讨虚幻引擎 5 界面中不可或缺的元素及其核心功能。这些元素包括编辑器主界面、菜单栏、工具栏、关卡视口、“内容侧滑菜单”按钮 / 内容浏览器、大纲面板以及细节面板。对于初涉虚幻引擎开发游戏与应用的用户而言，投入时间熟悉这些元素及其用途，无疑将大大提升开发效率。

1. 虚幻引擎编辑器主界面

首次打开虚幻引擎 5 时，将会打开关卡编辑器（Level Editor），如图 1–7 所示。该界面的组成说明如下。

❶ 菜单栏：使用这些菜单可调用编辑器专用的命令和功能。

❷ 工具栏：包含虚幻引擎中部分最常用工具和命令的快捷方式，和用于进入播放（Play）模式（在编辑过程中运行游戏），以及用于将项目部署到其他平台的快捷方式。

❸ 关卡视口：位于界面的中心区域，显示关卡的内容，例如摄影机、Actor、静态网格体等。

❹ “内容侧滑菜单”按钮：单击该按钮调出内容浏览器可以访问项目中的所有资产。

❺ 底部状态栏：包含命令控制台、输出日志和派生数据功能的快捷方式，此外还显示源控制状态。

❻ 大纲面板：显示关卡中所有内容的分层树状图。

❼ 细节面板：在选择 Actor（角色）时，显示该 Actor 的各种属性，例如变换、静态网格体、材质和物理设置等。此面板显示的不同设置，取决于在关卡视口中选择的内容。

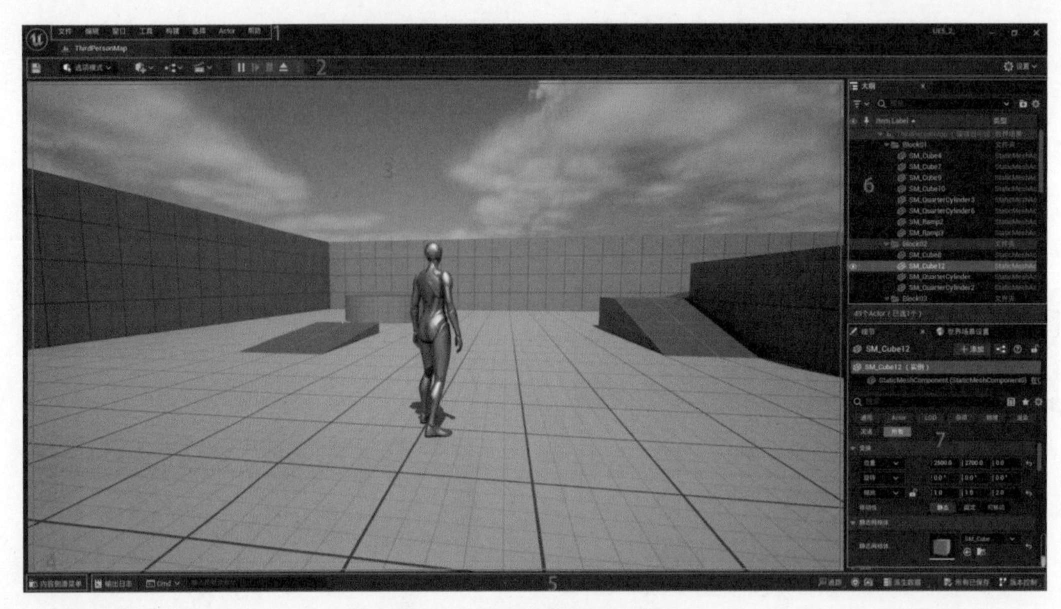

图1-7　关卡编辑器的主界面

2. 菜单栏

虚幻引擎中的每个编辑器都有一个位于该编辑器窗口右上角或屏幕顶部的菜单栏。部分菜单出现在所有编辑器窗口中，例如“文件”菜单、“窗口”菜单和“帮助”菜单，其他菜单则是不同编辑器特有的，如图 1-8 所示。

图1-8　菜单栏

3. 工具栏

工具栏包含虚幻引擎编辑器中部分最常使用的工具和命令的快捷方式，如图 1-9 所示。

图1-9　工具栏

❶ “保存”按钮：单击此按钮即可保存当前打开的关卡。

❷ “选项模式”按钮：用于在不同的模式之间快速切换。可以选择的模式包括：选择编辑、地形编辑、植物编辑、网格体绘制、破裂编辑、笔刷编辑。

❸ 内容快捷方式：此选项组中包含用于添加和打开关卡编辑器中常见内容类型的快捷

方式。

“创建”按钮：单击此按钮，在弹出的下拉菜单中可以选择常见资产，以快速添加到关卡。

“蓝图”按钮：单击此按钮，在弹出的下拉菜单中可以选择“新建空白蓝图类”“将选项转为蓝图类”“打开蓝图类”“打开关卡蓝图”“游戏模式”等命令。

“过场动画”按钮：单击此按钮，在弹出的下拉菜单中可以选择命令添加关卡序列、添加带镜头的关卡序列。

❹ 播放模式控制：此选项组包含用于在编辑器中运行游戏的快捷方式按钮，包括“播放（运行）”按钮、“跳过”按钮、“停止”按钮和“弹出”按钮。

❺ “平台”按钮：单击此按钮，弹出下拉菜单，其中包含一系列命令，可以用于配置、准备项目并将其部署到不同的平台，例如主机名、启用运行中烘焙、Android、HoloLens、LOS、Linux、LinuxArm64、TVOS、Windows、刷新平台状态、无编译支持的平台、项目启动程序、设备管理器、打包设置、支持平台等命令。

❻ “设置”按钮：单击此按钮，弹出下拉菜单，其中包含世界场景设置、项目设置、插件、允许选择半透明、允许选择组、严格盒体选择、框选遮罩的对象、显示变换控件、显示子组件、引擎可延展性设置、材质质量级别、预览渲染级别、音量、启用 Actor 对齐、启用插槽对齐、启用顶点对齐、启用平面对齐、隐藏视口界面、正在预览等各种命令。

4. 关卡视口

关卡视口中显示当前打开的关卡内容。在虚幻引擎中打开项目时，项目的默认关卡会在关卡视口中打开，在这里可以查看和编辑关卡内容。

关卡视口通常以两种不同的模式显示关卡的内容，如图 1-10 所示。

❶ 透视图：可以从不同角度在视口中查看立体透视效果。

❷ 正交视图：可以沿着一个主轴（X、Y 或 Z）俯视查看。

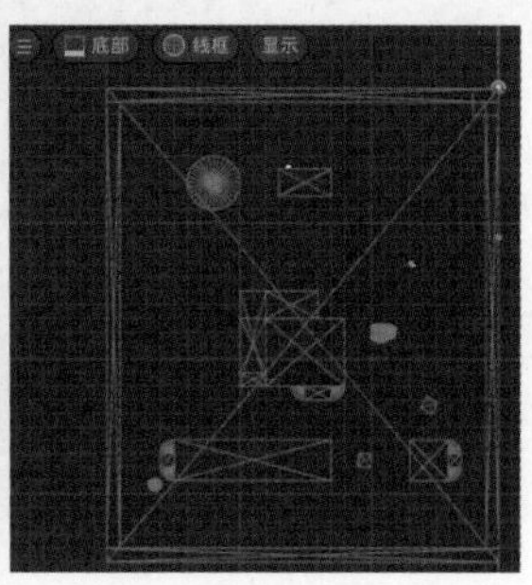

图1-10 关卡视口的两种不同显示模式

5. “内容侧滑菜单”按钮/内容浏览器

单击虚幻引擎编辑器左下角的“内容侧滑菜单”（Content Drawer）按钮，打开内容浏览器（Content Browser），可以显示项目中包含的所有资产、蓝图和其他文件，还可以将资产拖动到关卡中，或在项目之间迁移资产，以及执行其他操作。当在界面中其他位置单击时，内容浏览器就会自动最小化，要使内容浏览器一直处于打开状态，则单击其右上角的“停靠在布局中”按钮，如图 1–11 所示。

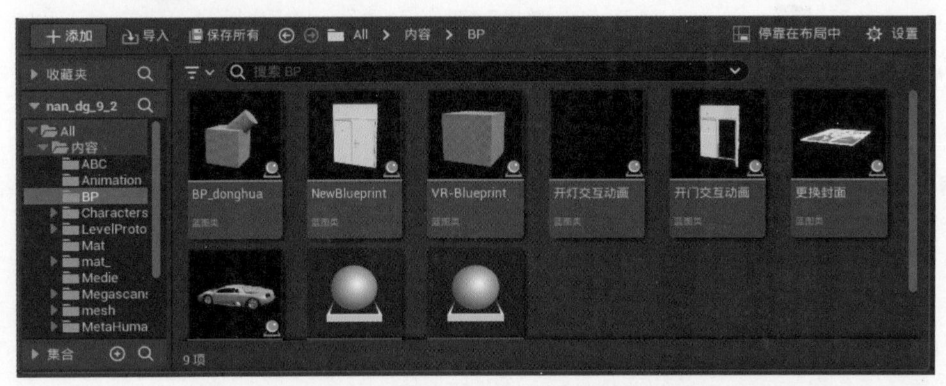

图1-11　单击“内容侧滑菜单”按钮打开内容浏览器

6. 大纲面板

大纲面板（Outliner Panel，以前版本称为“世界大纲视图”，World Outliner）显示关卡中所有内容的分层视图。默认情况下，此面板位于虚幻引擎编辑器窗口的右侧，最多可以打开四个不同的大纲面板。每个大纲面板的布局和过滤设置均可不同，如图 1–12 所示。

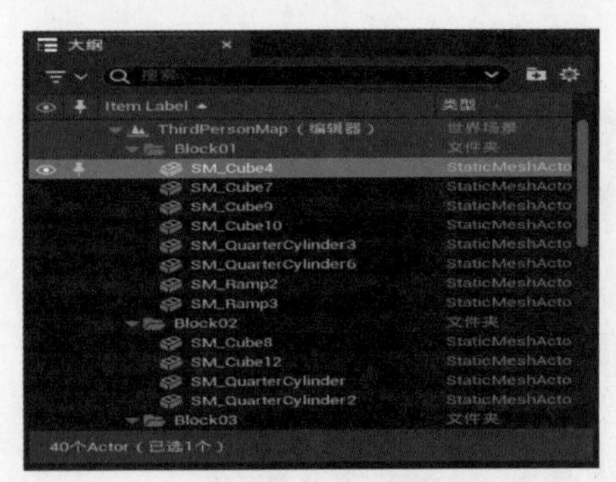

图1-12　大纲面板

此外，还可以使用大纲面板执行以下几种操作。

❶ 单击“眼睛”按钮，快速隐藏或显示 Actor。

❷ 在 Actor 上单击鼠标右键，可以在弹出的快捷菜单中执行其他特定于 Actor 的操作。

❸ 创建、移动和删除内容文件夹。

7. 细节面板

在关卡视口中选择一个 Actor 之后，细节面板将会显示所选 Actor 的设置和属性。默认情况下，该面板位于虚幻引擎编辑器窗口右侧的大纲面板下方，如图 1–13 所示。

图1-13　细节面板

1.2 虚幻引擎的新功能案例

虚幻引擎 5 以其现代化的界面、简化的工作流程以及高效的屏幕空间利用率，极大地提升了用户的操作体验，使得复杂的工作变得简单、迅速、轻松。该引擎的最新版本带来了众多更新与改进，助力用户在创造次世代的实时 3D 内容与体验时，能够更加游刃有余。未来的迭代更新将致力于功能的整合与拓展，以期覆盖更广泛的用途，满足广大用户多样化的需求。

1.2.1 Quixel Bridge 虚幻素材资产库

Quixel Bridge
虚幻素材
资产库.mp4

Quixel Bridge 现已完全集成到引擎中，用户可以直接拖放和访问 Bridge 虚幻素材库中的所有资产，无须单独下载 Bridge。在新版“创建”菜单中，可以获取所有 Actor 的目录，通过简单的拖放动作创建和放置 Actors，并一键访问最近使用过的 Actor，使场景填充过程变得更快捷和便利。

本节将详细介绍如何使用 UE5 新增功能 Quixel Bridge。Quixel Bridge 是一款功能强大的内容管理软件，可以预览、下载、快速导出素材，学习完本节内容能够帮助大家熟练掌握 Quixel Bridge 中的各项功能和操作。

Quixel Bridge 素材下载的具体操作步骤如下。

步骤 01 打开 UE5，在软件菜单栏中选择“窗口”→ Quixel Bridge 命令，弹出 Quixel Bridge 的界面，如图 1-14 所示。在检索窗口，我们可以看到 Quixel Bridge 目前拥有 16 736 款素材资产，内容非常丰富，并且素材清晰度很高。

图1-14　Quixel Bridge的界面

步骤 02 使用 Quixel Bridge 前，需要进行用户登录，单击 Quixel Bridge 界面右上角的（账户信息）按钮进行登录。登录后，可以在检索区域，搜索自己需要的素材。也可以按照左侧的分类目录，浏览各种分类素材。如图 1-15 所示，这是部分素材目录，更多的目录可以自行登录查看。

图1-15　Quixel Bridge的素材目录界面

步骤 03 单击左侧的 (Home) 按钮可调出一个多元化的资源库，其中包括了 3D Assets、3D Plants、Surfaces、Decals、Imperfections 这五大类素材，如图 1–16 所示。每一类都有其独特的详细素材种类信息。例如，图 1–15 中提到的 HOME、COLLECTIONS、METAHUMANS、LOCAL 等都可以单击以查看更多的分类素材。

图1-16　在Quixel Bridge界面左侧单击HOME图标浏览素材部分详细目录

步骤 04 找到需要的素材后，可以通过两种方法进行下载。第一种方法，如图 1–17 所示，将鼠标指针移动到素材上面单击，右上角会显示 (下载) 按钮，单击即可下载；第二种方法，如图 1–18 所示，单击素材放大观看，单击素材右下角 (下载) 按钮进行下载即可。

图1-17　第一种下载素材方式

图1-18　第二种下载素材方式

步骤 05 下载素材后，再单击右下角的 (添加) 按钮，即可将素材添加到 UE5 的内容浏览器中。添加后，可以在 UE5 的内容浏览器中查看自己下载的素材，如图 1–19 所示。

步骤 06 在内容浏览器中双击已下载的素材，便能查阅其详细的属性信息，这些信息涵盖了材质、贴图等关键数据。一旦素材下载完成，便可轻松地从内容浏览器拖拽至场景之中，如图 1–20 所示。

大家可以根据自己的喜欢和需要，按照上述操作步骤尝试下载和添加一些素材，例如植物、石头、材质、环境、地形、道具等。

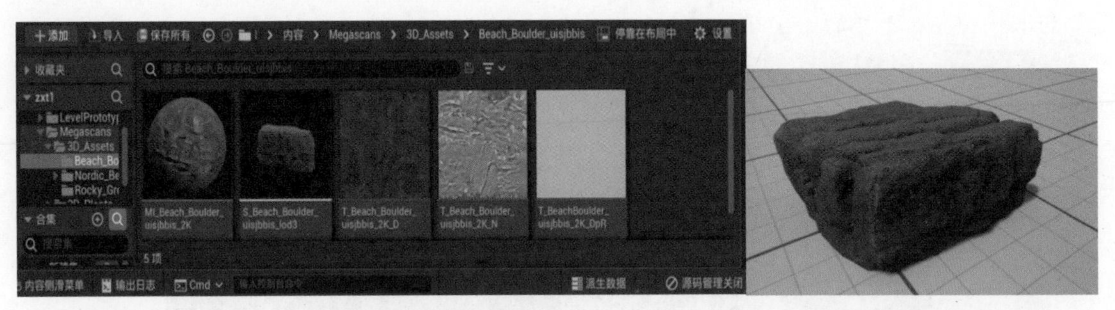

图1-19　内容浏览器中的素材界面　　　图1-20　将素材拖入场景

1.2.2 Nanite 模型导入与转换的使用技巧

Nanite模型导入与转换的使用技巧.mp4

虚拟微多边形几何体可以让美术师创建出人眼所能看到的一切几何体细节。Nanite 虚拟几何体模型的出现意味着由数以亿计的多边形组成的影视级美术作品可以被直接导入虚幻引擎——无论是来自 Zbrush 的雕塑，还是通过摄影测量法扫描的 CAD 数据。Nanite 虚拟几何体模型可以被实时流送和缩放，因此无须再考虑多边形数量预算、多边形内存预算或绘制次数预算，也不用再将细节烘焙到法线贴图或手动编辑 LOD，画面质量不会再有丝毫损失。

本节将详细介绍如何导入 Nanite 模型，如何把普通的网格体模型转换为 Nanite 模型，以及多种 Nanite 可视化模式的使用，并介绍了 Nanite 模型与普通网格体模型的区别。

1. Nanite模型的导入方式

导入 Nanite 模型的方式如下。

步骤 01 打开 UE5 静态网格体场景模型。单击“内容侧滑菜单”按钮，新建一个名为 mesh 的文件夹，单击“导入”按钮，双击所要导入的模型，在打开的“FBX 导入选项”对话框中选中“编译 Nanite”复选框，然后单击“导入所有”按钮，导入的模型就是一个 Nanite 模型，如图 1–21 所示。

图1-21　选中“编译Nanite”复选框导入模型

步骤 02 再次单击“内容侧滑菜单”按钮，可以看到 mesh 文件夹里出现了已导入的模型，此时的预览图左下角有一个花形图标，表示该模型还未保存到项目里，需要单击“保存所有”按钮，在弹出的对话框中单击“保存”按钮保存选中的模型，此时导入的Nanite模型已成功保存到当前项目。将导入的模型从mesh文件夹拖拽至场景中，摆放到合适的位置，如图1–22所示。

图1-22　将模型拖入场景中

步骤03 在透视图左上角单击“光照”按钮，在弹出的下拉菜单中选择“线框”命令。网格体模型是以线框显示的，而Nanite模型是以像素显示的，因此Nanite模型所占用的资源非常小，如图1–23所示。

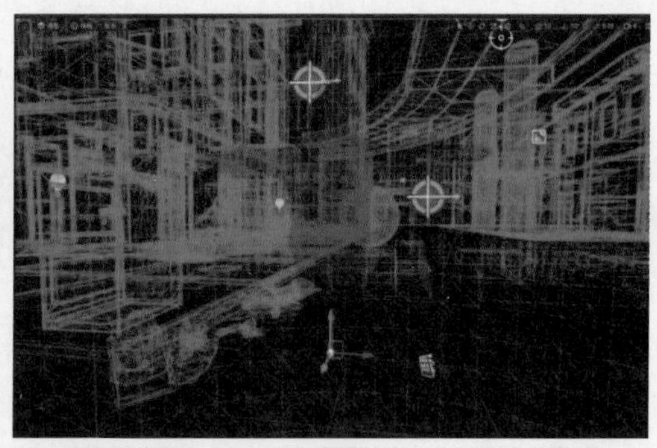

图1-23　线框模式下的Nanite模型与网格体模型的区别

步骤04 单击“线框”按钮（视图模式），在下拉菜单中选择“光照”命令，回到正常的显示模式。

2. 网格体模型转换为Nanite模型的方式

将网格体模型转换为Nanite模型的具体步骤如下。

步骤01 在内容浏览器中单击需要转换的模型，然后在右侧细节面板“静态网格体”卷展栏中单击“浏览”按钮，找到模型的原始位置，并双击该模型。

步骤02 在右侧的细节面板里找到“Nanite设置”卷展栏，选中“启用Nanite支持”复选框，单击“应用改动”按钮，此时在线框视图模式下，可以看到该模型已经成功转换为

Nanite 模型，如图 1-24 所示。

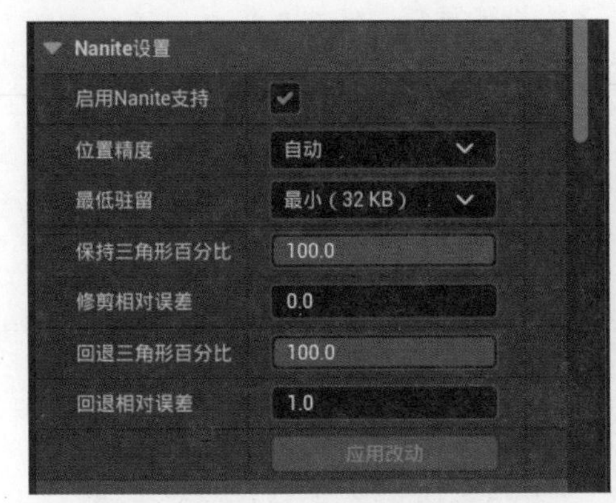

图1-24　网格体模型转换为Nanite模型

3. Nanite模型的多种显示模式

单击“光照”按钮（光照），在弹出的下拉菜单中选择“Nanite 可视化”命令，在其子菜单中包括多种 Nanite 可视化模式显示方式，如图 1-25 所示。

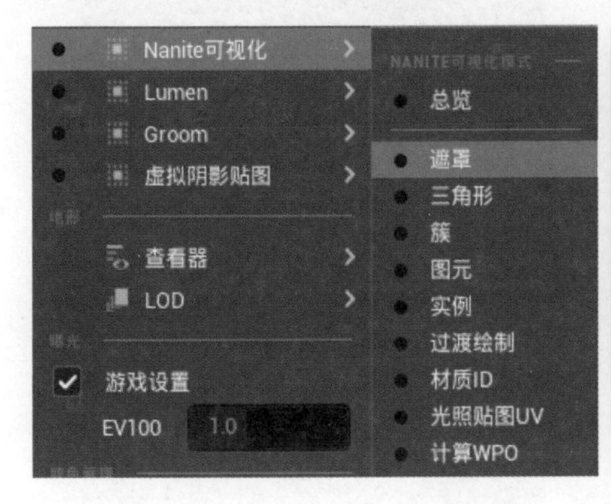

图1-25　“Nanite可视化”子菜单

Nanite 模型对显卡的消耗非常小，而放置过多网格体模型时会导致显卡负载过大。因此我们可以在导入模型时直接导入为 Nanite 模型，或将网格体模型转换为 Nanite 模型，以降低显卡的负载，保证计算机能快速平稳运行。

1.2.3 Landscape 地形系统

Landscape地形系统.mp4

地形系统用于为世界场景创建地形，如山脉、山谷、起伏或倾斜的地面，甚至洞穴的入口，并可以通过使用一系列工具轻松修改其形状和外观。地形系统使得这些地形的创建成为可能，这些地形比之前在虚幻引擎中可能出现的地形大若干个数量级。由于其强大的多细节层次系统和高效利用内存的方式，现在可以彻底地实现和使用分辨率高达 8192 像素 x8192 像素的高像素图。虚幻引擎 5 支持宏大的室外世界场景，它们允许开发者在无须修改现有的引擎或工具的基础上，快速、轻松地创建任意类型的游戏。虚幻引擎 5 能够使用其强大的地形编辑工具套件创建有着广袤地貌的场景。其中 Landscape 地形系统可以创建沉浸式的室外场景区域，这些场景经过优化，可以在不同设备上保持稳定帧率运行。本节将通过基础建模与范例，介绍如何进行地形制作。

制作并生成地形的具体步骤如下。

步骤 01 在菜单栏中选择“文件”→“新建关卡”命令，将打开“新建关卡”对话框，选择 Basic 模式，单击“创建”按钮（见图 1–26 上图），即可创建新的关卡。在工具栏中单击“选项模式”按钮，在弹出的下拉菜单中选择“地形”命令（见图 1–26 下图），打开地形面板，激活地形编辑模式。

图1-26　新建关卡并激活地形编辑模式

步骤 02 首次打开地形面板时，UE5 将自动打开“管理”选项卡。开发者可在此面板创建新的地形并修改现有的地形及其组件。创建地形时，可以设置地形大小。在左侧“新建地形”卷展栏中，找到“组件数量”的参数（见图 1–27 上图），单击数字更改。此数字越大，地面面积越大。此时可以向下滚动鼠标滚轮，缩小视图，按住 Alt 键的同时按住鼠标右键拖动，调整视图位置，将视图调整到合适的角度（见图 1–27 下图）。

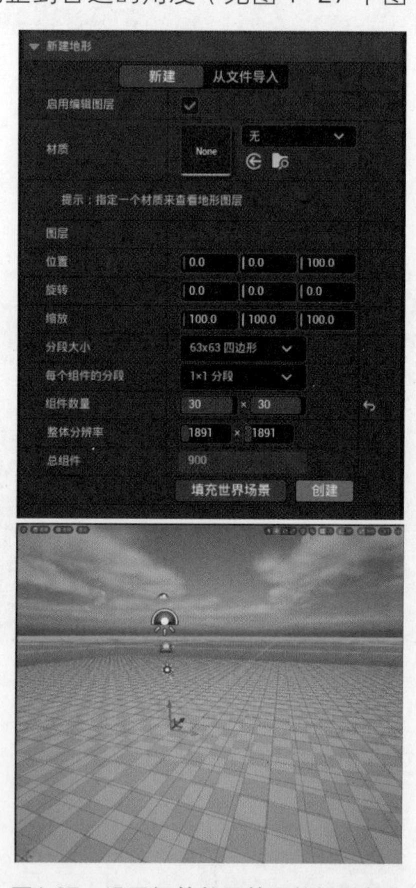

图1-27　设置组件数量并调整视图角度

步骤 03 在“管理”选项卡的“材质”栏中单击☑按钮，在弹出的下拉菜单中指定一种材质，并单击选择地形材质，即可赋予地形材质。材质将在创建地形后显示，若未分配材质，将使用关卡编辑器的默认材质，除既定的几种材质外，地形材质亦可后期用笔刷覆盖制作，如图 1–28 所示。

图1-28　选择材质

步骤 04 在“新建地形”卷展栏中，选择“位置”参数，单击数值调整地形位置，此时将数值设置为 0–0–100，同理设置“旋转”“缩放”数值。也可以单击工具栏中的移动工具，在视图中单击 XYZ 轴，按住鼠标左键拖动调整地形位置。同理单击旋转工具和缩放工具，调整地形位置。参数设置完成后，单击“创建”按钮生成地形，如图 1–29 所示。

步骤 05 此时切换到“雕刻”选项卡，激活雕刻模式。在场景中按住鼠标左键并拖动，便可设计地形起伏。或者按住 Shift 键的同时，按住鼠标左键并拖动，可以产生地面凹陷的效果。在“工具设定”卷展栏中，设置“工具强度”数值，数值越大，强度越大。在实践过程中，建议初学者将“工具强度”数值设置为小数值，如 0.3，以便于掌握。

如图 1–30 所示。

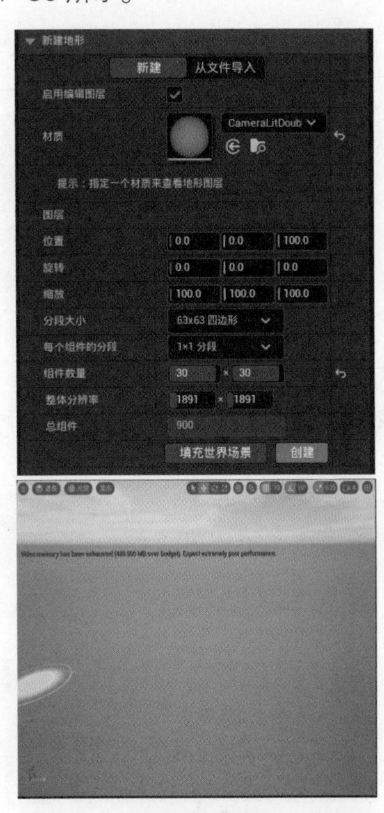

图1-29　设置地形参数并生成地形

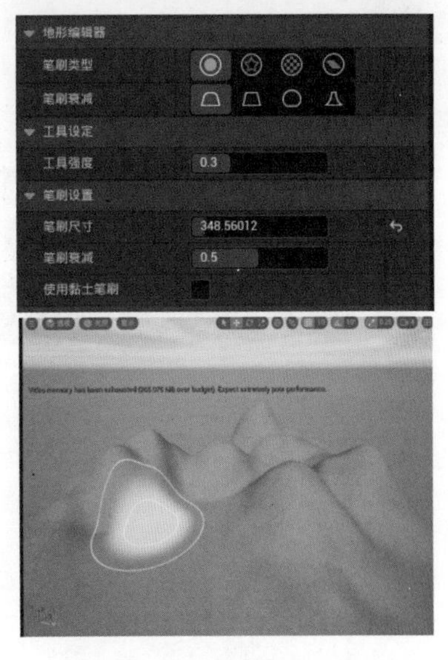

图1-30　设计地形起伏效果

步骤 06 在“笔刷设置”卷展栏中，设置“笔刷尺寸”数值，数值越大，笔刷越大，数值越小，笔刷越小。按住键盘上的“【”键可使笔刷变小，按住“】”键可使笔刷变大，如图 1–31 所示。

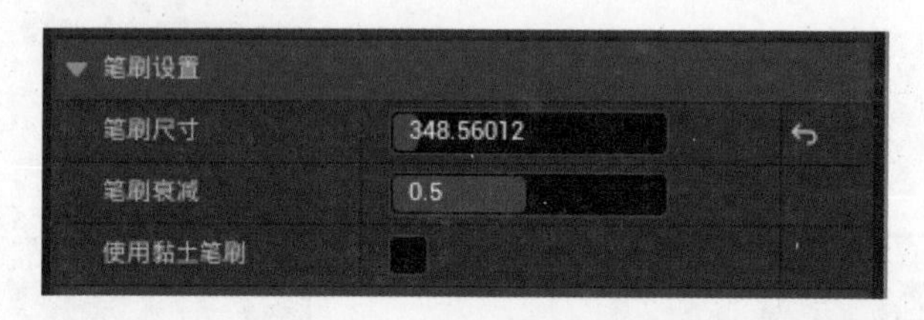

图1-31 调整笔刷大小

步骤 07 打开“地形编辑器”卷展栏，选择“笔刷类型”参数，单击所需要的笔刷形状。不同笔刷形状产生不同地形效果，如图 1–32 所示。

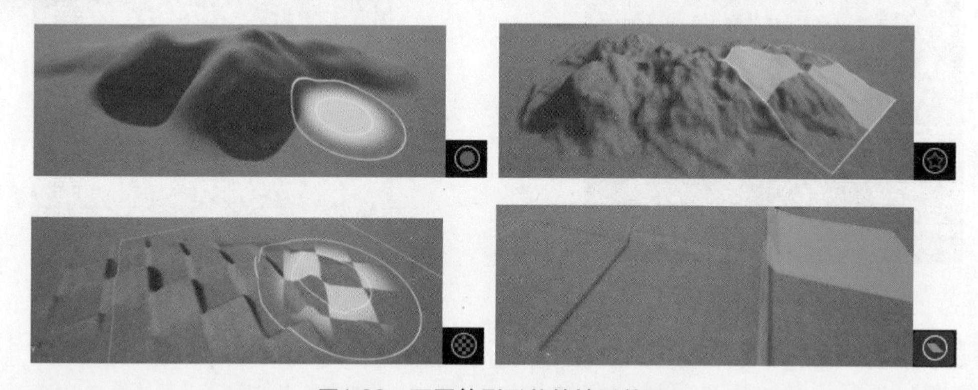

图1-32 不同笔刷形状的地形效果

步骤 08 不同笔刷类型有其独特的设置形式。单击（圆形）按钮，可以对该笔刷进行笔刷衰减设置。选择“笔刷衰减”参数，单击所需要的衰减形状。不同笔刷衰减类型产生不同地形效果，如图 1–33 所示。

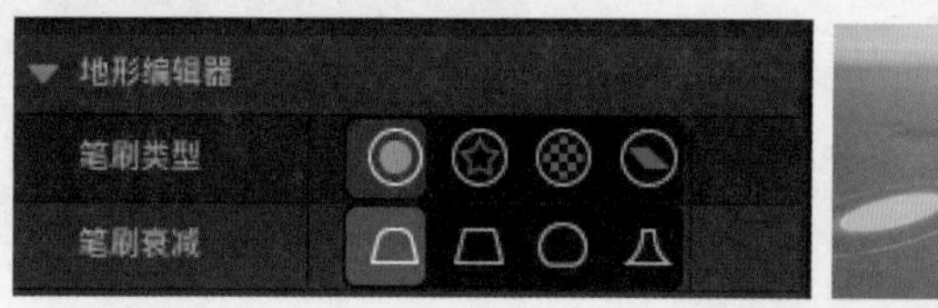

图1-33 不同类型笔刷衰减效果

步骤 09 单击（五角星形）按钮选择纹理模式，单击按钮，可以在资产库中选择指定的 Alpha 纹理笔刷。单击按钮设置“纹理缩放”参数，可以调整棋盘格笔刷纹理的大小。如图 1–34 所示。

步骤 10 在地形面板中，单击“绘制”按钮，切换到“绘制”选项卡，激活绘制模式，笔刷的形态将与雕刻模式保持一致。如果想在现有地形上创造新的地貌，可以切换到管理模式，在“管理”选项卡中栏单击“新建”按钮，以此为基础创建新的地形。Landscape 地形系统的地形创建效果，如图 1–35 所示。

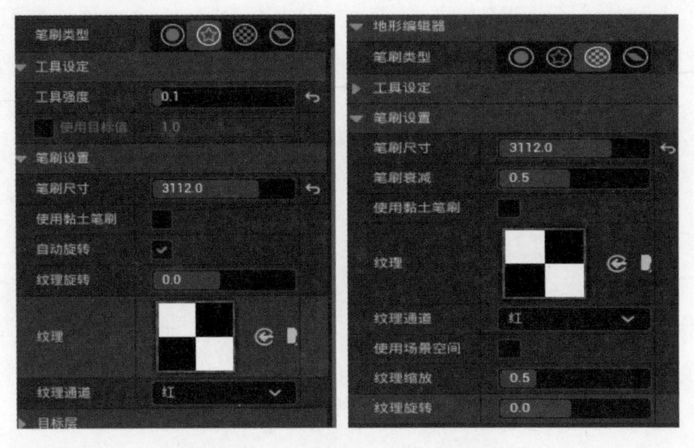

图1-34　设置Alpha纹理笔刷

图1-35　生成地形

1.2.4 Foliage 植被系统

Foliage植被系统.mp4

UE5 植被系统允许开发者在经过筛选的 Actor 和几何体上批量绘制或擦除静态网格体和 Actor 植被。借助此系统，开发者可以在大型户外场景中填充植被。UE5 的植被系统支持各种不同类型的植物，包括草、树、灌木、花等。每种植被都有自己的属性和特征，可以根据需要进行调整和定制。植被系统采用了先进的渲染技术，例如光照模型、阴影、全局光照等，可以实现高度逼真的植被效果。植物的细节和质感都能够得到精确呈现。植被系统使用了多层次细节技术，可以根据不同的观察距离和相机视角来自动调整植物的细节级别。这样可以在保持植物在不同距离上的真实感的前提下，提高性能并减少渲染开销。植被系统还支持植物的动态交互，例如风吹树叶、植被随着角色的移动而呈现出弯曲等效果。这些交互效果增加了场景的真实感，并且可以通过蓝图或代码进行定制。植物系统提供了一系列的工具和资产库，可以帮助开发者轻松创建和管理植物。开发者可以使用预设的植物模型、材质和纹理，也可以自定义和导入自己的植物资产。总的来说，UE5 植被系统是一个功能强大且易于使用的工具，可以帮助开发者创建逼真的植物和自然环境，提高游戏的视觉效果和沉浸感。

本节将详细介绍如何运用 Quixel Bridge 素材库与植被系统制作效果逼真的场景，具体步骤如下。

步骤 01 在工具栏中单击按钮，在弹出的下拉菜单中选择 Quixel Bridge 命令，在弹出的对话框中选中所需的素材，单击右上角的（下载）按钮进行下载，下载完毕后单击按钮，将素材导入项目。如图 1–36 所示。

图1-36 Quixel Bridge添加素材

步骤 02 在工具栏中单击“选项模式”按钮，然后在弹出的下拉菜单中选择“地形”命令，弹出地形面板，切换到“管理”选项卡，单击“新建”按钮，在弹出的“新建地形”卷展栏中设置“组件数量”为 20×20，然后单击“创建”按钮，如图 1–37 所示。

图1-37 创建地形

步骤 03 在工具栏中单击“选项模式”按钮，在弹出的下拉菜单中选择“植物”命令，打开植物编辑模式。在内容浏览器的左侧展开 All\ 内容 \Megascans\3D_Assets\Cactus_Ueopfjiga 文件夹，在右侧找到下载好的 3D 植物和 3D 石块、砂土素材，将素材拖入植物控制面板，并单击素材左上角的图标，取消素材的选中状态，如图 1–38 所示。

步骤 04 选中山石素材，单击或拖动可以绘制出石山。换一种泥土材质即可绘制出泥土场景。开发者可以通过调整笔刷尺寸与绘制密度，配合多种类泥土、山石素材进行细化绘制，如图 1–39 所示。

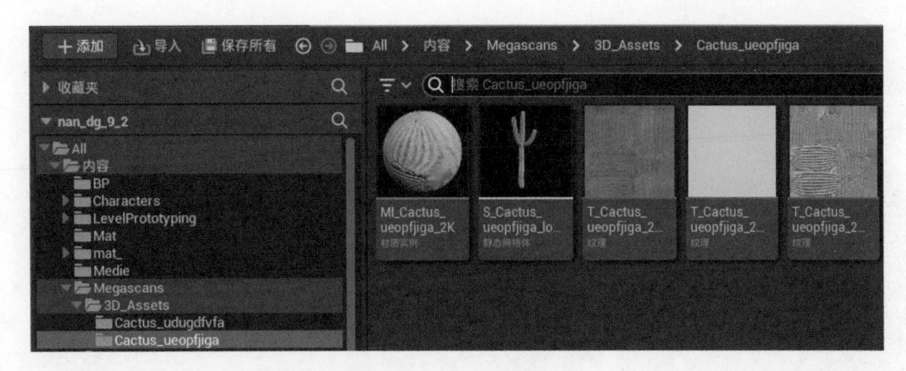

图1-38　导入植物素材

图1-39　泥土和山石的绘制

步骤 05 在植物编辑模式下单击“单个”按钮对所选石头素材进行单个绘制，在此基础之上，还可以尝试在巨石周边添加一些小的石块，种植仙人掌等植物。选中多种植物以及石块，将笔刷参数调大，进行集中绘制，如图 1–40 所示

图1-40　添加石头和植物

步骤 06 在工具栏中单击（选项模式）按钮打开选择编辑模式，为周围地形添加材质。首先用鼠标选中关卡视口中需要修改材质的地形。然后在右侧“地形”卷展栏中，单击“地形材质”右侧的下拉按钮，选取合适的材质贴图。植被地形制作完成，效果如图 1–41 所示。

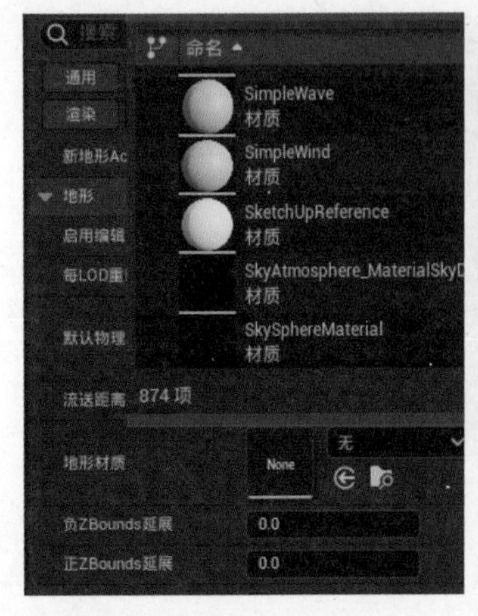

图1-41　添加地形材质

1.2.5 Lumen 全局光照系统

Lumen全局光照系统.mp4

Lumen 是一套全动态全局光照系统，在无需专门的光线追踪硬件的情况下，能够对场景和光照变化做出实时反应。该系统能在宏大而精细的场景中渲染间接镜面反射和可以无限反弹的漫反射，小到毫米级、大到千米级，Lumen 都能游刃有余。美术师和设计师可以使用 Lumen 创建出更动态的场景，例如改变白天的日照角度，打开手电或在天花板上开个洞，系统会根据情况调整间接光照。Lumen 的出现将为美术师省下大量的时间，大家无须因为在 UE5 中移动了光源再等待光照贴图烘焙完成，也无须再编辑光照贴图 UV。同时光照效果将和玩家运行游戏时保持完全一致。Lumen 全局光照系统无须硬件光线追踪支持，也可以支持实时的全动态 GI，无须预先烘焙，对室内外场景均可以达到较好的细节质量与性能的平衡，且与 Nanite 模型可以无缝配合。本节将配合案例介绍如何启用并设置 Lumen 全局光照系统，如何创建自发光材质并感受其在 Lumen 全局光照系统下的表现效果，分析对比 Lumen 全局光照系统与普通模式的区别。

使用 Lumen 全局光照系统给场景添加光源的具体步骤如下。

步骤 01 打开 UE5 场景文件，在菜单栏中选择“编辑”→“项目设置”命令。在“项目设置”窗口搜索栏中输入“全局”，找到“引擎 – 渲染”卷展栏，打开 Global Illumination 卷展栏，“动态全局光照方法”默认为“无”，在下拉列表框中选择 Lumen 选项，如图 1–42 所示。

图1-42　“项目设置”窗口

步骤 02 在工具栏中单击(创建)按钮，在弹出的下拉菜单中选择“视觉效果”→PostProcessVolume命令(见图1-43上图)，在场景中创建后期处理体积。如果打开的项目中已有后期处理体积，可在大纲面板搜索栏中搜索并选择，如图1-43下图所示。

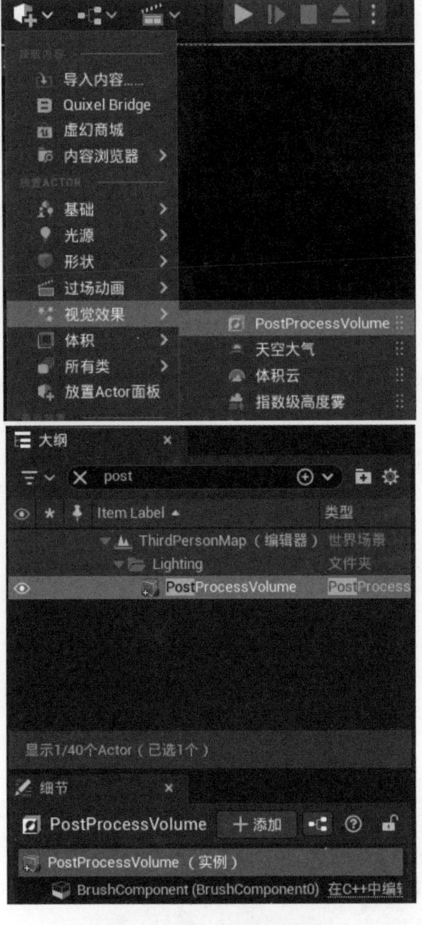

图1-43 创建后期处理盒子

步骤 03 在大纲面板中选择PostProcessVolume后期处理体积，打开细节面板(细节面板可在菜单栏中选择“窗口”→“细节”命令进行添加)。在其搜索栏中搜索“全局光照”，打开“全局光照”卷展栏，选中“方法”复选框，在右侧的下拉列表框中选择Lumen选项(见图1-44上图)，此时在场景中启用Lumen系统。接下来在虚幻引擎编辑器的工具栏中单击(创建)按钮，在弹出的下拉菜单中选择“形状”→“球体”命令，在场景中创建球体。将创建好的球体拖动到场景中需要灯光的地方，如图1-44下图所示。

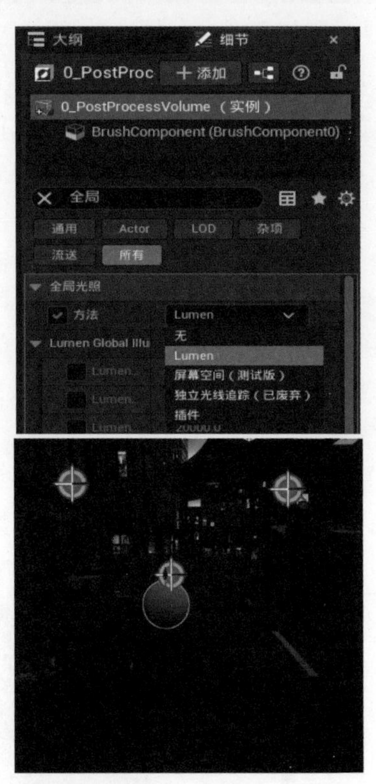

图1-44 在后期处理盒子中选择Lumen与创建球体

步骤 04 单击虚幻引擎界面左下方“内容侧滑菜单”按钮，选择 Materials 文件夹，在该文件夹中右击，在弹出的快捷菜单中选择命令新建一个材质，设置材质名为“自发光”。双击打开“自发光”材质，在细节面板“材质”卷展栏的“着色模型”下拉列表框中选择“无光照”选项，如图 1–45 所示。

图1-45　设置着色模型

步骤 05 打开材质编辑器右侧的控制板面板，在控制板面板的搜索栏中搜索 constant，选择 Constant3Vector 变量，按下鼠标左键并拖动到材质编辑器材质图表视口中。也可以使用快捷键，按键盘 3 键的同时，单击界面空白处创建节点。在左侧单击“常量”，弹出“取色器”对话框，设置颜色（例：设为白色），单击“确定”，如图 1–46 所示。

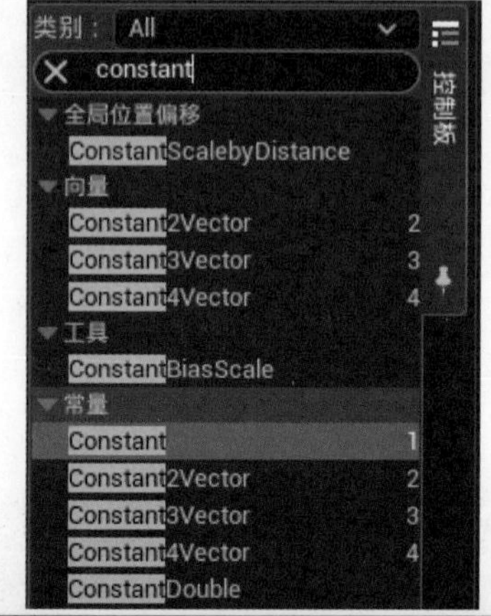

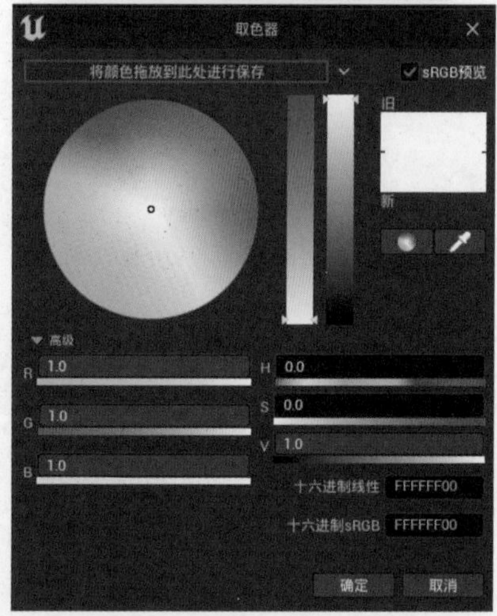

图1-46　创建节点与设置颜色

步骤 06 在材质编辑器界面中，单击鼠标右键，在搜索栏中输入 Multiply，创建节点，将颜色节点、倍增值节点以及自发光颜色节点连接，如图 1–47 所示。

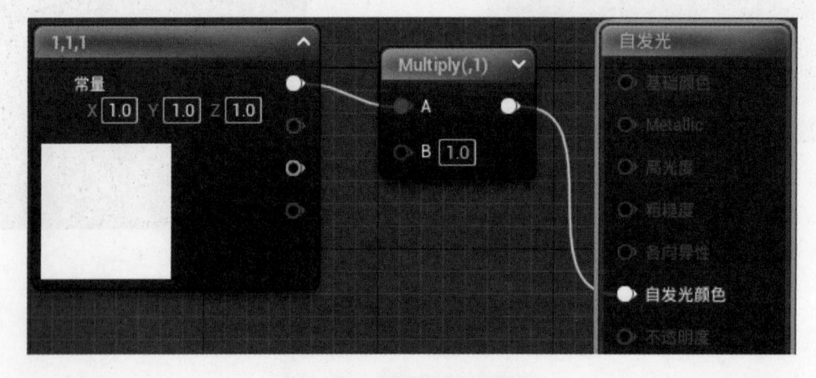

图1-47　材质编辑器界面

步骤 07 在材质编辑器材质图表视口中，按键盘 1 键的同时单击，创建常量节点 constant，通过这一节点来控制发光体的光照强度。将该节点与 Multiply 的 B 端连接。在细节面板中的“材质表达式常量”中设置数值（例：设为 35），数值越大，光照越强，如图 1–48 所示。

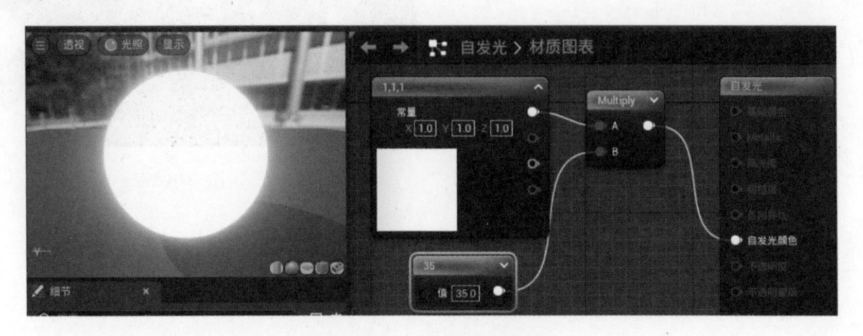

图1-48　创建常量节点

步骤 08 在虚幻引擎界面左下方单击“内容侧滑菜单”按钮，在弹出的内容浏览器的 Materials 文件夹中找到创建好的自发光材质，单击将其拖动到场景中的球体模型上，此时可以看到自发光材质使用 Lumen 的光照效果，如图 1–49 所示。

图1-49　自发光材质在场景中的效果

步骤 09 在大纲面板中选择 PostProcessVolume 后期处理体积，打开细节面板，设置“最终采集质量”值来调整光照效果（见图 1–50 左图）。以下是不同数值的效果对比，数值越大，光照效果越柔和，如图 1–50 右图所示。

图1-50　调整光照效果

步骤 10 在工具栏中单击 （创建）按钮，在弹出的下拉菜单中选择“光源”→“点光源”命令，在场景中创建一个点光源。用移动工具将点光源移动到合适的位置。综合以上操作，使用 Lumen 全局光照系统完成最终效果，如图 1–51 所示。

图1-51 Lumen全局光照效果

1.2.6 破裂系统

破碎系统.mp4

UE5 破裂系统是一种全新的物理模拟技术，旨在为游戏开发者提供更加真实、丰富的破坏效果。该系统通过模拟物体在受到外力作用时的破裂、破碎、掉落等过程，使游戏场景更加生动、逼真。

UE5 的破裂系统凭借其高效的算法，在确保画面品质的同时，显著降低了计算资源的消耗，大幅提升了游戏的运行效率。该系统涵盖了多种破裂模式，包括线性破裂、曲面破裂以及爆炸破裂等，能够满足各类场景下对破坏效果的多样化需求。开发者可根据游戏的具体需求，灵活自定义破裂物体的材质、纹理以及物理属性，从而创造出独具特色的破坏效果。此外，破裂系统还具备与碰撞、粒子、音效等物理系统的无缝交互能力，使得破坏场景更加逼真、生动，为玩家带来沉浸式的游戏体验。

在虚拟现实技术的战斗场景中，破裂系统巧妙地模拟了武器攻击与爆炸的震撼效果，极大地提升了战斗场面的紧张感与刺激感。而在拓展游戏体验的领域，该系统更是能够逼真地再现自然灾害、建筑坍塌等场景，极大地丰富了游戏内容。在恐怖氛围的营造方面，破裂系统通过模拟物体破碎与掉落的声音与视觉效果，可以成功渲染出令人毛骨悚然的恐怖感。至于悬疑场景，破裂系统所呈现的物体破裂与破碎效果，则为玩家揭示了更多隐藏的线索，增添了探索的乐趣。

破裂系统可以使游戏场景更加真实、生动，提升游戏画面质量。破裂系统模拟的破坏效果，使玩家在游戏中更具代入感，增强游戏沉浸感。破裂系统简化了破坏效果的实现过程，提高游戏开发效率。

UE5 破裂系统作为一款强大的物理模拟技术，为游戏开发者提供了丰富的破坏效果。随着游戏产业的不断发展，破裂系统将在更多游戏场景中得到应用，为玩家带来更加精彩的游戏体验。

在 UE5 中创建破裂效果之后，可以添加三种类型的物理场：瞬态场、构造场、持久场。

（1）瞬态场在运行时创建、执行和销毁，用于对物理模拟添加临时效果。常见示例包括对与场体积重叠的刚体施加外部张力或线性速度。

（2）构造场是在蓝图的构造脚本中创建的，并在每次编译之后存储。此类型的场的最常见示例是用于固定几何体集合破裂件的锚点场。

（3）持久场在创建之后始终保持活动状态，直到将其显式删除。持久场在每次执行物理模拟的更新函数时进行求值。常见示例是禁用场，该场可以用于禁用与其体积重叠的几何体集合的破裂件。

本节将主要介绍在 UE5 中如何制作模型的破裂过程，及不同的破裂类型，帮助读者掌握虚幻引擎制作破裂的操作流程，制作出逼真的破裂效果。

制作石头破裂过程的具体步骤如下。

步骤 01 打开 UE5，在软件菜单栏中选择“窗口”→ Quixel Bridge 命令，在 Quixel Bridge 素材库中下载需要的石头模型并导入场景中。下载后的模型在内容浏览器中可以找到，按住鼠标左键可直接将模型拖动到场景中。如图 1–52 所示。

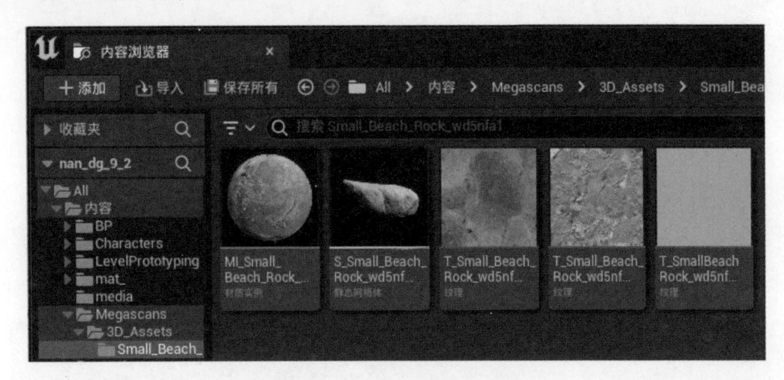

图1-52 下载素材模型

步骤 02 将场景中的石头模型调整好位置及大小比例后，在工具栏中单击“选项模式”按钮，在弹出的下拉菜单中选择“破裂”命令，进入破裂编辑模式。在破裂面板左侧的 Generate 卷展栏中单击“新建”按钮，选择好新建破裂系统的路径，然后单击“创建几何体集”按钮，如图 1–53 所示。

图1-53 创建几何体集

步骤 03 创建好新的破裂系统之后，在左侧 Fracture 卷展栏中单击“统一”按钮，然后在破裂面板单击“破裂”按钮，将鼠标指针放置到“爆炸当量”属性处并左右拖动，即可查看破裂效果。同时石头模型中的每一块破裂后的模型层级均可再次破裂，选中要单独破裂的模型，调整“最大 Voronoi 点数”和“最小 Voronoi 点数”的值，单击“破裂”按钮，预览破裂效果，如图 1–54 所示。

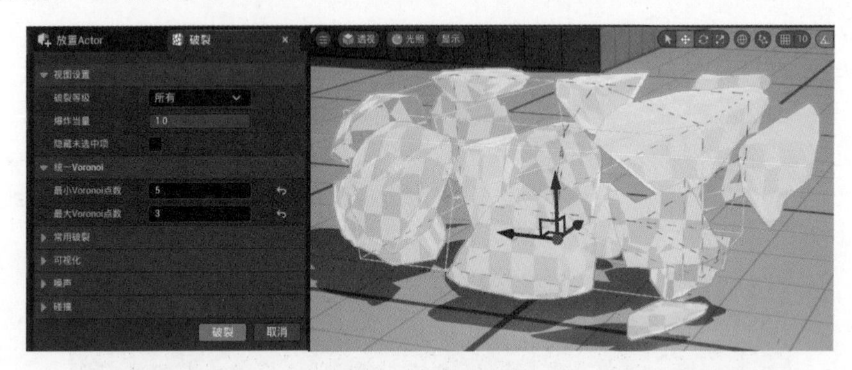

图1-54　破裂预览

步骤 04 设置好破裂数量及层级之后，此时石头模型会以颜色块面显示。将石头模型的显示切换为贴图材质，在界面右下角的细节面板中找到 General 卷展栏，取消选中“显示骨骼颜色”复选框，如图 1–55 所示。

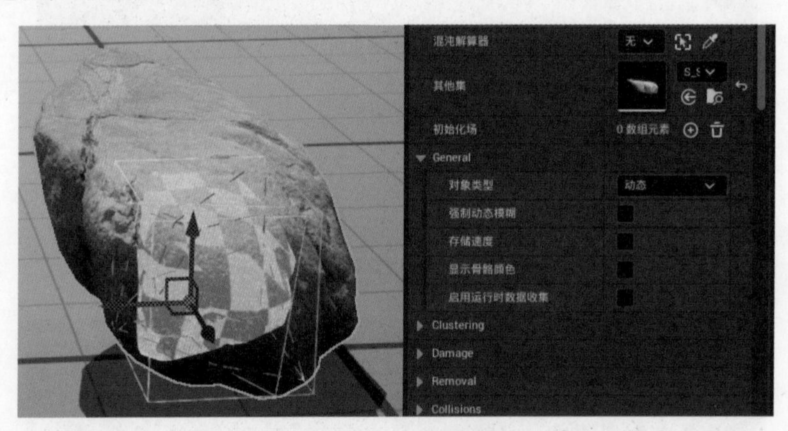

图1-55　显示材质纹理

步骤 05 在 General 卷展栏的“对象类型”下拉列表框中，可以切换破裂类型，如图 1–56 所示。

- “静态”——破裂系统处于静默状态，静止不动；
- “睡眠中”——模型处于静默状态，角色碰到模型后会破裂，并产生碰撞效果；
- “动态”——破裂状态。

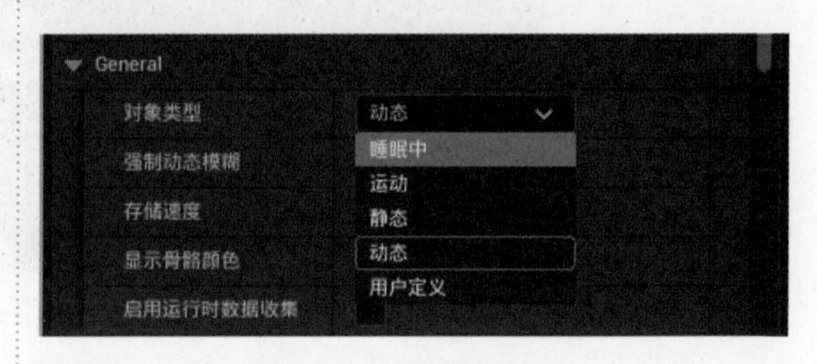

图1-56　破裂类型切换

步骤 06 在虚幻引擎的内容浏览器中可以找到石头模型，双击打开其细节面板，找到“碰撞类型”参数，将“隐式 – 隐式”类型改成“粒子 – 隐式”类型（见图 1–57 左图）。基本参数修改完成后，单击▶（运行）按钮，预览最终效果，如图 1–57 右图所示。

图1-57　破裂效果预览

1.3 虚幻引擎的世界分区系统

以往开发者在制作大型地图游戏时，需要手动将其分为多个子关卡，然后在玩家探索地图时使用关卡流送系统来加载和卸载不同的子关卡。这样的方法往往会导致多用户共用文件的问题，并且使得开发者难以同时审视整个地图。世界分区系统是一种自动数据管理和基于距离进行加载的关卡流送系统，它为大型世界管理提供了一个完整的解决方案。这个系统将整个世界划分为网格单元，并保存在一个固定的关卡中，使制作者不再需要划分繁冗的子关卡，并提供一个自动流送系统，基于与流送源之间的距离来加载和卸载这些网格。

世界分区系统将创建的世界储存在一个固定的关卡中，并且使用可配置的运行时网格将空间划分为可流送的网格单元。这些网格单元在运行时由流送源（如玩家）控制加载和卸载。这样一来，虚幻引擎只加载关卡中玩家能看到并与之互动的部分。

编辑世界时，可以将 Actor 加入任何地点，它们会基于空间位置自动分配至一个网格单元。该选项位于 Actor 细节面板的世界分区部分。

流送源组件在世界中确定一个位置并且触发其周围网格单元的加载，玩家控制器便是一种流送源。使用世界分区流送源组件也可以添加其他的流送源。比如，如果玩家要传送至某个位置时，此处的流送源组件便会启动，这样可以加载其周围的网格单元。当网格单元加载完毕，玩家到达此位置，该流送源组件便会停用。玩家原本所在位置已经没有流送源，所以那里的网格单元会从内存中卸载。

为了便于开发大型世界游戏，所有网格单元初始都是卸载状态。关卡打开后，编辑器只会加载那些标记为"始终加载"的 Actor，例如场景背景和管理类。这有助于开发大型世界游戏，因为这类场景通常无法在编辑器中同时加载整个地图。

1.3.1 世界分区系统的自动加载

世界分区系统的自动加载.mp4

世界分区系统是一种全新的数据管理系统，它基于距离设置关卡流，能够为大型开放场景提供一个完整的管理方案。该系统将开发者的场景保存在一个被划分成多个网格单元的单一持久关卡中，同时，系统还为开发者提供一个自动流送系统，能根据与流送源的距离加载和卸载这些网格单元。通过对本节内容的学习，大家能够熟悉掌握世界分区系统自动加载功能的使用方法。

使用世界分区系统自动加载功能的具体步骤如下。

步骤 01 打开 UE5，在菜单栏中选择“文件”→“新建关卡”菜单命令，在弹出的对话框中，选择 Open World 地图类型，单击“创建”按钮，创建新地图关卡，如图 1-58 所示。

图1-58 创建新地图关卡

步骤 02 在菜单栏中选择“窗口”→“世界分区”→“世界分区编辑器”命令（见图 1-59 上图），打开世界分区编辑器。世界分区编辑器操作界面共分为四个大区，每个大区又分为很多个小区，使用鼠标可以单选或者多选单元区域。右击并在弹出的快捷菜单中选择命令可以加载或卸载所选单元（见图 1-59 下图）。

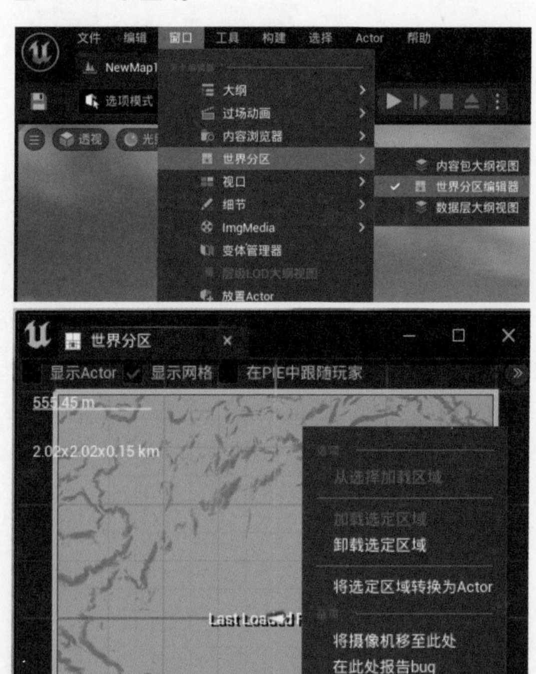

图1-59 世界分区编辑器

步骤 03 接下来，下载一些素材来建造一个场景。在菜单栏中选择“窗口”→ Quixel Bridge 命令，弹出 Quixel Bridge 资产库，下载所需素材。在左下角单击“内容侧滑菜单”按钮，在弹出的内容浏览器中查看自己下载的素材，将下载的素材直接拖拽到场景中，并且复制多个，以创建一个完整的场景。如图 1-60 所示。

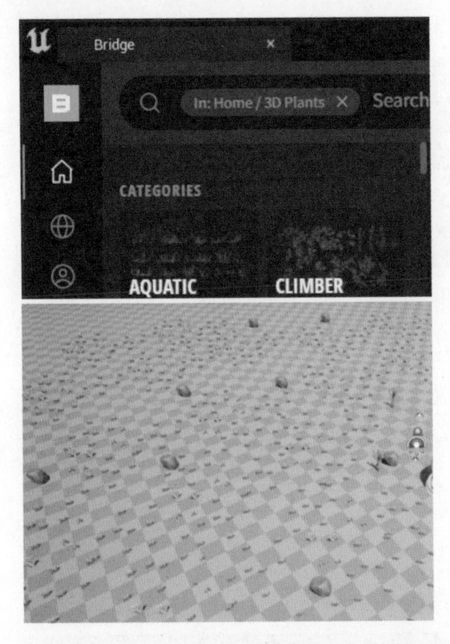

图1-60 Quixel Bridge下载素材创建场景

步骤 04 给场景中石头等物体添加碰撞，单击“内容侧滑菜单”按钮，在内容浏览器中双击石头素材，选择“碰撞”→“添加 26DOP 简化碰撞”命令（见图 1-61 上图），在弹出的界面中单击“保存”按钮后关闭窗口。在菜单栏中选择“窗口”→“世界场景设置”命令，弹出“世界场景设置”窗口，在右侧面板中找到“运行时设置”卷展栏，修改“单元大小”和“加载范围”的数值，分别改为 500 和 800。如图 1-61 所示。

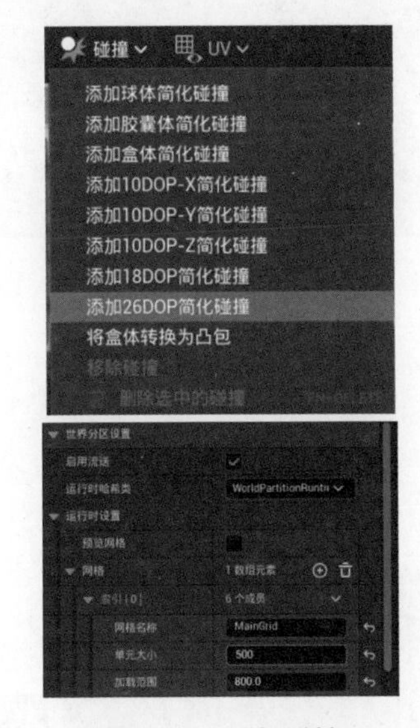

图1-61 添加碰撞

步骤 05 在工具栏中单击▶（运行）按钮，当角色走到相应区域范围时，周围的资源可以自动加载出来，在大型场中运用此功能，可以节省资源并实现场景的自动加载，如图 1-62 所示。

图1-62 场景自动加载效果

1.3.2 数据层的创建与加载

数据层的创建与加载.mp4

本节将介绍数据层的创建与加载，包括如何创建数据层，如何对置入的项目进行分类管理，以及如何激活数据层的运行状态。通过对数据层的学习与运用，我们可以在关卡中显示不同的场景，以实现资源的优化利用。

数据层创建与加载的具体步骤如下。

步骤 01 打开 UE5，在 Quixel Bridge 资产库下载素材，创建一个场景。在菜单栏中选择“窗口”→“世界分区”→“数据层大纲视图”命令（见图 1-63 左图），打开数据层编辑界面（也称数据层面板），如图 1-63 右图所示。

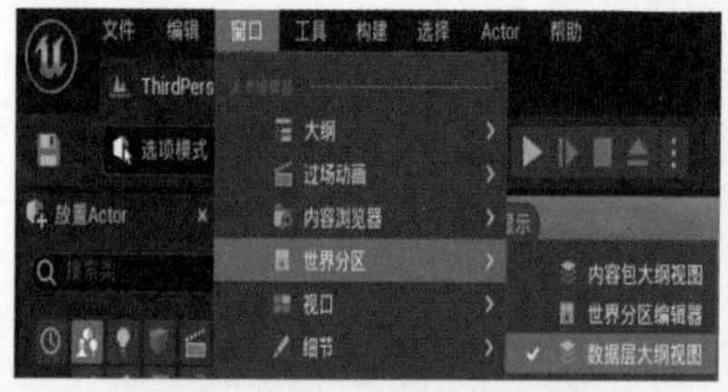

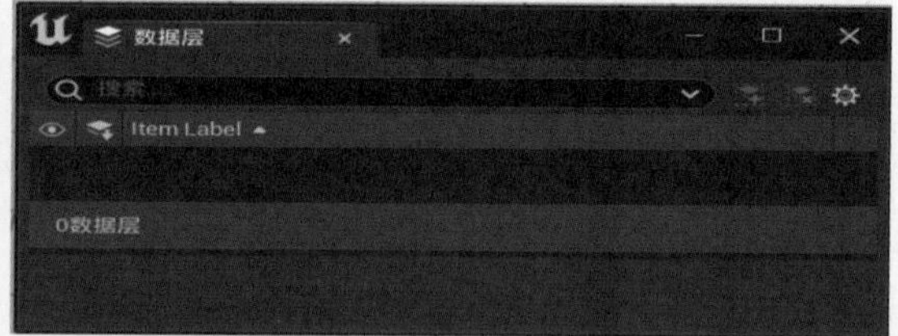

图1-63 数据层编辑面板

步骤 02 在面板中右击，在弹出的快捷菜单中选择“新建数据层”命令（见图 1-64 左图）。在数据层 Item Label 下，单击“数据层”将新建好的数据层命名为“数据层一”，使用同样的方法再次新建一个数据层，命名为“数据层二”（见图 1-64 右图）。数据层可以用来管理场景中的模型，并在不同关卡之间切换数据。

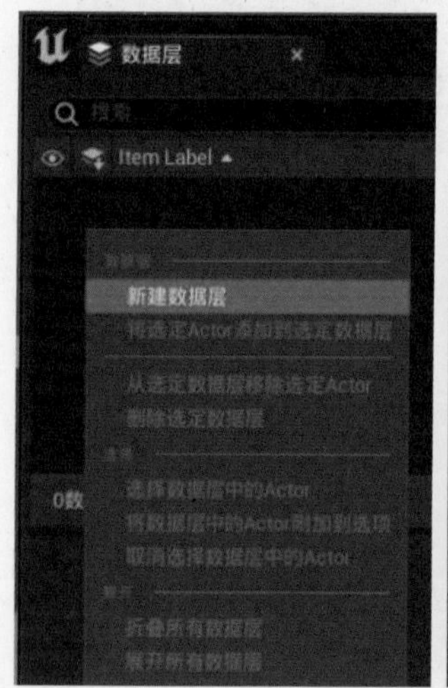

图1-64 新建数据层并给数据层命名

步骤 03 建立好数据层后，就可以对当前场景中已有的模型进行分类管理。将鼠标指针放置在需要归类的模型上（以石头为例），单击选中石头（见图 1-65 左图）。此时在右侧的“大纲”面板中石头的项目标签也被选中，由此可知石头的项目标签名为 S_Tundra_Boulder_vixtb，如图 1–65 右图所示。

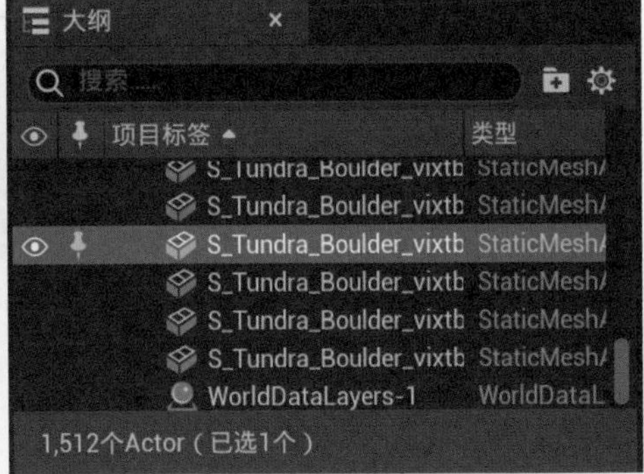

图1-65　选中石头

步骤 04 单击大纲面板中的首个名为 S_Tundra_Boulder 的项目标签，按住 Shift 键的同时单击最后一个名为 S_Tundra_Boulder 的项目标签，此时，所有的石头模型都被选中。按下 Ctrl 键，以同样的方法加选所有的仙人掌模型，如图 1–66 所示。

图1-66　选择场景模型

步骤 05 选中所有需要归类的模型后，单击大纲面板中的“新建文件夹”按钮，此时所有已选中的模型都被移入新建的文件夹中，给该文件夹重命名为“数据层一”，如图 1–67 所示。

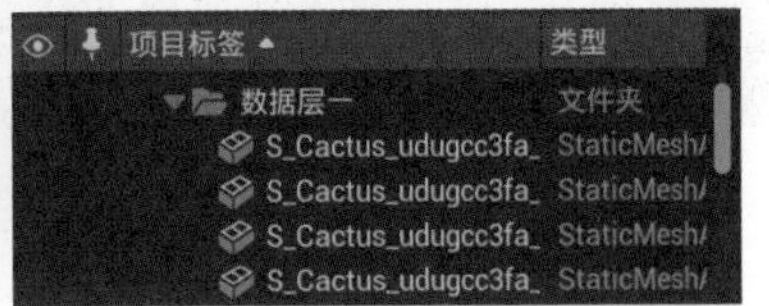

图1-67　将模型移入“数据层一”文件夹

步骤 06 另一种将模型移动到文件夹的方式是，先单击大纲面板中的“新建文件夹”按钮，新建一个名为“数据层二”的文件夹，再将所有的模型选中，然后右击，在弹出的快捷菜单中选择“移动至”→“数据层二”命令，此时所有选中的模型就成功移动到“数据层二”文件夹中了，如图 1-68 所示。

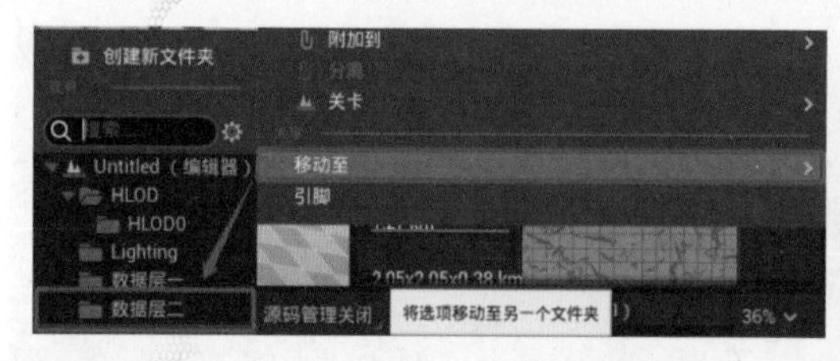

图1-68　移动模型的另一种方法

步骤 07 选择大纲面板中的“数据层一”文件夹，按住鼠标左键并拖动文件夹到数据层面板中的“数据层一”上，“数据层二”文件夹也进行同样的操作，如图 1-69 所示。

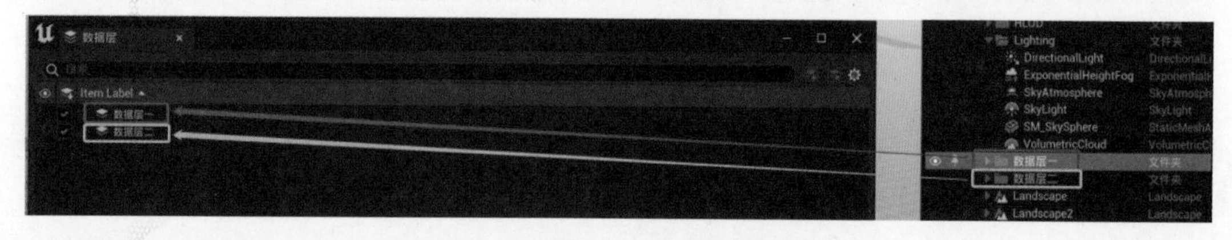

图1-69　将数据层文件夹拖动到数据层

步骤 08 在数据层面板打开 ThirdPersonMap 卷展栏，单击数据层一前面的 按钮，可以选择显示或隐藏数据层中的内容。在数据层面板选择“数据层一”，然后打开数据层面板的下拉菜单，选择“编辑”命令，弹出“数据层一”编辑窗口，在细节面板的“数据层类型”下拉列表中选择“运行时”选项，单击“保存”按钮，如图 1-70 所示。

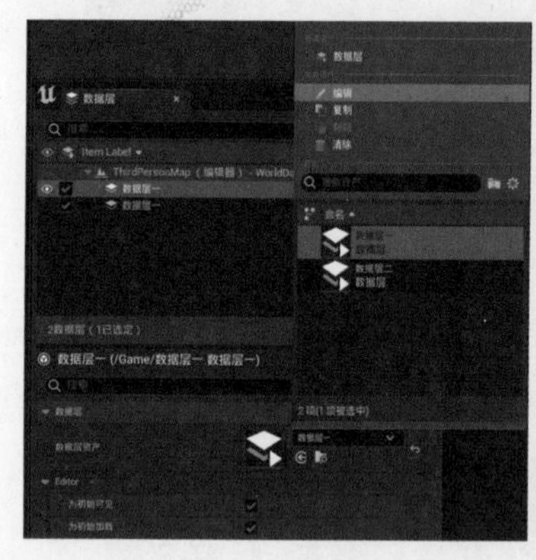
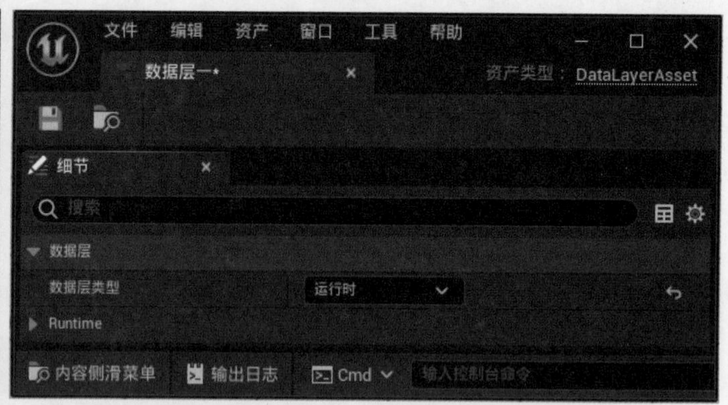

图1-70　数据层面板

步骤 09 数据层面板下方新增了一项 Advanced 卷展栏。当其在初始运行时，状态设置为“已卸载”或“已激活”，单击工具栏中的（运行）按钮开始运行，左侧图设置为“已卸载”，右侧图设置为“已激活”，激活时，场景中可以显示数据层中的模型，如图 1-71 所示。

图1-71　设置“已卸载”和“已加载”后的初始运行状态

1.3.3 数据层的自动加载

数据层的自动加载.mp4

数据层是世界分区系统中的一个子系统，用于将 Actor 划分到单独的层中。开发者可以通过加载和卸载数据层，塑造出不同的场景效果。借助数据层，开发者可以在关卡编辑器中动态地加载和卸载 Actor，以此实现复杂的关卡效果。数据层可以由蓝图控制，并进而驱动游戏逻辑；此外，数据层是世界分区系统中的重要资产流送工具。数据层将取代虚幻引擎老版本中的层级系统。借助数据层，开发者可以在编辑器中将游戏逻辑类元素和场景资产分隔开来。美术师可以单独处理特定元素，不会受到游戏逻辑触发器或游戏对象的干扰。设计师则可以借助数据层的动态加载来实现更为有趣的游戏体验，并让关卡过渡更加丰富多变。

本节将介绍如何在建立好数据层的基础上，使用数据层的关卡蓝图编辑器，实现一键切换场景的效果。通过使用关卡蓝图编辑器，我们可以在运行过程中迅速激活或卸载不同数据层的场景。

数据层建立、加载的具体步骤如下。

步骤 01 打开 UE5，在 Quixel Bridge 资产库下载素材并创建一个虚幻场景。在菜单栏中选择“编辑”→“项目设置”命令，弹出“项目设置”窗口。在“项目设置”窗口的搜索栏中搜索“数据层”，然后在“数据层资产”卷展栏中单击⊕（添加）按钮，添加两组元素组，如图 1-72 所示。

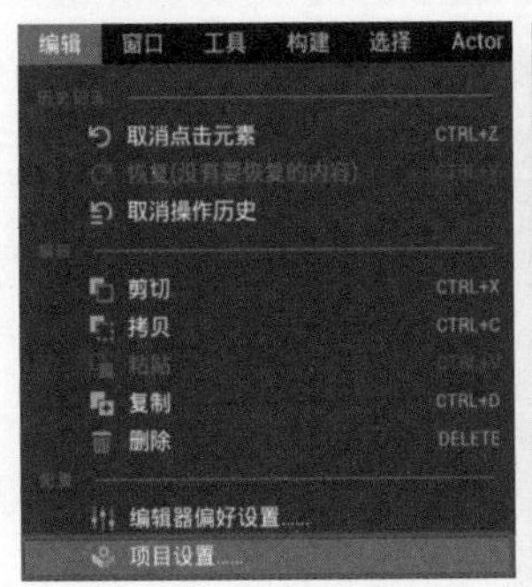

图1-72　添加两组元素组

步骤 02 单击第一组“索引 0”的下拉按钮，选择“数据层一”选项，再单击第二组“索引 1”的下拉按钮，选择“数据层二”选项，如图 1–73 所示。添加好数据层后，在菜单栏中选择“文件”→“保存所有”命令，完成文件数据的保存。

图1-73　选择数据层

步骤 03 在工具栏中单击（蓝图）按钮，在下拉菜单中选择“打开关卡蓝图”命令，弹出关卡蓝图面板。在关卡蓝图事件图表视口中右击，弹出快捷菜单，在搜索栏中搜索“任意键”，选择“任意键”命令，创建任意控件蓝图执行节点。如图 1–74 所示。

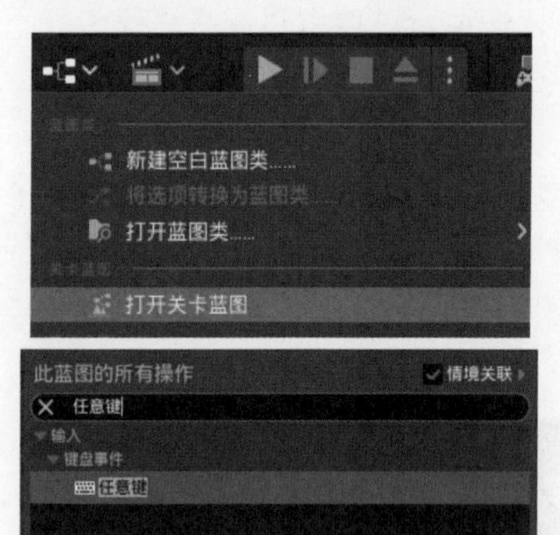

图1-74　创建任意控件蓝图执行节点

步骤 04 在关卡蓝图事件图表视口选择“任意键”节点，打开细节面板，在“输入键”下拉列表框中选择 A，给任意键设置快捷键为 A 键。复制 A 的事件图表，用上述方式给复制的事件图表设置为“键盘 B”，如图 1–75 所示。

图1-75　任意键设置

步骤 05 在关卡蓝图面板左侧我的蓝图面板中找到“变量”卷展栏，单击右边的（添加）按钮，添加两个数据变量，分别命名为“数据一”和“数据二”。在“变量”卷展栏中，将鼠标指针移动到“数据一”布尔按钮处，单击出现下拉菜单，在搜索栏中搜索并选择“Actor 数据层”，在“变量类型”下拉列表中选择“Actor 数据层”选项。用同样方法，将“数据层二”设置也为“Actor 数据层”类型，如图 1–76 所示。

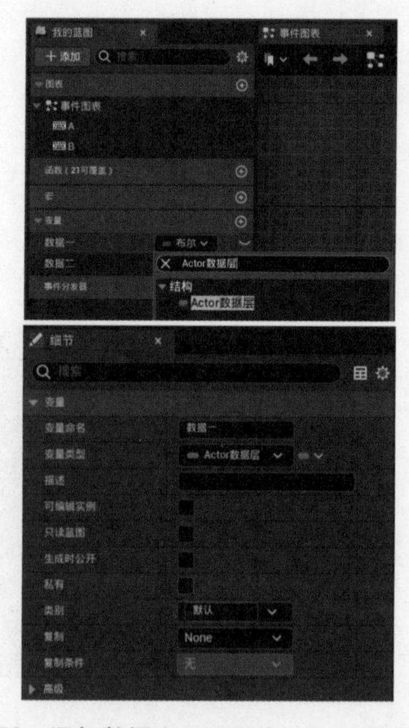

图1-76　添加数据变量设置为“Actor数据层”

步骤 06 在“变量”卷展栏中选择“数据一”，在右侧细节面板中的“默认值”卷展栏中，在“数据一”下拉列表框中选择“数据层一”选项，用同样的方式将“数据二”设置为“数据层二”。设置好后，先单击工具栏中的“编译”按钮，再单击“保存”按钮，完成设置，如图 1–77 所示。

图1-77 设置数据层

步骤 07 在“变量”卷展栏中选择“数据一”，按住鼠标左键并拖动“数据一”到事件图表视口，在弹出的对话框中选择“获取 数据一”命令。用同样的方式将“数据二”也拖动到关卡蓝图事件图表视口中，如图 1–78 所示。

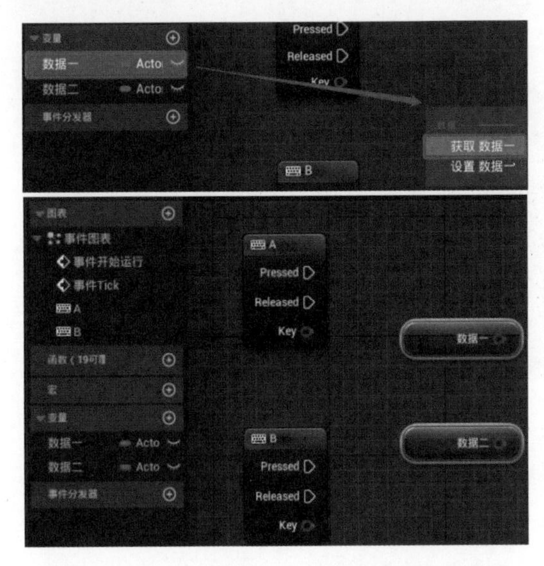

图1-78 拖动“数据一”到关卡蓝图事件图表

步骤 08 在菜单栏中选择“窗口”→“世界分区”→“数据层大纲视图”命令，打开“数据层”面板。将两个数据层的初始运行时状态都设置为“已卸载”，如图 1–79 所示。

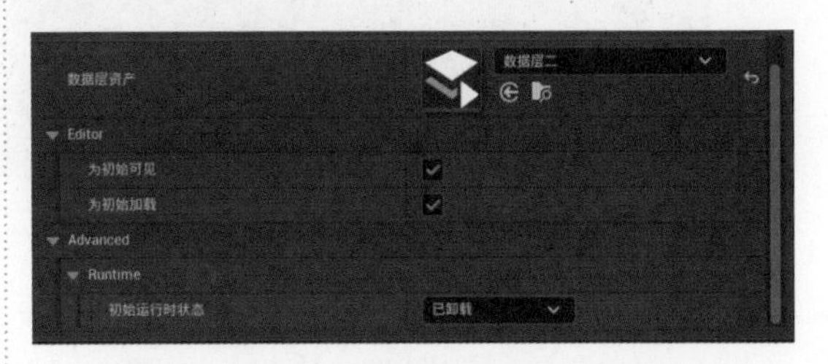

图1-79 将两个数据层的初始运行时状态设置为“已卸载”

步骤 09 在事件图表视口中，将鼠标移动到“数据层一”，按住鼠标拖出一条线，取消选中“情景关联”复选框，在搜索栏搜索“设置数据层”，选择“设置数据层运行时状态”命令，将数据层运行时状态设置为“已卸载”，如图 1–80 所示。

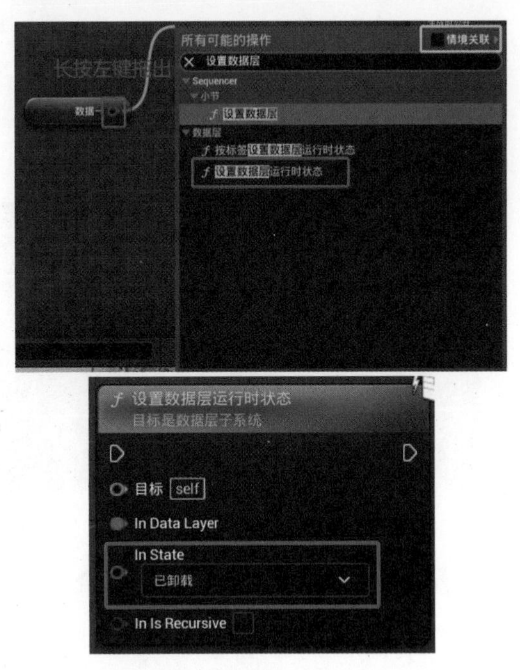

图1-80 将数据层运行时状态设置为“已卸载”

步骤 10 复制两个“设置数据层运行时状态”节点，将运行时状态分别设置为“已激活”和“已卸载”，设置好的三个节点如图 1–81 所示。

图1-81　复制并设置节点的运行状态

步骤 11 在事件图表视口中，将前两个“设置数据层运行时状态”节点与“数据一”连接，将第三个节点与“数据二”连接，如图 1–82 所示。

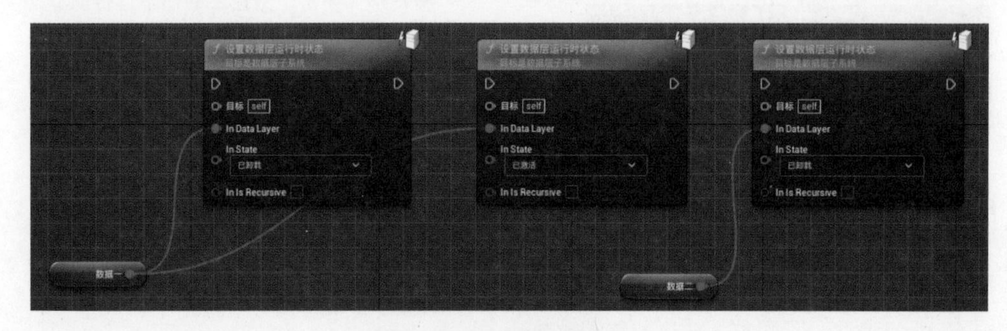

图1-82　连接数据与节点

步骤 12 将“任意键 A”节点与三个节点依次连接。运行时的逻辑关系是：数据层一在卸载的情况下，按下 A 键，数据层一被激活，数据层二被卸载，因此只有数据层一的场景被显示出来，如图 1–83 所示。

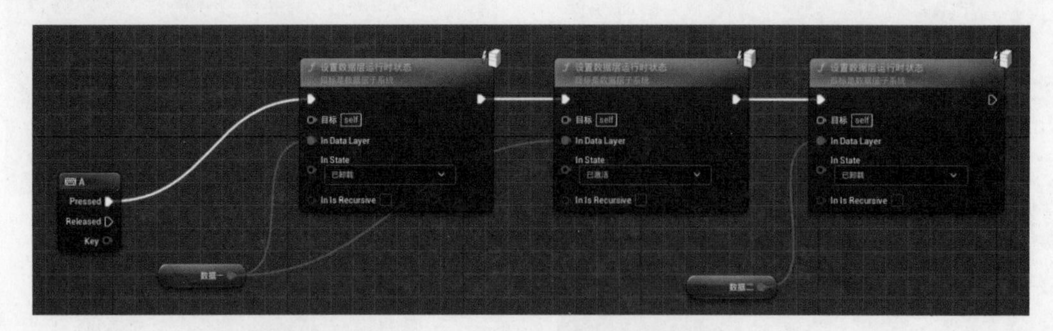

图1-83　“任意键A”与三个节点连接

步骤 13 在事件图表视口中，将鼠标指针移动到第一个节点，拖出一条线，选中“情景关联”复选框，在搜索栏搜索“获取”，选择“获取 DataLayerSubsystem”命令，创建“数据层子系统”节点，如图 1–84 所示。

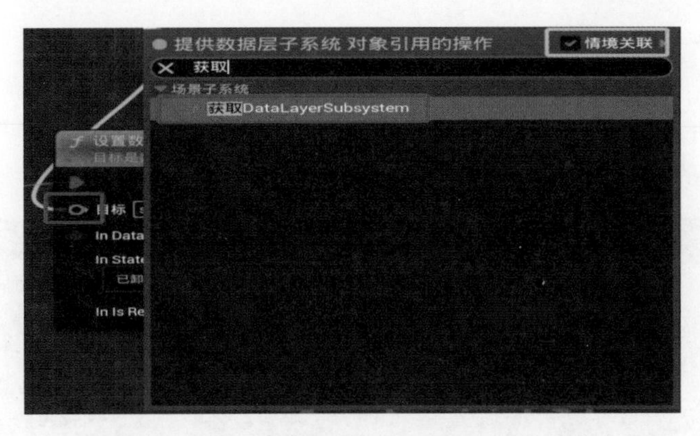

图1-84 选择“获取DataLayerSubsystem”命令

步骤 14 在事件图表视口中，将添加好的“数据层子系统”节点分别与三个“设置数据层运行时状态”节点相连。单击工具栏中的“编译”按钮，再单击“保存”按钮，A 键的关卡蓝图就设置完成，如图 1–85 所示。

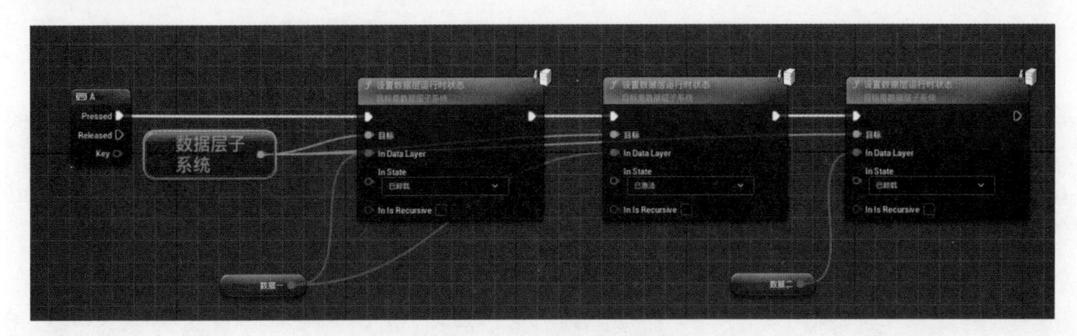

图1-85 A键关卡蓝图

步骤 15 在工具栏单击▶（运行）按钮，开始运行当前关卡，此时关卡中没有显示数据层内的场景，按下 A 键，数据层一中的场景出现在关卡中，表示使用 A 键可以自动加载数据层一的场景，如图 1–86 所示。

图1-86 按A键显示数据层一的场景

步骤 16 回到关卡蓝图事件图表视口，框选“任意键 A”的全部节点，复制并移动到“任意键 B”旁边。在“变量”卷展栏中选择“数据一”与“数据二”，按住鼠标左键，将“数据一”拖动到事件图表视口中“数据二”的位置，使“数据二”被替换为“数据一”，用同样的方式，将事件图表视口中的“数据一”替换为“数据二”，如图 1–87 所示。

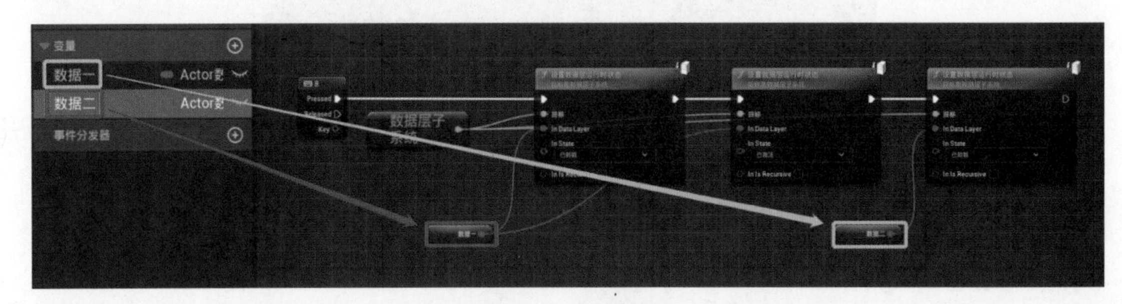

图1-87 替换数据

步骤 17 在事件图表视口中，将“任意键 B”与节点相连接，单击工具栏中的“编译”按钮，再单击“保存”按钮。运行时的逻辑关系是：数据层二在卸载的情况下，按下 B 键，数据层二被激活，数据层一被卸载，因此只有数据层二的场景被显示出来，如图 1–88 所示。

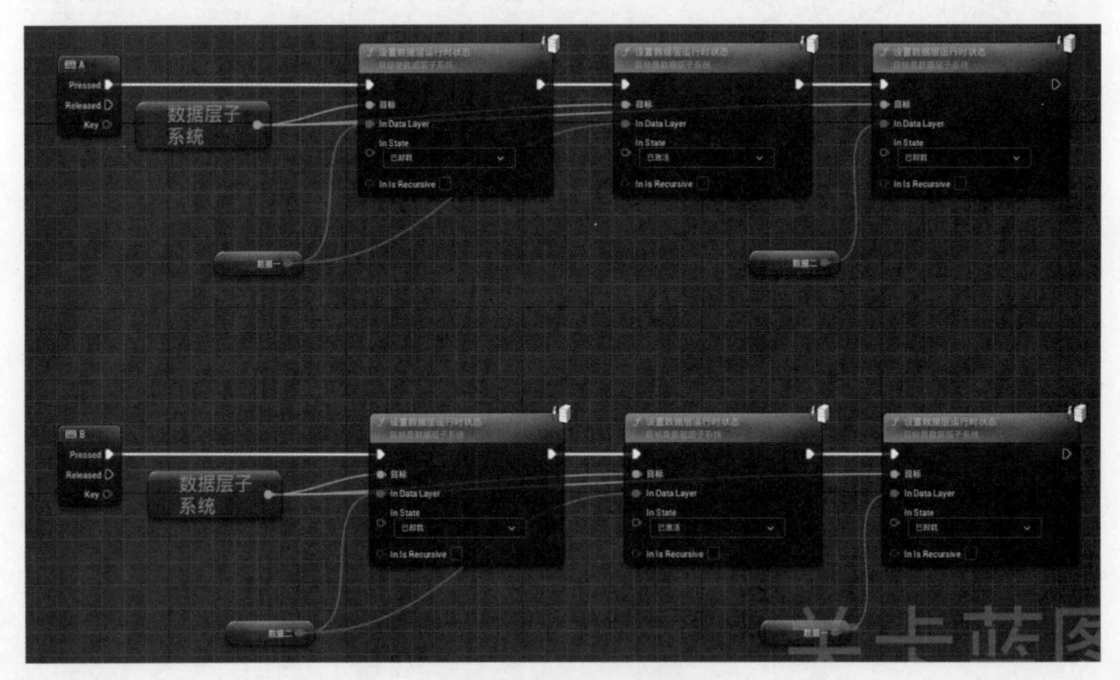

图1-88 蓝图节点总览

步骤 18 打开虚幻引擎关卡视口，单击菜单栏中的▶（运行）按钮，开始运行当前关卡，此时关卡中没有显示数据层内的场景，按下 A 键后，数据层一中的场景出现在关卡中，如图 1–89 所示。

图1-89 按A键显示数据层一的场景

步骤 19 单击菜单栏中的 ▶（运行）按钮，开始运行当前关卡，按下 B 键后，数据层二中的场景出现在关卡中，数据层一的场景被隐藏，如图 1-90 所示。

图1-90 按B键显示数据层二的场景

1.4 习 题

1. UE5 的主要特点和优势是什么？
2. UE5 中的 Lumen 光线追踪技术是如何实现的？
3. UE5 中的 Nanite 技术对游戏开发有什么影响？
4. UE5 中的 Landscape 地形系统如何创建和编辑地形？

第2章

虚拟现实场景制作

在 UE5 中搭建一个虚拟现实交互场景需要考虑很多方面的问题。其准备工作尤为重要，如果没有任何规划就盲目开始，很可能导致最后得到的成果并不能满足我们的实际需求。在 UE5 中，使用的模型一般有两个主要来源：一种是使用自己创建的模型，但需做好模型优化，尽可能减少三角面和顶点数，以避免资源占用过高导致引擎崩溃。另一种是在 UE5 提供的虚拟商城中购买其他人制作好的素材包，这样可以在搭建场景时使用其中的素材。本章将详细讲述如何利用 3ds Max 创建基础模型并指定贴图坐标，然后将其导入 UE5 中搭建虚拟现实交互场景。

2.1 静态网格体模型的创建

本章着重讲述基本对象创建命令面板与修改编辑命令面板的使用方法，介绍几何参数对象的创建与参数设置，合成对象的创建与编辑，二维图形对象的创建与编辑，以及移动、旋转、缩放变换的操作方式，同时讲述复制、阵列等工具的使用与参数设置方法。

从简单的基本几何原型开始，经过逐步的修改编辑得到复杂的三维模型是 3ds Max 建模的重要理念。几何参数对象的建模理念是通过对现实物体外形的研究，以及对物体自身组合构成规律的研究，寻找在三维建模过程中形态的创造规律。这种建模方式首先是一个分解的过程，因为在人类生存的物质空间中充满了复杂的形态，要想把握它们的造型规律，就要先将它们单纯化，彻底分解还原为简单的造型元素，并剖析这些造型元素的构成本质。

依据分解理念，可以先利用 3ds Max 提供的标准基本体、扩展基本体、二维图形对象创建命令面板，创建物体的简单几何原型。这些几何原型的形态是由一些基本的几何参数控制的。然后就可以依照建模任务的需要，使用修改编辑命令面板中的各种修改编辑器，对这些几何原型进一步加工编辑，以生成真实世界中的复杂对象。另一方面，这种建模方式也是一个整合的过程，在这一过程中可以利用合成对象创建命令面板和进行移动、旋转、缩放、对齐、阵列、复制、成组等操作，将分解过程中生成的几何造型构件，按照平衡、比例、对比、调和等形式法则，整合成最终的造型。

这种建模方式的创建过程与合成编辑方式的特点，决定了其比较适用于创建具有规整几何形态的物体，如家用电器、家具等动画场景道具。

在 3ds Max 中，几何参数对象还可以被方便地转换为 Patch 面片对象、Mesh 网格对象或 NURBS 曲面对象。在场景中几何参数对象上右击，会弹出一个快捷菜单，在该菜单中可以选择转换为可编辑网格对象、可编辑面片对象或 NURBS 曲面对象。

2.1.1 基本对象创建命令面板

在基本对象创建命令面板中单击下拉按钮，弹出下拉列表，如图 2-1 所示。

图2-1　基本对象创建命令面板

在其下拉列表中包括可以创建的基本对象类型，这些对象包括：标准基本体、扩展基本体、复合对象、粒子系统、面片栅格、实体对象、门、NURBS 曲面、窗、AEC 扩展、Point Cloud Objects（点云对象）、动力学对象和楼梯等。

1. 标准基本体

标准基本体的创建命令面板用于创建标准的几何参数对象，如图 2-2 所示，这些对象既可以直接作为模型构件，也可以用于合成复杂的场景造型。还可以为这些对象施加不同的修改器。可以用鼠标拖动创建标准基本体，也可以通过键盘输入数据从而精确地创建标准基本体。

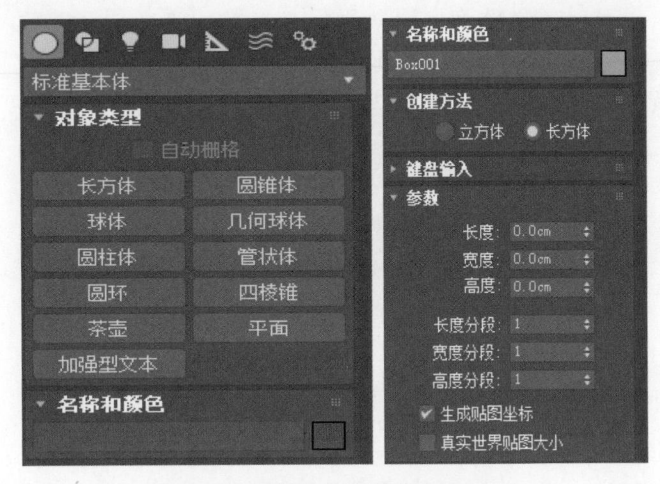

图2-2 标准基本体创建命令面板

标准基本体创建命令面板主要由以下五个部分构成。

1）对象类型

该卷展栏中列出了在标准基本体创建命令面板中可以直接生成的对象类型，包括：长方体、球体、圆柱体、圆环、茶壶、圆锥体、几何球体、管状体、四棱锥、平面与加强型文本。

2）名称和颜色

单击色彩样本，在弹出的“对象颜色”对话框（见图 2–3）中可以选择一个新的颜色。在该卷展栏中可以指定当前创建对象的名称和颜色，也可以在创建完成后对选定对象的名称与颜色进行修改。

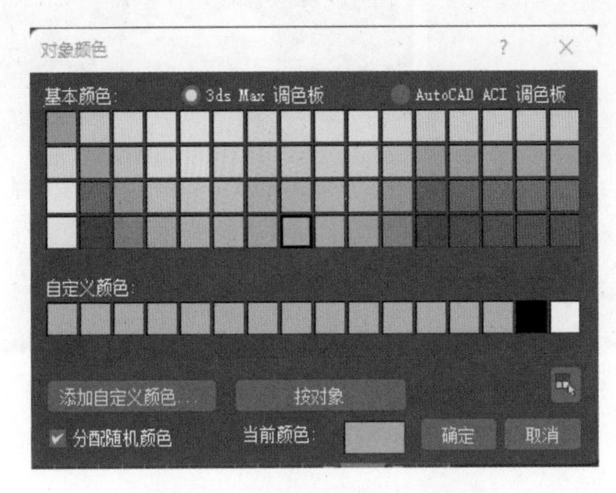

图2-3 “对象颜色”对话框

3）创建方法

该卷展栏用于指定几何参数对象的创建方法。例如，在创建球体时，可以选择以边界拖出的方式创建或以中心拖出的方式创建。

4）键盘输入

在创建对象时也可以通过精确地输入坐标与参数的方式创建对象。通过使用键盘上的 Tab 键在该卷展栏中的不同数值输入框间切换，并使用 Enter 键确定输入的数值。使用 Shift+Tab 组合键可以回退到前一个数值输入框，输入所有的数据后，按下 Tab 键跳转到“创建”按钮，最后按下 Enter 键结束创建过程。

5）参数

参数功能能够精准确定对象的各种属性。参数化对象极大地增强了 3ds Max 的建模、修改编辑和动画能力，一般情况下应尽量保存对象的参数属性，将这些参数保存在修改编辑堆栈的底层。丢失对象参数属性的操作包括合并对象、塌陷对象、转换对象模式以及将对象输出为其他格式文件等。

2. 扩展基本体

在基本对象创建命令面板中，单击标准基本体右侧的下拉按钮，从下拉列表中选择“扩展基本体”，出现扩展基本体创建命令面板，如图 2-4 左图所示，该命令面板与标准基本体创建命令面板结构相同，也是由对象类型、名称与颜色、创建方法、键盘输入和参数五个卷展栏构成。

在“对象类型”卷展栏中，列出了不同类型的扩展几何体，包括：异面体、切角长方体、油罐、纺锤、球棱柱、环形波、棱柱、环形结、切角圆柱体、胶囊、L-Ext、C- Ext、软管。这些对象相对于标准基本体形态上更为复杂，如图 2-4 右图所示。

扩展基本体
对象类型
自动栅格
异面体 环形结
切角长方体 切角圆柱体
油罐 胶囊
纺锤 L-Ext
球棱柱 C-Ext
环形波 软管
棱柱

图2-4　扩展基本体创建命令面板与不同类型的扩展几何体

2.1.2 修改编辑命令面板

虽然基本对象创建命令面板十分复杂，但其能够直接生成几何原型。如需生成三维空间中的复杂造型，还要再做进一步的修改与编辑。3ds Max 中任何在创建过程中涉及的参数与控制项目，都可以在创建完成后，在修改编辑命令面板中进行编辑修改，并且几乎所有的修改过程都可以被记录为动画。

1. 修改编辑命令面板的结构

一般情况下修改编辑命令面板分为五个功能区域，如图 2–5 所示。

1）名称与颜色修改区域

该区域用于显示当前选定对象的名称与颜色，并可以对名称和颜色进行修改。

2）修改器列表

在下拉列表中显示了所有修改器的名称，利用这些修改器可以对各种对象进行修改编辑。3ds Max 提供了几十种功能强大的修改器，在该区域中没有足够的空间把这些修改器全部显示出来，单击右侧的下拉按钮，滚动鼠标滚轮显示修改器列表，在其中选择要指定的修改器。

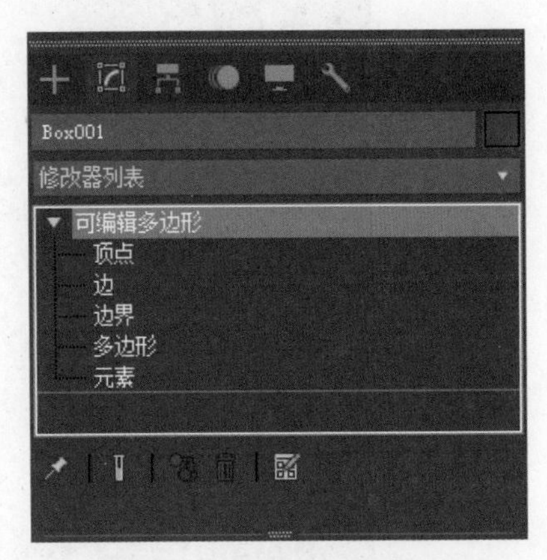

图2-5 修改编辑命令面板

3）修改编辑堆栈

修改编辑堆栈用于堆放当前对象的创建参数，以及加入的各种修改器的名称与参数，就像是每一个对象独有的档案资料一样。

在创建复杂场景时，过多的堆栈记录项目会大量占用系统资源，所以如果对于修改编辑结果感到满意的话，应当在修改编辑堆栈中右击，在弹出的快捷菜单中选择“塌陷全部”命令，删除对象在修改编辑堆栈中记录的全部历史步骤。

4）层级选择区域

该区域用于确定修改编辑命令作用的不同对象的结构层级。例如，对于可编辑多边形物体，可以在节点、边、边界、面、元素之间进行切换。

5）修改编辑参数区域

这个区域会根据所选定的不同修改编辑对象和不同修改器，呈现不同的参数控制项目。

2. 修改编辑堆栈的结构

通过对象的修改编辑堆栈记录，不仅可以使用户对对象的创建与修改编辑过程一目了然，还可以方便地进入任何一个记录的历史过程，重新对该过程的参数进行修改编辑。在修改编辑堆栈中对任何下一级修改器进行编辑，都能在上一级修改器中反映出来。如图 2–6 所示，可以观察到堆栈从下向上分为两层结构。

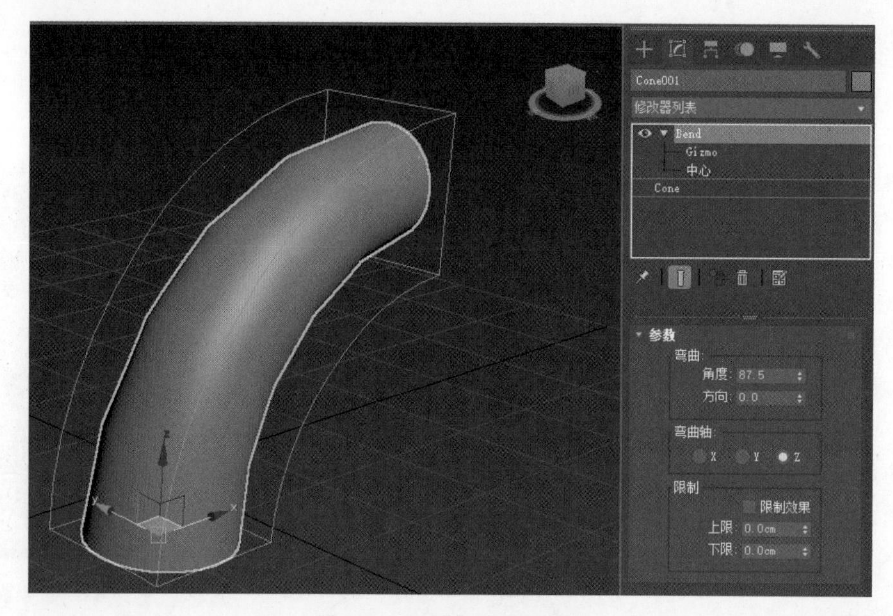

图2-6　修改编辑堆栈结构

1）对象的创建参数

该层中存放着对象的几何创建参数，例如在修改编辑堆栈中单击长方体，可以重新对长方体的几何创建参数进行修改编辑。

2）对象的修改编辑记录

该层中存放着为对象指定的所有修改器参数，这些修改器从下到上的排列顺序代表着它们的加入顺序。在3ds Max中对象的移动、缩放、旋转变换操作参数是不能被记录的，只有在变换之前先给对象指定一个变换修改器，变换操作的参数才能被保存。

3. 修改编辑堆栈的控制工具

在3ds Max的修改编辑堆栈列表中，单击任何一个修改器，修改编辑命令面板就会变为相应的参数控制面板，这样就可以方便地进入任何一个历史步骤，对任何一个步骤重新进行修改编辑。

1）锁定修改编辑堆栈

锁定修改编辑堆栈工具的作用是将修改编辑命令面板一直锁定到当前选定的对象上，一直显示这个对象相应历史步骤的修改编辑参数，即使在场景中选择了其他的对象，修改编辑命令面板也不会发生变化。

2）修改器的作用开关

在修改编辑堆栈的历史记录中，任意单击一个修改器的作用开关，切换该修改器的状态。如果该修改器处于有效状态，则在场景中的对象上将显示出该修改器的作用效果；如果该修改器处于无效状态，则在场景中的对象上将不显示该修改器的作用效果。（请注意这只是一个暂时性的开关，不会从修改编辑堆栈列表中删除任何一个历史记录项目。）

3）显示最终结果

显示最终结果工具的作用是，如果当前正处于修改编辑堆栈历史记录中的一步，此时场景中将只显现从最初的一步到当前一步的修改编辑效果。如果单击这个图标，就会在场景中显示最终的修改编辑效果，以利于观察当前历史记录的修改编辑会对最后的效果产生什么样的影响。

4）独立修改编辑

如果当前的修改编辑操作是针对于一组对象，则修改器会作用于群组中所有的对象。使用独立修改编辑工具，可以使一个对象从一组对象中独立出来，能对它们各自进行独立的修改编辑。

5）移除修改器

移除修改器工具用于从当前修改编辑堆栈的历史记录中移除选定的修改器，并清除其相关的作用效果。

6）布局控制

单击布局控制工具，弹出“布局”下拉菜单，其中的菜单命令用于调整并优化区域布局与数量设置，以实现更为精细与个性化的编辑体验。。

4. 修改器的类型

在3ds Max中的修改器，按照功能划分，可分为下面几种类型。

1）选择修改器

选择修改器主要用于对各种类型对象的选择，目的是对所选的次级结构编辑层级进行动画的设定。

2）参数修改器

参数修改器主要用于对各种类型对象进行参数化变形编辑，常用的有弯曲、扭曲、拉伸、旋转、噪波等几种修改器。

3）UV坐标修改器

UV坐标修改器主要用于改变对象的表面特性，如贴图坐标修改器，可创建和编辑对象的贴图坐标；展开坐标修改器，可以对复杂物体的贴图位置进行编辑。

4）网格修改器

网格修改器主要用于修改对象的次级结构编辑层级，包括编辑网格、编辑多边形、优化和对称等修改器。

5）动画修改器

动画修改器主要用于对物体进行蒙皮、变形和各种动画编辑，包括目标变形、柔性、路径变形、蒙皮变形、蒙皮包裹、蒙皮包裹面片等修改器。

6）细分表面修改器

细分表面修改器主要用于对物体进行表面细分，使物体获得更多造型细节。

2.1.3 二维图形对象

二维图形对象可以由一条或数条样条曲线构成，如一条直线或一个矩形可以是一个二维图形对象；一条直线和一个矩形的组合也可以构成一个二维图形对象；一个由不连续笔画是的文字或由几个文字构成的文本也可以是一个二维图形对象，如图2-7所示。

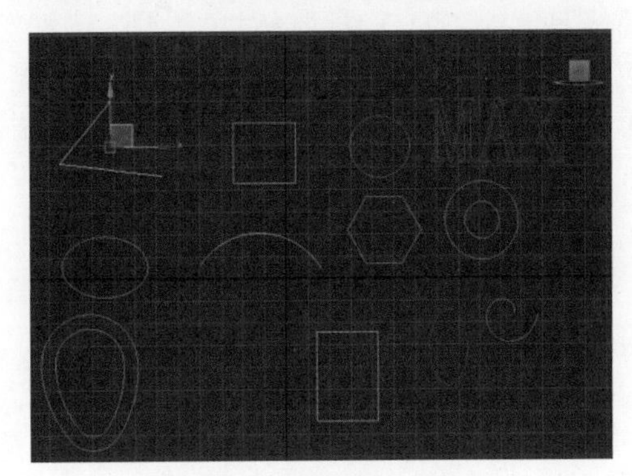

图2-7　二维图形对象

在3ds Max中创建二维图形对象可以使用二维图形对象创建命令面板。选择一种类型的二维图形对象后，可以在任意场景视图中单击并拖动进行交互式创建，也可以通过键盘输入几何参数和节点位置坐标的方式进行精确创建。创建完成的二维图形对象如同几何参数对象一样，也拥有自己的名称和结构颜色。

二维图形对象创建命令面板一般分为几个功能区域，如图2-8所示，根据选择的二维图形对象的类型不同，面板结构会稍有变化。

图2-8　二维图形对象创建命令面板

1）对象类型

在“对象类型”卷展栏中列出了该命令面板可以创建的二维图形对象类型，例如可以创建的样条曲线类型包括：线、圆、弧、多边形、文本、卵形、徒手、矩形、椭圆、圆环、星形、螺旋线、截面。

2）名称与颜色

在“名称与颜色”卷展栏中可以指定二维图形对象的名称与结构颜色。

3）渲染设置

在该卷展栏中可以开关二维曲线的可渲染属性，并可以生成贴图坐标。渲染参数还可以进行动画设置，如可以在不同的动画帧中指定不同边、厚度、角度的数值。

4）插值设置

插值设置用于指定样条曲线的生成方式，每条样条曲线都是由一段一段的短直线构成的，steps（步数）参数用于指定样条曲线上两个节点之间的短直线数量，步数越多样条曲线越光滑。

5）创建方法

在“创建方法”卷展栏中可以设定鼠标交互创建的方式，如选中 Edge（边）单选按钮，则以从边角拖动的方式创建二维图形对象，鼠标拖动的距离确定二维图形对象的直径；选中 Center（中心）单选按钮，则以从中心拖动的方式创建二维图形对象，鼠标拖动的距离确定二维图形对象的半径。

6）键盘输入

在该卷展栏中可以通过键盘输入几何参数和节点位置坐标的方式精确创建二维图形对象，通过键盘上的 Tab 键可以在这些参数输入框间切换。

7）参数

在“参数”卷展栏中可以对二维图形对象的创建参数进行设置，根据当前创建的二维图形对象的类型不同，面板中会呈现不同的参数设置项目。

2.1.4 静态网格体模型地面和墙体的制作

静态网格体模型地面和墙体的制作.mp4

在本节案例的学习中，我们将深入探讨如何运用 3ds Max 二维曲线样条曲线、布尔运算制作地面和墙体静态网格体模型。

地面和墙体模型制作的具体操作步骤如下。

步骤 01 在菜单栏中选择“自定义”→“单位”命令，在弹出的“单位设置”对话框中，为新建的场景设置单位，选中“公制”单选按钮，并在下面的下拉列表框中选择“厘米”选项，如图 2-9 上图所示。单击“系统单位设置”按钮，在弹出的对话框中将单位设置为“厘米”，单击“确定”按钮，如图 2-9

下图所示。

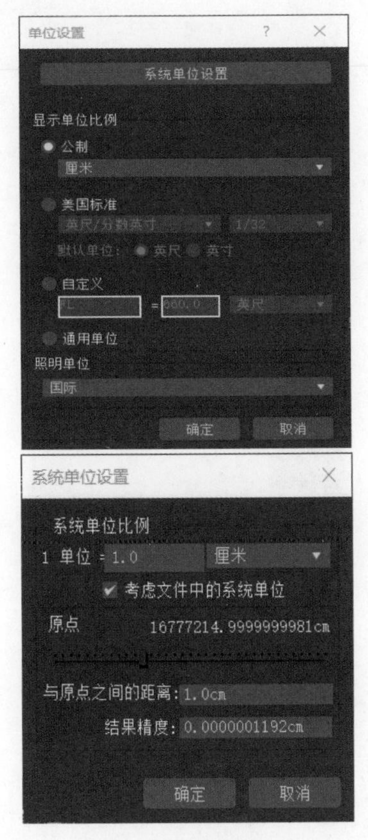

图2-9　单位设置

步骤 02 在菜单栏中选择“文件”→“打开”命令，在弹出的对话框中选择素材“平面图”文件。按 T 键进入顶视图，在工具栏的图标上右击，在弹出的快捷菜单中选择“栅格和捕捉设置”命令，打开“栅格和捕捉设置”对话框，选中“捕捉”选项卡中的“顶点”复选框后关闭对话框，如图 2–10 所示。

步骤 03 在二维图形对象创建命令面板，单击“线”按钮，沿着平面图的轮廓，用鼠标绘制闭合的线条，直至首尾相接。此时，系统将弹出对话框询问是否闭合样条线，单击“是”按钮。随后，在二维图形对象创建命令面板中，取消选中“开始新图形”复选框，并单击“圆”按钮。在场景中，拖动鼠标，于平面图的圆形区域内，绘制出圆形样条线，如图 2–11 所示。

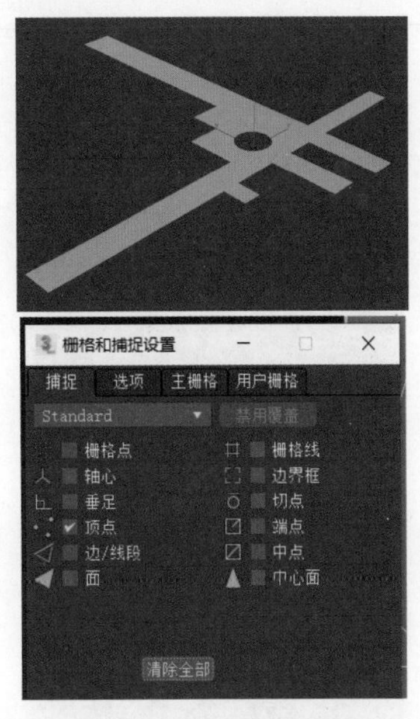

图2-10　设置顶点捕捉

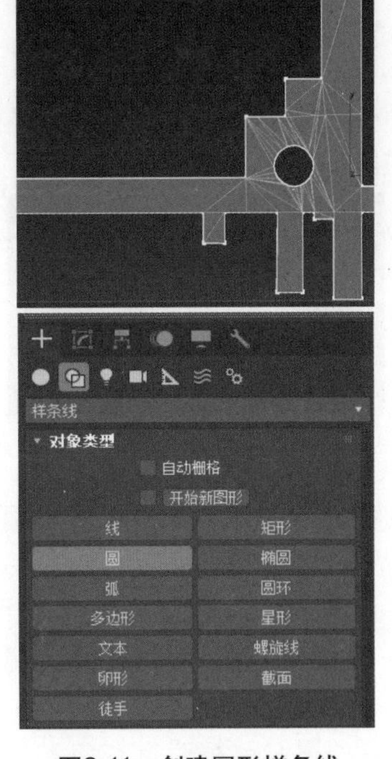

图2-11　创建圆形样条线

步骤 04 单击工具栏中的“场景资源管理器”按钮，在弹出的对话框中关闭参考平面图 dimian。随后，在场景中选择已创建的描边二维样条线，单击修改编辑命令面板，在修改器列表中选择“挤出”修改器，如图 2-12 上图所示。在修改编辑命令面板中将挤出的“数量”更改为 1cm，效果如图 2-12 下图所示。

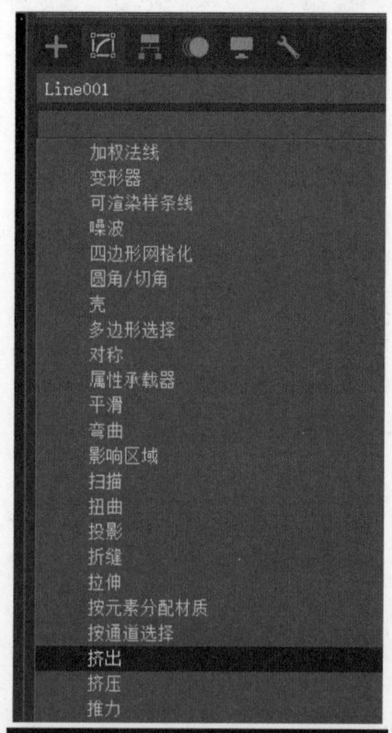

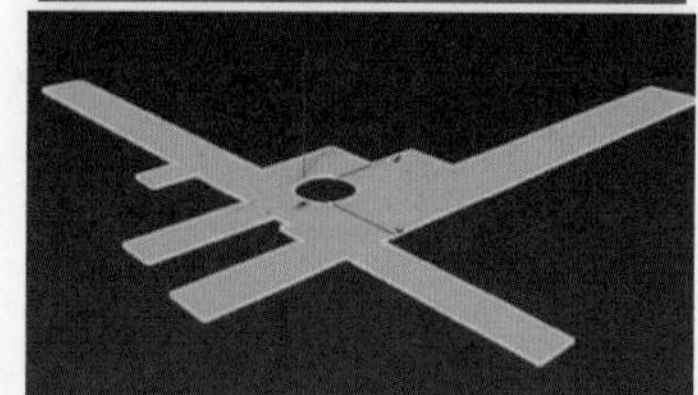

图2-12 挤出

步骤 05 在场景中选择目标地面，在菜单栏中选择“编辑”→“克隆”命令。在弹出的对话框中选中“复制”单选按钮，单击“确定”按钮以完成操作。随后，将复制的地面重命名为“墙体”。

步骤 06 在修改编辑堆栈中右击墙体的“挤出”修改器，在弹出的快捷菜单中选择“删除”命令，保留墙体曲线。单击展开“可编辑样条线”，选择“样条线”，单击场景中的圆形线条，按 Delete 键删除。效果如图 2-13 下图所示。

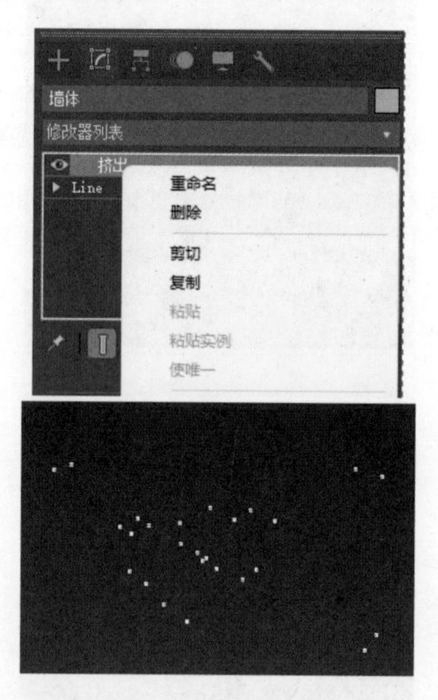

图2-13 删除中间圆形曲线

步骤 07 单击工具栏中的“场景资源管理器”按钮，在弹出的对话框中选择“墙体”。然后在菜单栏中选择“编辑”→“克隆”命令，在弹出的对话框中选中“复制”单选按钮，复制墙体并命名为“墙体 001”，将原墙体取消显示。选择新复制的“墙体 001”，在修改编辑命令面板中选择“样条线”，单击“轮廓”按钮，将“轮廓”数值设为 20 cm（见图 2-14 上图）。在修改器列表中选择“挤出”修改器，在修改编辑命令面板中修改挤出的“数量”为 300 cm，效果如图 2-14 下图所示。

步骤 08 在工具栏单击 2（捕捉）按钮关闭二维顶点捕捉，在墙体合适位置单击创建几何图形长方体，将长方体的高度设为 260 cm，宽度设为 185 cm，使用移动工具将长方体移动至与墙体重合，如图 2-15 所示。

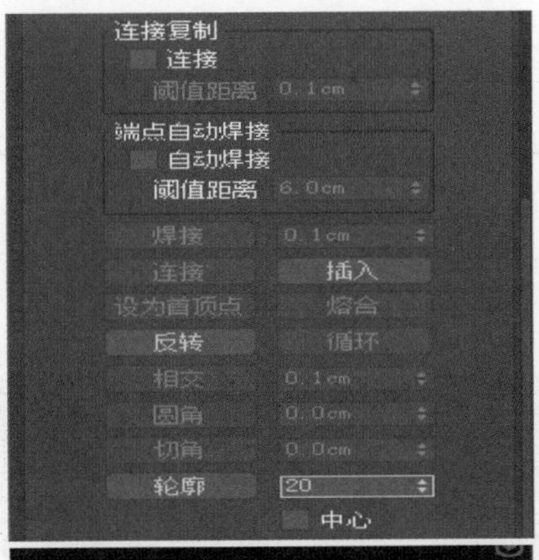

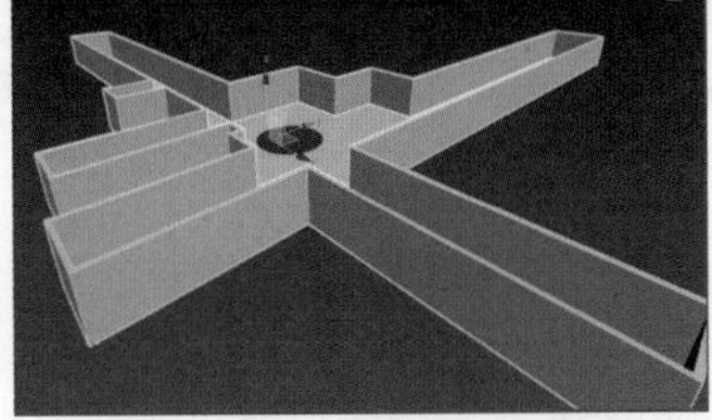

图2-14　添加轮廓与挤出墙体

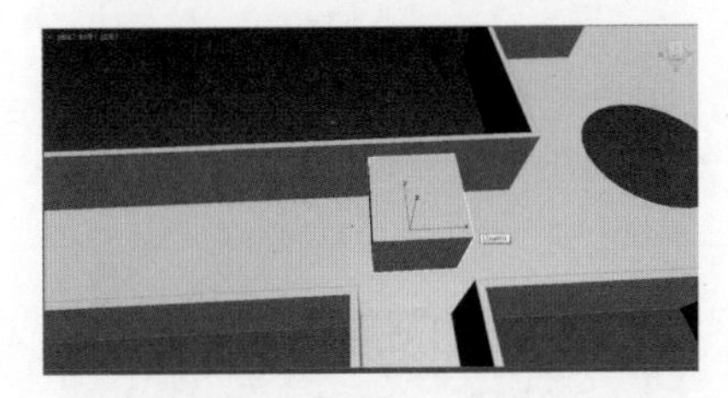

图2-15　创建长方体

步骤 09　进入顶视图，在二维图形对象创建命令面板中单击“矩形”按钮，在工具栏中单击 2 (捕捉)按钮打开二维顶点捕捉，按住鼠标左键并在场景中拖动绘制矩形。单击选中创建的矩形，在场景中右击并在弹出的快捷菜单中选择“转换为”→“转换为可编辑样条线”命令，选择新建矩形的顶点与墙壁拐角顶点进行顶点捕捉对齐，如图 2–16 所示。

步骤 10　在修改编辑命令面板中单击展开“可编辑样条线”，选择“顶点”，选中矩形的下方两个顶点（见图 2–17 上图）。单击“角度捕捉切换”按钮，使用移动工具将选中的两顶点垂直移动至下方墙面处，选择“挤出”修改器（同上操作），挤出的“数量”设置为 300 cm，效果如图 2–17 下图所示。

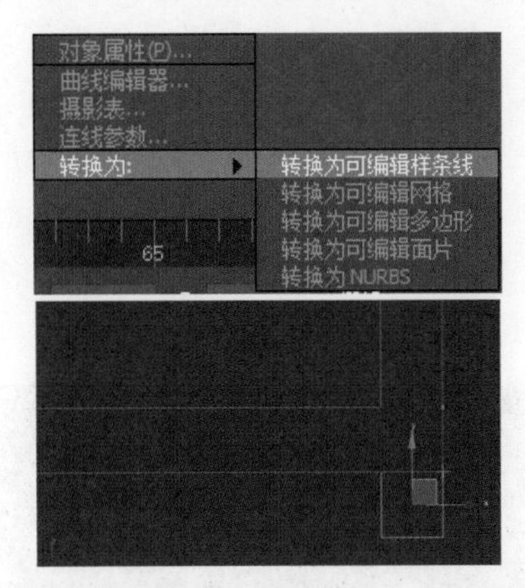

图2-16　捕捉对齐

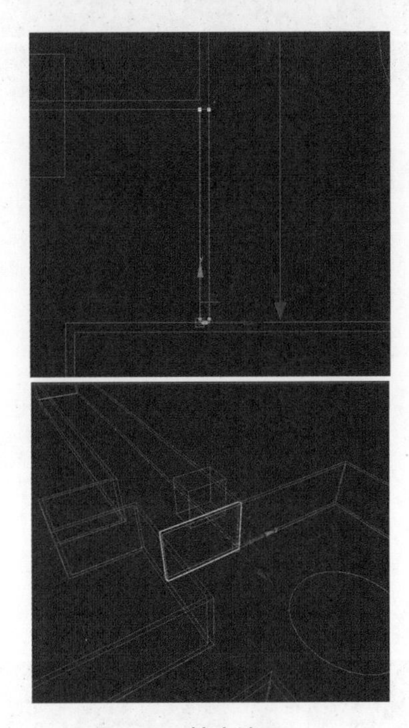

图2-17　挤出墙面

步骤 11　在顶视图中选中新建的墙面，然后在菜单栏中选择“编辑”→“克隆”命令，在弹出的对话框中选中“复制”单选按钮，把复制好的墙面移动到目标位置，右击“旋转”工具，设置墙面沿 Z 轴旋转 90°。

步骤 12 单击“捕捉”按钮打开二维顶点捕捉，选择“可编辑样条线”→“顶点”层级，将前面复制的墙壁一端顶点捕捉到墙角拐点，同理将另一边顶点捕捉对齐。进入透视图，按 F3 键，“线框”修改为“面显示”，调整墙壁挤出的“数量”为 40 cm，在工具栏中单击三维捕捉工具打开三维顶点捕捉，选择该模型的点并拖动到与房梁点对齐，如图 2–18 所示。

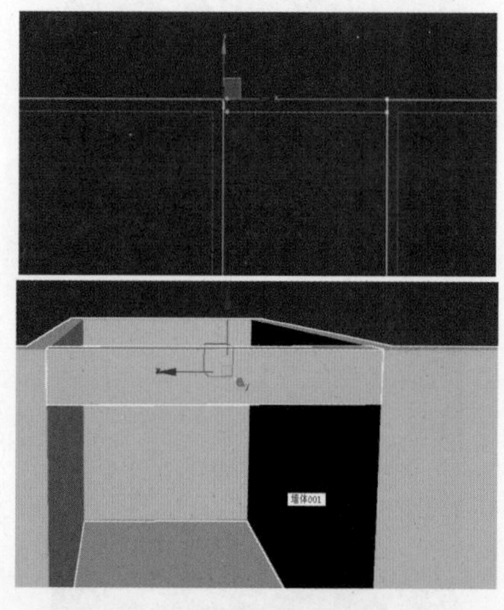

图2-18　使用三维捕捉工具对齐顶点

步骤 13 在标准基本体创建命令面板中单击“长方体”按钮，在场景中按住鼠标左键并拖动，创建一个长方体，并移动到目标位置，在修改编辑命令面板中调整“高度”为 280 cm，“宽度”为 200 cm，如图 2–19 所示。

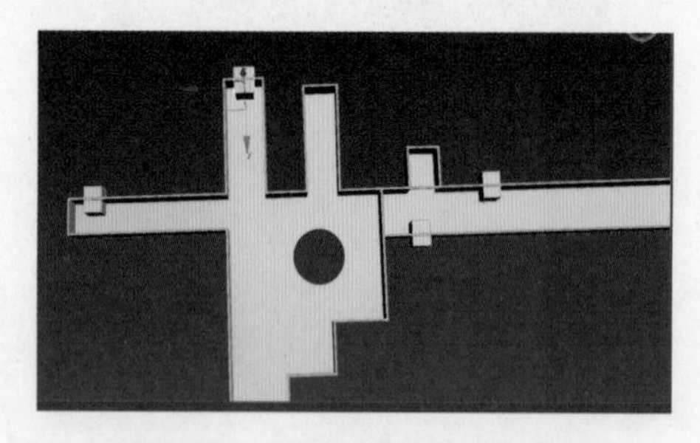

图2-19　创建长方体并调整参数

步骤 14 复制长方体并移动到目标位置（具体操作同上），右击“旋转”工具，在弹出的窗口中将 Z 轴数值改为 90°。在修改编辑命令面板中，修改“宽度”为 210cm。同理复制出如下长方体，并移动旋转到合适位置，如图 2–20 所示。

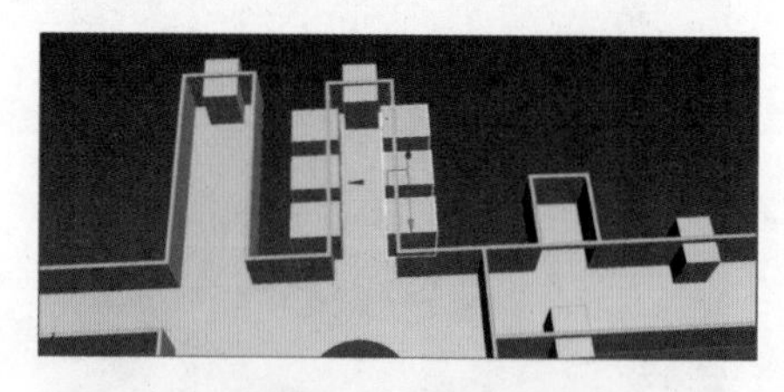

图2-20　复制长方体并移动到合适位置

步骤 15 选择其中一个长方体，右击并在弹出的快捷菜单中选择“转换为可编辑多边形”命令，在修改编辑命令面板中单击“附加”按钮，用鼠标左键逐个单击选择制作门洞的方块，之后再次单击“附加”按钮退出附加模式，同理将所有墙体都转换为可编辑多边形，都通过附加操作合并为一个整体，如图 2–21 所示。

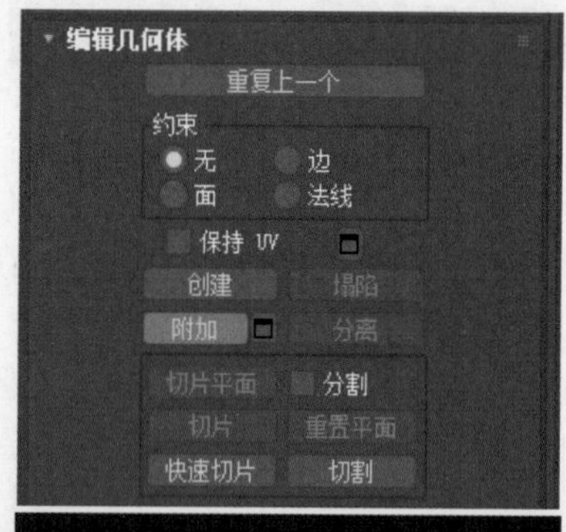

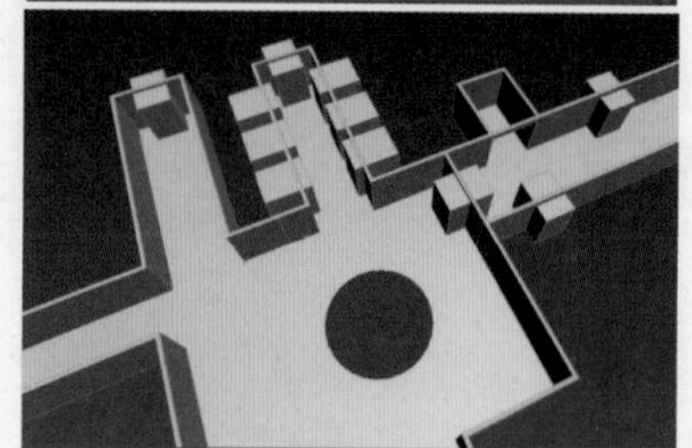

图2-21　墙体合并为一体

步骤16 选择墙体，在复合对象命令面板中单击“布尔运算”按钮，在布尔运算命令面板中单击“差集”按钮，然后，单击“添加运算对象”按钮，在场景中选择长方体。“墙体001”完成布尔运算后，最终效果如图2-22所示。

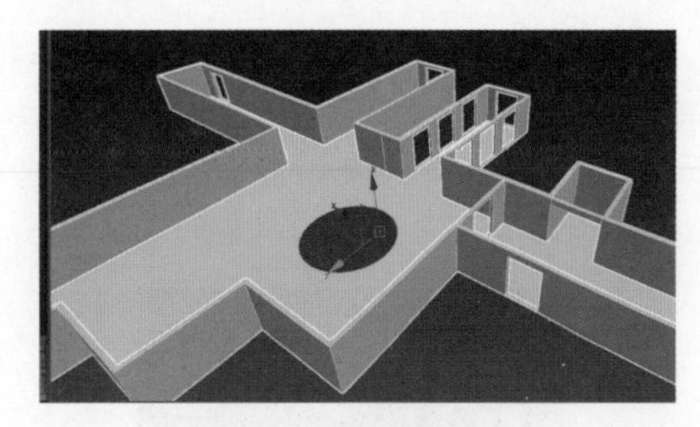

图2-22 布尔运算效果

2.1.5 静态网格体模型转盘的制作

静态网格体模型转盘的制作.mp4

在本节的案例学习中，我们将探讨如何运用二维样条曲线进行编辑，利用“仅影响轴”命令、“弯曲”修改器以及FFD修改器来制作转盘的静态网格体模型。通过这些工具和命令的巧妙结合，我们可以高效地创建出复杂的模型，同时保持操作的简洁性和直观性。这一过程不仅锻炼了我们对软件工具的熟练度，也考验了我们的创造力和解决问题的能力。在每一步操作中，我们都要细心调整参数，观察变化，使得最终模型既能满足设计要求，又具有艺术美感。

转盘模型的具体制作步骤如下。

步骤01 打开2.1.4节中已经完成的场景，单击工具栏中的“场景资源管理器”按钮，在弹出的资源管理器对话框中将墙体（墙体001）和地面（Line001）隐藏，如图2-23所示。

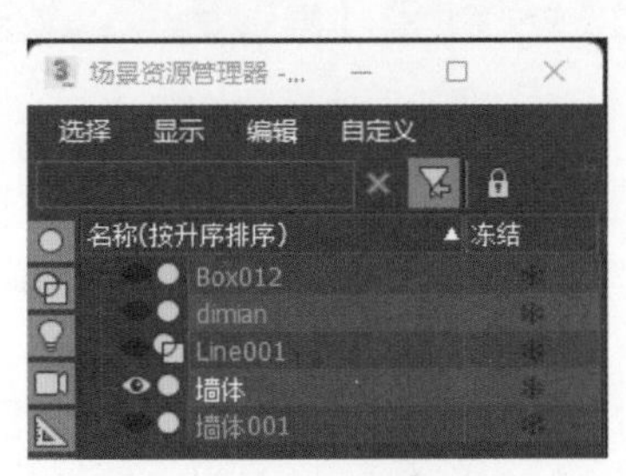

图2-23 隐藏模型

步骤02 在“场景资源管理器”对话框中选中“墙体”，将其重命名为“墙体备份”，单击选中“墙体备份”，在菜单栏中选择“编辑”→“克隆”命令，在弹出的对话框中选中“复制”单选按钮，将复制的墙体重命名为“墙体备份001”，隐藏原“墙体备份”。

步骤03 在修改编辑命令面板中选择“样条线”，保留场景内圆形线框，将其余的按Delete键删除，如图2-24所示。

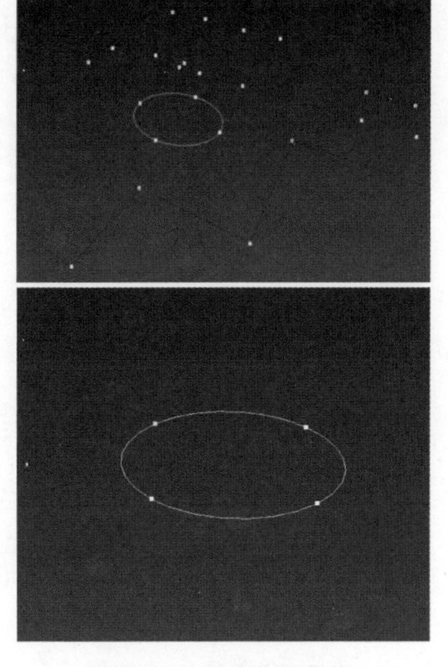

图2-24 删除外层曲线

步骤 04 打开层级命令面板，在“轴”编辑面板中，打开“调整轴”卷展栏，单击“仅影响轴”按钮，在场景内按住鼠标左键拖动“轴”至圆的中心，如图 2-25 所示。

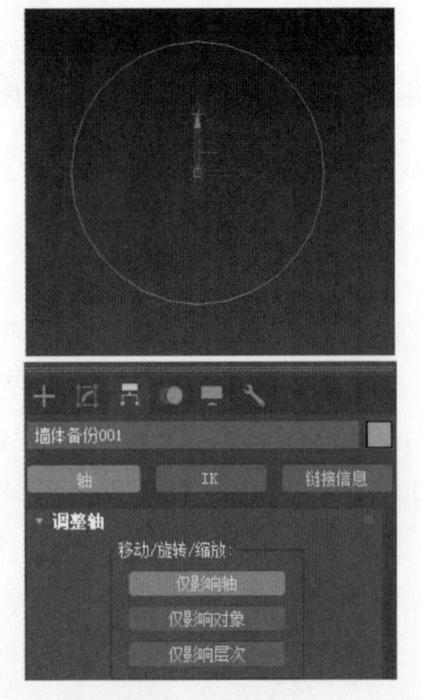

图2-25 调整轴心

步骤 05 选择场景中的圆，在菜单栏中选择“编辑”→“克隆”命令，在弹出的对话框中选中“复制”单选按钮，单击“确定”按钮，复制出一个圆形曲线。打开“场景资源管理器”对话框将原圆形隐藏。

步骤 06 选择场景中的圆形，在右侧修改编辑命令面板中选择“可编辑样条线”→“样条线”层级，设置“轮廓”数值为 1cm，如图 2-26 所示。

步骤 07 在修改编辑命令面板的修改器列表中选择“挤出”修改器（见图 2-27 左图），并将挤出的“数量”设为 300 cm，将名称修改为“玻璃”，效果如图 2-27 右图所示。

步骤 08 在“场景资源管理器”对话框中选择“墙体备份 001”，复制出另一个圆形（操作同上），重命名为“玻璃卡槽”。

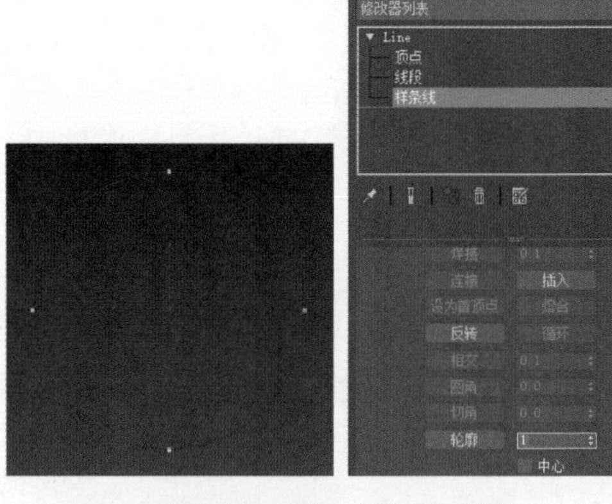

图2-26 设置“轮廓”数值

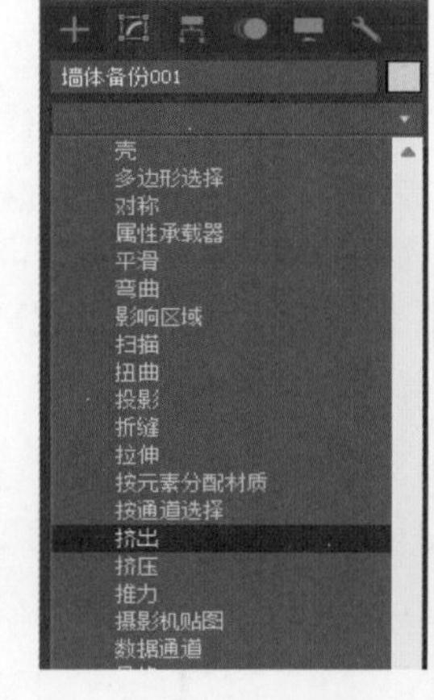

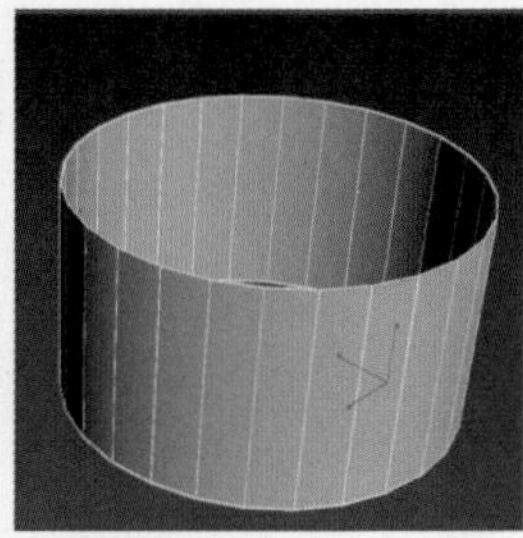

图2-27 设置参数

步骤 09 在场景中选择玻璃卡槽，在右侧修改编辑命令面板中选择“可编辑样条线”→“样条线”层级，在“几何体”卷展栏中单击“轮廓”按钮，选中“中心”复选框，在文本框中输入 25（见图 2-28 左图）后单击关闭“轮廓”。

步骤 10 选择玻璃卡槽，在修改编辑命令面板的修改器列表中选择“挤出”修改器，挤出的“数量”设置为 30 cm，效果如图 2-28 右图所示。

步骤 11 选择玻璃卡槽，在修改编辑命令面板的名称与颜色修改区域，将玻璃卡槽的颜色修改为绿色，单击“确定”按钮。复制出另一个玻璃卡槽，移动到玻璃上方，（具体操作同上）如图 2–29 所示。

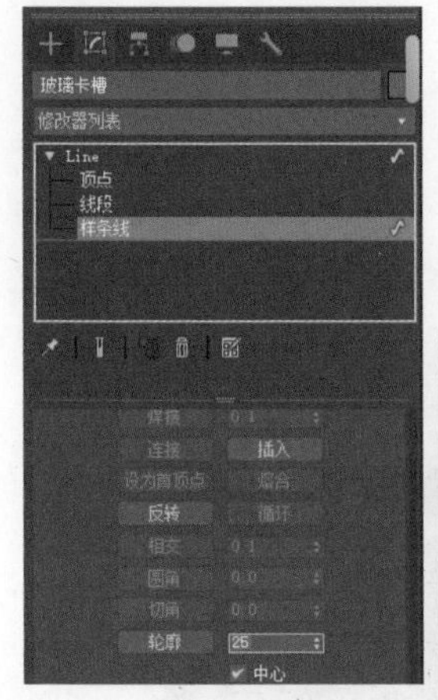

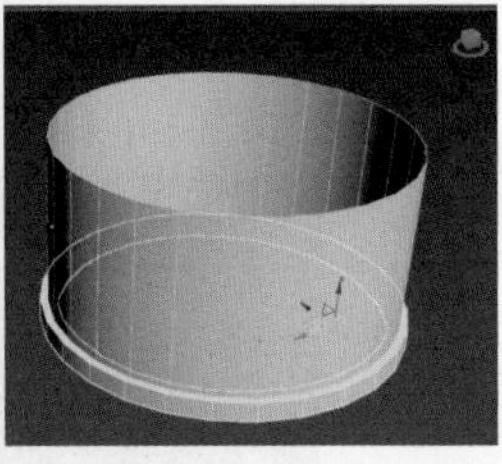

图2-28　设置“轮廓”数值并挤出

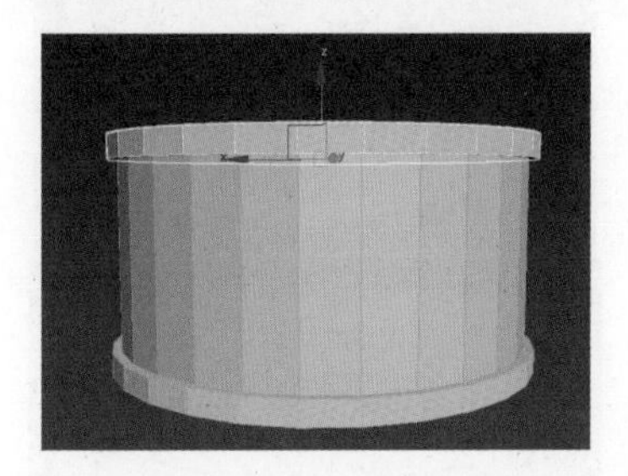

图2-29　复制玻璃卡槽

步骤 12　在“场景资源管理器”对话框中选择“墙体备份 001”，复制出另一个图形，重命名为“墙体备份 002”。单击“墙体备份 002”，在右侧修改编辑命令面板中选择“可编辑样条线”→“样条线”层级，在“几何体”卷展栏中单击“轮廓”按钮，设置数值为 10 cm，将其移动到目标位置。

步骤 13　在修改编辑命令面板的修改器列表中选择“挤出”修改器，设置挤出的“数量”为 5 cm。将“墙体备份 002”移动到玻璃卡槽下方位置。按住 Shift 键的同时按住鼠标左键向上拖动复制“墙体备份 002”，在弹出的对话框中选中“复制”单选按钮，设置“复制”数值为 4，单击“确定”按钮。如图 2–30 所示。

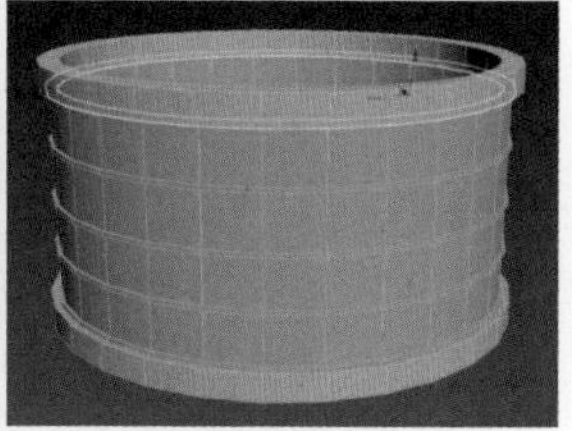

图2-30　执行复制的效果

步骤 14　进入顶视图，在标准基本体创建命令面板中单击“长方体”按钮，在场景中按住鼠标左键并拖动，创建一个长方体，长度和宽度设置为 5 cm。在透视图状态下，在修改编辑命令面板中调整长方体的高度到合适的位置，并重命名为“竖窗户框”，如图 2–31 所示。

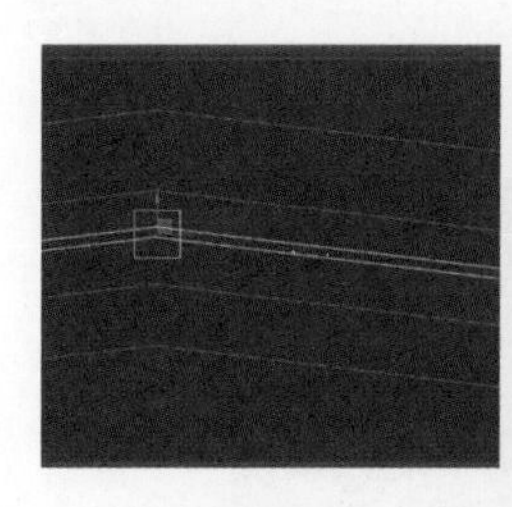

图2-31　创建长方体并调整高度

步骤 15　在“场景资源管理器”对话框中选择备份的“墙体备份 001”复制一份样条线圆，右击“移动”工具，记录弹出的窗口中的 XYZ 轴的坐标数据。

步骤 16　选择竖窗户框，在修改编辑命令面板中单击“仅影响轴”按钮，右击“移动”工具，在弹出的窗口中输入刚刚记录的数据（XYZ 轴坐标），单击关闭“仅影响轴”。

步骤 17　按 T 键进入顶视图，在工具栏单击“角度捕捉切换”按钮，选择“旋转”工具，按住 Shift 键的同时按住鼠标左键拖动，将“竖窗户框”复制并旋转 20°，在弹出的对话框中输入“副本数”为 18，如图 2–32

所示。

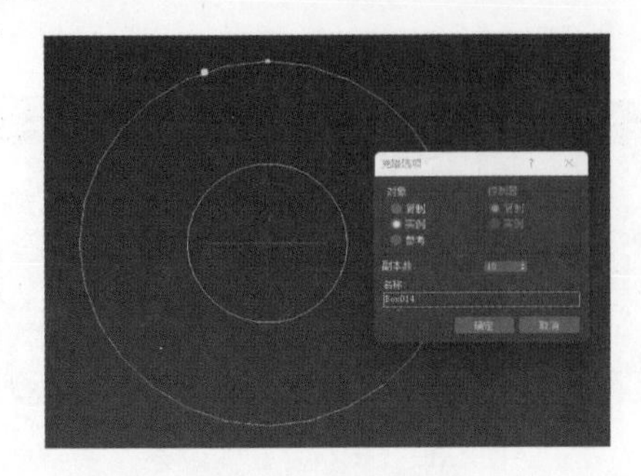

图2-32　复制模型

步骤18　单击选择其中一个竖窗户框长方体，右击并在弹出的快捷菜单中选择“转化为可编辑多边形”命令，在修改编辑命令面板的“编辑几何体”卷展栏中单击“附加”按钮，在附加列表中单击选中所有box，单击“确定”按钮，将所有竖窗户框附加为整体。同理将所有横窗户框附加为一个整体，如图2–33所示。

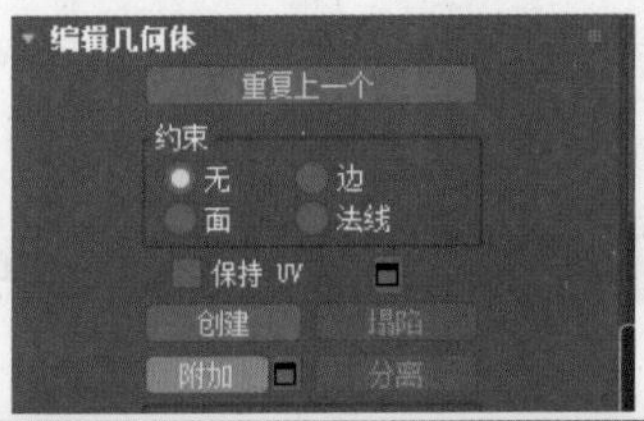

图2-33　窗户框合并为一体

步骤19　在“场景资源管理器”对话框中选择“墙体备份001”，复制一份，将复制出的样条线重命名为“扶手”，将该样条线移动到合适位置。

步骤20　按T键进入顶视图，单击“缩放”工具，按住鼠标左键拖动场景内的样条线曲线放大到合适的比例。

步骤21　在场景中选择圆形曲线，在右侧修改编辑命令面板中选择“可编辑样条线”→“样条线”层级，在“几何体”卷展栏中单击“轮廓”按钮，设置数值为25 cm，并将其移动到目标位置。在修改编辑命令面板中选择“挤出”修改器，挤出的“数量”设为5 cm。如图2–34所示。

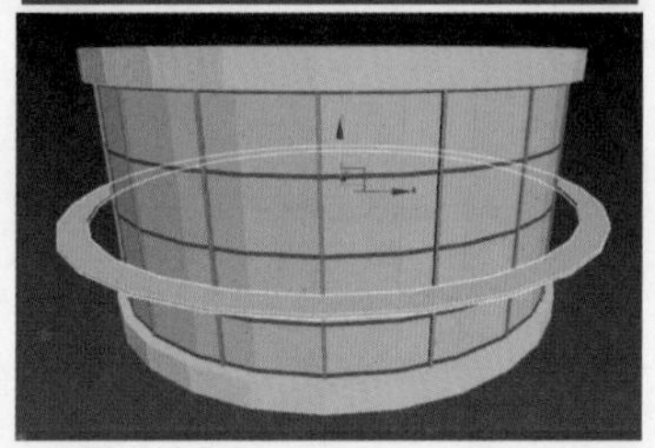

图2-34　设置“轮廓”和“挤出”数值

步骤22　进入顶视图，在标准基本体创建命令面板中单击“长方体”按钮，在场景中按住鼠标左键并拖动，创建一个长方体，设置“长度”为10 cm，“宽度”为8 cm，“高度”置为57 cm，并移动到合适的位置。单击“移动”工具，按住Shift键的同时，按住鼠标左键并向上拖动复制出一个长方体，将大小位置调整到合适的数值 。同理复制出另一个长方体，向下移动到合适的位置。效果如图2–35所示。

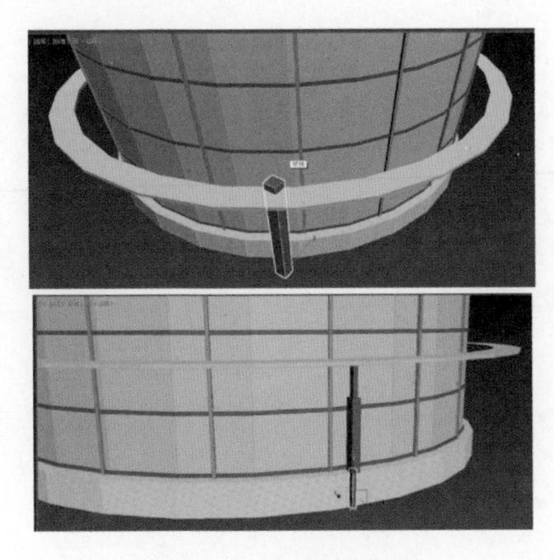

图2-35 复制长方体

步骤 23 在“场景资源管理器”对话框中选择“墙体备份 001”,在菜单栏中选择“编辑”→“克隆”命令，在弹出的对话框中选中“复制”单选按钮，单击“确定”按钮，并将复制的样条线重命名为“小栏杆”。

步骤 24 按 T 键进入顶视图，单击“缩放”工具，将曲线拖动放大至目标位置（扶手正下方）。在修改编辑命令面板中选择“样条线”,“轮廓”数值设为 5 cm。添加“挤出”修改器，挤出“数量”设为 5 cm。选择“移动”工具,将“小栏杆”向上移动到合适位置。如图 2–36 所示。

图2-36 设置小栏杆

步骤 25 按住 Shift 键的同时，按住鼠标左键并拖动“小栏杆”，复制出两个。选择中间的长方体，右击并在弹出的快捷菜单中选择“转换为可编辑多边形”命令，在修改编辑命令面板的“编辑几何体”卷展栏中单击“附加”按钮，选中上下两个小长方体，新附加的对象重命名为“栏杆”，如图 2–37 所示。

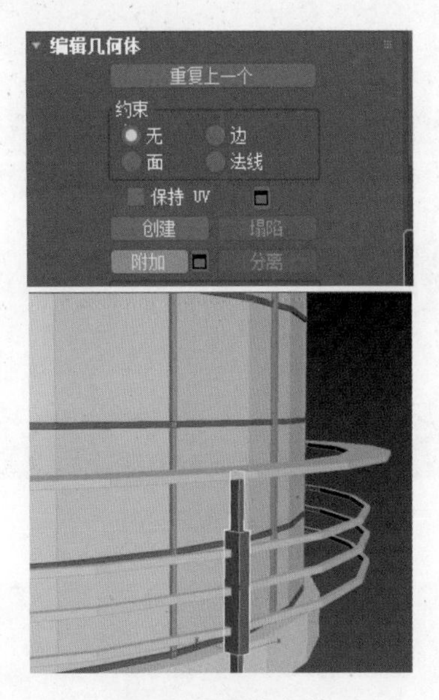

图2-37 附加合并

步骤 26 在场景中选择栏杆模型，将栏杆模型的轴心点移动到转盘的圆心,选择“旋转”工具，按住 Shift 键的同时，按住鼠标左键并拖动黄色旋转线使其旋转 20°，在弹出的对话框中输入“副本数”为 18。

步骤 27 在场景中选择栏杆，在修改编辑命令面板中单击“附加”按钮，将所有的栏杆附加为一个整体（操作同上），如图 2–38 所示。

步骤 28 在扩展基本体创建命令面板（见图 2–39 上图）中，单击“切角长方体”按钮，在场景中按住鼠标左键并拖动以生成一个切角长方体。选择该切角长方体，然后打开修改编辑命令面板，在“参数”卷展栏中将“宽度分段”设定为5，同时适度调整“宽度”和“高度”参数。效果如图2–39下图所示。

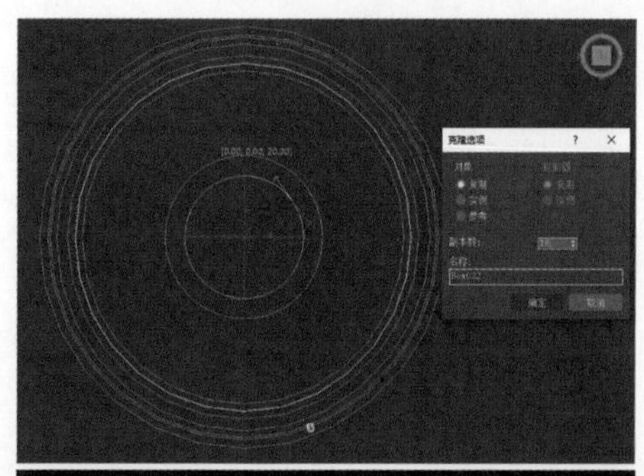

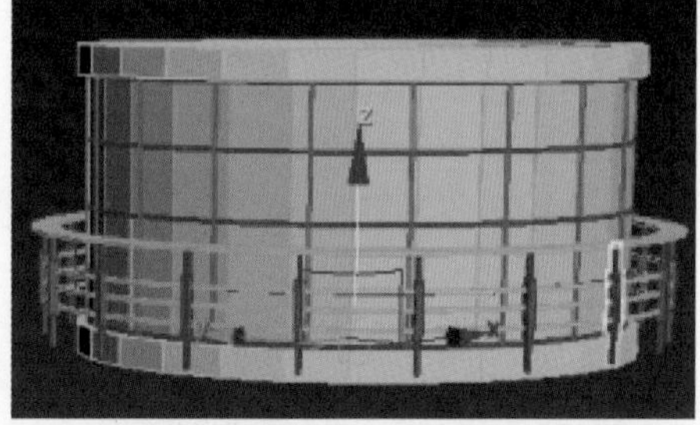

图2-38　附加栏杆

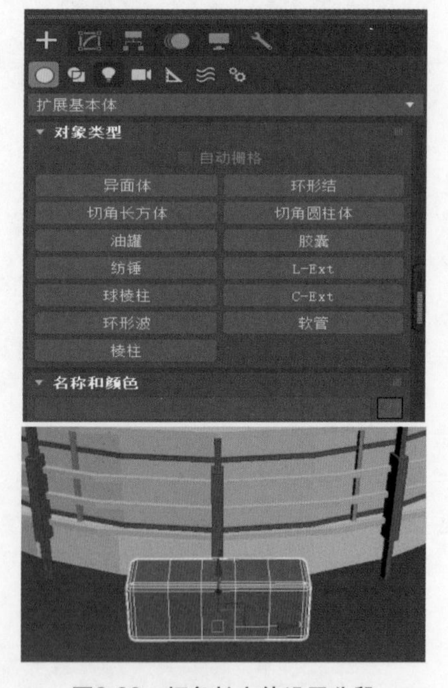

图2-39　切角长方体设置分段

步骤29 按住Shift键的同时按住鼠标左键并拖动，创建一个切角长方体副本，并在弹出的对话框中选中“复制”单选按钮。

步骤30 在二维图形对象创建命令面板中，单击“矩形”按钮（见图2–40上图），然后在场景中绘制矩形，选取二维图形矩形，右击并在弹出的快捷菜单中选择“转换为可编辑样条线”命令。选择修改编辑命令面板中的“可编辑样条线”→“线段”层级。在此层级下，单击下方线段，然后按Delete键删除。效果如图2–40下所示。

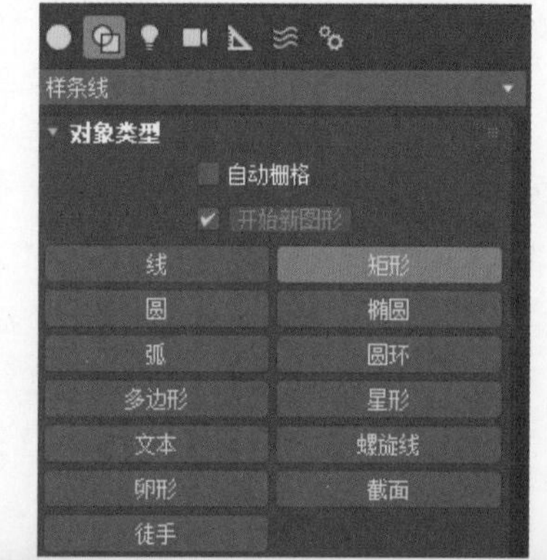

图2-40　绘制矩形并删除部分线段

步骤31 从前视图切换为透视图，选取样条线，在修改编辑命令面板中单击“轮廓”按钮，并将“轮廓”数值设置为2cm（见图2–41上图）。在修改器列表中选择“挤出”修改器。在修改编辑命令面板设置挤出“数量”为26 cm，鼠标拖动样条线将其移动到与长方体对齐。效果如图2–41下图所示。

步骤32 在二维图形对象创建命令面板中单击“矩形”按钮，并将创建的矩形转换为可编辑二维样条线，在修改编辑命令面板的修改器列表中选择“挤出”修改器，设置挤出“数量”为 2 cm。场景切换为透视图，将新建矩形移动至目标位置。效果如图 2–42 所示。

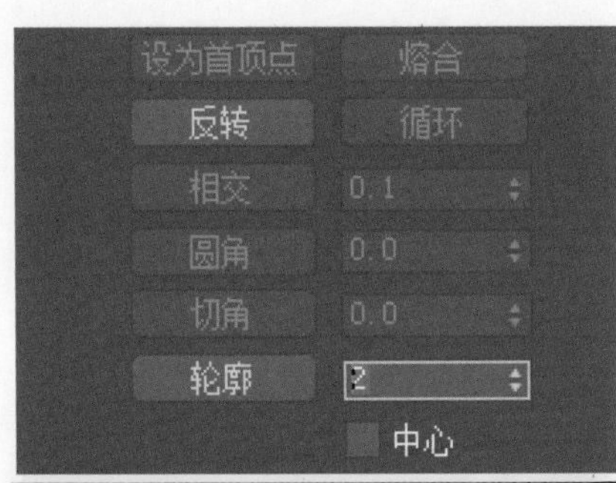

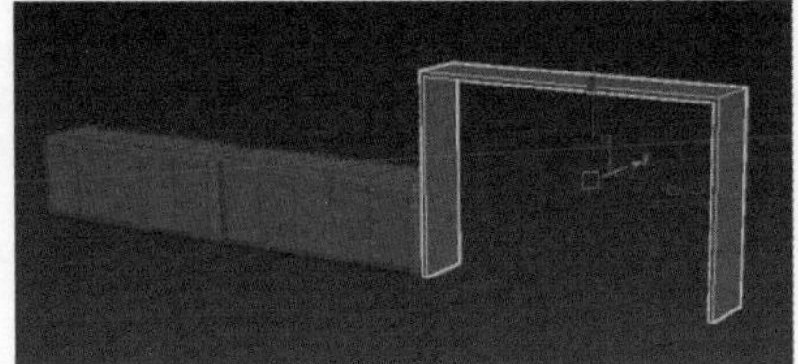

图2-41　设置样条线并将其与长方体对齐

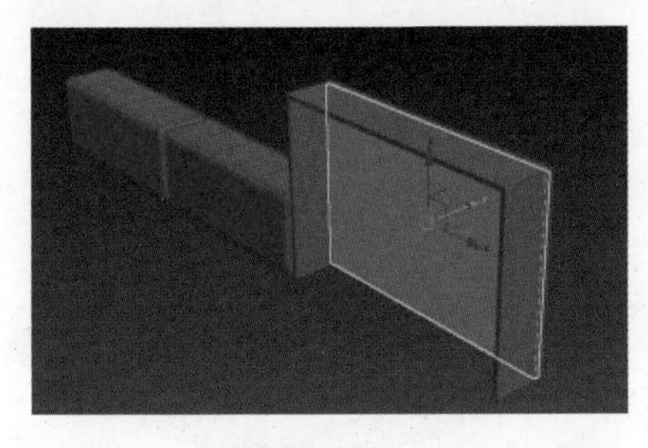

图2-42　新建矩形并移动至目标位置

步骤 33　用鼠标框选柜子和背后的面板，右击并在弹出的快捷菜单中选择“转换为可编辑多边形”命令。选择背后的面板，在修改编辑命令面板中单击“附加”按钮，再选择蓝色柜身，选择“可编辑多边形”→“顶点”层级，再单击“连接”按钮，在两个顶点之间添加一条线（见图 2–43 上图）。

步骤 34　在修改编辑命令面板中选择“可编辑多边形”→“边”层级，单击“连接”按钮弹出对话框，设置“分段数”为 4。选择“多边形顶点”层级，在工具栏中选择“缩放”工具，将选中的顶点缩放到同一水平线。效果如图 2–43 下图所示。

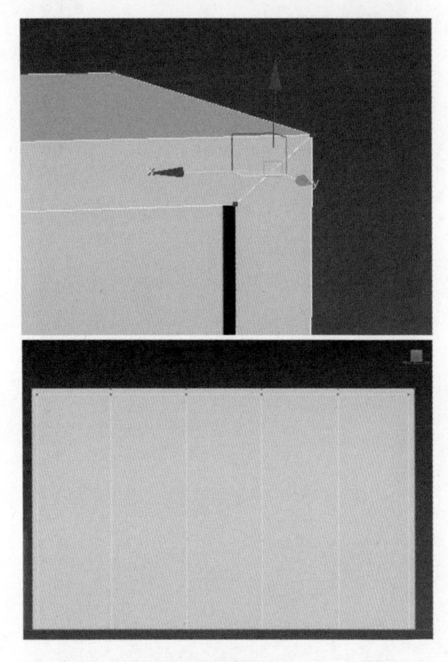

图2-43　连接顶点后缩放到同一水平线

步骤 35　选择切角长方体，然后右击并在弹出的快捷菜单中选择“转换为可编辑多边形”按钮。接下来，在右侧的修改编辑命令面板中，单击“附加”命令，将模型合并为一个整体。然后，将场景从透视图切换到前视图，接着在层级命令面板上单击“仅影响轴”按钮（见图 2–44），再单击“对齐”选项组中的“居中到对象”按钮，这样坐标轴就会移动到模型的中心位置。

步骤 36　进入透视图，在右侧修改编辑命令面板的修改器列表中选择击“弯曲”修改器（见图 2–45），“弯曲轴”设为“X 轴”，“弯曲角度”调整为 75°（具体参数以实际需求为准），“弯曲方向”调整为 –90°。效果如图 2–46 所示。

步骤 37　将视角切换为顶视图，在“场

景资源管理器”对话框中选择“墙体备份001”，右击“移动”工具，记录下 XYZ 轴的坐标数据。

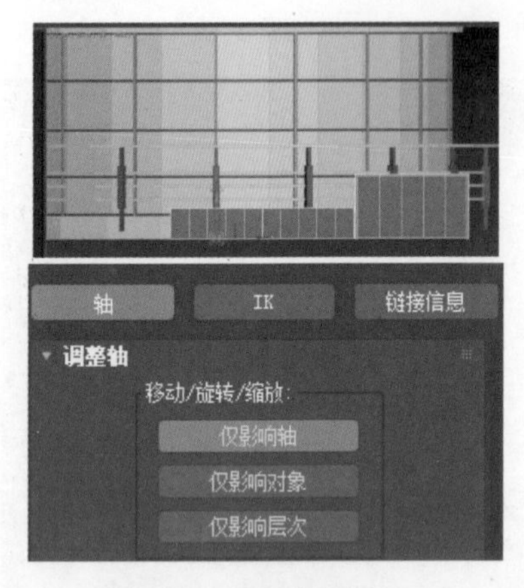

图2-44　坐标轴居中

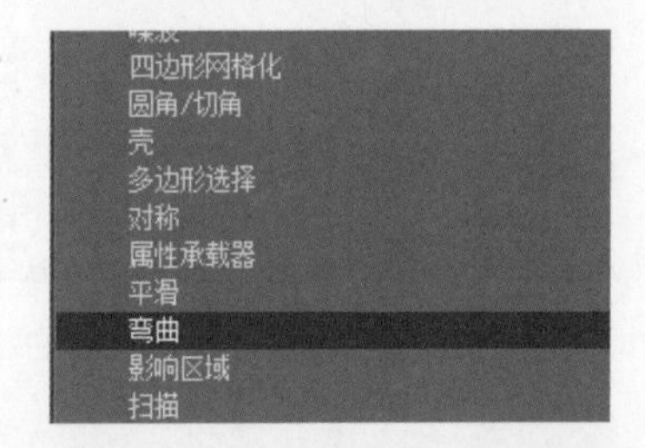

图2-45　选择“弯曲”修改器

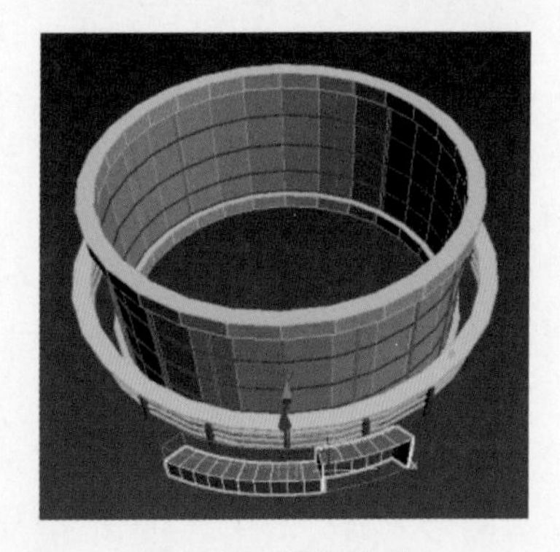
图2-46　添加弯曲

步骤 38 选择目标模型，在层级命令面板中单击“仅影响轴”按钮，右击“移动”工具，并在弹出的窗口中输入记录的 XYZ 轴坐标数据。

步骤 39 打开角度捕捉，在工具栏中单击“旋转”工具，按住 Shift 键的同时，按住鼠标左键并拖动旋转模型，在弹出的对话框中选中“实例”单选按钮，设置“副本数”为 9，如图 2-47 所示。

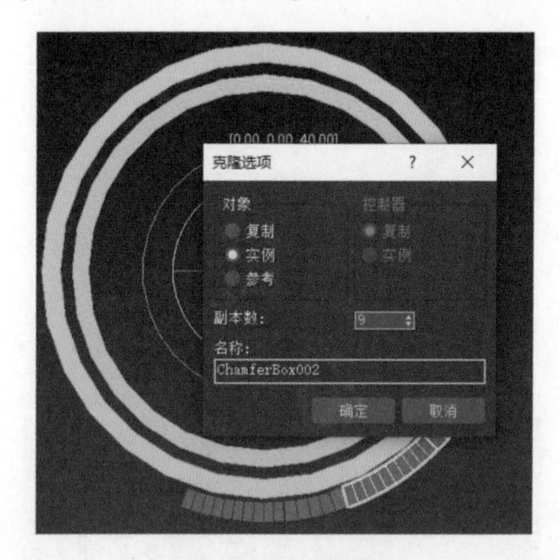

图2-47　复制模型

步骤 40 在右侧的修改编辑命令面板中，在修改器列表中选择“FFD2*2*2”修改器，选择“FFD2*2*2”→“控制点”层级，通过移动场景中的控制点，精细调整模型之间的变焦缝隙。完成转盘模型的制作后，在“场景资源管理器”对话框中将呈现所有建模文件，预览效果如图 2-48 所示。

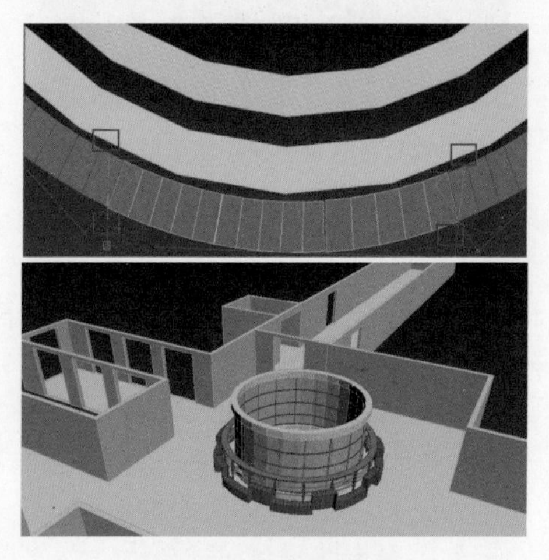
图2-48　转盘预览效果

2.1.6 静态网格体模型窗台和窗框的制作

静态网格体模型窗台和窗框的制作.mp4

在本节的案例学习中，我们将探讨如何巧妙运用标准基本体、样条线、扩展基本体、布尔运算、“仅影响轴”命令、FFD 修改器以及成组工具，来制作窗台和窗框的静态网格体模型。通过这些工具的综合运用，不仅能够提升模型的精细度，还能增强其艺术表现力。在这个过程中，我们将深入理解每个工具的作用与特点，以及如何在具体的制作流程中合理运用它们。这不仅是一个技术学习的历程，更是一次创意与技术的完美融合。

窗台和窗框模型的具体制作步骤如下。

步骤 01 打开 2.1.5 节中已经完成的场景，选择墙体，右击并在弹出的快捷菜单中选择“转换为可编辑多边形”命令。在标准基本体创建命令面板中单击“长方体”按钮（见图 2-49 上图），在场景中按住鼠标左键并拖动，创建一个长方体，在修改编辑命令面板中设置长方体的宽度与高度。效果如图 2-49 下图所示。

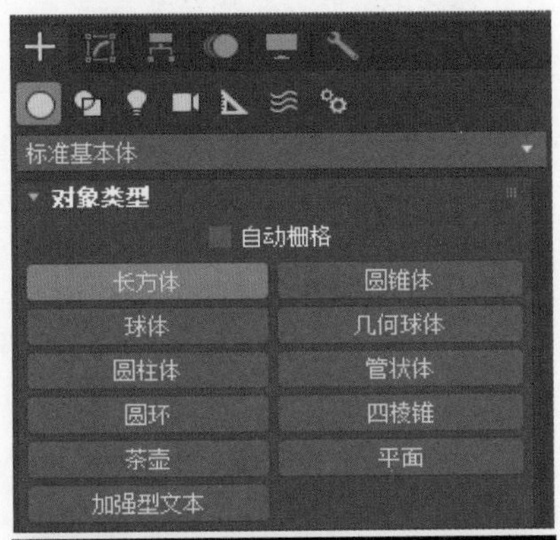

图2-49　创建长方体

步骤 02 选择墙体，在基本对象创建命令面板的下拉列表中选择“复合对象”选项，在“对象类型”卷展栏中单击“布尔”按钮（见图 2-50 上图）。打开修改编辑命令面板中的“布尔参数”卷展栏，单击“差集”按钮，再单击“添加运算对象”按钮，选择场景内刚刚新建的长方体，如图 2-50 下图所示。

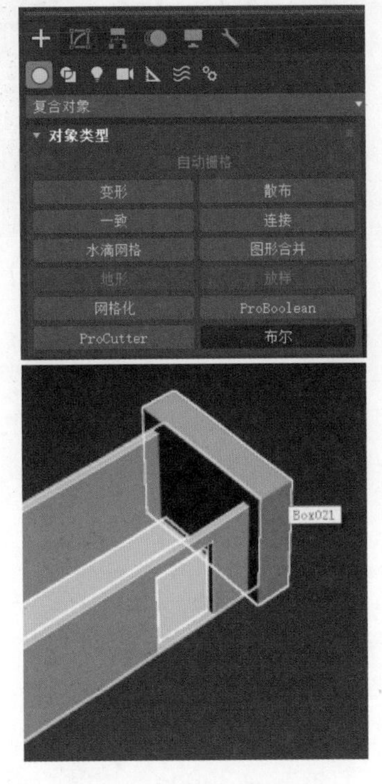

图2-50　进行布尔运算

步骤 03 按 T 键进入顶视图，在二维图形对象创建命令面板中单击“矩形”按钮（见图 2-51 上图），打开二维顶点捕捉，按住鼠标左键并拖动，在场景内绘制矩形。选择矩形，右击并在弹出的快捷菜单中选择“转换为可编辑样条线”命令，在修改编辑命令面板中选择“可编辑样条线”→“顶点”层级，单击“圆角”按钮,将“圆角”数值设置为 6。效果如图 2-51 下图所示。

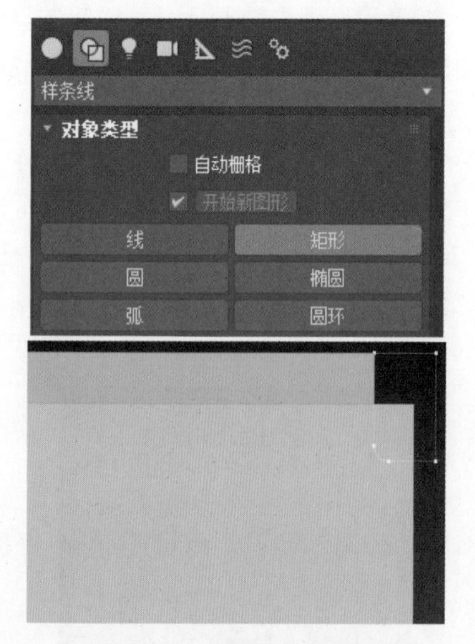

图2-51　设置圆角数值

步骤 04 单击“移动”工具，将下方顶点移动到合适的位置。按住 Shift 键的同时，按住鼠标左键并拖动，复制一份样条线，单击“镜像”按钮，选中 Y 和“不克隆”单选按钮，单击“确定”按钮。

步骤 05 将复制的二维样条线移动至目标位置，打开二维顶点捕捉，移动该样条线顶点与墙体目标顶点对齐(见图 2-52 上图)。选中两条二维样条线，在修改编辑命令面板的修改器列表中选择“挤出”修改器，设置挤出的“数量”为 300cm，如图 2-52 下图所示。

步骤 06 将场景切换为前视图，在二维图形对象创建命令面板中单击“矩形”按钮，在场景内绘制矩形。在修改编辑命令面板中，将矩形的“角半径”设置为 2 cm。

步骤 07 将场景切换为透视图，在修改编辑命令面板的修改器列表中选择“挤出”修改器，挤出的“数量”设置为 360 cm，单击“移动”工具，将该窗台模型移动到合适的位置，如图 2-53 所示。

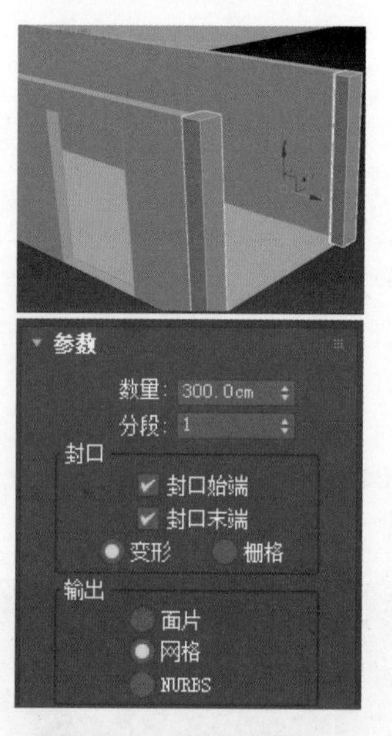

图2-52　二维样条线挤出

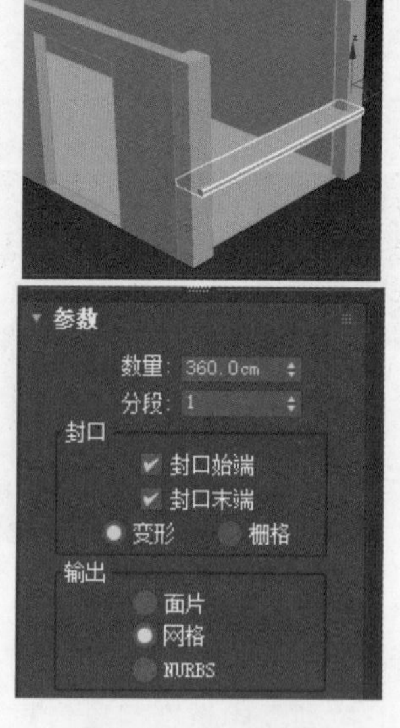

图2-53　矩形挤出

步骤08 将场景切换为顶视图，在工具栏中打开二维顶点捕捉，在二维图形对象创建命令面板中单击“矩形”按钮，在场景内绘制矩形。

步骤09 在修改编辑命令面板的修改器列表中选择“挤出”修改器，设置挤出的“数量”为 60 cm，再将窗台向下移动至与下方墙体贴合，如图 2-54 所示。

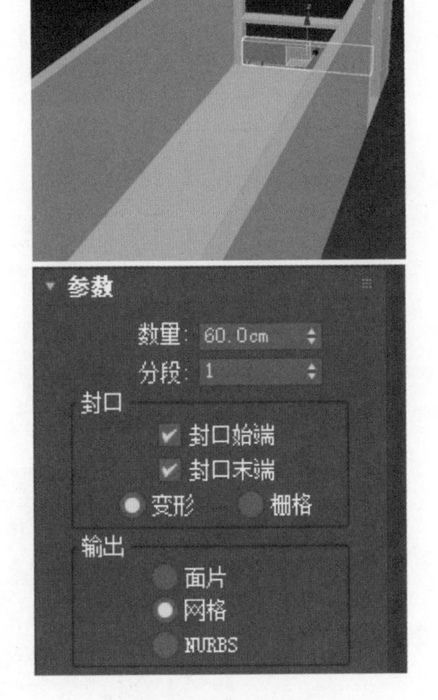

图2-54 矩形挤出

步骤10 在标准基本体创建命令面板上，单击“长方体”按钮，接着在场景中按住鼠标左键并拖动，创建一个长方体模型，用作玻璃。

步骤11 在修改编辑命令面板上调整玻璃的厚度和长宽。重复此操作，再创建一个长方体，用于制作窗格，并设定长、宽、高数值，将其移至适当位置（见图 2-55 上图）。右击长方体，将其转换为可编辑多边形，接着在修改编辑命令面板中选择“可编辑多边形”→“点”层级。选取下方顶点，并向上拖动至窗台位置，如图 2-55 下图所示。

图2-55 移动顶点

步骤12 在透视图中选择“可编辑多边形”→“边”层级，接着在场景中选取竖线段，然后在“编辑边”卷展栏中单击“连接”按钮，这样就添加了一条线。

步骤13 用鼠标拖动 Y 轴向右移动，调整编辑窗口的形状。选择玻璃模型后，在工具栏中打开材质编辑器，设置玻璃为半透明材质，最后将此材质应用到选定的对象上，如图 2-56 所示。

图2-56 指定玻璃材质

步骤14 在标准基本体创建命令面板中单击“长方体”按钮，接着在场景中按住鼠标左键并拖动，创建一个长方体，命名为“窗框”。

步骤 15 按住鼠标左键拖动坐标轴，将其调整至适宜的位置。按住 Shift 键的同时，按住鼠标左键并向上拖动窗框模型进行复制。在弹出的对话框中，选中“复制”单选按钮。再次按照相同的方法复制出另一条窗框。

步骤 16 开启“角度锁定”，然后单击“旋转”工具，将模型旋转 90°，单击“移动”工具，将模型移至满意的位置，如图 2-57 所示。

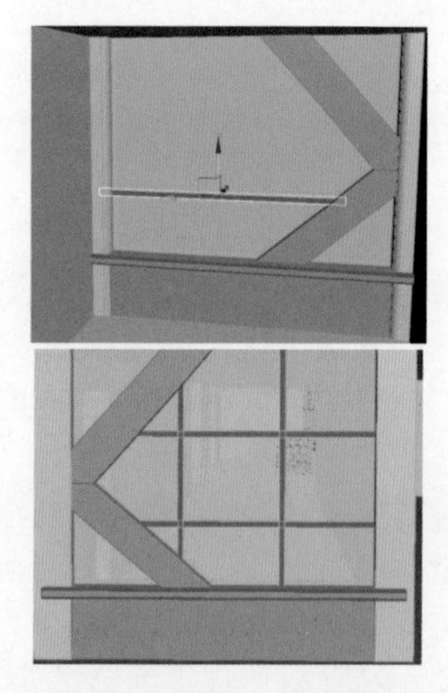

图2-57 旋转、移动窗框

步骤 17 右击窗框并在弹出的快捷菜单中选择“转换为可编辑多边形”命令，在“编辑几何体”卷展栏中单击“附加”按钮（见图 2-58 上图），之后逐个单击剩余的窗框，把窗框合并成一个整体多边形模型。选中窗框和玻璃模型，按 Alt+Q 组合键独立显示，按 L 键显示左视图，如图 2-58 下图所示。

步骤 18 在二维图形对象创建命令面板中单击“矩形”按钮，在场景内绘制矩形。在修改编辑命令面板的修改器列表中选择“挤出”修改器，设置挤出的“数量”，调整长方体位置。

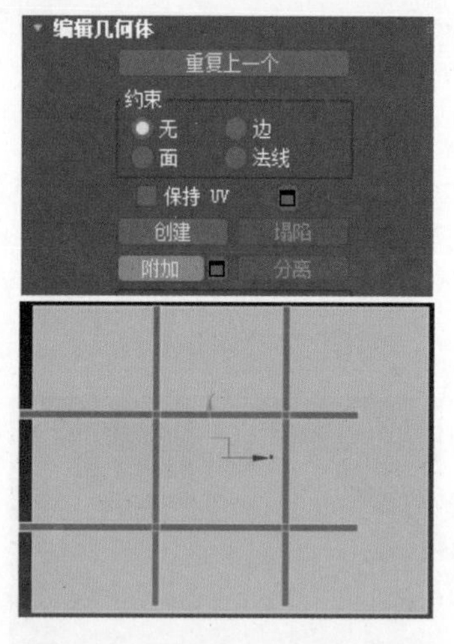

图2-58 附加操作及显示设置

步骤 19 选择玻璃模型，在复合对象命令面板中单击“布尔”按钮，在布尔运算面板单击“差集”按钮，在“布尔参数”卷展栏中单击“添加运算对象”按钮，在场景中拾取上一步挤出的长方体，如图 2-59 所示。

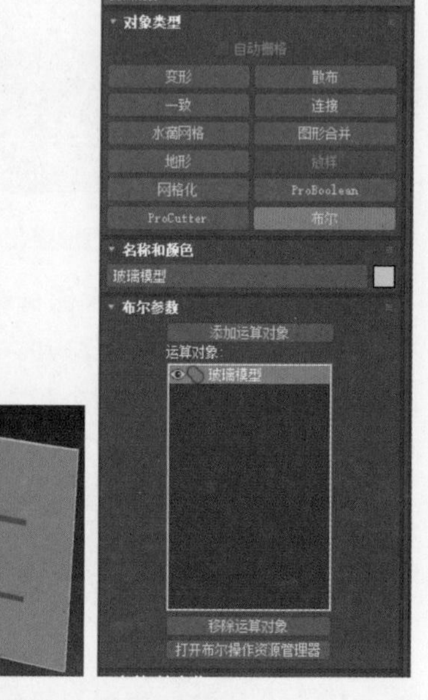

图2-59 进行布尔运算

步骤 20 在二维图形对象创建命令面板

中单击“矩形”按钮，在场景内绘制矩形。将矩形转换为可编辑二维样条线，在修改编辑命令面板中，选择“样条线”层级，单击“轮廓”按钮，设置“轮廓”数值为 6 cm。设置修改器列表中选择“挤出”修改器，设置挤出的“数量”为 6 cm，如图 2–60 所示。

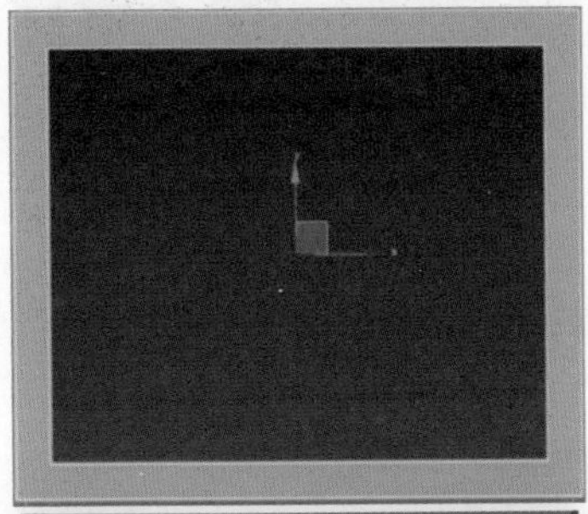

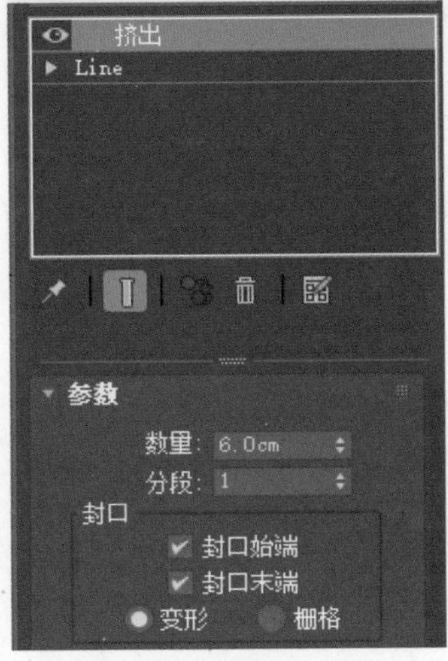

图2-60 矩形挤出

步骤 21 在扩展基本体创建命令面板中单击“切角长方体”按钮，在场景中按住鼠标左键并拖动，创建一个切角长方体。选择切角长方体，打开修改编辑命令面板，并适当调整“宽度”参数与“高度”参数，再将其向上移动至目标位置。

步骤 22 单击新建的切角长方体，按住 Shift 键的同时，按住鼠标左键并拖动切角长方体，复制一份切角长方体，在弹出的对话框中选中“复制”单选按钮，在修改编辑命令面板中调整长方体参数，如图 2–61 所示。

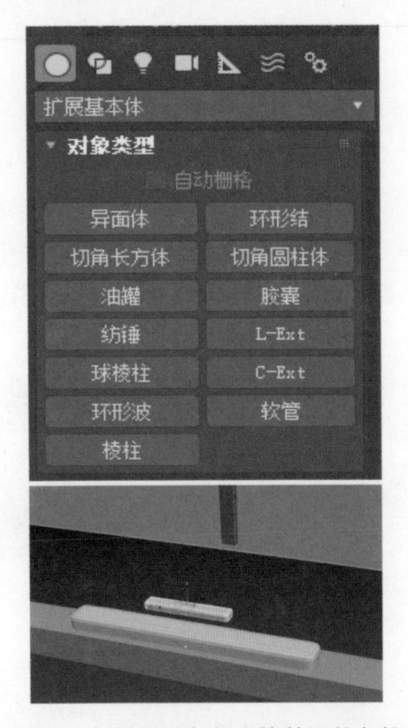

图2-61 复制切角长方体并调整参数

步骤 23 在工具栏中单击“旋转”工具，将切角长方体旋转 90° 。接着，使用“移动”工具，将 X 轴移动至指定位置。

步骤 24 在修改编辑命令面板的修改器列表中选择“FFD2*2*2”修改器。接下来，开启 FFD 控制点模式，使用“缩放”工具，框选末端的四个控制点，并适当缩小它们。效果如图 2–62 所示。

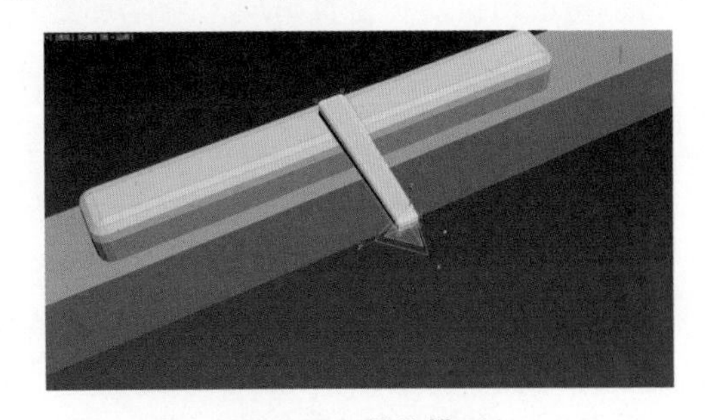

图2-62 缩放模型

步骤 25 按 T 键进入顶视图，在标准基本体创建命令面板中单击“圆柱体”按钮，在场景中按住鼠标左键并拖动，创建一个圆柱体。

步骤 26 场景切换到透视图，单击“移动”工具，将圆柱体移动到如下位置。将圆柱体转换为可编辑多边形，在修改编辑器命令面板中单击“附加”按钮，单击场景中的把手，将两者合并成一个整体模型。效果如图 2-63 所示。

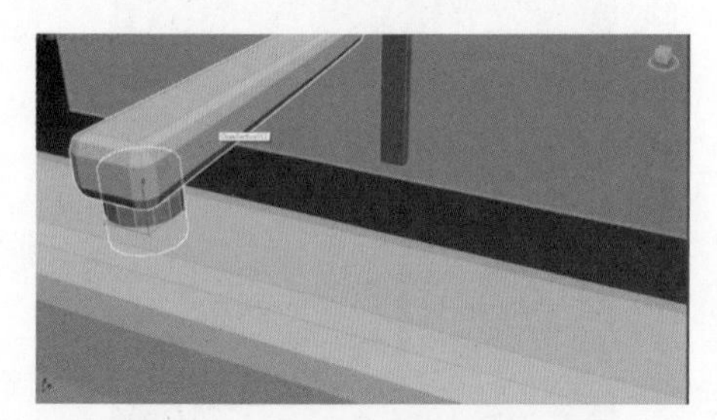

图2-63 附加合并

步骤 27 按 L 键进入左视图，在标准基本体创建命令面板中单击“长方体”按钮，在工具栏中打开捕捉开关，在场景中按住鼠标左键并拖动，创建一个长方体。

步骤 28 在修改编辑命令面板中设置长方体的高度为 2cm。单击“移动”工具，在场景中拖动 X 轴将玻璃长方体移动到合适的位置，如图 2-64 所示。

步骤 29 在工具栏中单击“材质编辑器”按钮，将玻璃材质和窗框材质分别添加到对应的模型。在场景中选择窗户模型，并在菜单栏中选择“组”命令。接下来，打开右侧层级命令面板，并单击“仅影响轴”按钮，将坐标轴调整至窗户上方。单击“移动”工具，将窗户准确地移动至目标位置。窗台窗框制作完成的预览效果，如图 2-65 所示。

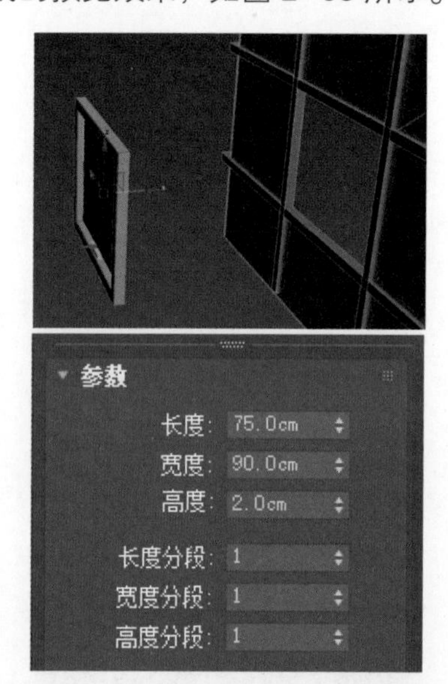

图2-64 调整长方体高度并移动

图2-65 窗台窗框制作完成预览效果

2.1.7 静态网格体模型电梯门和踢脚线的制作

静态网格体模型电梯门和踢脚线的制作.mp4

在本节的案例学习中，我们将深入探索多边形编辑器的强大功能，以及顶点捕捉工具的精准应用，以此来制作逼真的电梯门和踢脚线静态网格体模型。通过这一过程，不仅能够提升我们的建模技能，更能帮助我们在实践中理解并掌握三维建模的核心要领。

电梯门和踢脚线模型制作的具体操作步骤如下。

步骤 01 打开 2.1.6 小节中已经完成的场景，按 L 键进入左视图，单击 (捕捉) 图标打开二维顶点捕捉，在弹出的对话框中选中“顶点捕捉”复选框。

步骤 02 在二维图形对象创建命令面板中单击“矩形”按钮，在电梯门框位置绘制出矩形。选中该矩形，右击并在弹出的快捷菜单中选择“转换为可编辑样条线”命令，在修改编辑命令面板中展开“可编辑样条线”，选择“线段”层级，选择最下面的那条线，按 Delete 键删除。如图 2-66 所示。

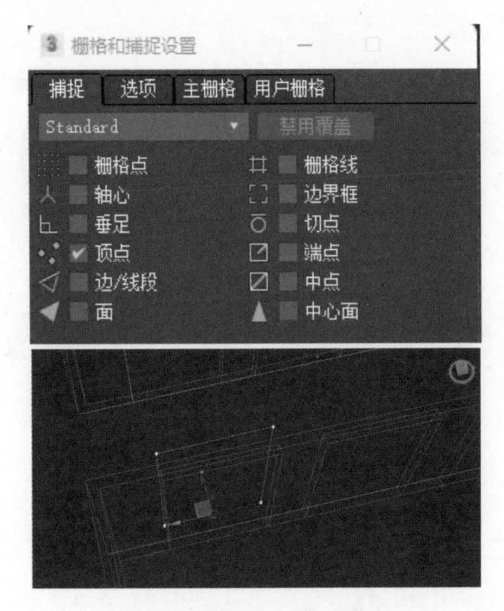

图2-66 编辑二维样条线

步骤 03 在修改编辑命令面板中选中样条线，单击“轮廓”按钮，然后设置“轮廓”数值为 45 cm。接下来，在修改器列表中选择“挤出”修改器，将挤出的“数量”设定为 30 cm。最后，按 Alt+Q 组合键，使电梯门独立显示。如图 2-67 所示。

步骤 04 按 F3 键显示实体，右击模型并在弹出的快捷菜单中选择“转变为可编辑多边形”命令，在修改编辑命令面板中单击展开“可编辑多边形”，选择“顶点”层次，按住 Ctrl 键加选另一个顶点，选中两个顶点之后，右击并在弹出的快捷菜单中选择“连接”命令，连接两个顶点。如图 2-68 所示。

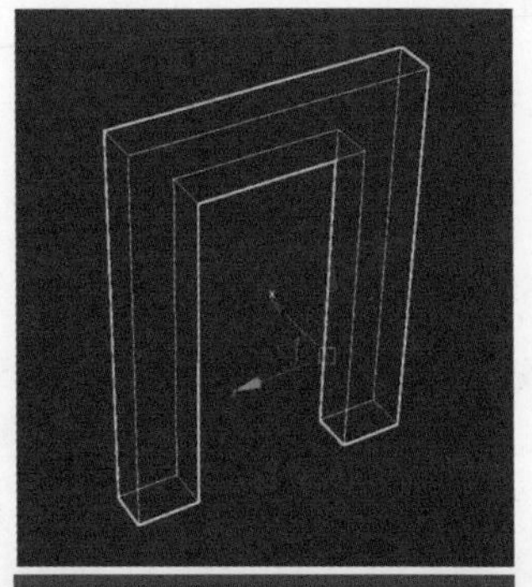

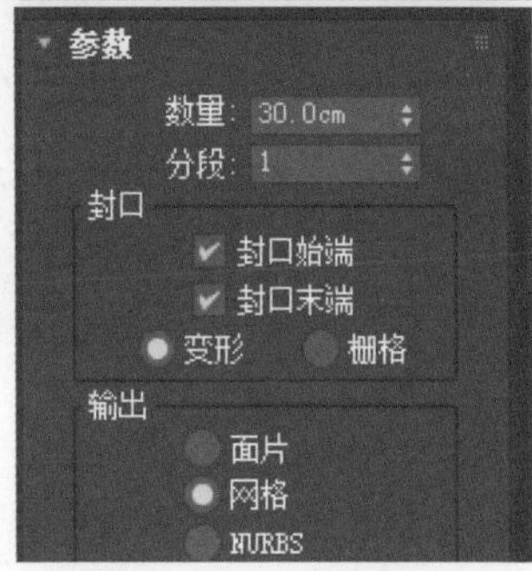

图2-67 独立显示电梯门

图2-68 连接顶点

步骤 05 选择“边”层级，在修改编辑命令面板的“编辑边”卷展栏中，单击“连接”按钮。在弹出的对话框中，设定“分段数”为 1，“收缩”为 0，“滑块”为 –50（见图 2–69 左图）。然后，切换至“顶点”层级，按住 Ctrl 键选取 4 个顶点，在场景中拖动 X 轴向内部移动，如图 2–69 右图所示。

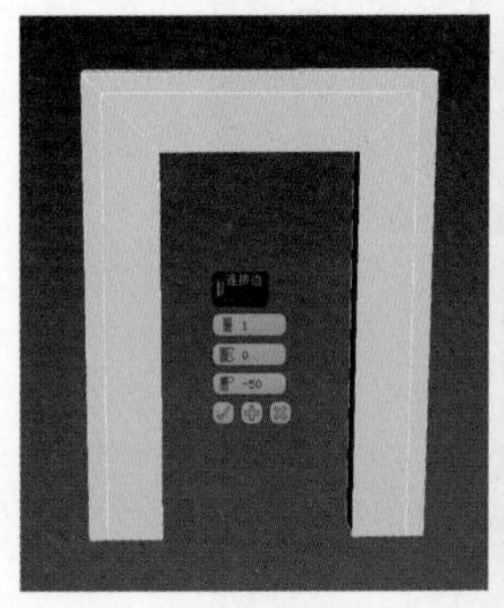

图2-69　添加分段

步骤 06 按 L 键进入左视图，在工具栏中打开二维顶点捕捉，在二维图形对象创建命令面板中单击“矩形”按钮，在场景中绘制矩形，并命名为“电梯门”。在修改编辑命令面板中，将矩形的宽度设置为 60 cm（见图 2–70 左图）。单击矩形的左下角，拖动矩形至电梯门框的顶点处捕捉对齐。关闭二维顶点捕捉，在修改器列表中选择“挤出”修改器，挤出的“数量”设置为 5 cm，按 P 键返回透视图，拖动电梯门坐标轴将其移动到目标位置，如图 2–70 右图所示。

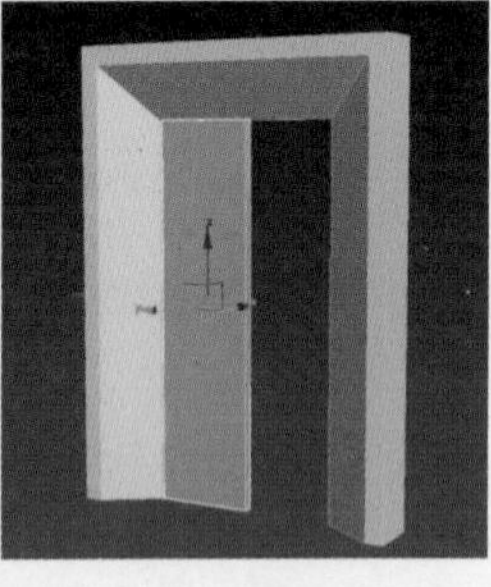

图2-70　绘制出矩形和挤出厚度

步骤 07 右击电梯门，将其转换为可编辑多边形，接着选择“边”层级，并在场景中选取所需边。然后，在“编辑边”卷展栏中单击“切角”右侧的设置按钮，在弹出对话框中，设定“切角”数值为 0.4 cm。

步骤 08 选择电梯门，在工具栏中单击“镜像”按钮，在弹出的对话框中选中 Y 单选按钮，并将“偏移”设置为 –60°。再选取电梯门一侧，在修改编辑命令面板中单击“附加”按钮，最后在场景中单击另一侧的电梯门，使两者合并成一个整体。以上操作效果如图 2–71 所示。

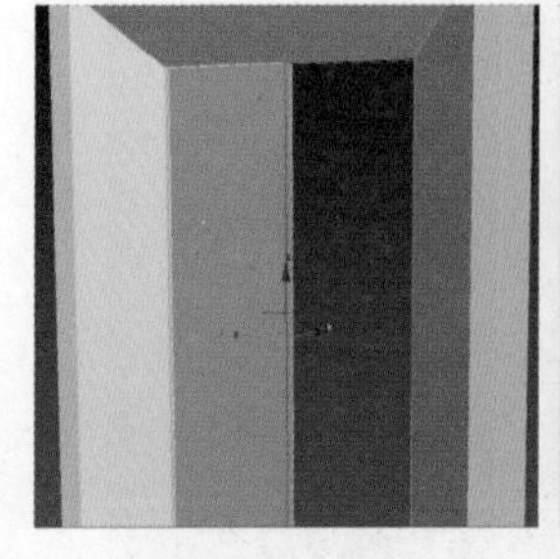
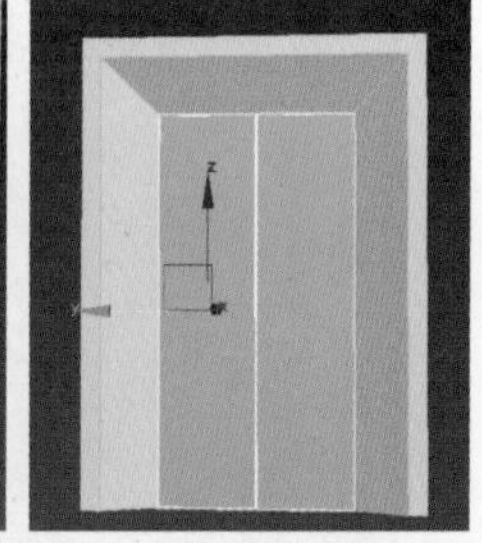

图2-71　设置边切角与附加合并模型

步骤 09 全选场景内的模型，选择菜单栏中的“组”→“组”命令（见图 2–72 左图），并在弹出的对话框中将其更名为“电梯门”。

步骤 10 打开“场景资源管理器”对话框，将环境资产显示出来，选中电梯门模型，按住 Shift 键的同时按住鼠标左键拖动模型进行位移，在弹出的对话框中选中“复制”单选按钮，然后单击“确定”按钮，并将复制的电梯门模型移动至适宜的位置，如图 2–72 右图所示。

步骤 11 按住 Ctrl 键，选取所有电梯门，接着按住 Shift 键的同时，按住鼠标左键并拖动以复制出三个门。随后，单击“旋转”工具并启用角度锁定，将电梯门旋转 180°，并将其移动至合适的位置。电梯门制作完成，如图 2–73 所示。

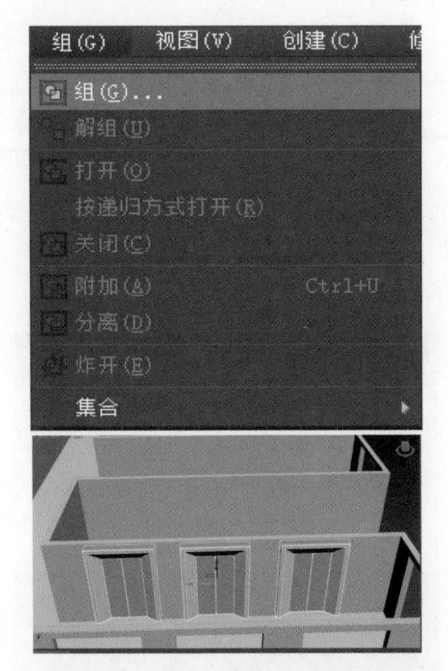

图2-72 选择“组”命令及复制并移动电梯门

图2-73 电梯门制作完成

步骤 12 选择墙体，右击将其转换为可编辑多边形。接着，按 L 键进入左视图。

步骤 13 在修改编辑命令面板选择“可编辑多边形”→“面”层级，逐一单击多边形，从而选中墙体的各个面。然后，在修改编辑命令面板的“编辑几何体”卷展栏中，单击“切片平面”按钮(见图 2–74 上图)。接下来，将切片平面的线向上移动 8cm，并单击“切片”按钮。

步骤 14 在“编辑多边形”→“面”层级，框选已经切割好的踢脚线面。接着，在工具栏中单击“材质编辑器”按钮，打开材质编辑器，从材质中选择目标材质。最后将所选材质指定给目标对象，墙体踢脚线制作完成，预览效果如图 2–74 下图所示。

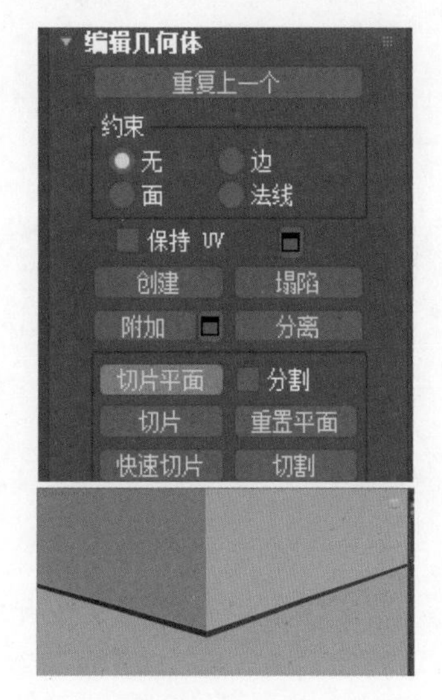

图2-74 单击“切片平面”按钮及墙体踢脚线预览效果

2.1.8 静态网格体模型门和屋顶的制作

静态网格体模型门和屋顶的制作.mp4

在本节的案例学习中，我们将探讨如何巧妙运用二维样条线、标准基本体以及模型合并，精心制作出既实用又美观的门和屋顶静态网格体模型。使用这些工具，不仅能够提升模型的精确度，还能增强其在三维空间中的表现力。我们将逐步引导读者掌握这些工具的高级用法，从而能够设计出既符合建筑规范又具有艺术感的模型。在这个过程中，读者将学会如何将简单的二维线条转换为立体化的构件，以及如何通过智能合并功能优化模型的整体结构。

门和屋顶模型制作的具体操作步骤如下。

步骤 01 打开 2.1.7 节中已经完成的场景，在菜单栏中选择“文件”→“导入”→“合并”命令，在弹出的对话框中选择“过道门 A”文件。在工具栏中选择“移动”工具，将门的模型移动到合适的位置。同理导入“过道门 B”，并移动到合适的位置，如图 2-75 所示。

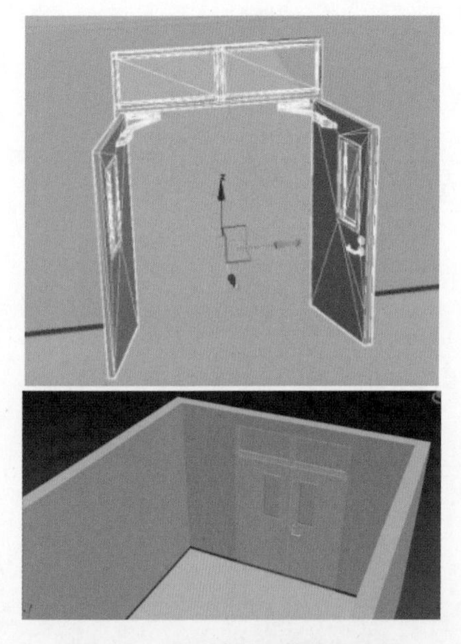

图2-75 导入过道门并移动位置

步骤 02 在场景中，导入“配电间门”，按住 Shift 键的同时，按住鼠标左键并拖动复制出“配电间门 2”。将复制的门体移至预设的目标位置。

步骤 03 采取相同的方法，将“防盗门”导入场景，将其移至合适的位置。单击选中防盗门，再次复制出一扇防盗门，“旋转”工具，将门体旋转 180°，并调整至目标位置。按照上述方法，继续复制并调整多扇防盗门，如图 2-76 所示。

步骤 04 在标准基本体创建命令面板上，单击“长方体”按钮，接着在场景中按住鼠标左键并拖动，生成一个长方体。

步骤 05 依照此步骤，复制出一个长方体，并调整其旋转角度至合适角度。使用“缩放”工具，将长方体的高度调整至与墙体相匹配。接下来，选择“镜像”工具，在弹出的对话框中，选中 X 和“复制”单选按钮，单击“确定”按钮。最后，将复制的长方体移动到合适的位置。如图 2-77 所示。

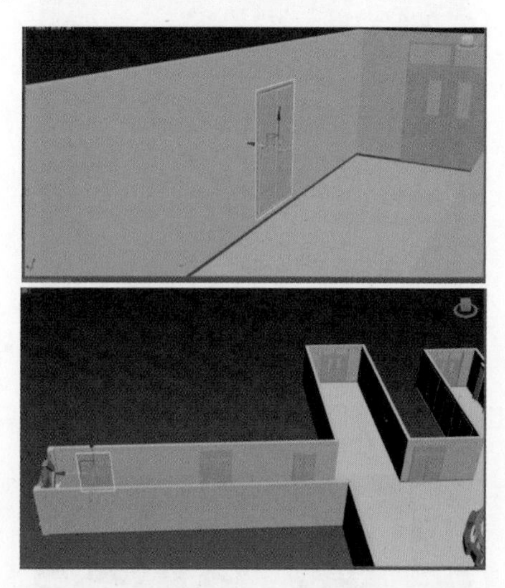

图2-76 导入防盗门并移动位置

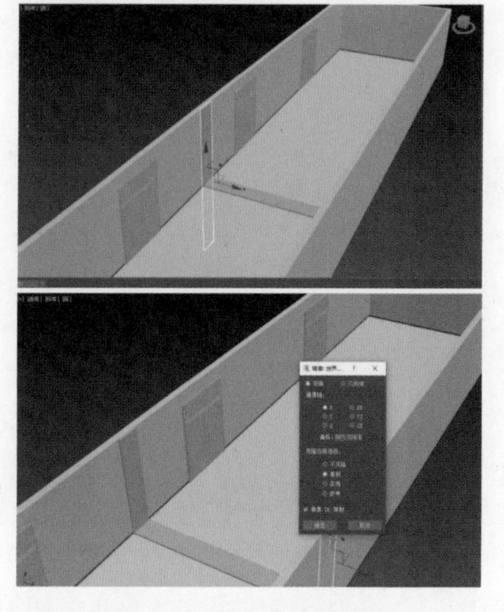

图2-77 复制并镜像模型

步骤 06 按住 Shift 键的同时，按住鼠标左键并拖动，实现地面的位移并复制，进而形成屋顶。将复制的地面移动到合适的位置，并在修改编辑命令面板中将其命名为“屋顶”。

步骤 07 打开二维定点捕捉，对所有顶点进行调整，确保墙体得以完全覆盖。屋顶制作完成，预览效果如图 2–78 所示。

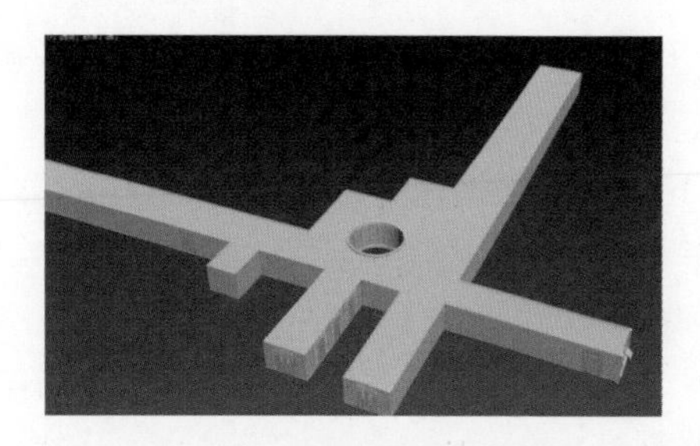

图2-78 屋顶最终预览效果

2.2 将静态网格体模型导入虚幻引擎

静态网格体是在 UE5 工作中最常见的美术资源和 Actor 类型。静态网格体指的是从 3ds Max 或 Maya 导入的 3D 模型，它们主要用于虚拟现实世界的搭建。在这一节中，开发者将熟悉创建与导入 3D 模型，使用静态网格体编辑器，掌握静态网格资源和 Actor 的关键要素，以及给静态网格资源和 Actor 分配材质。

UE5 中有很多工具可以帮助开发者创建场景所需的资源。但有时候，开发者可能需要在外部应用程序中创建一个资源并将它导入 UE5。在这个案例的基本操作中，我们将介绍如何将使用其他三维软件（3ds Max2022）制作的静态网格体模型导入 UE5 以便在场景中使用。

在 UE5 中创建场景时，需要使用其他三维软件制作 3D 模型，并将它们放入 UE5 中。为了确保从 3D 建模软件（无论是 Maya、3ds Max 还是其他建模程序）进行顺利迁移，需要先明确一些事项。首先，在建模过程中以及执行导出前，一定要记住 UE5 所用的度量单位是 Unreal 单位（1 个 Unreal 单位等于 1cm）。另外，只有特定的文件类型才能被导入 UE5，例如 FBX 就是推荐的 3D 对象文件格式。同样，还要确保应用到静态网格体模型的贴图和材质均采用了 UE5 支持的文件类型。

2.2.1 静态网格体编辑器命令面板的参数

虚幻引擎 5（UE5）静态网格体编辑器命令面板包含以下四个区域：菜单栏、工具栏、视口面板、细节面板。

1. 菜单栏

UE5 静态网格体编辑器命令面板的菜单栏中包括文件、编辑、资产、碰撞等菜单。下面分别进行介绍。

1）“文件”菜单（见图 2–79）

“文件”菜单中的命令说明如下。

（1）打开资产：此命令用来打开全局资产选择器，快速找到资产并打开相应的编辑器。

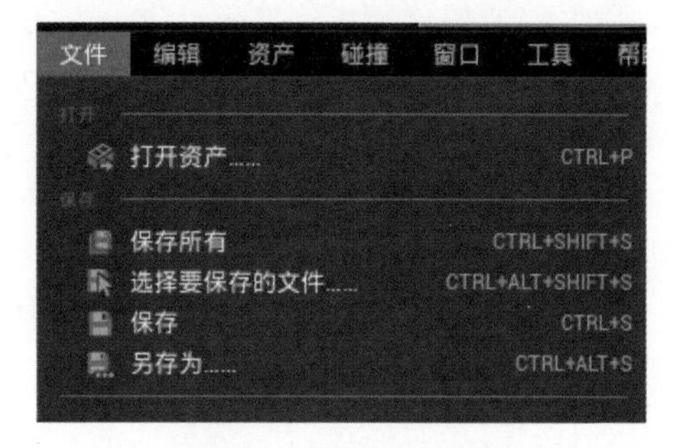

图2-79 “文件”菜单

（2）保存所有：此命令用来保存项目中所有未保存的关卡及资产。

（3）选择要保存的文件：选择此命令，将弹出一个对话框，在其中可选择想为项目保存的关卡及资产。

（4）保存：选择此命令，将保存当前处理的资产。

（5）另存为：选择此命令，将用新的名称保存当前处理的资产。

2）“编辑”菜单（见图2–80）。

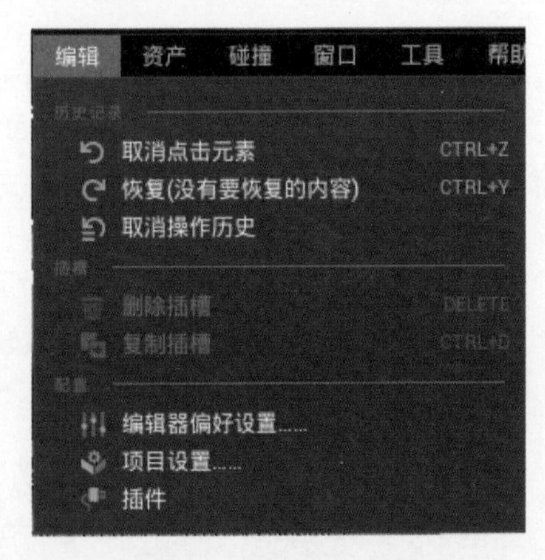

图2-80 “编辑”菜单

“编辑”菜单命令中的命令说明如下。

（1）取消点击元素：选择此命令，将撤销最近的操作。

（2）恢复：如果最近一次操作是撤销操作，选择此命令将重做最近一次撤销的操作。

（3）取消操作历史：在一个单独的窗口中显示用户操作过程中所执行的一系列可以被撤销或取消的操作记录。

（4）删除插槽：选择此命令，将从网格体中删除选定插槽。

（5）复制插槽：选择此命令，将复制选定插槽。

（6）编辑器偏好设置：选择此命令，将提供一个选项列表，单击其中任意选项都会打开编辑器偏好设置的对应部分，可在其中修改虚幻引擎编辑器偏好设置。

（7）项目设置：选择此命令，将提供一个选项列表，单击其中任意选项都会打开项目设置的对应部分，可在其中修改虚幻引擎项目的各种设置。

（8）插件：选择此命令，将弹出一个插件窗口。

3）“资产”菜单（见图2–81）。

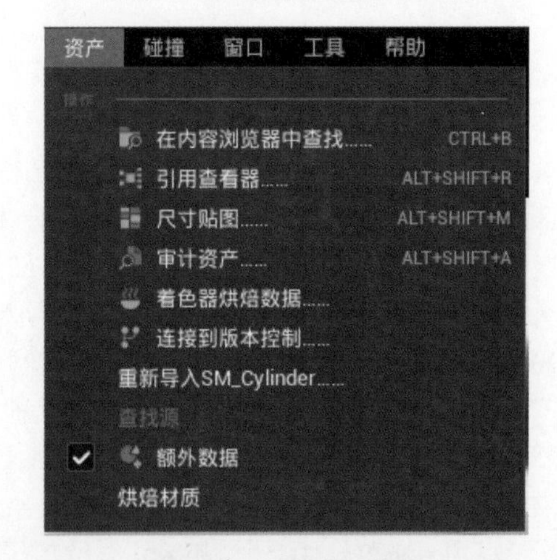

图2-81 “资产”菜单

“资产”菜单中的命令说明如下。

（1）在内容浏览器中查找：选择此命令，将在内容浏览器中查找并选择当前资产。

（2）引用查看器：选择此命令，将启动引用查看器，显示选定资产的引用。

（3）尺寸贴图：选择此命令，将显示一个交互式贴图，其中显示该资产的大致大小及其引用的所有内容。

（4）审计资产：选择此命令，将打开审计资产用户界面，并显示所选资产的信息。

（5）着色器烘焙数据：选择此命令，将显示着色器烘焙数据。

（6）重新导入“文件名”：选择此命令，

将从磁盘上的资产原始位置处重新导入当前资源。

（7）额外数据：选择此命令，将切换与该资产关联的其他用户数据。

（8）烘焙材质：选择此命令，将为给定LOD 烘焙材质。

4）“碰撞”菜单（见图 2-82）。

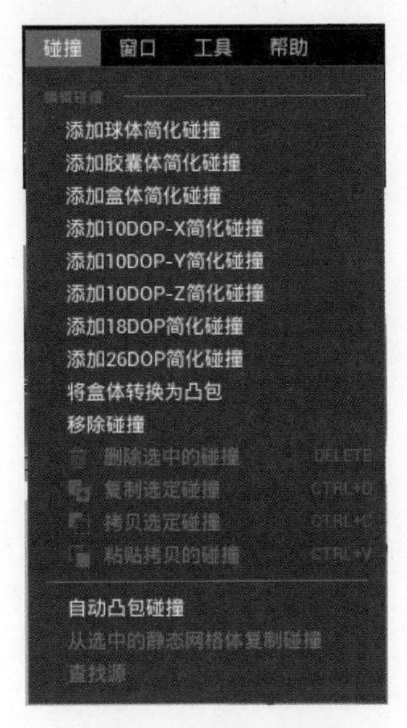

图2-82 “碰撞”菜单

“碰撞”菜单中的命令说明如下。

（1）添加球体简化碰撞：选择此命令，将生成一个环绕静态网格体的新球体碰撞网格体。

（2）添加胶囊体简化碰撞：选择此命令，将生成一个环绕静态网格体的新胶囊体碰撞网格体。

（3）添加盒体简化碰撞：选择此命令，将生成一个环绕静态网格体的新盒体碰撞网格体。

（4）添加 10DOP-X 简化碰撞：选择此命令，将生成一个环绕静态网格体的新轴对齐盒体碰撞网格体，其中有 4 个 X 轴对齐斜边（共 10 条边）。

（5）添加 10DOP-Y 简化碰撞：选择此命令，将生成一个环绕静态网格体的新轴对齐盒体碰撞网格体，其中有 4 个 Y 轴对齐斜边（共 10 条边）。

（6）添加 10DOP-Z 简化碰撞：选择此命令，将生成一个环绕静态网格体的新轴对齐盒体碰撞网格体，其中有 4 个 Z 轴对齐斜边（共 10 条边）。

（7）添加 18DOP 简化碰撞：选择此命令，将生成一个环绕静态网格体的新轴对齐盒体碰撞网格体，全部为斜边（共 18 条边）。

（8）添加 26DOP 简化碰撞：选择此命令，将生成一个环绕静态网格体的新轴对齐盒体碰撞网格体，全部为斜边和斜角（共 26 条边）。

（9）将盒体转换为凸包：选择此命令，将任何简化盒体碰撞网格体转换为凸包碰撞网格体。

（10）移除碰撞：选择此命令，将移除指定给静态网格体的任何简化碰撞。

（11）删除选中的碰撞：选择此命令，将从网格体中删除选中的碰撞。

（12）复制选定碰撞：选择此命令，将复制选中的碰撞。

（13）自动凸包碰撞：选择此命令，将根据静态网格体资产的形状，生成新的凸包碰撞网格体。

（14）从选中的静态网格体复制碰撞：选择此命令，将复制在本地 3D 应用程序中创建并与静态网格体一起保存的任何碰撞网格体。

（15）查找源：此命令用来查找文件。

5）“窗口”菜单（见图 2-83）。

“窗口”菜单中的命令说明如下。

（1）视口：切换视口面板的显示状态。

图2-83　“窗口”菜单

（2）细节：选择此命令，将切换细节面板的显示状态。

（3）插槽管理器：选择此命令，将显示插槽管理器面板，该面板在默认情况下不显示。

（4）凸包分解：选择此命令，将显示凸包分解面板，该面板在默认情况下不显示。

（5）预览场景设置：选择此命令，将切换预览场景设置面板的显示状态。

（6）过场动画：选择此命令，将打开Sequencer窗口。

（7）设备输出日志：选择此命令，将在一个单独的窗口中打开设备输出日志。

（8）消息日志：选择此命令，将在一个单独的窗口中打开消息日志。

（9）输出日志：选择此命令，将在一个单独的窗口中打开输出日志。

（10）打开虚幻商城：选择此命令，Epic平台将打开虚幻商城。

（11）Quixel Bridge：选择此命令，将打开素材资产库。

（12）“加载布局”子菜单包括以下命令。

- 默认编辑器布局：选择此命令，将加载虚幻引擎编辑器自动生成的默认布局。
- UE4经典布局：选择此命令，可加载UE4经典布局界面。
- 导入布局：选择此命令，将从不同目录导入一个自定义布局（或一组布局），并将其加载到虚幻引擎编辑器UI的当前实例中。

（13）“保存布局”子菜单包括以下命令。

- 将布局另存为：选择此命令，将当前自定义布局保存到磁盘上，以便以后加载。
- 导出布局：选择此命令，将当前自定义布局导出到不同的目录。

（14）移除布局：选择此命令，将移除该用户创建的所有自定义布局。

（15）启用全屏：选择此命令，将为该应用程序启用全屏模式，在整个显示器上展开应用程序。

6）“工具”菜单（见图2-84）。

“工具”菜单中的命令说明如下。

（1）新建C++类：选择此命令，将添加C++类。

（2）生成Visual Studio项目：选择此命令，将生成项目。

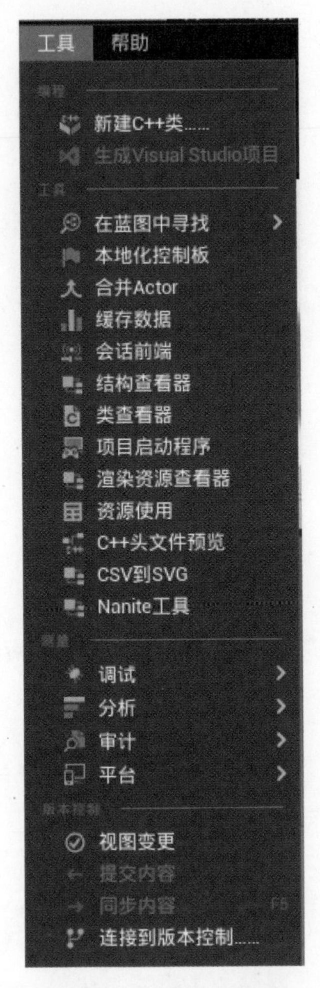

图2-84 “工具”菜单

（3）在蓝图中寻找：选择此命令，将在一个单独的窗口中打开在蓝图中寻找工具。可以启用多个在蓝图中寻找窗口。

（4）本地化控制板：选择此命令，将在一个单独的窗口中打开项目的仪表板。

（5）合并 Actor：选择此命令，将在一个单独的窗口中打开合并 Actor 工具。

（6）缓存数据：选择此命令，将存储数据。

（7）会话前端：选择此命令，将在一个单独的窗口中打开会话前端 。

（8）结构查看器：选择此命令，将在一个单独的窗口中打开结构查看器，其中显示项目中存在的所有结构体。

（9）类查看器：选择此命令，将在一个单独的窗口中打开类查看器。

（10）项目启动程序：选择此命令，将提供用于打包、部署和启动项目的高级工作流。

（11）渲染资源查看器：此命令用于在窗口中查看标记过的资源。

（12）资源使用：选择此命令，将显示使用的资源信息。

（13）C++ 头文件预览：此命令用于文件预览。

（14）CSV 到 SVG：此命令用于 CSV 到 SVG 转换。

（15）Nanite 工具：此命令用于 Nanite 模型网格信息显示。

（16）“调试”子菜单包括以下命令。

- 蓝图调试器：选择此命令，将在一个单独的窗口中打开蓝图调试器 。
- 碰撞分析器：选择此命令，将在一个单独的窗口中打开碰撞分析器工具。
- 模块：选择此命令，将在一个单独的窗口中打开模块工具。
- 像素检查器：选择此命令，将在一个单独的窗口中打开视口像素检查器工具。
- 可视记录器：选择此命令，将在一个单独的窗口中打开可视记录器工具。
- 控件反射器：选择此命令，将在一个单独的窗口中打开控件反射器工具。

（17）配置文件：选择此命令，将在一个单独的窗口中打开配置文件数据查看器 。

（18）“审计”子菜单包括以下命令。

◆ 资产审计：选择此命令，将弹出资产审计窗口，可供查看资产的详细信息。

◆ 材质分析器：选择此命令，将在一个单独的窗口中打开材质分析器工具。

（19）“平台”子菜单包括以下命令。

◆ 设备管理器：选择此命令，将在一个单独的窗口中打开设备管理器 。

◆ 设备描述：选择此命令，将在一个单独的窗口中打开设备描述 。

（20）视图变更：选择此命令，将变更保存视图。

（21）提交内容：选择此命令，将提交编辑内容。

（22）同步内容：选择此命令，将同步编辑内容。

（23）连接到版本控制：弹出一个对话框，在“提供方”右侧的下拉菜单中，可选择一个能与虚幻引擎编辑器集成的源码控制系统。

7）“帮助”菜单（见图 2-85）

“帮助”菜单中的命令说明如下。

（1）静态网格体编辑器文档：选择此命令，将打开一个浏览器窗口，并导航到关于该工具的文档处。

（2）文档主页：选择此命令，将显示虚幻引擎 5.2 帮助文档。

（3）C++ API 参考：选择此命令，将显示 API 参考文档。

（4）控制台变量：此命令用于调试、优化和修改游戏。

（5）开发社区：选择此命令，将显示 UE 开发者集群社区。

（6）学习库：选择此命令，将使用易上手的视频课程和推荐学习路线免费学习虚幻引擎。

图2-85 “帮助”菜单

（7）论坛：选择此命令，将导航至虚幻引擎论坛，查看公告并与其他开发人员一同探讨。

（8）问答：选择此命令，将登录 Epic Games 账户问答。

（9）片段：选择此命令，将片段库适用于虚幻引擎和数字人。

（10）支持：选择此命令，将导航至虚幻引擎支持网站的主页。

（11）报告 bug：选择此命令，将导航至在线门户网站，报告虚幻引擎编辑器中的漏洞。

（12）问题追踪库：选择此命令，将导航至虚幻引擎问题追踪库页面

（13）关于虚幻引擎编辑器：选择此命令，将显示应用程序的制作人员、版权信息、版本信息。

（14）制作人员：选择此命令，将显示应用程序的制作人员。

（15）访问 UnrealEngine.com：选择此命令，将导航至 UnrealEngine.com，在其中进一步了解虚幻技术。

2. 工具栏

工具栏如图 2–86 所示。

图2-86 工具栏

工具栏中的选项及按钮说明如下（按从左到右的顺序讲述）。

（1）保存：单击此按钮，可保存当前资产。

（2）浏览：单击此按钮，可在最近使用的内容浏览器中浏览相关资产并选择它。

（3）重新导入基础网格体：选择此选项，将重新导入基础网格体。

重新导入基础网格体 +LOD：选择此选项重新导入基础网格体和所有自定义 LOD。

（4）碰撞：此下拉列表框中的技术参数与“碰撞”菜单中一致。

（5）UV 下拉列表框中包括以下选项。

- 无：选择此选项，将切换静态网格体 UV 的显示。
- UV 信道编号：选择此选项，将切换静态网格体资产的选定信道的静态网格体 UV 在预览面板中的显示。
- 移除选定项：选择此选项，将从静态网格体中移除当前选定的 UV。

3. 视口面板

视口面板显示静态网格体资产的渲染视图。它使开发者能够检查像游戏中那样渲染的静态网格体。此视口还使开发者能够预览静态网格体资产的边界及其碰撞网格体。此外，它还可以显示静态网格体的 UV。

4. 细节面板

细节面板包含特定于视口中的当前选项的信息、工具和函数。它包含用于移动、旋转和缩放 Actor 的参数选项，显示选定 Actor 的所有可编辑属性，并根据视口中选定 Actor 的类型提供对附加编辑功能的快速访问。例如，可以将选定 Actor 导出为 FBX 或转换为另一种兼容类型。细节面板还允许开发者查看选定 Actor 使用的材质并快速打开它们进行编辑。

2.2.2 将静态网格体墙体和屋顶模型导入 UE5

将静态网格体墙体和屋顶模型导入UE5.mp4

在本节的案例学习中，我们将探讨如何精心制作和调整模型，为模型赋予 UV 坐标，并将其导入虚幻引擎。

将静态网格体墙体和屋顶模型导入 UE5 的具体操作步骤如下。

步骤 01 打开 3ds Max 中已经设定好的场景，在顶视图中选择屋顶。按 Alt+Q 组合键，使屋顶独立显示。

步骤 02 单击修改编辑命令面板，删除“挤出”修改器。在二维图形对象创建命令面板中单击“矩形”按钮，在场景内绘制一个矩形，并将矩形的参数设定为 650 cm * 650 cm。最后，在工具栏中单击“移动”工具，将矩形调整至合适的位置，如图 2–87 所示。

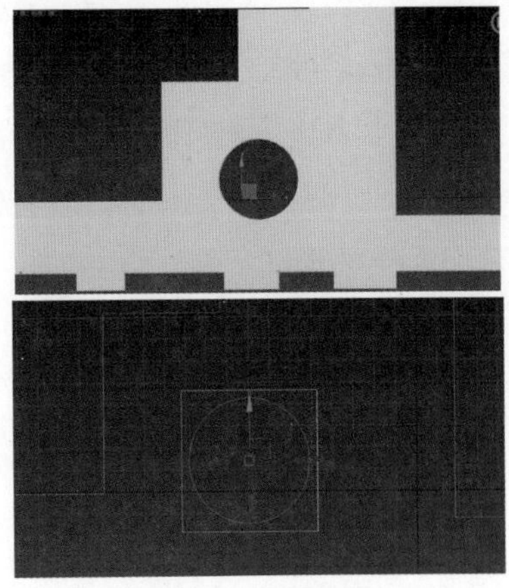

图2-87 创建矩形

步骤 03 选择前视图，将矩形移动至与屋顶线框的高度一致。接着，在顶视图中进行选择，然后在场景中单击屋顶的线框。在修改编辑命令面板中选择“样条线”，再在场景中选择圆。在修改编辑命令面板的“几何体”卷展栏中，单击“分离”按钮，接着选择“样条线”。再次在弹出的下拉菜单中单击“附加”按钮，然后在场景中选择矩形，将其作为一个整体进行附加。

步骤 04 选中已经合并好的样条线，右击并在快捷菜单中选择“转换为可编辑多边形”命令。在修改编辑命令面板中选择“边界”，按住 Shift 键的同时，按住鼠标左键并拖动 Z 轴，将边界向上移动，如图 2-88 所示。

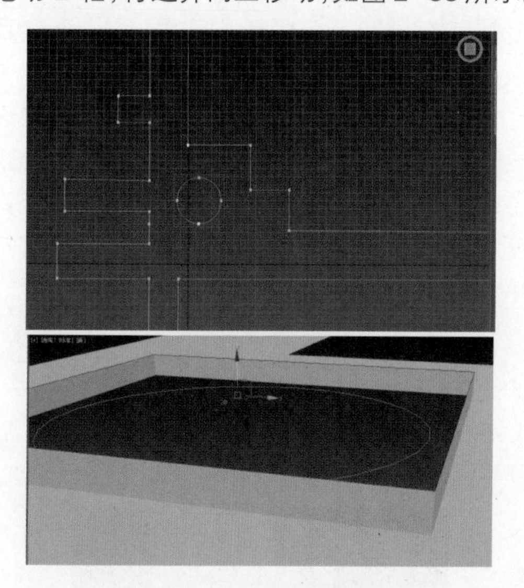

图2-88　分离圆形

步骤 05 在修改编辑命令面板中单击“封口”按钮。选择圆形样条线，然后添加“挤出”修改器，以生成一个圆柱体。

步骤 06 在基本对象创建命令面板的下拉列表中，选择“复合对象”选项，并在复合对象命令面板中单击“布尔运算”按钮。接着，在场景中选中屋顶，在布尔运算面板中单击“差集”按钮，最后在场景中选择圆柱体。将“屋顶”转换为可编辑多边形，并显示所有隐藏的模型，如图 2-89 所示。

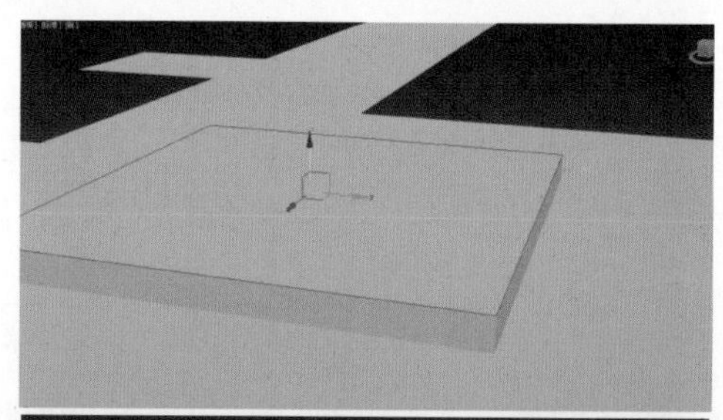

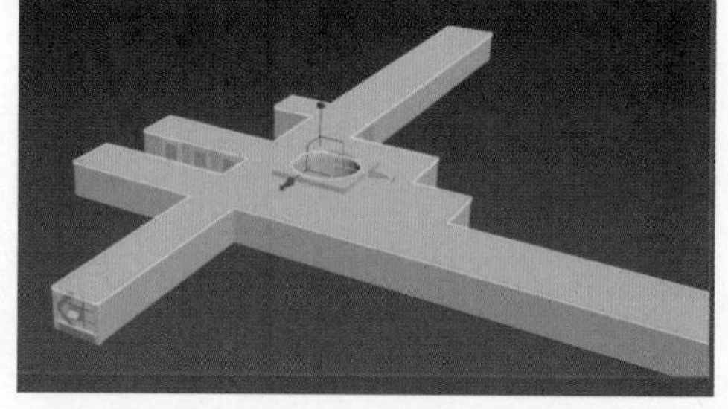

图2-89　屋顶封口

步骤 07 隐藏屋顶模型，在工具栏中单击“材质编辑器”按钮，打开材质编辑器。将“材质球”拖动到地面上。接下来，单击漫反射颜色贴图，此时会弹出一个“材质/贴图浏览器”对话框。在此对话框中，选择 Texture 文件夹下的贴图文件。

步骤 08 在材质编辑器中，单击“视口中显示明暗处理材质”按钮，此时模型将显示出贴图效果（见图 2-90 上图）。最后，在修改器列表中选择“UVW 贴图”修改器，其参数如图 2-90 下图所示。

步骤 09 在场景中选中墙体，将材质球指定至墙体，并为其附上位图。接着，为墙体模型设置 UVW 贴图。在“场景资源管理器”对话框中，将屋顶显现，然后在材质编辑器里将墙面材质球指定至屋顶，并为其添加 UVW 贴图。进一步，将墙体材质指定至窗户周边的墙体，并设定贴图坐标。以上操作的效果如图 2-91 所示。

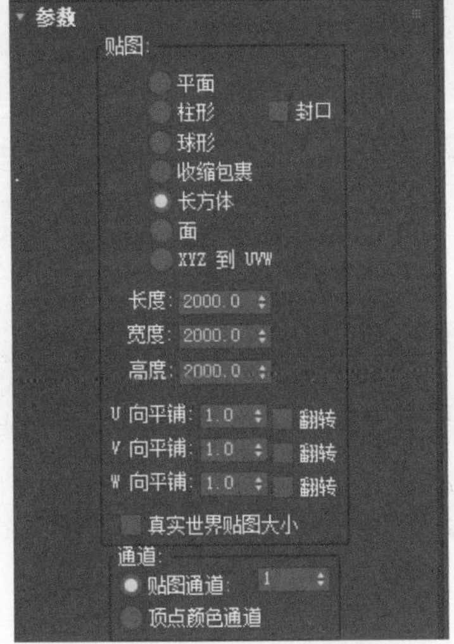

图2-90 添加UVW贴图

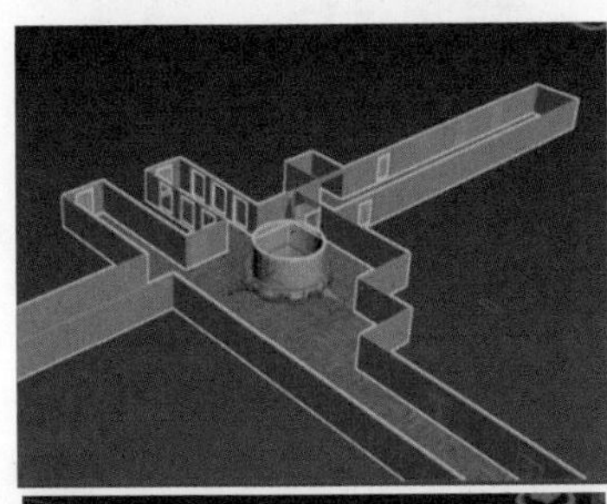

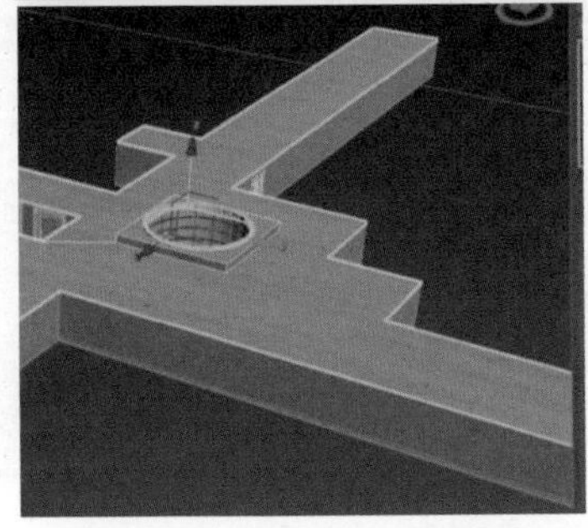

图2-91 添加UVW贴图

步骤 10 场景模型 UVW 贴图坐标调整完毕后，通过单击材质编辑器中的基础灰色材质，将其指定给所有模型。接着，选择屋顶和墙体，然后在层级命令面板中单击“轴”按钮，再单击“仅影响轴”按钮，如图 2–92 上图所示。右击“移动”工具，在弹出的窗口中将绝对世界 X、Y、Z 轴数值均设为 0，最后关闭“移动变换输入”窗口，如图 2–92 下图所示。

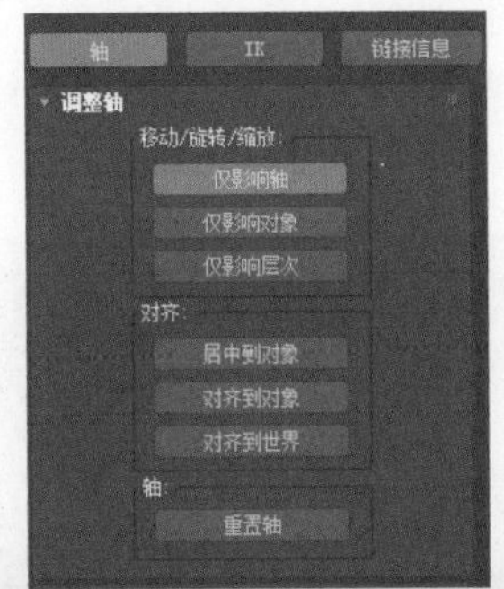

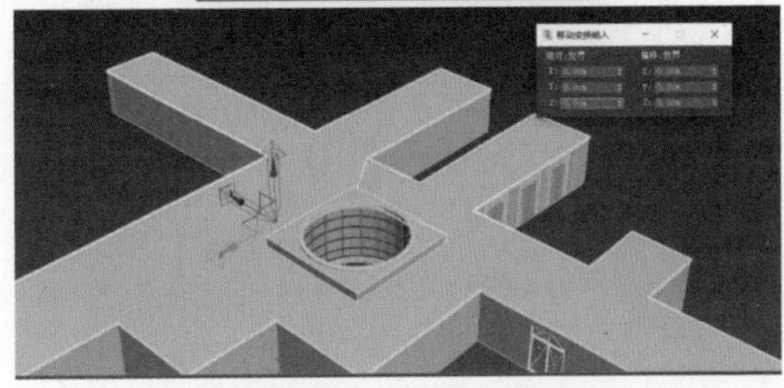

图2-92 调整轴

步骤 11 在场景中分别选择屋顶、墙体、地面、窗台模型，在菜单栏中选择“文件”→“导出”→“导出选定对象”命令（见图 2–93），在弹出的对话框中选择导出位置，文件统一导出为 FBX 格式，单击“确定”按钮完成导出，如图 2–94 所示。

步骤 12 双击桌面 UE5 图标或者在 Epic Games 平台界面中单击“启动”按钮，弹出启动界面，选择“游戏”→“空白”选项（见图 2–95 上图）。单击“创建”按钮，打开 UE5 软件，选择“文件”→“新建关卡”命令，在弹出的对话框中选择 Open World

模式，如图 2-95 下图所示。

步骤 13 在内容浏览器的空白处，右击并在弹出的快捷菜单中选择“新建文件夹”命令（见图 2-96 上图），并将新创建的文件夹命名为 mesh。

步骤 14 在内容浏览器的左上角单击“导入”按钮，此时会弹出一个对话框。在此对话框中选择要导入的模型，包括窗台、地面、屋顶、墙体模型，然后单击“打开”按钮。在弹出的对话框中，单击“导入所有”按钮。完成导入操作后，再次单击内容浏览器上方的“保存所有”按钮，如图 2-96 下图所示。

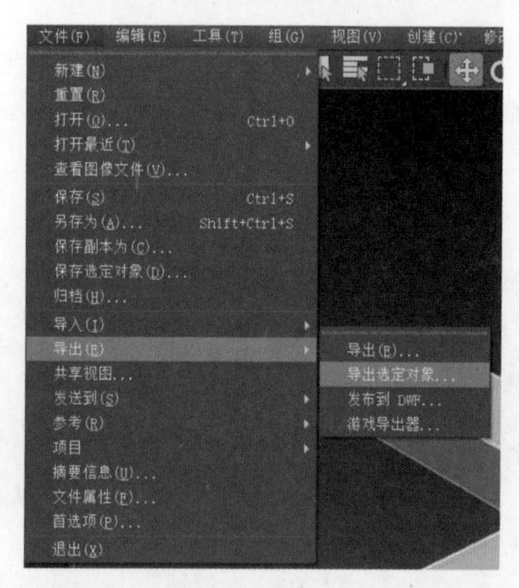

图2-93 选择“导出选定对象”命令

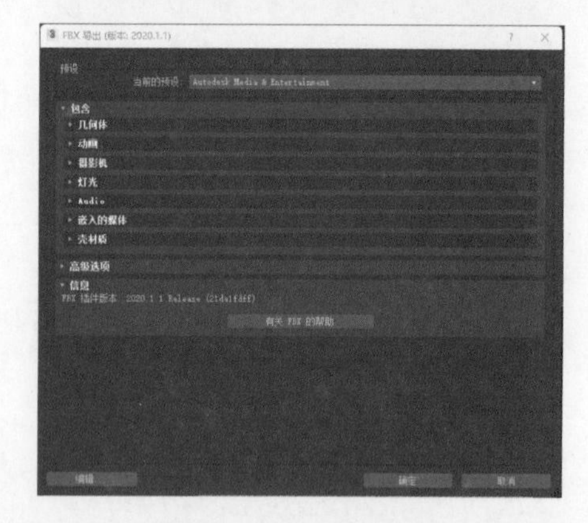

图2-94 导出选定对象

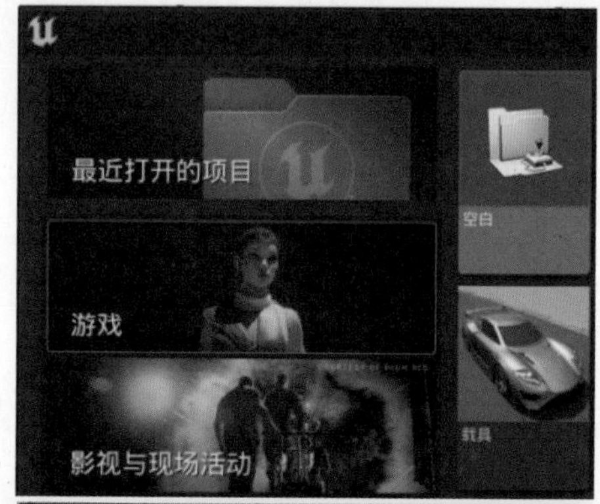

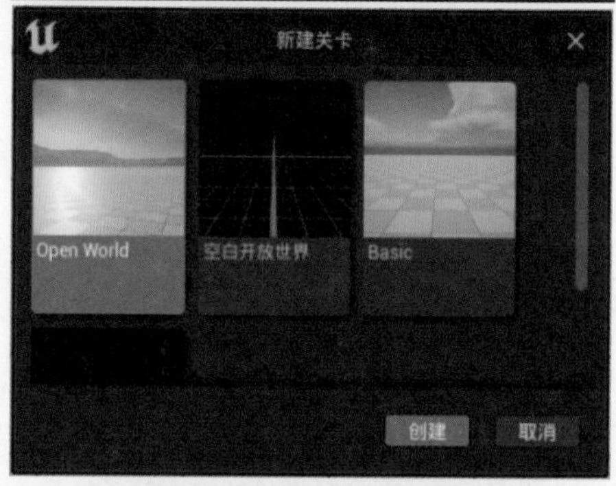

图2-95 新建工程文件和关卡

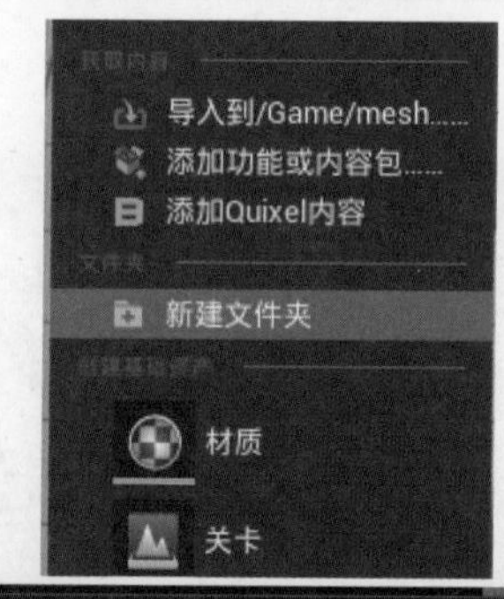

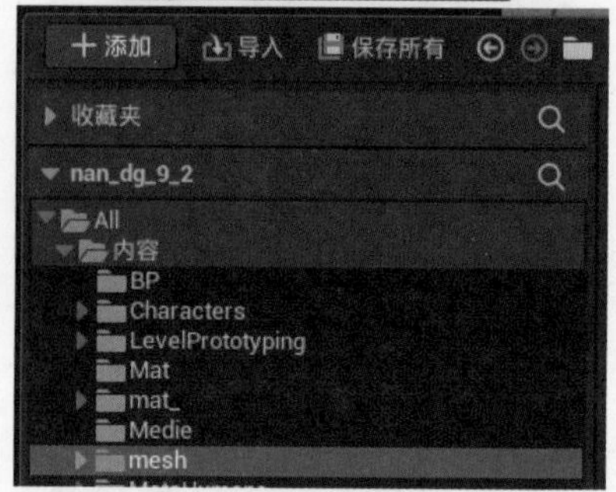

图2-96 保存关卡

步骤 15 将内容浏览器中的“屋顶”与“墙体”模型拖动至场景内。采取同样的方法，将所有其他模型导入场景，随后在右侧细节面板中将位置参数修改为（0，0，0）。接着，在菜单栏中选择“文件”→“保存当前关卡”命令，保存所编辑的关卡模型。以上操作效果如图 2–97 所示。

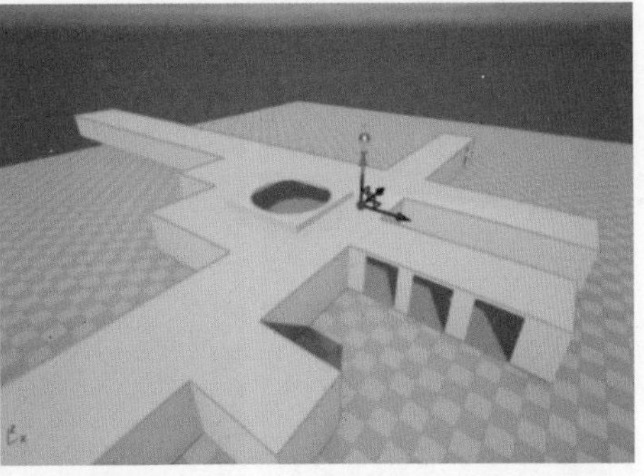

图2-97 导入模型中保存关卡

2.2.3 将静态网格体转盘和门窗模型导入 UE5

将静态网格体转盘和门窗模型导入UE5.mp4

本节的案例将介绍如何将静态网格体转盘和门窗模型成功导入 UE5，并赋予 UV 坐标。通过学习，我们将掌握从模型设计到游戏引擎高效整合的完整流程，进而提升我们的作品在虚幻引擎中的表现力和互动性。

将静态网格体转盘和门窗模型导入 UE5 的具体操作步骤如下。

步骤 01 打开 3ds Max 中编辑好的场景，选择电梯门模型，在菜单栏中选择“组”→“解组”命令，对模型进行解组操作。

步骤 02 在场景中选取电梯门框，然后在修改编辑命令面板的“编辑几何体”卷展栏中单击“附加”按钮，将其他门框也选中并附加到这个整体上。通过这样的操作，我们可以使所有电梯门框合并成一个整体。如图 2–98 所示。

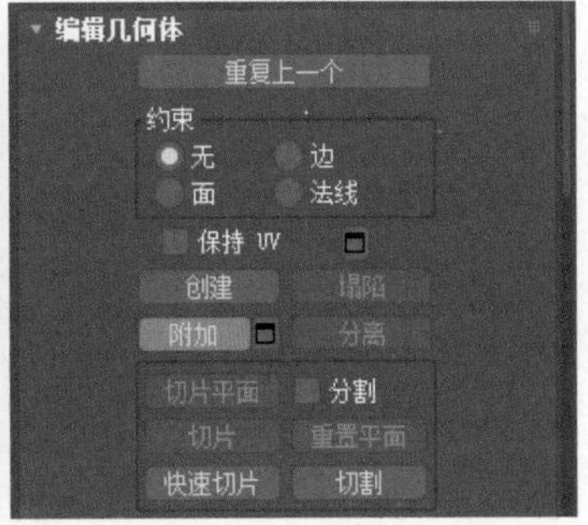

图2-98 附加模型

步骤 03 在场景中选取门框，打开材质编辑器，为模型分配一张贴图。接着，单击修改编辑命令面板中的“修改器列表”，在弹出的下拉列表中选择“UVW 贴图”修改器。然后，在“参数”卷展栏下选中“长方体”复选框，并对长、宽、高进行适当的调整。

步骤 04 单击电梯门框，在修改编辑命令面板中选择“UVW 贴图”修改器，右击并在弹出的快捷菜单中选择“复制”命令。在场景中选取电梯门，在修改编辑命令面板中右击，粘贴“UVW 贴图”修改器，将贴图应用到电梯门上。如图 2-99 所示。

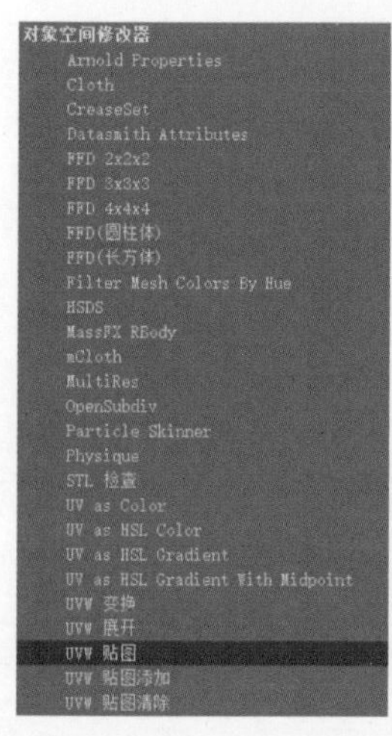

图2-99 添加UVW贴图

步骤 05 在场景中选择窗框并右击，在弹出的快捷菜单中选择“转换为可编辑多边形”命令，单击“编辑几何体”卷展中的“附加”按钮，附加场景内的窗户把手、玻璃，在弹出的对话框中单击“确定”按钮，模型合并为一体。

步骤 06 在层级命令面板中单击“轴”→“仅影响轴”按钮，按住鼠标左键拖动坐标轴至目标位置，单击取消“仅影响轴”。在场景中选择玻璃、窗户金属框、活动窗户模型，添加 UVW 贴图，并将它们转化为可编辑多边形。如图 2-100 所示。

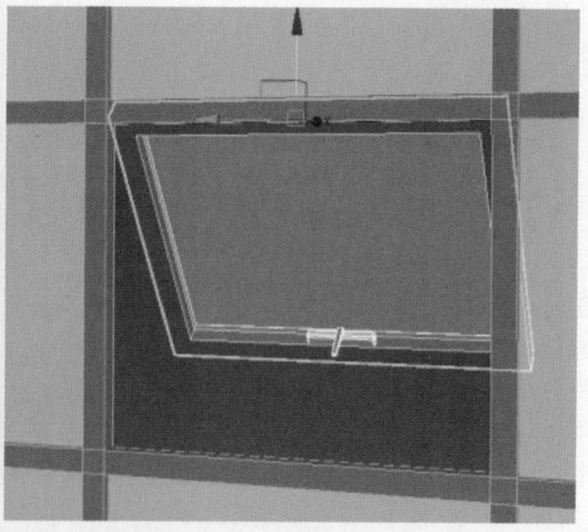

图2-100 设置轴添加UVW贴图并转化为可编辑多边形

步骤 07 在场景中选择窗户玻璃与窗户框模型，在层级命令面板中单击“轴”→“仅影响轴”按钮。接着，在工具栏中右击“移动”工具，在弹出的窗口中将 X、Y、Z 数值均设置为 0。同样，将电梯门及电梯门框的轴心点 X、Y、Z 数值设置为 0。如图 2-101 所示。

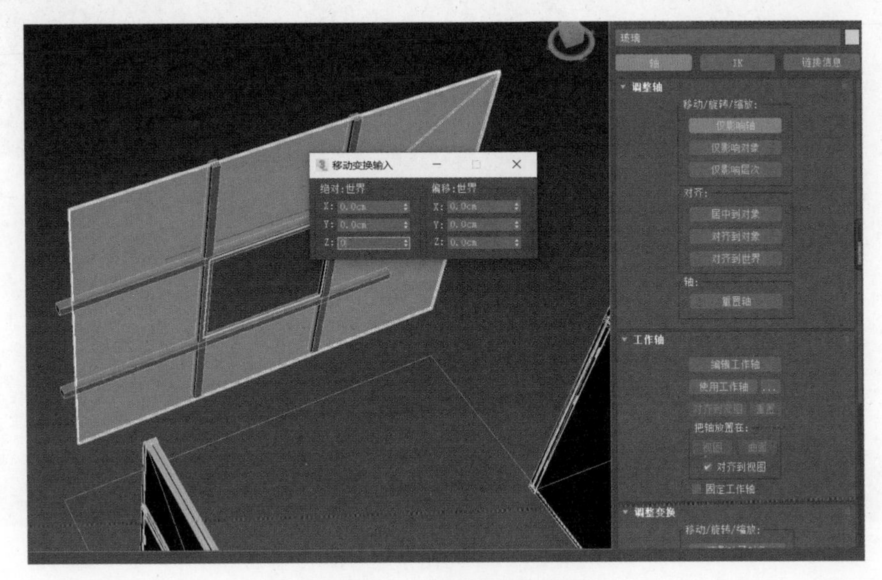

图2-101 调整轴位置参数

步骤 08 在场景中，我们对转盘座椅进行解组，并将其合为一个整体。我们将上下卡槽转盘、窗户框、金属栏杆、转盘座椅以及栏杆扶手逐一附加在一起，合并成一个模型，合并后再添加“UVW 贴图”修改器。同时，我们将各轴心点坐标设定为（0，0，0）。加选所有模型，打开材质编辑器，选择一个灰色材质球，单击将材质指定给选定对象。如图 2-102 所示。

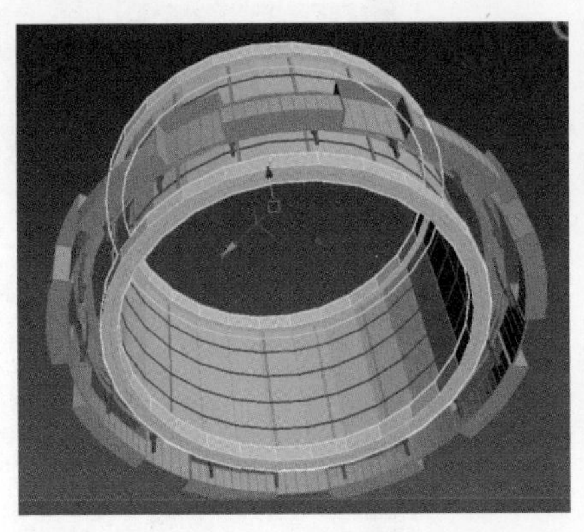

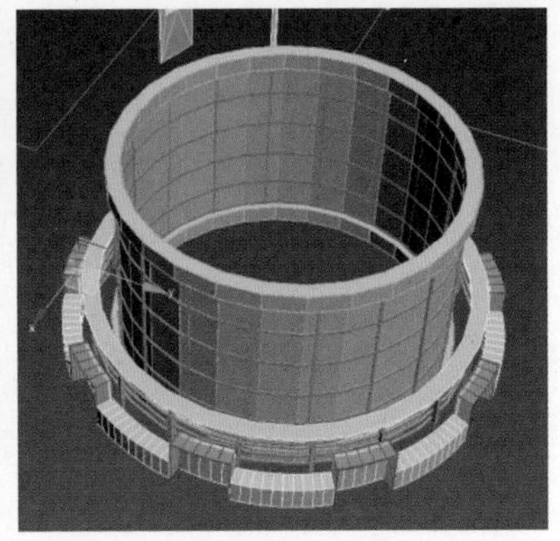

图2-102 附加合并模型添加UVW贴图以及设置轴心点

步骤 09 在场景内选择电梯门框，在菜单栏中选择“文件”→“导出”→“导出选定对象”命令，在弹出的对话框中选择文件夹，文件命名为“电梯门”。同理将其他模型相继导出（电梯门、转盘各模型、玻璃窗户处各模型、配电间门、过道门），将走廊处金属条的轴心点坐标改为（0，0，0），再进行导出，如图 2-103 所示。

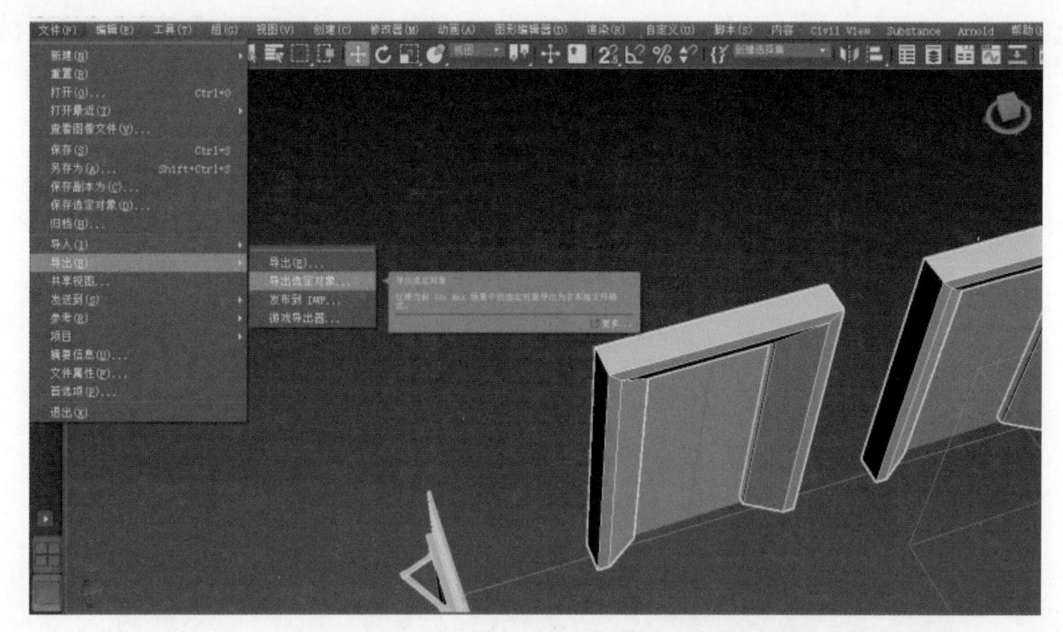

图2-103　导出指定对象

步骤 10 单击防盗门，在修改命令面板中选择“可编辑多边形”→“元素”层级，在场景中框选出需要打开的门、把手、合页，在“编辑几何体”卷展栏中单击“分离”按钮。

步骤 11 在右侧层次命令面板中单击“轴”→“仅影响轴”按钮，将轴心移动到合页处，使门可开合，分别将防盗门以及门扇导出，如图 2-104 所示。

步骤 12 打开 2.2.2 节完成的 UE5 虚幻引擎工程文件，单击内容浏览器中的“导入”按钮，将模型都导入虚幻引擎，再单击内容浏览器中的“保存所有”按钮。

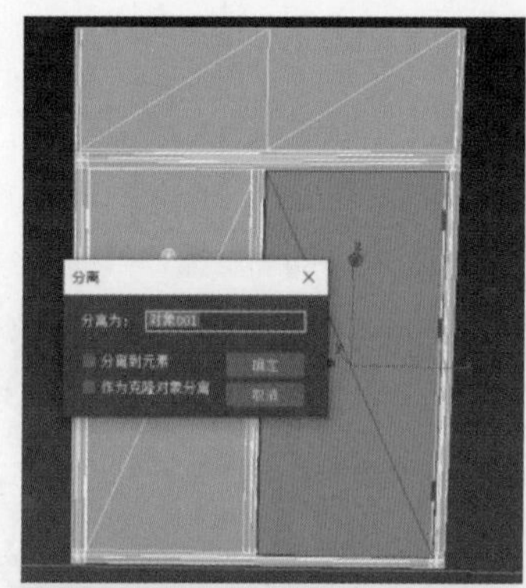

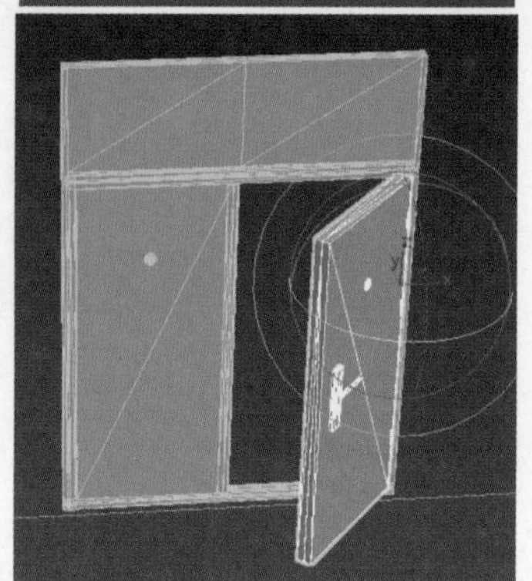

图2-104　分离门

步骤 13 在大纲面板中单击隐藏屋顶，将内容浏览器中的场景模型依次拖动至场景中。将模型导入场景中后，在细节面板中将所有导入模型的位置参数设置为（0，0，0），如图 2–105 所示。

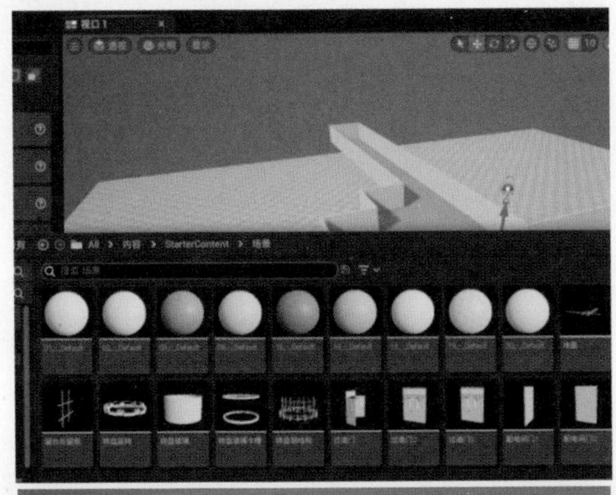

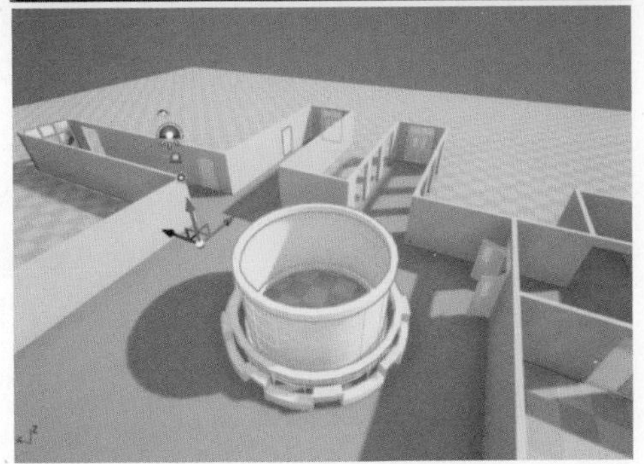

图2-105 将模型导入场景

步骤 14 在内容浏览器中选择活动窗户模型，然后将其拖拽到场景中合适的位置。接下来，再次在内容浏览器中选择活动门扇模型，并将其放置在场景中适当的位置。

步骤 15 在 UE5 关卡视口中，将电梯门导入并调整至合适的位置。按住 Alt 键的同时，按住鼠标左键并拖动，复制出另外两个电梯门。接着，将电梯门组成一个组模型，再次用 Alt 键结合鼠标拖动，成功复制出三个电梯门。接下来，单击“旋转”工具，拖动电梯门，使其旋转 180° 。在场景中选择电梯门，运用移动工具，将其移至合适的位置。以上操作效果如图 2–106 所示。

步骤 16 在内容浏览器中，选择走廊金属条并将其拖动到场景中。接着，在细节面板中将金属条的位置参数设为（0，0，0）。

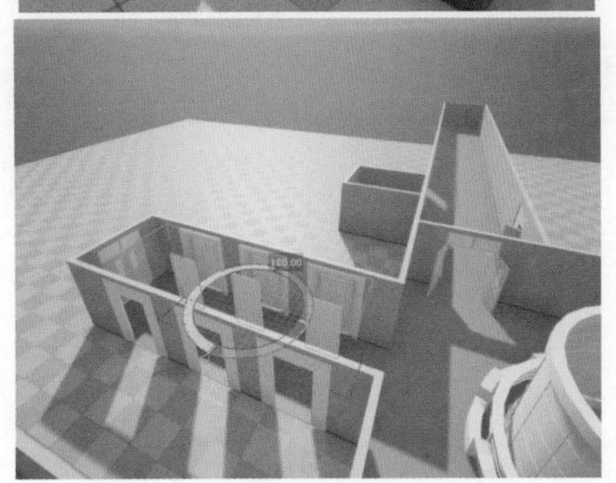

图2-106 导入电梯门模型并调整模型位置

步骤 17 将防盗门模型导入场景中，利用移动工具将其移至合适的位置。在场景中选中防盗门，按住 Alt 键的同时，按住鼠标左键并拖动，复制出所有其他防盗门，并将它们移至合适的位置。以上操作效果如图 2–107 所示。

步骤 18 在键盘上按住 Shift 键，同时选取交互防盗门框与门扇，按住 Alt 键的同时，按住鼠标左键并拖动，复制出一扇相同的交互防盗门。单击“移动”工具，将这扇交互防盗门调整至窗台右侧的预定位置。当场景模型导入完毕后，可以在透视图中预览整个场景的效果，如图 2–108 所示。

图2-107　导入防盗门并设置位置参数

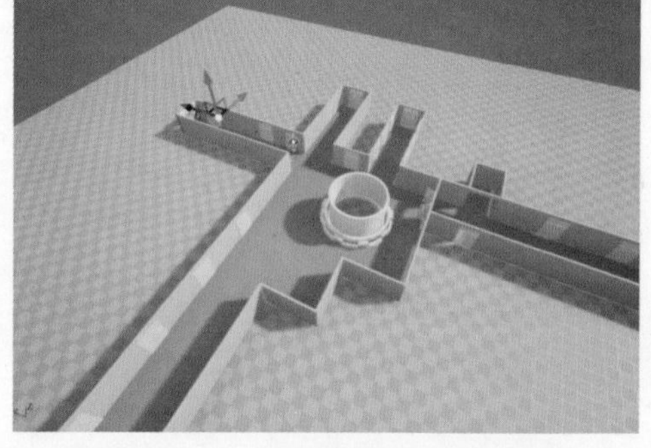

图2-108　调整模型位置预览整体

2.2.4 静态网格体模型的应用

静态网格体模型的应用.mp4

在本节中，我们将学习如何在UE5中运用静态网格体模型，以制作交互门为例。

在UE5中实现交互门的具体操作步骤如下。

步骤01 在UE5界面左下角单击“内容侧滑菜单”按钮，打开内容浏览器，在内容浏览器空白处右击，在快捷菜单中选择“蓝图类”命令，在弹出的对话框中单击Actor按钮（见图2-109左图），新建一个蓝图。

步骤02 将新建的蓝图更名为men，通过双击打开蓝图编辑器。接着，在蓝图的组件面板中单击“添加”按钮，在下拉菜单中选择“静态网格体组件”选项。然后，右击新添加的静态网格体组件，在弹出的快捷菜单中选择“重命名”命令，将其更名为“门框”。接下来，再次添加一个静态网格体组件，并将其重命名为“门”。如图2-109右图所示。

步骤03 打开3ds Max场景文件，选择交互门框，在层次命令面板中单击“仅影响轴”按钮，按住鼠标左键并拖动坐标轴至活动门合页处。

步骤04 同理将防盗门交互门扇移动至相同位置。选择门框，右击“移动”工具，在弹出的窗口中将X、Y、Z数值均设置为0，将门框模型移动至原点处，同理将门扇模型也移动至原点处，如图2-110所示。

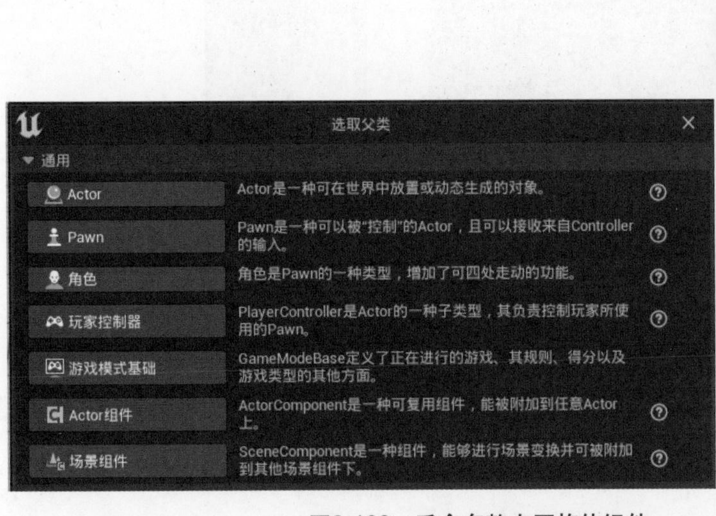

图2-109　重命名静态网格体组件

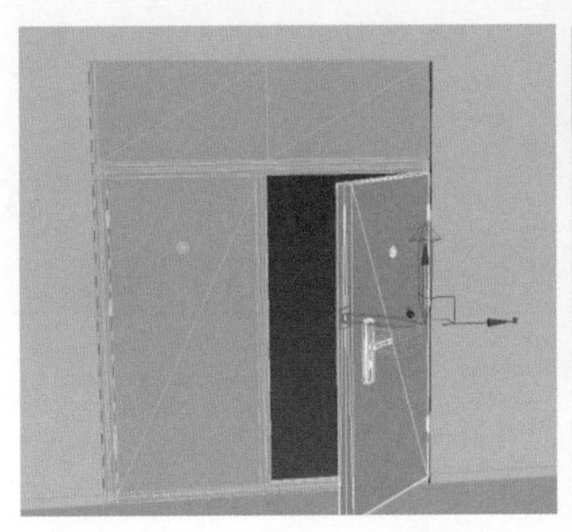

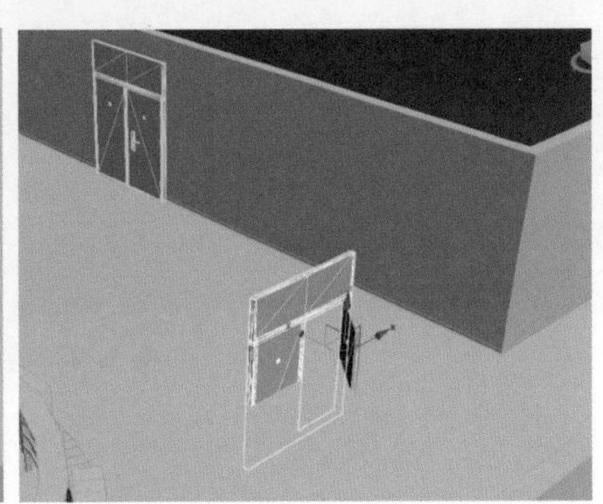

图2-110　设置坐标轴原点位置

步骤 05 在场景中分别导出“门框”和“门”模型，然后将它们重命名为“防盗门交互 _ 门框”和“防盗门交互 _ 门扇”。

步骤 06 启动 UE5 场景文件，单击左下角的“内容侧滑菜单”按钮，在弹出的内容浏览器中单击“导入”按钮。在弹出的对话框中，导入门框和门扇模型。

步骤 07 在蓝图组件面板中，找到“门”选项，单击右侧的细节面板“静态网格体”选项的下拉按钮。在弹出的下拉列表中，分别选择“防盗门交互 _ 门扇”模型和“防盗门交互 _ 门框”模型。模型导入完成后，在蓝图工具栏中单击“编译”按钮，再进行保存，如图 2-111 所示。

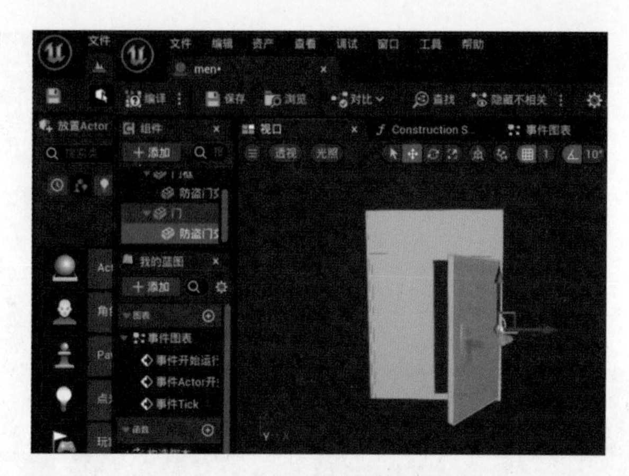

图2-111　导入模型并编译保存

步骤 08 按住鼠标左键并拖动新建的交互门蓝图，放置到场景中。按住 Alt 键的同时，按住鼠标左键并拖动，复制出另一个交互门蓝图，并使其旋转 180° 。利用移动工具将交互门调整至合适的位置，最终的预览效果如图 2–112 所示。

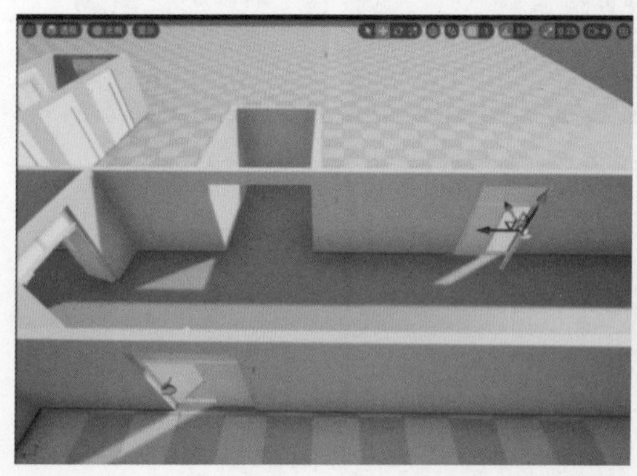

图2-112　模型制作完成最终预览效果

2.3 习　题

1. 综合运用本章所学的知识，在虚幻引擎中创建一个新的关卡，并导入一个自定义的静态网格体模型，使用静态网格体编辑工具制作一个虚拟现实室内交互场景。

2. 使用虚幻引擎中的地形系统创建一个自然风光场景，例如山脉、湖泊或森林，尝试调整地形高度、添加水体效果并在场景中布置植被。

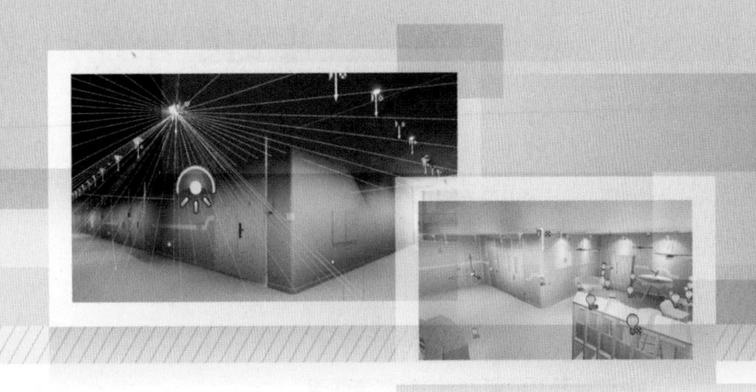

第3章

虚幻引擎的灯光系统

在这一章内，我们将学习使用光源。首先是认识所有可用的光源类型，然后学会如何在关卡中放置光源，修改光源的设置并控制它们对游戏世界内其他 Actor 的影响。

当处理光照 Actor 的属性时，一些基本的关键概念有助于理解其功能，这些基本概念分别是直接光、间接光、静态光、动态光与阴影。

（1）直接光：光直接落到 Actor 的表面上，不受其他 Actor 的干涉。 光线从光源直接移动到网格体模型的表面。这样静态网格体 Actor 会接收这个光源的全部颜色光谱。

（2）间接光：由场景中另外的游戏对象反射来的光。因为光波的被吸收或被反射是依赖于网格体模型表面属性和颜色的。反射光会带有一些颜色信息，同时将这些颜色信息传递到路径中下一个模型的表面上。间接光影响整个环境光强度。

（3）静态光：光源照射在不会移动的物体上的光照效果。对于不移动的东西，光照和阴影最好只计算一次（在构建时），这样会得到更好的性能和更高的质量。

（4）动态光：在运行时可能移动的光源和物体的光照效果。因为这种类型的光照每帧都需要计算，它通常比静态光渲染更慢，而且质量也更低。

（5）阴影：引擎从光源的视点对一个模型的轮廓进行快照，然后将快照得到的图像投射在其他 Actor 的表面上，在照亮的 Actor 的反面。静态网格体 Actor 和光源 Actor 都有阴影设置选项。

3.1 虚幻引擎的灯光类型

UE5 中的灯光包括定向光源、点光源、聚光源、矩形光源和天空光照 5 种，如图 3–1 所示。在放置 Actor 面板中选择光照模块，选择其中一种光照，按住鼠标左键将其拖动到场景中即可。

图3-1 灯光类型

（1）定向光源：模拟室外光源，或是那些需要看起来像是从极远或接近无限远的距离发出光亮的光源。

（2）天空光照：是一种特殊的灯光类型，用于模拟太阳光以及整个天空对场景的影响。

（3）点光源：就像一个灯泡，从一个点向各个方向发出光亮。

（4）聚光源：从单个点沿着由一个圆椎体限制的方向发射光。

（5）矩形光源：从矩形表面沿一个方向发光。

定向光源和天空光照可用于大型外景，或通过内景开口提供光照和投影。对于大型外景，定向光源最能照亮浓密的植被，在照亮其他几何体时也比较高效。

点光源、聚光源和矩形光源可用于照亮较小的局部区域。光源的类型和属性可以帮助定义光源在给定场景中的形状和外观。这些类型的光源也有许多相同的属性。

场景中每种类型的 Actor 都有自己的移动性设置，用于控制在游戏运行期间是否允许以某种方式移动或改变。对于光源 Actor，移动性状态的选择决定了在进行光源构建时将如何处理场景中的光源。

每个光源 Actor 具有 3 种移动性状态，如图 3–2 所示。

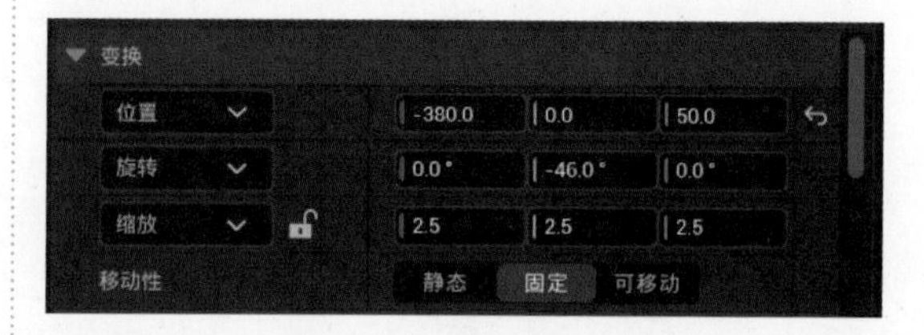

图3-2 3种移动性状态

（1）静态：在运行时不能以任何方式改变或移动的光源。这是渲染效率最快的一种形式，在游戏运行过程中几乎没有任何性能消耗。它们仅在光照贴图中进行计算，一旦处理完成，便不会再有进一步的性能影响。

（2）固定：在运行时可以改变光源的颜色和亮度，但是不能移动、旋转或修改影响范围。

（3）可移动：这是完全动态的光源，可以改变光源位置、旋转度、颜色、亮度、衰减、半径等属性，几乎光源的任何属性都可以修改。这个渲染效率最慢，但在游戏过程中最灵活。

在 3 种不同的光源移动性状态中，静态光源的质量中等、可变性最低、性能消耗也最少；固定光源具有最好的质量、中等的可变性以及中等的性能消耗；可移动光源具有最好的质量、最高的可变性和最高的性能消耗。

3.1.1 虚幻引擎的灯光参数

1. 定向光源

模拟从无限远处发出光照，可以照亮整个场景，因此适用于模拟太阳光。灯光放置在不同的位置并不会影响光照效果，但旋转灯光会改变光线射入的角度，其中白色长箭头的方向就是光线射入的方向，如图 3–3 所示。

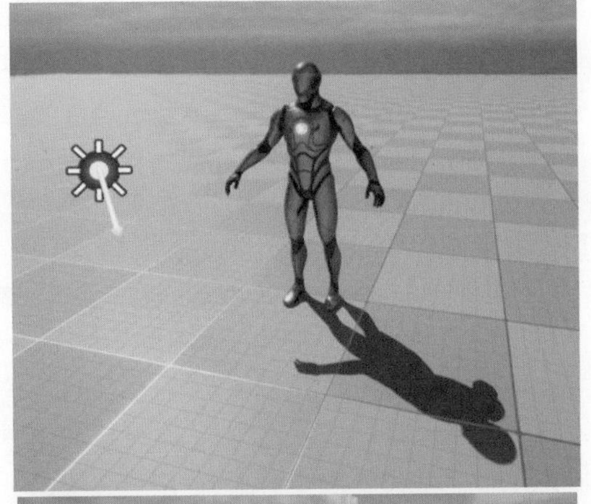

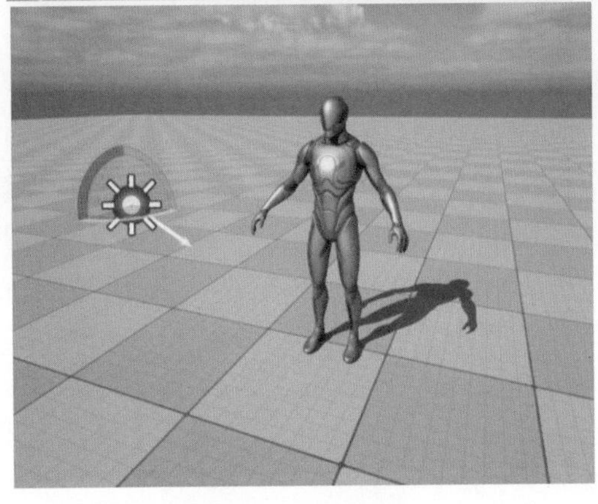

图3-3 定向光源

在 UE5 界面右下侧的细节面板中，有 6 类定向光源属性的设置卷展栏，分别为：光源、Lightmass、光束、大气与云、级联阴影贴图和光照函数。

1）“光源”属性设置卷展栏（见如图 3–4）

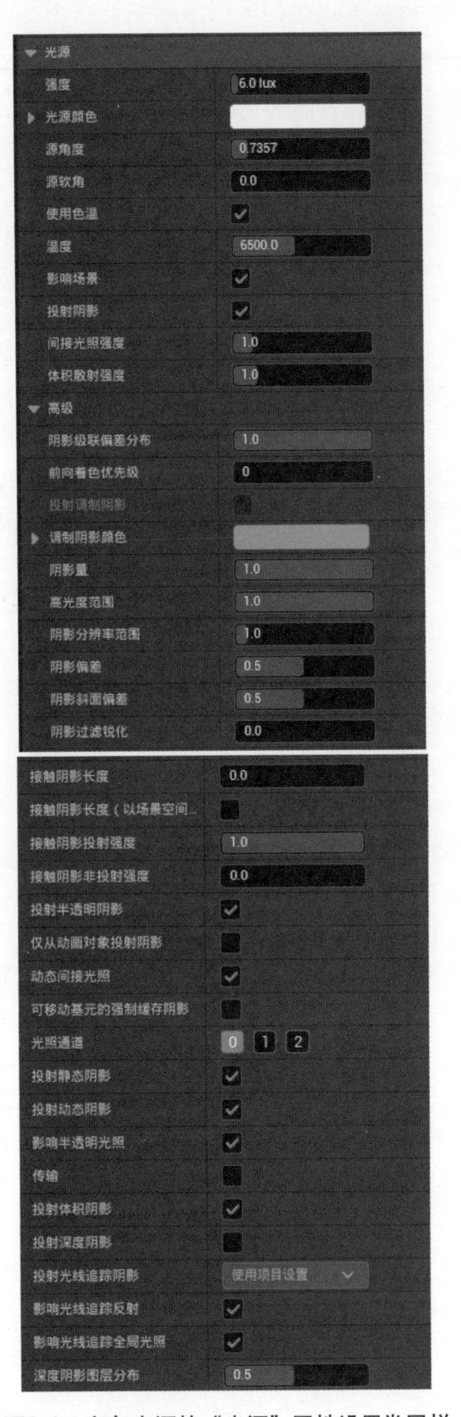

图3-4 定向光源的“光源”属性设置卷展栏

UE5 细节面板中定向光源的“光源”属性设置卷展栏中的选项说明如下。

（1）强度：此选项用来设置光源发射的总能量。

（2）光源颜色：此选项用来设置光源发射的颜色。

（3）源角度：此选项用来设置光源的角度，以度数为单位。默认为 0.7357，这是太阳的角度。

（4）源软角：此选项用来设置软光源的角度，以度数为单位。

（5）使用色温：取消选中此复选框时，使用白色作为光源。

（6）温度：此选项用来设置黑体光源的色温，以开氏度为单位，白色是 6500K。

（7）影响场景：此选项用来设置完全禁用光源。

（8）投射阴影：此选项用来设置光源是否投射阴影。

（9）间接光照强度：此选项用来调整光源的间接照明贡献。

（10）体积散射强度：此选项用来调整源的体积散射强度。

（11）阴影级联偏差分布：此选项用来控制级联之间的深度偏差，用于缓解阴影级联过渡时的阴影失真差异。

（12）前向着色优先级：此选项涉及单向光源在正向渲染、半透明、单层水和体积雾光照中的正向光照优先级。如果两个光源的优先级相同，则会根据它们的整体亮度确定优先级。

（13）投射调制阴影：此选项用来设置是否从动态对象投射调制的阴影。

（14）调制阴影颜色：此选项用来设置在渲染调制的阴影时，针对场景颜色进行调制的颜色（仅限移动端）。

（15）阴影量：此选项用来设置阴影遮蔽程度。值为 0 时，表示没有遮蔽，也没有阴影。

（16）高光度范围：此选项用来设置高光度高光的乘数。

（17）阴影分辨率范围：此选项用来调整用于对此光源投影的阴影贴图的分辨率。

（18）阴影偏差：此选项用来控制此光源的阴影准确度。

（19）阴影斜面偏差：此选项用来控制整个场景中阴影的自投影准确度。这会根据表面的斜率增加偏差数量，从而对阴影偏差作出贡献。

（20）阴影过滤锐化：此选项用来控制锐化此光源的阴影滤波处理的程度。

（21）接触阴影长度：此选项用来设置屏幕空间接触阴影的追踪距离。

（22）接触阴影长度（以场景空间单位计算）：此选项用来控制是否将世界空间单位用于接触阴影长度的计算。

（23）投射半透明阴影：此选项用来控制是否允许透过半透明对象投射动态阴影。

（24）仅从动画对象投射阴影：此选项用来控制光源是否应该仅从标记为资产对象的组件投射阴影。这适合用于动画对象与阴影投射的精准对接。它并非简单地将阴影投射至所有场景，而是精准地锁定动画对象，确保其动作与阴影的互动达到极致的真实感。这种精准的投射方式，无疑为游戏开发者提供了更为丰富的创作空间。

（25）动态间接光照：此选项用来设置该光源是否应被注入光照传播体积 。

（26）可移动基元的强制缓存阴影：此选项用来设置是否为可移动基元生成缓存阴影。

（27）光照通道：此选项用来设置该光

源应该影响的通道。

（28）投射静态阴影：此选项用来设置该光源是否投射静态阴影。

（29）投射动态阴影：此选项用来设置该光源是否投射动态阴影。

（30）影响半透明光照：此选项用来设置光源是否会影响半透明度。

（31）传输：此选项用来设置该光源投射的光线是否透过具有次表面散射轮廓的表面传输。

（32）投射体积阴影：此选项用来设置是否对体积雾投影。

（33）投射深度阴影：此选项用来设置是否将阴影投射至场景的每一个角落，从而实现更为逼真的光影效果。

（34）投射光线追踪阴影：此选项用来设置是否为此光源启用光线追踪的阴影。

（35）影响光线追踪反射：此选项用来设置在启用光线追踪反射时，光源是否影响反射中的对象。

（36）影响光线追踪全局光照：此选项用来设置在启用光线追踪全局光照时，光源是否影响全局光照。

（37）深度阴影图层分布：此选项用来设置深度阴影图层分布。值为 0 时表示线性分布（均匀层分布），值为 1 时表示指数分布。

2）Lightmass 属性设置卷展栏（见图 3–5）

图3-5　定向光源的Lightmass属性设置卷展栏

UE5 细节面板中定向光源的 Lightmass 属性设置卷展栏中的选项说明如下。

（1）光源角度：此选项用来设置定向光源的自发光表面相对于接收物而延展的角度，影响半影方向。

（2）间接光照饱和度：此选项用来设置间接光照饱和度，数值为 0 时将完全去除此光照，数值为 1 时则保持不变。

（3）阴影指数：此选项用来控制阴影半影的衰减。

（4）使用静态光照的区域阴影：此选项用来设置是否将区域阴影用于固定光源预计算的阴影贴图。

3）“光束”属性设置卷展栏（见图 3–6）

图3-6　定向光源的“光束”属性设置卷展栏

UE5 细节面板中定向光源的“光束”属性设置卷展栏中的选项说明如下。

（1）光束遮挡：此选项用来设置该光源是否会对雾气和大气之间的散射形成屏幕空间模糊遮挡。

（2）遮挡遮罩暗度：此选项用来设置遮挡遮罩的暗度，值为 1 则无暗度。

（3）遮挡深度范围：此选项用来设置遮挡深度范围，和相机之间的距离小于此距离的物体均会对光束构成遮挡。

（4）光束泛光：此选项用来设置是否渲染此光源的光束泛光。

（5）泛光范围：此选项用来设置缩放叠加的泛光颜色。

（6）泛光阈值：此选项用来设置泛光阈

值，场景颜色必须大于此阈值，方可在光束中形成泛光。

（7）泛光最高亮度：此选项用来设置泛光最高亮度，应用曝光之后，此值将约束场景颜色亮度。

（8）泛光着色：此选项用来设置对光束发出的泛光效果进行着色时所使用的颜色。

（9）光束重载方向：此选项用来设置光束从另一处发出，而非从该光源的实际方向发出。

4）“光照函数”属性设置卷展栏（见图3-7）

图3-7　定向光源的“光照函数”属性设置卷展栏

UE5细节面板中定向光源的“光照函数”属性设置卷展栏中的选项说明如下。

（1）光照函数材质：此选项用来设置应用到该光源的光照函数材质。

（2）光照函数范围：此选项用来设置光照函数投射范围。

（3）淡化距离：此选项用来设置淡化距离，在此距离中，光照函数将完全淡化为“已禁用亮度”的值。

（4）已禁用亮度：此选项用来设置光照函数已指定但被禁用时应用到光源的亮度因子。

5）“级联阴影贴图”属性设置卷展栏（见图3-8）

UE5细节面板中定向光源的“级联阴影贴图”属性设置卷展栏中的选项说明如下。

（1）动态阴影距离可移动光照：此选项用来设置在游戏运行时实时计算和渲染的阴影，而不是预先计算并烘焙到静态图像或贴图中的。动态阴影可以提供更加真实和交互式的光影效果

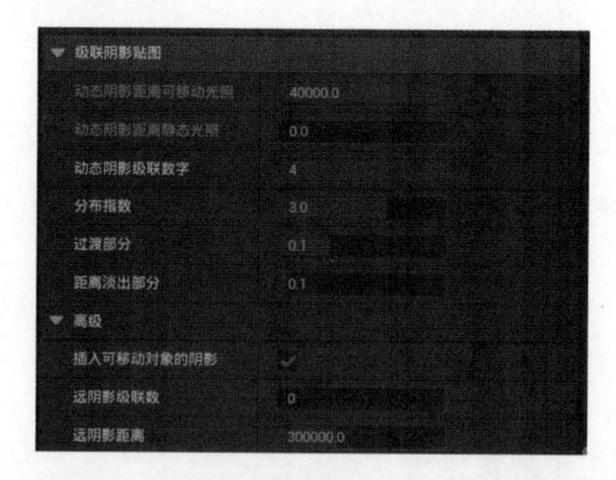

图3-8　“级联阴影贴图”属性设置界面

（2）动态阴影距离静态光照：此选项用来设置预先计算并存储在光照贴图中的光照信息。这些光照贴图在游戏加载时生成，并在游戏运行时直接应用在静态或几乎不动的几何体上。

（3）动态阴影级联数字：动态阴影级联数字是UE5中用于优化动态阴影渲染的一种技术。它将场景分为多个区域或层级，每个层级都有其自己的阴影贴图，每个阴影贴图对应一个特定的距离范围。

（4）分布指数：此选项用来控制级联分布在更靠近摄像机（指数较大）还是更远离摄像机（指数较小）的位置。

（5）过渡部分：此选项用来设置级联之间消退区域的比例。

（6）距离淡出部分：此选项用来控制动态阴影影响远端淡出区域的大小。

（7）插入可移动对象的阴影：此选项用来设置是否为可移动组件使用逐对象内嵌阴影，即使启用了级联阴影贴图也同样如此。

（8）远阴影级联数：值为0时表示没有

远距离阴影级联。

（9）远阴影距离：此选项用来设置远距离阴影级联应结束的距离。

6）“大气与云”属性设置卷展栏（见图3-9）

UE5 细节面板中定向光源的“大气与云”属性设置卷展栏中的选项说明如下。

（1）大气太阳光：此选项用来设置定向光源是否能够与大气及云层相互作用并生成视觉上的日轮——这些共同组成了视觉上的天空。

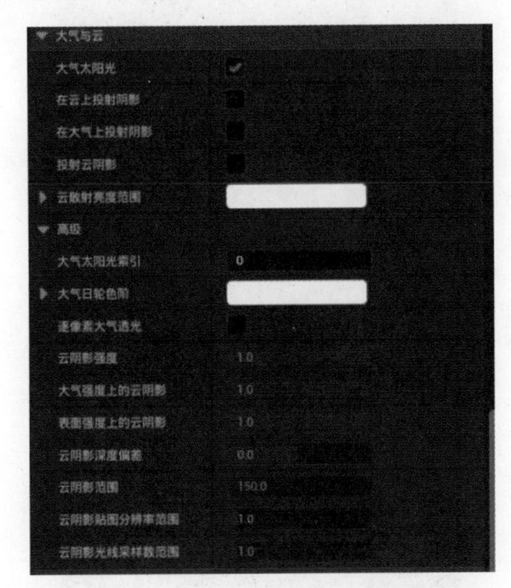

图3-9 “大气与云”属性设置卷展栏

（2）在云上投射阴影：此选项用来设置光源是否应该将不透明对象的阴影投射在云层上。如果场景中存在第二个定向光源，并且启用了“大气太阳光”以及将“大气太阳光索引”设置为 1，则该选项会被禁用。

（3）在大气上投射阴影：此选项用来设置使用大气时，光源是否将不透明网格体的阴影投射到大气中。

（4）投射云阴影：此选项用来设置是否将云层的阴影投射到大气和其他场景元素上。

（5）云散射亮度范围：此选项用来设置大气中云层对太阳光进行散射后，所形成的亮度值的分布区间。

（6）大气太阳光索引：引擎支持在任何时候显示两个大气光源来表示太阳和月亮，或者是两个太阳。使用此索引来设置主光源和副光源。例如，太阳是 0，月亮是 1。

（7）大气日轮色阶：此选项用来设置太阳大气层中色彩斑斓的日轮边缘效果。

（8）逐像素大气透光：此选项用来设置是否在不透明网格体上应用逐像素大气透射，而非使用全局透射。

（9）云阴影强度：此选项用来设置云层阴影的强度。数值越高，光线阻挡越多。

（10）大气强度上的云阴影：此选项用来设置大气上阴影的强度。设置为 0 时，会禁用大气上的阴影。

（11）表面强度上的云阴影：此选项用来设置阴影在不透明和半透明表面上的强度。

（12）云阴影深度偏差：此选项用来控制应用于体积云阴影贴图的前阴影深度的偏差。

（13）云阴影范围：此选项用来设置摄像机周围云层阴影贴图的世界空间半径。单位为千米（km）。

（14）云阴影贴图分辨率范围：此选项用来调整云层阴影贴图的分辨率。

（15）云阴影光线取样数范围：此选项用来调整用于阴影贴图追踪的取样数。

2. 点光源

点光源的工作原理很像一个真实的灯泡，从灯泡的钨丝向四面八方发射光。然而，为了性能考虑，点光源被简化为从空间中的一个点，均匀地向各个方向发射光，如图 3–10 所示。

图3-10　点光源

点光源的“光源”属性设置卷展栏如图 3-11 所示，其中各选项的说明如下。

（1）强度：此选项用来设置光源发射的总能量。

（2）光源颜色：此选项用来设置光源发射的颜色。

（3）衰减半径：此选项用来控制光的可见影响范围。

（4）软源半径：此选项用来设置光源形状的半径。

（5）源长度：此选项用来设置光源形状的长度。

（6）影响场景：此选项用来设置是否完全禁用光源。无法在运行时设置。若要在运行时禁用光源的效果，须更改其“可视性（visibility）”属性。

（7）投射阴影：此选项用来设置光源是否投射阴影。

（8）间接光照强度：此选项用来调整光源的间接照明贡献。

（9）使用反转平方衰减：此选项用来设置是否使用基于物理的反转平方距离衰减，其中，衰减半径仅限制光源的贡献。

（10）光源衰减指数：禁用“使用反转平方衰减”时，此选项用来控制光源的径向衰减。

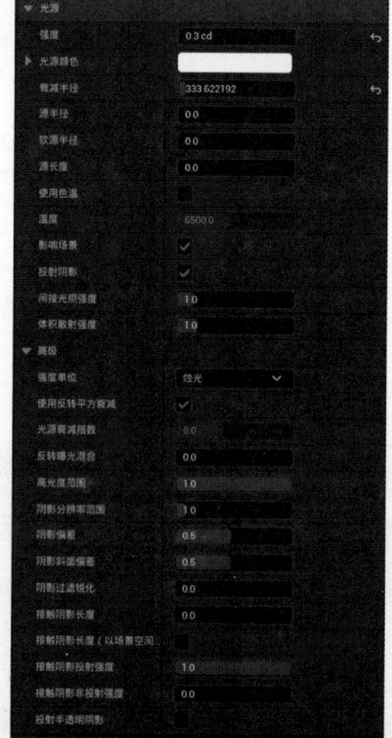

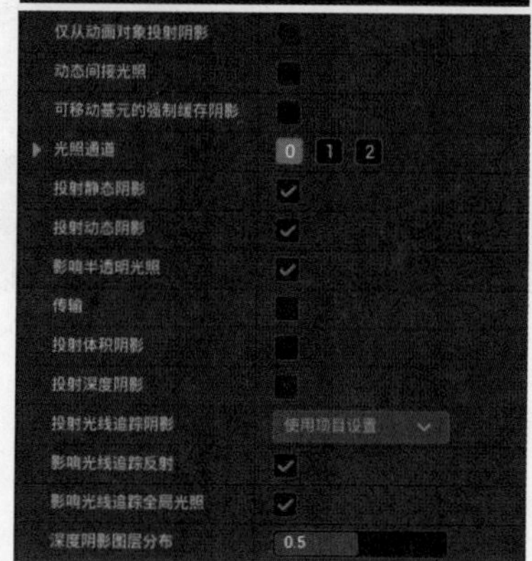

图3-11　点光源的“光源”属性设置卷展栏

（11）高光度范围：此选项用来设置物体或光源所发出的光强度超出一般观测阈值的区间。

（12）阴影偏差：此选项用来控制该光源的阴影的精确程度。

（13）阴影过滤锐化：此选项用来控制该光源的阴影过滤锐化程度。

（14）接触阴影长度：此选项用来设置

屏幕空间到锐化接触阴影的光线追踪的长度。值为0表示禁用此选项。

（15）投射半透明阴影：此选项用来设置是否允许该光源通过半透明对象投射动态阴影。

（16）动态间接光照：此选项用来设置是否应将光源注入光照传播体积。

（17）投射静态阴影：此选项用来设置该光源是否会投射静态阴影。

（18）投射动态阴影：此选项用来设置该光源是否会投射动态阴影。

（19）影响半透明光照：此选项用来设置是否考虑光线透过半透明物质时，由于物质本身的物理特性，导致光线在传播过程中发生折射、散射和吸收，从而影响光线的强度、方向和色彩。

3. 聚光源

聚光源从圆锥形中的单个点发出光照。聚光源可通过两个圆锥形来塑造光源的形状：内圆锥角和外圆锥角。在内圆锥角中，光照将达到完整亮度。从内圆锥角的范围进入外圆锥角的范围时将发生衰减，形成一个半影，或在聚光源照明圆的周围形成柔化效果。光照的半径将定义圆锥的长度。简单而言，它的工作原理类似于手电筒或舞台照明灯，如图3–12所示。

图3-12　聚光源

聚光源的置“光源”属性设置卷展栏如图3–13所示，其中各选项的说明如下。

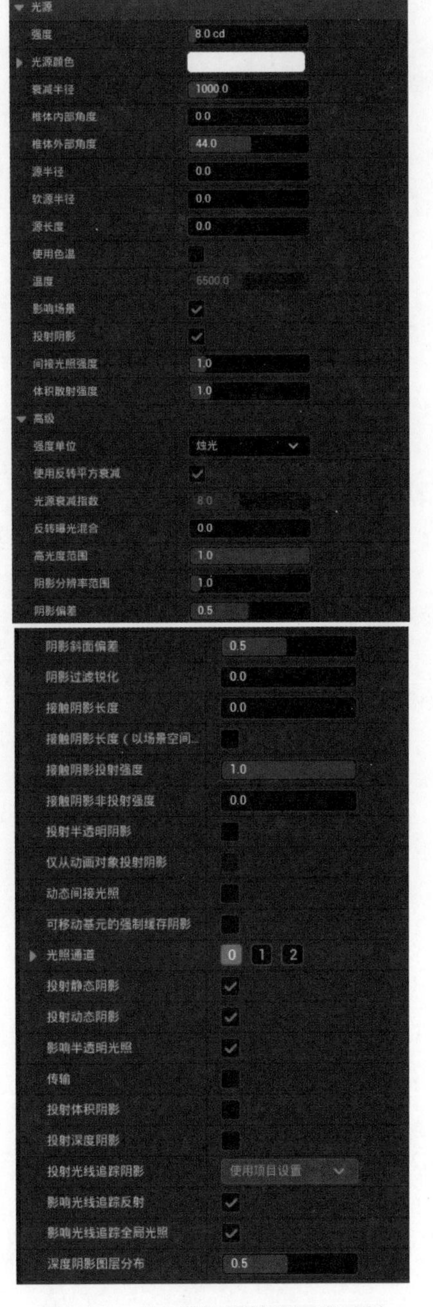

图3-13　“光源”属性设置卷展栏

（1）强度：此选项用来设置光源发射的

总能量。

（2）光源颜色：此选项用来设置光源发射的颜色。

（3）椎体内部角度：此选项用来设置聚光源椎体内部的角度（以度计）。

（4）椎体外部角度：此选项用来设置聚光源椎体外部的角度（以度计）。

（5）源半径：此选项用来控制光源的可见影响范围。

（6）软源半径：此选项用来设置光源的形状的半径。

（7）源长度：此选项用来设置光源形状的长度。

（8）影响场景：此选项用来设置是否完全禁用光源。无法在运行时设置。若要在运行时禁用光源效果，须修改其“可视性”属性。

（9）投射阴影：此选项用来设置光源是否投射阴影。

（10）间接光照强度：此选项用来调整光源的间接照明贡献。

（11）使用反转平方衰减：此选项用来设置是否使用基于物理的反转平方距离衰减，其中衰减半径仅限制光照贡献。

（12）光源衰减指数：禁用“使用反转平方衰减”时，此选项用来控制光源的径向衰减。

（13）阴影偏差：此选项用来控制此光源的阴影的精确程度。

（14）阴影过滤锐化：此选项用来控制此光源投射阴影的过滤锐化程度。

（15）投射半透明阴影：此选项用来设置该光源是否可通过半透明对象投射动态阴影。

（16）动态间接光照：此选项用来设置光源是否应被注入光照传播体积。

（17）投射静态阴影：此选项用来设置该光源是否投射静态阴影。

（18）投射动态阴影：此选项用来设置该光源是否投射动态阴影。

（19）影响半透明光照：此选项用来设置是否考虑光线透过半透明物质时，由于物质本身的物理特性，导致光线在传播过程中发生折射、散射和吸收，从而影响光线的强度、方向和色彩。

4. 矩形光源

矩形光源从一个定义好宽度和高度的矩形平面向场景发出光线。可以用它来模拟拥有矩形表面的任意类型光源，如电视或显示器屏幕、吊顶灯具或壁灯。每个矩形光源有两个关键设置：源宽度和源高度，用于沿局部 Y 轴和 Z 轴确定矩形尺寸。矩形光源拥有球形衰减半径，就像点光源或聚光源一样。矩形光源仅在沿着局部 X 轴的正方向的球形衰减范围内发射光线，类似于将聚光源的锥形设置为 180° 。如图 3-14 所示。

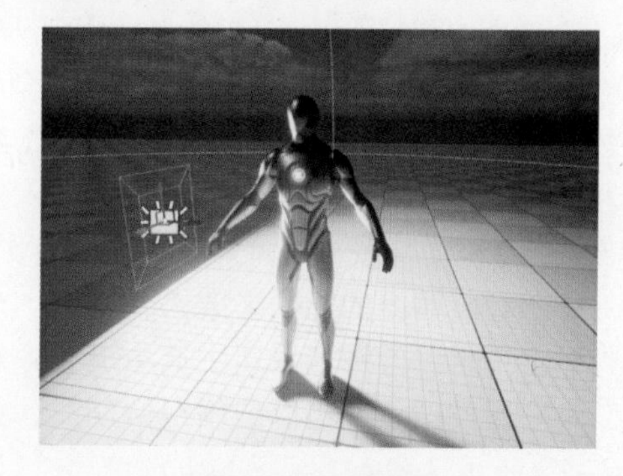

图3-14　矩形光源

矩形光源的“光源”属性设置卷展栏如图 3-15 所示，其中各选项的说明如下。

（1）强度：此选项用来设置光源发射出的总能量。对于矩形光源，该值是根据光源表面面积求取的平均值。随着光源的源宽度和源高度的增加，需要增大强度来保持相同的表观亮度。

（2）光源频色：此选项用来设置光源发射出的颜色。

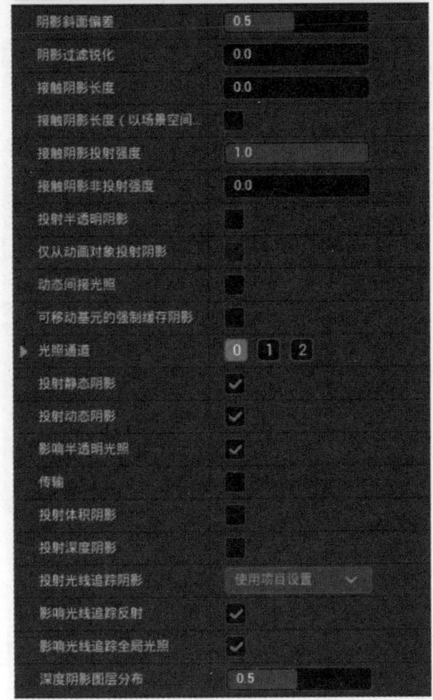

图3-15　矩形光源的“光源”属性设置卷展栏

（3）衰减半径：此选项用来设置约束光源的可见影响范围。像点光源或聚光源一样，矩形光源拥有球形衰减半径。

（4）源宽度：此选项用来设置矩形光源沿局部 Y 轴的长度。

（5）源高度：此选项用来设置矩形光源沿局部 Z 轴的长度。

（6）挡光板角度：此选项用来设置矩形光源附带的挡光板角度。

（7）挡光板长度：此选项用来设置矩形光源附带的挡光板长度。

（8）源纹理：此选项用来指定应用于发射光线的矩形的纹理。该纹理影响矩形光源发出的光色，并且在高光反射中可见。

（9）使用色温：此选项用来确定是否应对该光源应用温度设置。

（10）温度：此选项用来设置以 K（开氏度）为单位表示光源的色温。

（11）影响场景：此选项用来设置是否完全启用和禁用光源。不能在运行时设置。

（12）投射阴影：此选项用来设置光源是否投射阴影。

（13）间接光照强度：此选项用来调整光源的间接照明贡献。

（14）体积散射强度：此选项用来调整光源的体积散射强度。

（15）强度单位：此选项用来确定应如何解译光源的强度设置。

（16）高光度范围：此选项用来设置物体或光源所发出的光强度超出一般观测阈值的区间。

（17）阴影分辨率范围：此选项用来调整光源投射动态阴影时使用的阴影贴图分辨率。

（18）阴影偏差：此选项用来控制该光源的阴影的准确程度。

（19）阴影过滤锐化：此选项用来设置对该光源的阴影过滤的锐化程度。

（20）接触阴影长度：此选项用来设置明显接触阴影的屏幕空间的光线追踪长度。值为 0 表示禁用此选项。

（21）接触阴影长度：此选项用来确定是以场景空间单位还是以屏幕空间单位来计

算接触阴影长度。

（22）投射半透明阴影：此选项用来确定是否允许该光源通过半透明物体投射动态阴影。

（23）仅从动画对象投射阴影：光源是否应该仅从标记为资产对象的组件投射阴影。这适合用于动画对象与阴影投射的精准对接。它并非简单地将阴影投射至所有场景，而是精准地锁定动画对象，确保其动作与阴影的互动达到极致的真实感。这种精准的投射方式，无疑为游戏开发者提供了更为丰富的创作空间。

（24）动态间接光照：此选项用来确定是否应在"光照传播体积"中包含该光源。

（25）可移动基元的强制缓存阴影：选中此选项时，该光源将为可移动基元生成缓存阴影。

（26）光照通道：此选项用来确定该光源应该影响哪些光照通道。

（27）投射静态阴影：此选项用来确定该光源是否投射静态阴影。

（28）投射动态阴影：此选项用来确定该光源是否应该从可移动对象投射阴影。

（29）影响半透明光照：此选项用来设置是否考虑光线透过半透明物质时，由于物质本身的物理特性，导致光线在传播过程中发生折射、散射和吸收，从而影响光线的强度、方向和色彩。

（30）传输：此选项用来确定该光源投射的光线是否透过具有次表面散射轮廓的表面传输。

（31）投射体积阴影：此选项用来确定该光源是否对体积雾投射阴影。

5. 天空光照

天空光照捕获关卡的远处部分并将其作为光源应用于场景。这意味着，即使天空来自大气层、天空盒顶部的云层或者远山，天空的外观及其光照 / 反射也会匹配。除此之外，开发者还可以手动指定要使用的立方体贴图。如图 3-16 所示。

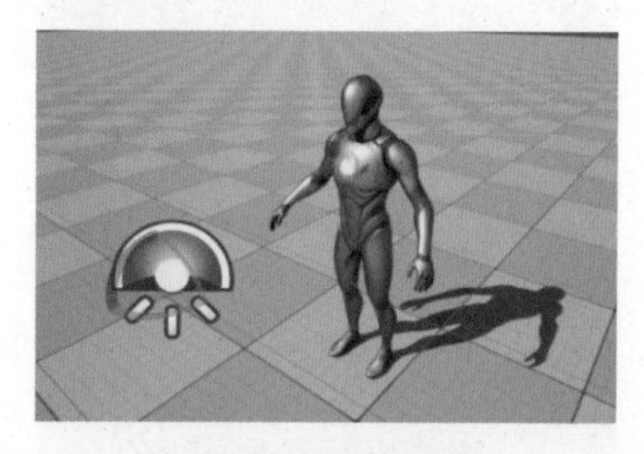

图3-16　天空光照

天空光照的“光源”属性设置卷展栏如图 3-17 所示，其中各选项的说明如下。

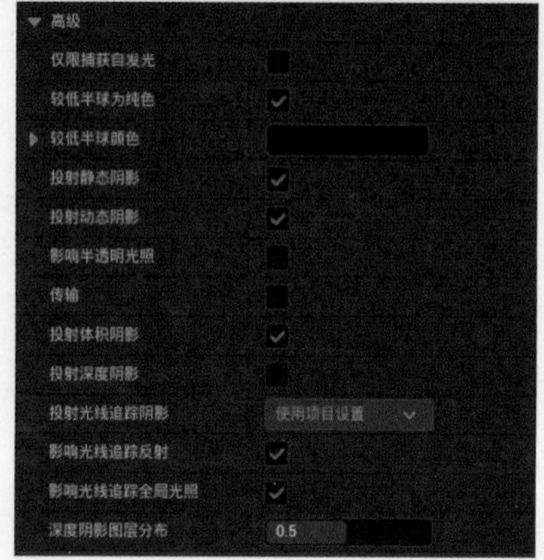

图3-17　天空光照的“光源”属性设置卷展栏

（1）实时捕获：选中此选项后，将捕获并卷积天空以便实现动态漫反射和高光度光照。

（2）源类型：此选项用来设置捕获远处场景并将其作为光源使用指定的立方体贴图。

（3）SLS 捕获的场景：此选项用来设置从捕获的场景构造天空光照。

（4）SLS 指定立方体贴图场景：此选项用来设置从指定的立方体贴图构造天空光照。

（5）立方体贴图：此选项用来指定天空光照要使用的立方体贴图。

（6）源立方体贴图角度：当“源类型”设置为“SLS 指定立方体贴图”时，此选项用来调整源立方体贴图的角度。

（7）立方体分辨率：此选项用来设置经过最顶级处理的立方体贴图 MIP 的最大分辨率。它还必须是 2 次幂的纹理。

（8）天空距离阈值：此选项用来设置与天空光照的距离，在此处，任何几何体都应被视为天空的一部分。

（9）强度范围：此选项用来设置光源发出的总能量。

（11）投射阴影：此选项用来设置光源是否投射阴影。

（10）影响场景：此选项用来设置光源是否能影响世界场景，或者光源是否被禁用。

（12）间接光照强度：此选项用来设置按比例调整该光源的间接照明贡献。如果该值为 0,将禁用该光源的任何全局照明（GI）。

（13）体积散射强度：此选项用来调整该光源的体积散射强度。

（14）投射静态阴影：此选项用来设置光源是否投射静态阴影。

（15）投射动态阴影：此选项用来设置光源是否投射动态阴影。

（16）影响半透明光照：此选项用来设置是否考虑光线透过半透明物质时，由于物质本身的物理特性，导致光线在传播过程中发生折射、散射和吸收，从而影响光线的强度、方向和色彩。

（17）投射体积阴影：此选项用来设置光源是否对体积雾投影。

（18）投射深度阴影：此选项用来设置光源是否投射高质量的阴影。

（19）投射光线追踪阴影：此选项用来设置使用阴影映射还是光线跟踪计算光源阴影。

（20）影响光线追踪反射：启用光线追踪反射时，此选项用来设置光源是否会影响反射中的对象。

（21）影响光线追踪的全局光照：启用光线跟踪全局光照时，此选项用来设置光源是否会影响全局光照。

（22）深度阴影图层分布：此选项用来设置深度阴影图层分布。

3.1.2 基本灯光的创建方法与参数设置效果

基本灯光的创建方法与参数设置效果.mp4

在虚幻引擎中打开所需场景。单击工具栏中的（创建）按钮，在弹出的下拉菜单中选择“光源”命令,在子菜单中选择“点光源”命令，即可成功创建点光源。定向光源、聚光源、矩形光源、天空光照可以使用同样的方法进行创建，如图 3-18 所示。

1. 点光源常用参数设置效果

（1）在虚幻引擎细节面板中打开“光源”卷展栏，单击“强度”选项，通过调整数值可以设置光照强度大小。数值越大光照越强，如图 3-19 所示。

（2）在虚幻引擎细节面板中打开“光

源”卷展栏，单击“光照颜色”选项，弹出取色器，即可设置光照颜色。效果如图 3–20 所示。

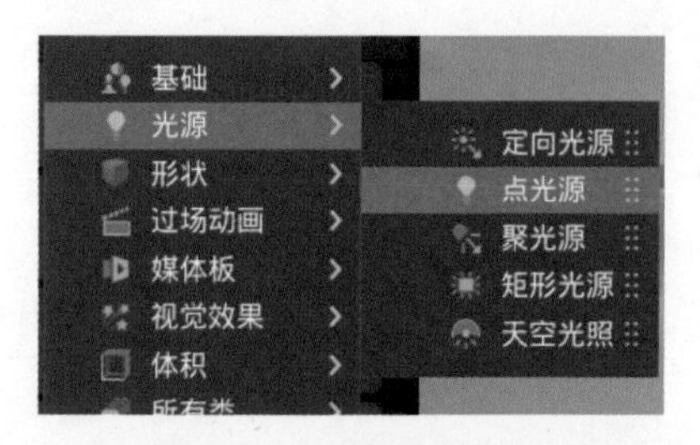

图3-18　光源创建方法

图3-19　强度值为100的光照效果

图3-20　不同色彩的光照效果

（3）在“光源”卷展栏中，单击“源半径”选项，通过调整数值控制点光源形状半径，一般默认值为 0。如图 3–21 所示，这是同一光源距离不同光源半径下，光照表现效果。

（4）在“光源”卷展栏中，单击“衰减半径”选项，通过调整数值控制光照范围，在这一范围内，光照效果由光源中心向外递减，衰减半径数值越大，光照范围越大，如图 3–22 所示。

图3-21　从上至下源半径分别为0、300、500

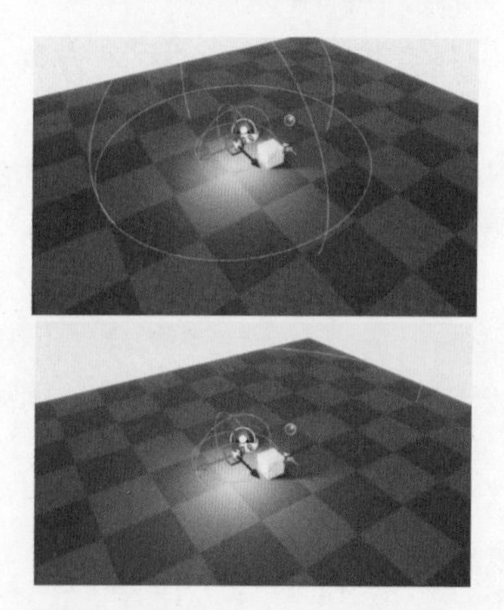

图3-22　衰减半径为500（上）和1000（下）效果

（5）在“光源”卷展栏中，找到“影响场景”和“投射阴影”复选框，选择是否可对被光源照射的场景进行设置，如图 3–23 所示。“影响场景”用于设置光源是否能影响场景，以及其是否被禁用。被禁用的光源不会以任何方式对场景作出光照贡献。

图3-23 选中“影响场景”和“投射阴影”复选框

（6）在“光源”卷展栏中，单击“间接光照强度”选项，通过调整强度数值，可以对物体未被直接光照的面进行亮度调整，通常默认值为 1。设置效果如图 3-24 所示。

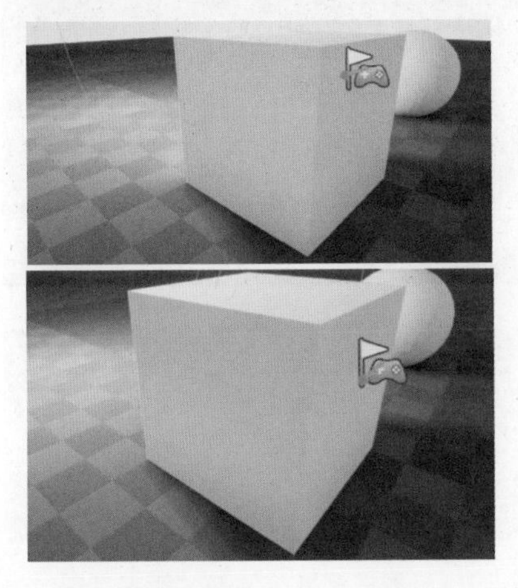

图3-24 间接光照强度为6（上）和0（下）的效果

2. 聚光源常用参数设置效果

在虚幻引擎细节面板中打开“光源”卷展栏，在面板中单击“强度”选项，不同的强度数值产生的光照效果不同，数值越大光照越强。设置效果如图 3-25 所示。其他参数介绍如下。

1）光照颜色

聚光源的光照颜色设置效果同点光源相似。

2）衰减半径

该光源衰减方式与点光源衰减方式不同的是，聚光源以锥形的方式进行衰减，如图 3-26 所示。

3）锥体内部 / 外部角度

通过调整数值控制灯光角度大小。锥体内部角度和外部角度配合调整，可调节光源柔和效果。当锥体内部角度数值等于外部角度数值时，光源较硬，内部角度数值越小于外部角度数值，光源越柔和。设置效果如图 3-27 所示。

4）源长度

控制光源形状的长度。同点光源 360° 照射范围不同，聚光源则是将光源控制在同一水平面上，通过调整“源长度”数值，来控制其照射范围。效果如图 3-28 所示。

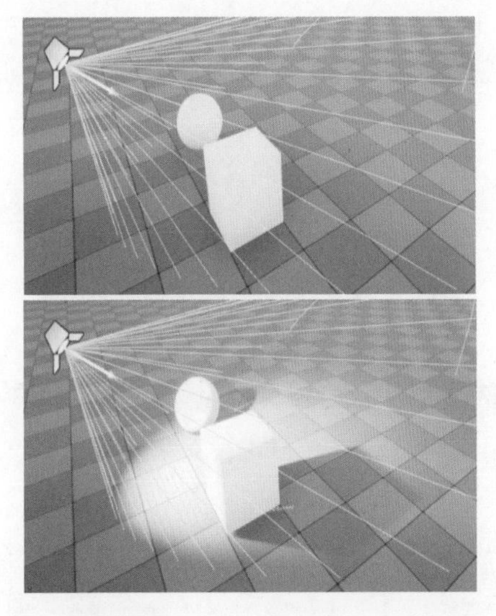

图3-25 强度值为0（上）和200（下）的光照效果

图3-26 衰减半径为500（上）和1000（下）的效果

图3-27 锥体内部角度小于（左）/ 等于（右）锥体外部角度数值的效果

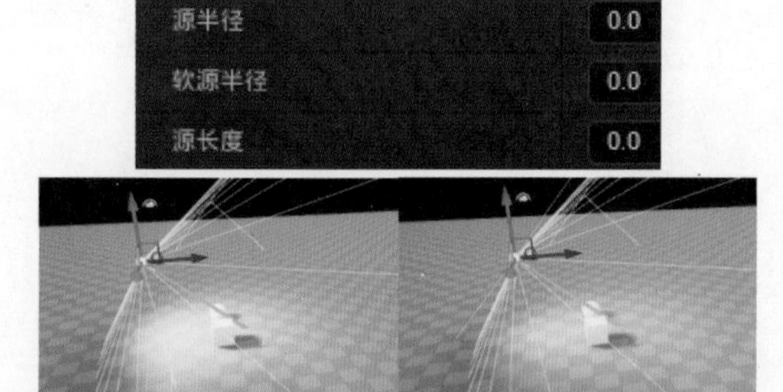

图3-28 源长度（黄线）分别为0（左）和2000（右）的效果

3. 矩形光源常用参数设置效果

矩形光源用来模拟电视广告牌发出的光，发光源形状呈矩形，如图 3–29 所示。

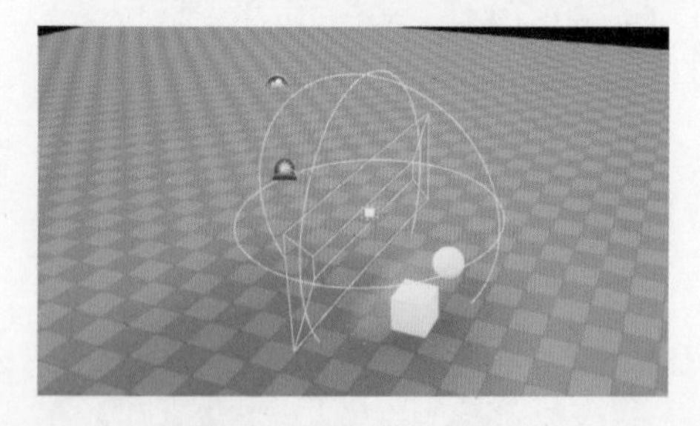

图3-29 矩形光源图标

矩形光源的光照强度、光源颜色等大部分参数的设置方法与点光源相同。以下为特有参数介绍。

1）源宽度 / 源高度

通过调整数值设置光源形状。源宽度为 800，源高度为 10 的光源形状，如图 3–30 所示。

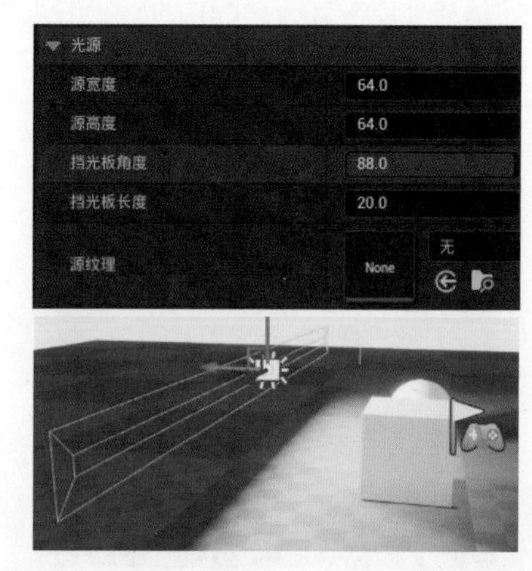

图3-30 设置“源宽度”与“源高度”效果图

2）源纹理

可以为矩形光源设置纹理。导入指定的纹理贴图，即可在光照效果中显示该纹理。设置效果如图 3–31 所示。

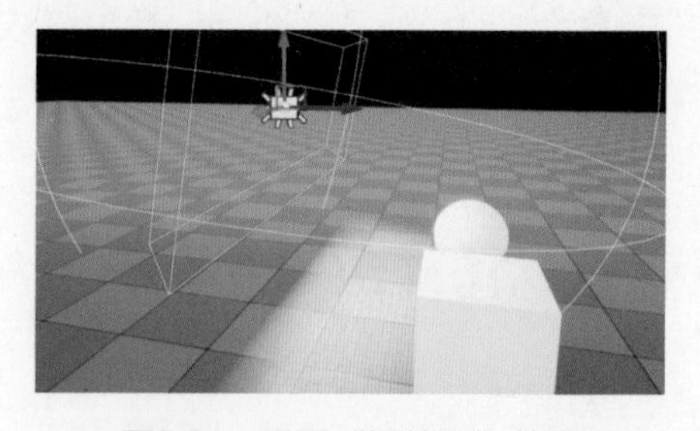

图3-31 设置“源纹理”效果

4. 天空光照常用参数设置效果

天空光照采集关卡的远处部分并将其作为光源应用于场景。这意味着，即使天空来自大气层、天空盒顶部的云层或者远山，天空的外观及其光照 / 反射也会匹配，如图 3–32 所示。其光照强度、光源颜色等参数的设置方法与以上光源相同。

图3-32 天空光照效果

5. 定向光源常用参数设置效果

定向光源用来模拟从无限远的源头处发出的光线。这意味着此光源投射出的阴影均为平行阴影，因此适用于模拟太阳光。可单击“旋转”按钮，对光源过程进行调整。可模拟太阳东升西落光照过程。其光照强度、光源颜色等参数的设置方法与以上光源相同。效果如图 3–33 所示。

图3-33 定向光源效果

3.1.3 聚光源在虚拟现实场景中的应用

聚光源在虚拟现实场景中的应用.mp4

在虚拟现实（VR）领域，聚光源技术发挥着越来越重要的作用。聚光源，顾名思义，是一种将光线聚焦到特定区域的照明技术。在虚拟现实场景中，聚光源可以创造出各种逼真的光影效果，为用户提供更加沉浸式的体验。

聚光源可以模拟现实世界中的点光源，为虚拟现实场景提供更加真实的光照效果。通过调整聚光源的强度、方向和颜色等属性，可以实现各种光照效果，如阳光、烛光、投影等。本小节将探讨聚光源在虚拟现实场景中的多种应用。

休息区、转盘区、电梯区和过道区聚光源的具体制作步骤如下。

步骤 01 在 UE5 中，我们打开已制作完成的场景模型。该场景为一个封闭的空间，四周没有其他光源的照射，仅依靠窗户透进来的光照亮。为了丰富场景的视觉效果，我们可以在工具栏中单击（创建）按钮，在下拉菜单中选择“光源”→“聚光源”命令，场景中便会出现聚光灯的照明效果。如图 3–34 所示。

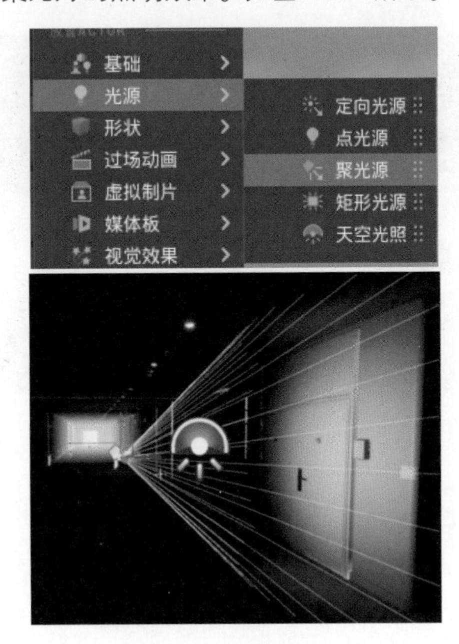

图3-34 创建聚光源

步骤02 在场景中选择聚光源，然后将聚光源旋转 90°，并且移动到合适的位置。

在 UE5 虚幻引擎细节面板中打开“光源”卷展栏，设置“椎体内部角度”为 50、“锥体外部角度”为 80、“衰弱半径”为 950、“强度”为 8cd。

步骤03 在视口左上角单击“透视”按钮,在下拉菜单中选择“底视图”命令。我们需要将制作好的灯光进行复制,并移动到其他灯的位置上。然后选择所有灯,统一将“强度”设置为 3，将“衰弱半径”设置为 1200。休息区的灯也以相同的方法进行复制，照亮场景区域，如图 3–35 所示。

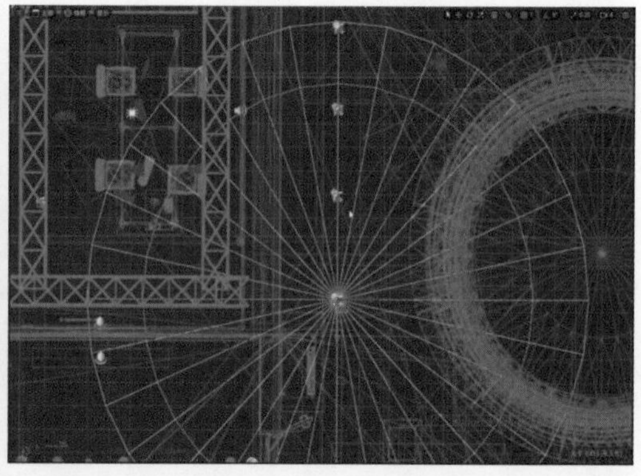

图3-35 休息区复制灯光

步骤04 休息区、转盘区、电梯区和过道区的聚光源制作完成，预览场景灯光效果，如图 3–36 所示。

图3-36 预览场景灯光效果

3.1.4 点光源在虚拟现实场景中的应用

点光源在虚拟现实场景中的应用.mp4

在虚拟现实（VR）领域，点光源技术发挥着越来越重要的作用。点光源，顾名思义，其在三维空间中只有一个点的光源。这个光源可以向周围空间发射光线，从而照亮场景。在虚拟现实场景中，点光源有着广泛的应用，本小节将探讨其在虚拟现实场景中的应用及优势。

（1）点光源在虚拟现实场景中可以实现真实的光照效果。通过对点光源的参数进行调整，如强度、颜色、衰减半径等，可以模拟出不同的光照条件。这对于创造真实感强烈的虚拟场景至关重要，有助于提高用户在虚拟现实场景中的沉浸感。

（2）点光源在虚拟现实场景中可以实现动态光照效果。通过在场景中添加移动的点光源或改变点光源的属性，可以实现场景光照的动态变化。这种动态光照效果为虚拟现实场景增添了更多的真实感和趣味性，提高了用户的交互体验。

（3）点光源在虚拟现实场景中可以实现全局光照效果。通过在场景中布置多个点光源，并设置合适的光照强度和方向，可以实现场景的全局光照。全局光照有助于减少光照计算的开销，提高虚拟现实场景的渲染效率。

（4）点光源在虚拟现实场景中的应用还体现在实时阴影的生成方面。通过对点光源的实时投影和阴影处理，可以在虚拟现实场景中实现真实的阴影效果。实时阴影对于增强虚拟现实场景的真实感和交互性具有重要意义。

总之，点光源在虚拟现实场景中发挥着重要作用。它不仅可以实现真实的光照效果，还可以实现动态光照、全局光照以及实时阴影。通过灵活运用点光源技术，可以创造出更加丰富、真实的虚拟现实场景，提高用户的沉浸感和交互体验。

在未来，随着虚拟现实技术的不断发展，点光源技术也将进一步优化和完善。例如，点光源的算法将更加高效，以适应更高分辨率的显示设备；点光源的参数调整将更加便捷，以满足不同场景的需求。点光源在虚拟现实中的应用将更加广泛，为虚拟现实场景带来更加惊艳的光照效果。

虚拟现实场景中点光源应用的具体操作步骤如下。

步骤 01 在 UE5 中，打开 3.1.3 节已经制作好的聚光源场景模型。在工具栏中单击 （创建）按钮，接着在弹出的下拉菜单中选择“光源”→“点光源”命令（见图 3-37 上图），以此创建一个新的点光源。

步骤 02 在场景中添加了这个点光源后，我们将其移动到合适的位置，确保它能照亮场景的顶面和地面，如图 3-37 下图所示。

步骤 03 选择点光源，将其移动到顶面与地面中间的位置，在细节面板中将“强度”设置为 2，将“衰减半径”设置为 3000，“源半径”设置为 100，“软源半径”设置为 300，预览灯光效果。设置情况及效果如图 3-38 所示。

图3-37　添加点光源照亮场景

步骤 04 选择已经设置好参数的点光源，按住 Alt 键的同时按住鼠标左键并拖动，复制点光源，移动到转盘内侧，照亮转盘区域。

休息区的点光源也是按照以上相同的方法进行复制、移动，调整到合适的位置。这两个区域的设置效果如图 3–39 所示。

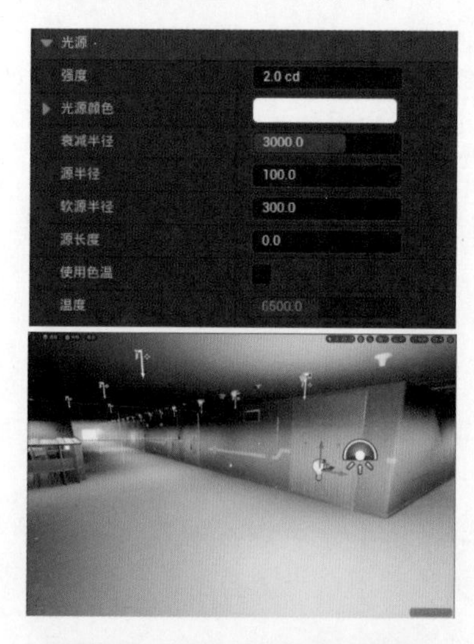

图3-38 设置灯光数值并预览

图3-39 转盘区域和休息区域复制点光源的效果

步骤 05 在场景的过道和电梯区域，再添加一部分点光源。单击“透视”按钮，在下拉菜单中选择“上部”命令，如图 3–40 上图所示。接着，选择点光源，按住 Alt 键的同时按住鼠标左键并拖动，复制点光源，并根据需要在透视图中调整灯光的强度或删减灯的数量。

步骤 06 将调整好的点光源移动到合适的位置，首先单击视口左上角的“透视”按钮，然后在弹出的下拉菜单中选择“透视”命令，最后在透视图中查看灯光预览效果，如图 3–40 下图所示。

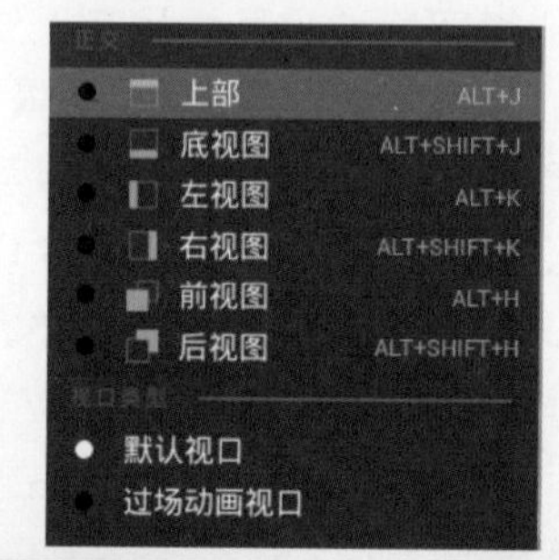

图3-40 过道和电梯区域添加点光源

3.2 虚幻引擎灯光综合应用技巧

在虚幻引擎中，灯光设置是营造独特氛围和塑造场景的关键。通过巧妙地运用灯光，我们可以将场景变得更加生动和真实。下面将介绍虚幻引擎中灯光的综合应用技巧，帮助大家更好地掌握灯光的设置方法。

虚幻引擎灯光综合应用技巧.mp4

聚光源、矩形光源与点光源在场景中应用的具体操作步骤如下。

步骤 01 在 UE5 中打开 3.1.4 节已经制作好的灯光场景模型，我们需要在电梯上方制作矩形光源。单击工具栏中的（创建）按钮，在弹出的下拉菜单中选择“光源”→“矩形光源”命令（见图 3-41 上图），即可在场景中添加矩形光源。效果如图 3-41 下图所示。

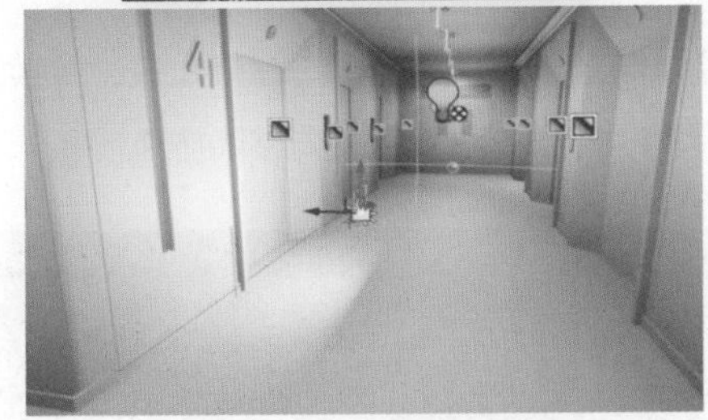

图3-41 创建矩形光源

步骤 02 我们将矩形光源的长、宽、高进行调整，然后将其移动到合适的位置，并按 E 键进行旋转，调整至合适的角度。具体参数调节为：“强度”为 2；“衰减半径”为 2000；“源宽度”为 2400；“源高度”为 1；“挡光板角度”为 88；“挡光板长度”为 20。设置情况及效果如图 3-42 所示。

步骤 03 在对面电梯相同的位置添加矩形光源。我们可以选择矩形光源，然后按住 Alt 键的同时按住鼠标左键并拖动，复制矩形光源，且移动到对面电梯上方合适的位置。转盘模型桌子下面可以添加点光源进行照亮，复制一个点光源，对参数进行修改。将“强度”修改为 0.3cd；“衰减半径”修改为 363；“源半径”为 0；“软源半径”为 300。并且将点光源移动到合适的位置，如图 3-43 所示。

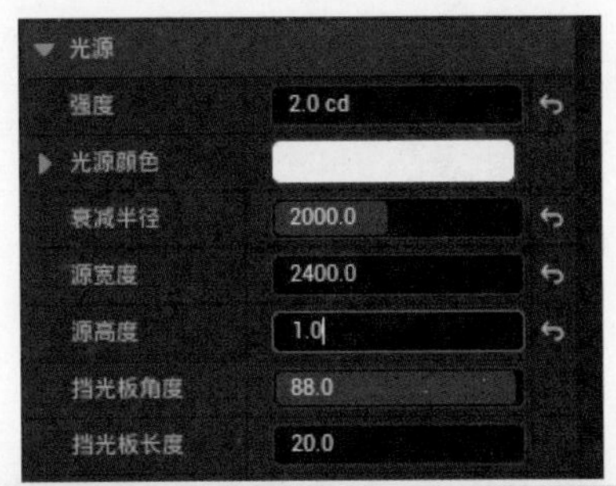

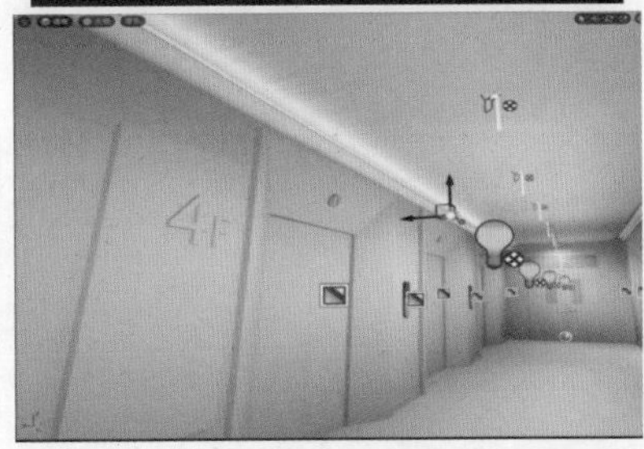

图3-42 调节矩形光源形状和参数

图3-43 复制矩形光源与点光源并设置参数

步骤 04 其他相邻桌子下面添加点光源，我们可以单击“透视”按钮，在弹出的下拉菜单中选择“上部”命令（见图 3-44 上图），然后按住 Alt 键的同时按住鼠标左键并拖动，复制点光源，并将其移动到合适的位置，效果如图 3-44 下图所示。

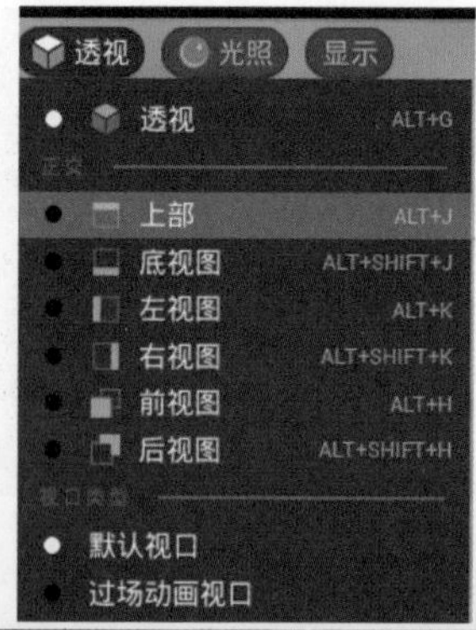

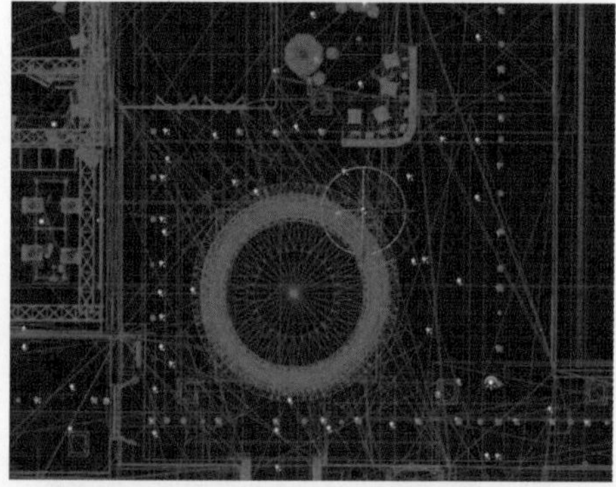

图3-44　桌子下面添加点光源

步骤 05 对休息区餐桌底下比较暗的地方，也可以通过复制点光源的方式进行补灯。书架照亮也是相同的道理，将点光源复制 5 个，移动到书架的暗面。设置效果如图 3-45 所示。

步骤 06 接下来我们制作光域网射灯，复制一个聚光源，然后在细节面板中，找到“IES 纹理”，需要导入光域网文件。单击“内容侧滑菜单”按钮，在弹出的内容浏览器中选择“光域网文件”，然后在 Light Profiles 卷展栏中单击“IES 纹理”选项组中的（指定）图标（见图 3-46 上图），便可以将光域网指定到灯光上。光域网指定后的效果，如图 3-46 下图所示。

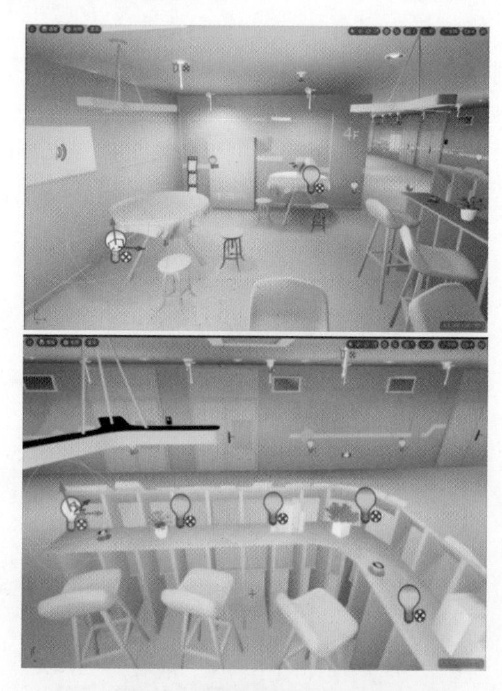

图3-45　餐桌底与书架补灯

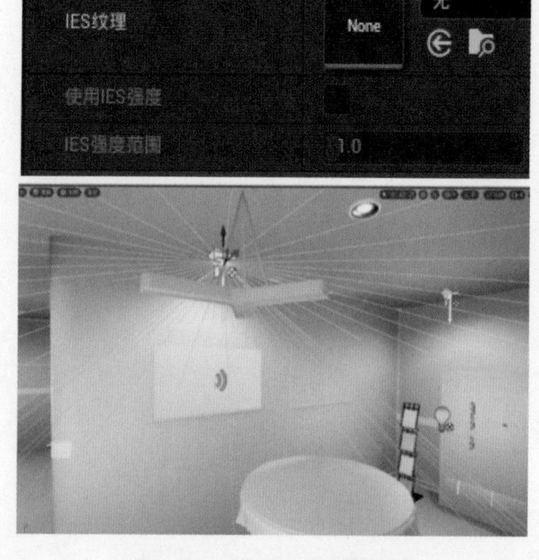

图3-46　指定光域网效果

步骤 07 聚光源的参数我们可以在右侧的细节面板中调节。具体参数："强度" 为 0.8cd；"衰减半径" 为 1200；"椎体内部角度" 为 44；"椎体外部角度" 为 80。设置情况及效果如图 3–47 所示。

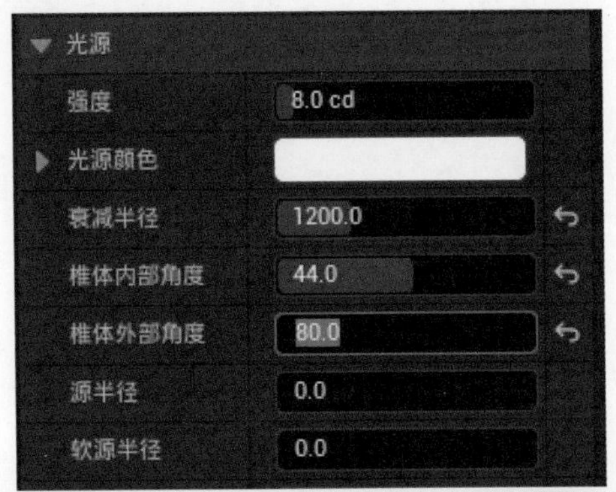

图3-47 聚光源的参数设置及效果

步骤 08 选择已经制作好的聚光源，按住 Alt 键的同时按住鼠标左键并拖动，将其再复制 3 个，根据墙壁的角度进行旋转并移动位置（见图 3–48）。书架周围比较暗的地方，可以多复制几个点光源来照亮书架，如图 3–49 所示。

步骤 09 用同样的方法对过道区、转盘区、休息区等比较暗的地方进行灯光布置，并根据实际情况调整参数。最终预览效果，如图 3–50 所示。

图3-48 复制聚光源的效果

图3-49 书架周围补灯

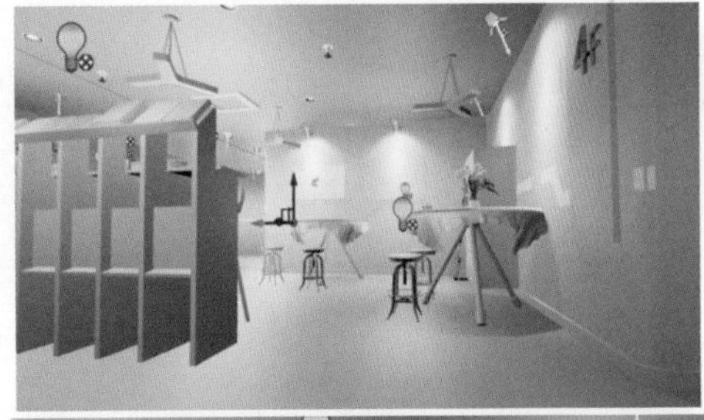

图3-50 最终预览效果

3.3 习　题

1. 在虚幻引擎中创建一个室内空间，添加不同类型的灯光，例如点光源、聚光源和矩形光源。调整它们的位置、角度和强度，以实现适合场景的照明效果。

2. 了解虚幻引擎中不同类型的光源，如点光源、聚光源、平行光源等，以及它们的特点和应用场景。

3. 通过实际操作，掌握如何在虚幻引擎中创建场景、添加光源、调整光源属性等，以实现预期的光照效果。

第4章

虚幻引擎材质系统

UE5 材质系统的应用是当今游戏开发和实时渲染领域的一项重要技术。它为开发者提供了无与伦比的创意工具，使得渲染效果更加逼真，为用户带来更为沉浸式的体验。在 UE5 中，材质系统得到了进一步优化，让开发者能够更高效地创建和调整材质，从而加快项目进度和提高项目质量。

UE5 材质系统的新特性之一是纳米材质。这项技术使得材质可以在微观层面上呈现出更加细腻的纹理和细节，为游戏角色和环境赋予更真实的外观。此外，纳米材质还具有更高的性能，降低了内存和计算负担，使得实时渲染更为流畅。

UE5 引入了全新的节点式材质编辑器。这个编辑器让开发者可以更直观地搭建和调整材质效果，提高了创作效率。节点式编辑器允许用户通过拖放和连接节点来构建复杂的材质逻辑，使得调整和优化材质变得简单便捷。这一改进大大降低了开发者在材质制作过程中的学习成本和时间投入。

UE5 材质系统还加强了烘焙和贴图功能。新的烘焙技术可以更精确地捕捉环境光照和阴影，为游戏场景提供更真实的光照效果。同时，贴图功能的改进使得开发者能够更轻松地创建和编辑纹理，进一步提高渲染质量。

值得一提的是，UE5 材质系统对于新手和中小型团队十分友好。由于引擎内置了丰富的预设材质和模板，即使是没有丰富经验的开发者也能快速上手，制作出高质量的游戏内容。这无疑为游戏产业的创新和繁荣注入了新的活力。

总之，UE5 材质系统在原有基础上进行了多项优化和升级，为开发者提供了更为强大和便捷的工具。无论是大型团队还是个人开发者，都可以利用这一系统轻松实现高品质的实时渲染效果。随着 UE5 的不断普及，我们可以期待未来游戏中出现更多令人惊艳的视觉效果，为玩家带来更为沉浸式的游戏体验。

4.1 虚幻引擎材质/贴图概述

材质主要用于描述三维虚拟模型的表面特性，即物体在特定环境和光照条件下，其表面的视觉表象（物体表面的颜色、反射属性、自发光效果、不透明度等属性）。在 UE5 中，添加材质与贴图还是减少建模复杂程度的有效手段之一，一些造型细部如表面的线饰、凹槽、浅浮雕效果等，完全可以通过编辑材质与贴图的方式实现。

材质与贴图的编辑过程主要在 UE5 的材质编辑器中进行，贴图与材质的创建与编辑方式有着很大的区别。

材质可以被直接指定到场景中的对象上，而且材质具有很多控制参数，其可设计性与可编辑性很强，通过灵活的编辑过程，UE5 可以模拟真实世界中大多数的材质效果。

贴图实质上是一幅图像，既可以通过扫描照片或数码摄像的方式从真实世界中获取，也可以由计算机中的图像编辑程序创建，然后将这幅图像作为一张幻灯片，依据指定的投影方向直接投射到对象的表面。其特点是比较接近于真实世界中的物质表象，但是其可控参数比材质少很多，并且贴图只有依附于材质之上，作为材质的有机组成部分时，才能被指定到场景中的对象上。

另外，贴图不仅仅可以作为材质的贴图子层级，还可以用作环境贴图、灯光投影贴图、贴图置换造型等，过多的贴图设置会大大增加场景渲染输出的时间。

还应当注意的是，在 UE5 中的材质与贴图要通过灯光和渲染才能表现出来，使物体表面呈现出不同的质地、色彩和纹理。材质和贴图的制作是一个相对复杂的过程，它来源于现实物质世界。要完美地再现现实物质世界的表面属性，就需要设计师具有敏锐的观察力。

4.1.1 材质编辑器界面

材质编辑器提供了基于节点的图形化编辑着色器的功能。在一个材质球上双击就能打开材质编辑器，打开后的材质编辑器中显示该材质并可以直接进行编辑。材质编辑器界面由菜单栏、工具栏、视口面板、细节面板、材质图表面板、统计信息面板、控制板面板等 7 个主要区域组成。

1. 菜单栏

在 UE5 中，材质编辑器菜单栏包含用于创建、编辑和管理材质的菜单选项和工具，菜单栏由文件、编辑 、资产 、窗口、工具、帮助 6 个主要菜单组成，如图 4-1 所示。

图4-1 材质编辑器菜单栏

2. 工具栏

在 UE5 中，材质编辑器工具栏包含用于在材质编辑器中执行各种操作和功能的工具按钮，如图 4–2 所示。

图4-2　材质编辑器工具栏

（保存）按钮：单击该按钮保存当前资产。

（浏览）按钮：单击该按钮在内容浏览器中寻找并选择当前资产。

“应用”按钮：单击该按钮将在材质编辑器中进行的修改应用到原始材质，以及场景中应用此材质之处。

“搜索”按钮：单击该按钮在当前材质中找到表达式和注释。

“主页”按钮：单击该按钮对齐到材质图表面板中的主材质节点。

“层级”按钮：单击该按钮显示所有从当前材质派生出的材质实例。

“实时更新”按钮：单击该按钮切换材质编辑器 UI 中需要实时更新的元素。

“清理图表”按钮：单击该按钮删除所有未连接到主材质的材质节点。

“预览状态”按钮：单击该按钮预览指定性能级别、材质品质或静态开关值的图形状态。

“隐藏不相关”按钮：单击该按钮隐藏所有与当前选中节点无关的节点。

“统计数据”按钮：单击该按钮在图表面板中显示或隐藏材质统计数据。

“平台数据”按钮：单击该按钮切换窗口显示多个平台的材质统计数据和编译错误。

图4-3　视口材质

3. 视口面板

视口面板显示当前编辑的材质，如图 4–3 所示。

在视口面板中，按住鼠标左键可以拖动、旋转网格体；按鼠标中键可以拖动、平移网格体；按鼠标右键可以拖动、缩放网格体；按住 L 键的同时按住鼠标左键并拖动，可以旋转光源方向。

在视口面板中，用户可通过单击右下角的五个图标按钮，调整视口预览材质球的效果。

4. 细节面板

细节面板包含一个属性窗口，会显示当前选中材质的所有表达式和函数节点。当选中主材质节点后，这些材质属性会显示在细节面板中，如图 4–4 所示。

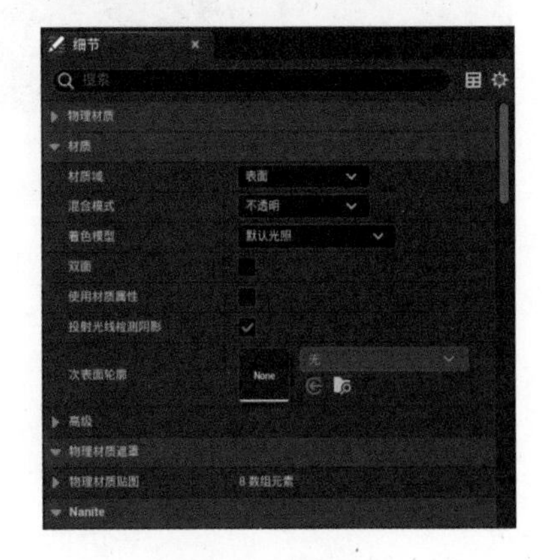

图4-4　细节面板

5. 材质图表面板

在材质图表面板中，可以看到相关的材质表达式。每个材质默认包含一个基础材质节点，此节点拥有一系列输入，材质节点之间可进行连接，如图 4–5 所示。

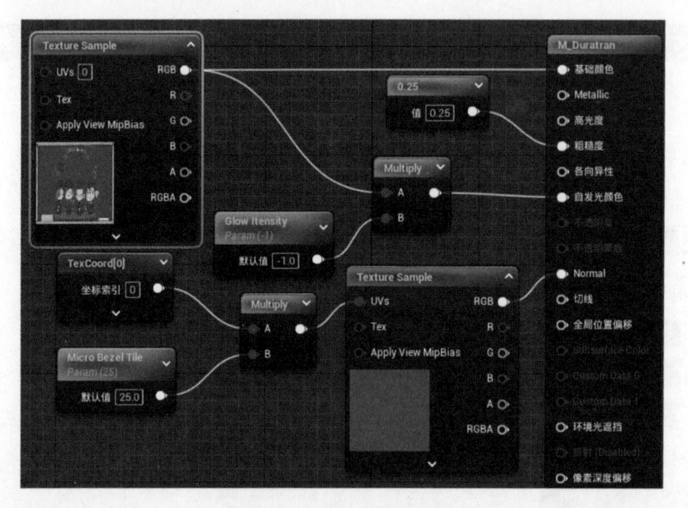

图4-5　材质图表面板

材质图表面板是材质编辑器中心的大面积网格区域，包含该材质的所有表现的图表。每个材质默认包含一个单独基础材质节点。

6. 统计信息面板

材质使用的着色器指令数量以及编译器错误等信息都会显示在统计信息面板中。指令数量越少，材质的渲染开销越低，如图 4–6 所示。

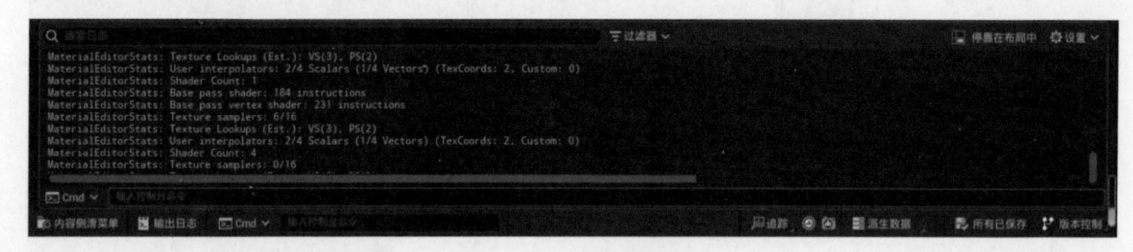

图4-6　统计信息面板

7. 控制板面板

控制板面板以分类形式显示所有材质节点，可以直接将它们拖入材质，也可以将新材质节点拖入材质图表面板，即放置一个新的材质节点。

控制板面板默认隐藏。单击材质编辑器右上角的“控制板”标签来显示控制板面板，单击固定图标可将它保持显示，如图 4–7 所示。

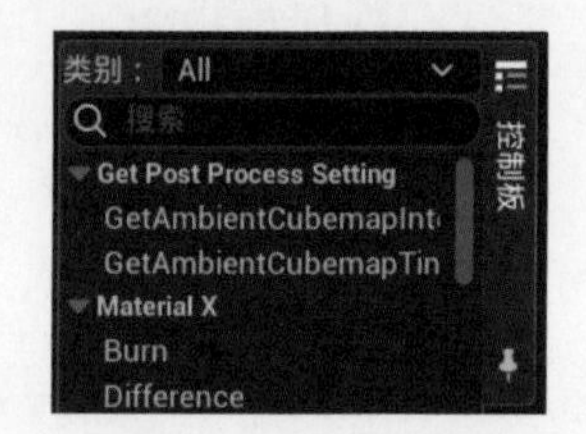

图4-7　控制板面板

4.1.2 材质创建的基本流程

材质创建的基本流程.mp4

虚幻引擎中的材质定义了场景中对象的表面属性。从广义上来讲，可以将材质视为涂在网格体上用来控制其视觉外观的“涂料”。更具体地说，材质能准确地告诉引擎某个表面应该如何与场景中的光源交互。材质定义了网格体表面的各种特性，包括颜色、反射率、粗糙度、不透明度等。本小节将简要阐述虚幻引擎中材质的创建流程。

1. 创建材质

（1）在虚幻引擎中，资产类物质如静态网格体、纹理和蓝图均由材质构成。在虚幻引擎界面左下方，有一个名为“内容侧滑菜单”的按钮，单击此按钮后将弹出内容浏览器，在其工具栏中单击“添加”按钮，在弹出的下拉菜单中选择“材质”命令，然后单击“创建”按钮。此时，一个新的材质便在内容浏览器中诞生了。

（2）或者在内容浏览器空白处右击，在弹出的快捷菜单中选择“材质”命令。此时，也可以成功创建一个新的材质。接下来，给新创建的材质命名。在内容浏览器中，找到已创建的材质，单击它，然后为其输入一个新名字，单击“确认”按钮。

（3）开始编辑材质，双击材质资产，打开材质编辑器，呈现出一个空白的材质图表区域。在创建材质的过程中，大部分工作在该区域完成。值得注意的是，除了主材质节点，新材质的图表为空白，如图 4-8 所示。

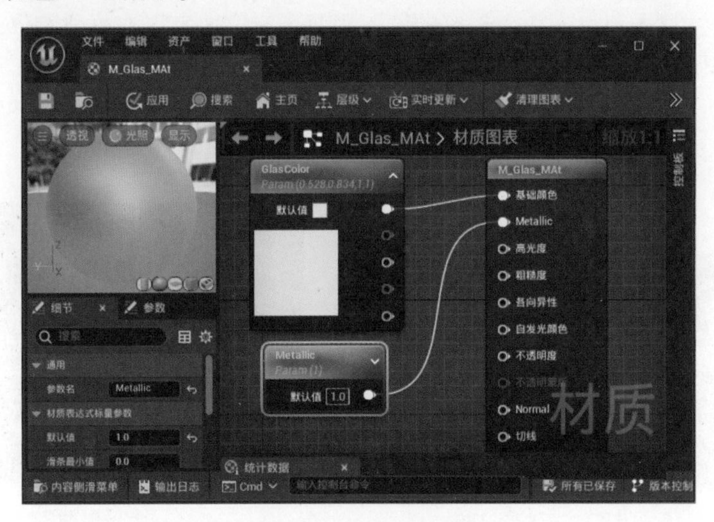

图4-8 材质编辑器

2. 材质属性

（1）选择主材质节点后，细节面板中会显示材质的全局属性和设置。

（2）在“材质”卷展栏中（见图 4-9），“材质域”选项用来定义材质在项目中的用途。例如，表面、用户界面和后期处理材质是不同的材质域。“混合模式”选项用来定义材质如何与其后面的像素混合。例如，不透明着色器将完全遮挡后面的对象，而半透明和附加着色器将以某种方式与背景混合。“着色模型”选项用来定义材质如何与光源交互。通常，材质将简单地使用默认光照着色模型。但是，虚幻引擎包含针对毛发、布料和皮肤等事物的特定着色模型，这些模型提供上下文专属输入，以便更轻松地创建这些类型的表面。这三项设置在材质创建过程之初尤为重要，因为它们构成了材质的基础并决定了它的使用方式。

图4-9 “材质”卷展栏中“材质域”“混合模式”“着色模型”的设置

3. 材质表达式节点

（1）如果材质属性是基础，材质表达式则是材质的构建块。在材质图表中，每个材质表达式将执行特定的操作。

（2）将材质构建块连接线从一个节点的输出引脚拖动到另一个节点的输入引脚，即可在材质表达式之间传递数据，如图4–10所示。

4. 主材质节点

在材质图表中，数据自左向右流动，主材质节点作为每个材质网络的终点，承载着至关重要的角色。主材质节点内包含最终的输入引脚，它们决定了在材质编译过程中需要运用哪些信息。除非图表中的材质表达式作为连接主材质节点的链条的一部分，否则它对材质的影响将微乎其微。换言之，只有在链条中的材质表达式才能对主材质节点的输出产生实际影响。主材质节点如图4–11所示。

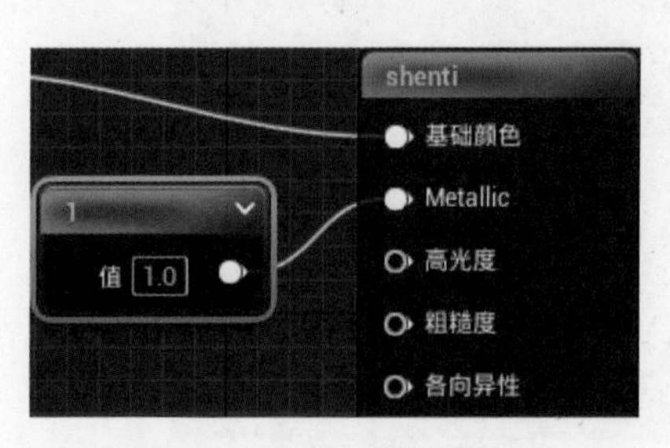

图4-10 材质构建块的连接

图4-11 主材质节点

5. 编译和应用

（1）在关卡中无法实时观察到材质更改，直至编译材质之后。为此，可以在材质编辑器顶部工具栏中，单击“应用”或“保存”按钮（见图4–12）来完成编译过程。

（2）在编译完成后，可以直接将所需材质从内容浏览器中拖拽至关卡中的Actor对象上，实现轻松便捷的材质应用。

图4-12 工具栏中的“应用”“保存”及“浏览”按钮

6. 材质实例

在项目中，创建的材质很少是单一的一次性资产。为每个 Actor 量身定制全新着色器效率较低，尤其是当类似的资产往往需要极为相近的材质时。利用材质实例，能更便捷地自定义和重复利用这些材质，从而加快迭代速度，避免重复劳动。

（1）材质实例是一个强大的工具，它允许从单一母材质迅速生成多个变体或实例材质。在涉及一组相关资产时，如果它们需要相同的基础材质，但具有独特的表面特性，材质实例便发挥了重要作用。如图 4–13 所示。

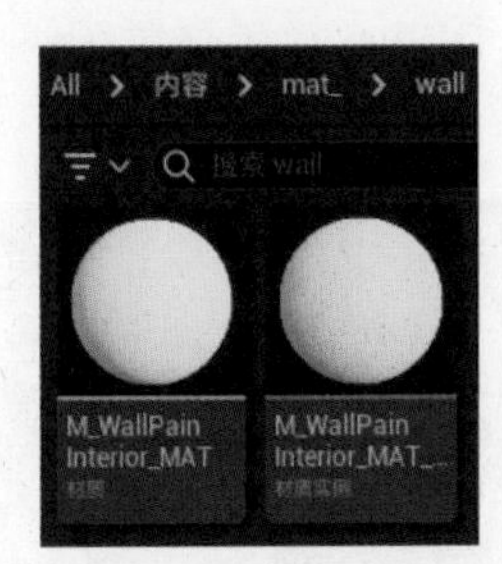

图4-13 母材质（左）和材质实例（右）

（2）材质实例化功能使得开发者可以为墙体集合创建一个统一的母材质，接下来，针对每种颜色，可以创建相应的材质实例。

（3）使用实例化方法有几个显著优势。首先，可以根据需求自定义材质实例，无须重新编译母材质。这就意味着，开发者对实例所做的修改在所有视口中都能立即生效。其次，在材质实例编辑器中可以向美术师展示参数，使他们能够迅速且直观地创建材质变体，而无须深入编辑复杂的节点图表。总之，实例化方法不仅提高了工作效率，还使得材质设计和修改过程更加便捷。

7. 材质函数

（1）材质函数赋予开发者将材质图表中的部分内容整合为可重复使用资产的能力，进而将这些资产分享至公共库，便捷地应用于其他材质。它们的初衷是让开发者能够迅速访问常用的材质节点网络，从而简化材质创作过程。

（2）虚幻引擎编辑器包括几十个预制的材质函数。开发者可以编辑任何材质函数来改变其行为，或直接在编辑器中创建自己的函数。

4.2 虚幻引擎的材质编辑

UE5 是一款功能非常强大的游戏引擎，它可以让开发者创建出非常逼真的游戏场景和角色。其中一个非常重要的方面就是材质编辑功能，它可以让开发者为游戏中的物体创建出非常真实的材质和纹理。

在 UE5 中，材质编辑器是一个非常强大的工具，它可以让开发者创建出各种不同类型的材质，包括自发光、金属、漆面、玻璃等。开发者可以通过调整材质的参数来达到各种不同的效果，比如反射率、折射率、粗糙度等。

材质编辑器还支持各种不同的纹理类型，比如 2D 纹理、法线纹理、曲面纹理等。开发者可以使用这些纹理来创建非常复杂的细节和光影效果，让游戏场景和角色更加逼真。

UE5 的材质编辑器还支持各种不同的节点和插件，可以让开发者创建更加复杂的效果。

比如，开发者可以使用节点来调整材质的颜色和亮度，或者使用插件来创建出各种不同的特效和动画。

4.2.1 墙体材质的制作

墙体材质的制作.mp4

在本节的墙体材质制作教程中，我们将深入探讨如何一步步设置墙体材质参数，创建墙体材质实例，并将制作完成的材质巧妙地融入场景墙体中，从而实现场景墙面的精美呈现。

在 UE5 中墙体材质制作的具体操作步骤如下。

步骤 01 在 UE5 中，打开第 3 章制作完成的场景。在窗口左下方单击“内容侧滑菜单”钮，在弹出的内容浏览器左上方单击“添加”按钮，在弹出的下拉菜单中，选择“新建文件夹”命令，新建一个文件夹，将其命名为“mat_”（材质）。紧接着，新建另一个文件夹，命名为“tex_”（贴图）（见图 4–14 左图）。

步骤 02 进入“tex_”（贴图）文件夹，接着单击工具栏中的“导入”按钮，弹出“导入”对话框。在对话框中，根据存储路径找到 wall Normal 法线贴图素材，并单击打开，该素材便成功导入“tex_”（贴图）文件夹中。

步骤 03 双击文件，即可查阅其详细信息。若发现文件左下角显示有图标（见图 4–14 右图），说明文件尚未保存。此时，只需依次选择“保存所有”→“保存选中项”命令，文件标识便会消失，表明保存操作已成功完成。

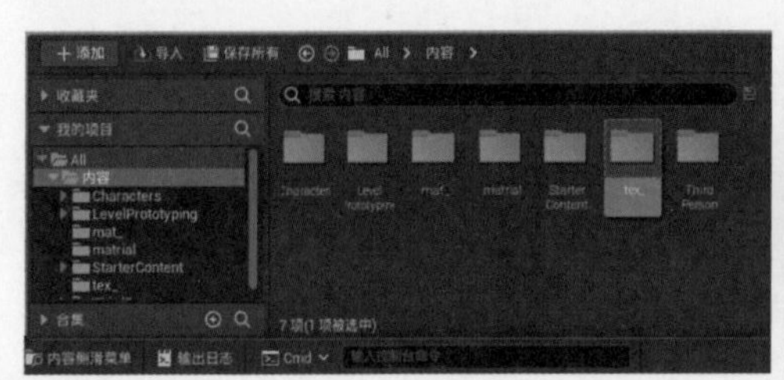

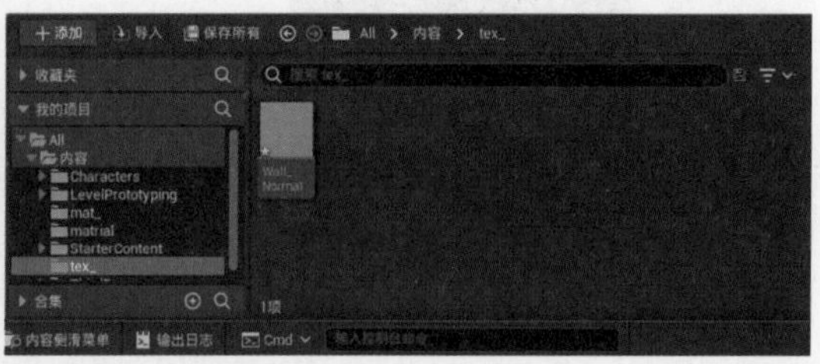

图4-14　导入贴图文件并保存

步骤 04 在内容浏览器中，找到“mat_”（材质）文件夹，单击“添加”按钮。在下拉菜单中，选择“材质”命令，创建一个新的材质并命名为 wall（墙体）。完成操作后，单击“保存所有”按钮，新创建的材质即可保存。

步骤 05 打开材质文件，双击以进入材质编辑器，接着为材质设置相应参数。首先，将贴图导入编辑页面，然后在内容浏览器中选择“tex_”（贴图）文件。之后，单击 wall Normal 法线贴图文件，并将其拖动至材质图表面板中。

步骤 06 在内容浏览器的“mat_”（材质）目录下，选取 wall 材质球，将其拖动至指定墙面。此时，墙面呈现的仅为原材质球模型的效果，如图 4–15 所示。

步骤 07 接下来为墙面添加颜色。打开材质图表面板右侧的控制板面板，在搜索栏中输入 constant，然后选取常量 constant3Vector，最后将其拖动至材质图表面板。

步骤 08 在材质图表面板中，可以右击以弹出快捷菜单，输入 constant 进行搜索，然后选择常量 constant3Vector 并单击创建。另外，还可以使用快捷键，按住键盘上 3 键的同时单击鼠标左键，在界面空白处轻松创建节点。创建方法如图 4-16 所示。

图4-15 墙面指定基础材质

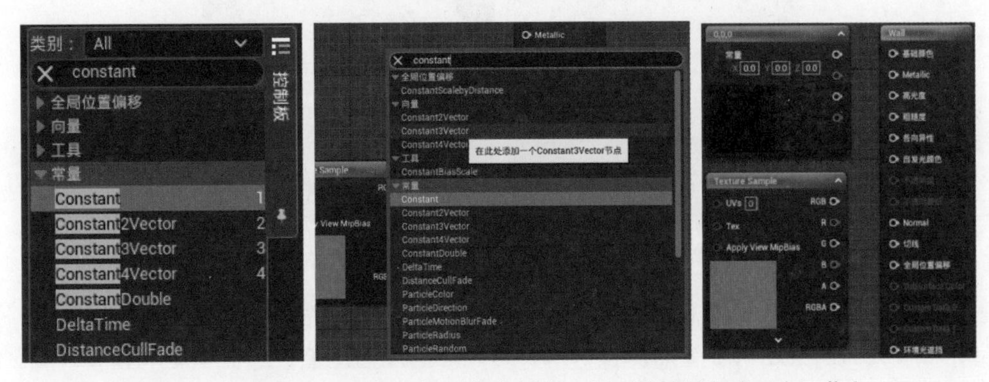

图4-16 控制版面板创建（左）/右击创建（中）/快捷键创建（右）节点

步骤 09 在左侧细节面板中，选择“常量”选项，接着单击颜色条，弹出取色器栏框，设置墙面颜色（如：浅灰色，RGB 值为 0.688，0.688，0.688），确认无误后，将颜色节点与“基础颜色”相连。此时，材质球模型会呈现出所设置的色彩。紧接着，单击“保存”按钮，场景中的墙面颜色即可随之改变。设置情况及效果如图 4-17 所示。

步骤 10 接下来为墙面设置金属度。按住键盘 1 键的同时，单击材质编辑器界面，创建常量节点。或在材质图表面板右击，搜索 constant 并创建，然后连接常量节点与 Metallic。

步骤 11 右击金属度常量节点，在弹出的快捷菜单中选择“转换为参数”命令，将该节点转换为标量参数节点，并将其参数名更改为“金属度”，如图 4-18 所示。

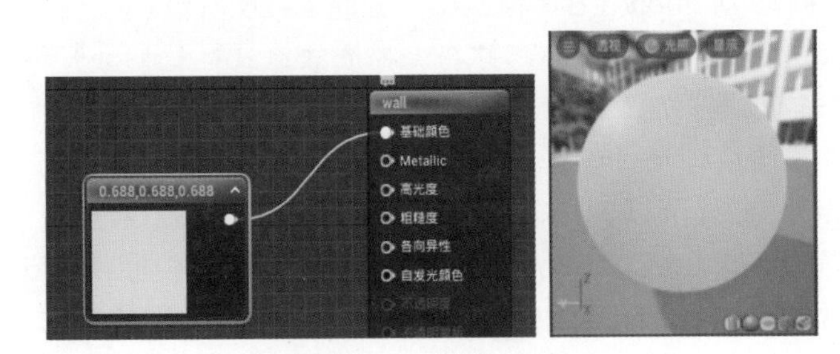

图4-17 指定材质颜色

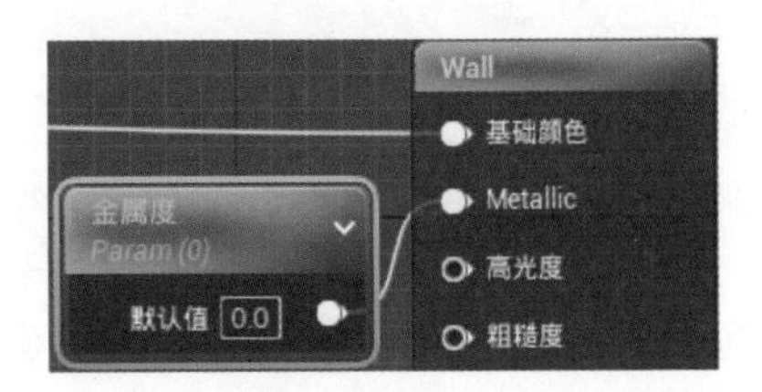

图4-18 金属度常量节点更改为端

步骤 12 调整墙面粗糙度。重复以上步骤，创建一个常量节点，并将其与"粗糙度"端相连接。此时，材质表面变得光滑。接着，单击页面左侧的细节面板，打开“材质表达式常量”卷展栏，将“数值”设置为 0.8，以展现不同粗糙度之间的对比效果。最后，单击“保存”按钮，墙体材质将变得更为粗糙。

步骤 13 右击粗糙度常量节点，在弹出的快捷菜单中选择“转换为参数”命令，将该节点转化为标量参数。接着，将其参数名更改为“粗糙度”，以完成节点属性的调整。设置效果如图 4-19 所示。

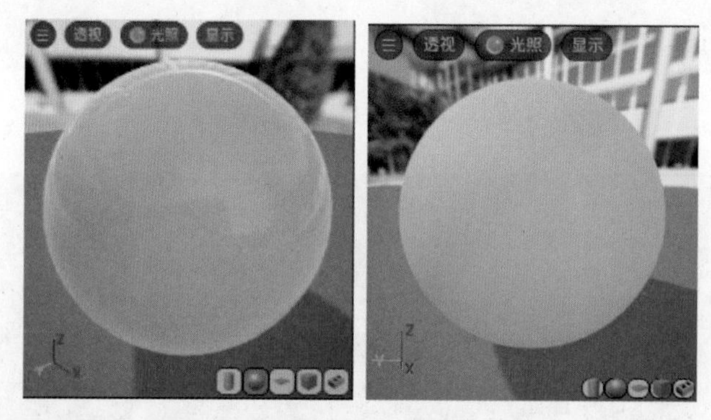

图4-19　粗糙度值为0的效果（左）粗糙度值为0.8的效果（右）

步骤 14 在材质图表面板的空白区域右击，然后在弹出的快捷菜单中的搜索栏中搜索 Multiply（乘法）以新建一个节点。接下来，为纹理添加倍增值，从而精细调整其纹理强度，使纹理材质更加精确。最后，将纹理节点的 RGB 端、Multiply 节点以及 Normal 端相互连接。

步骤 15 在材质图表面板的空白区域右击，在弹出的快捷菜单的搜索栏中搜索 Add（加法），以此为纹理添加端。接着，将 Add 与 Multiply（B）进行连接。在材质图表面板空白处，按住键盘 3 键的同时单击，创建一个常量节点，使其与 Add（A）相连。随后，创建一个 Multiply（乘法）节点，连接步骤如上，使其与 Add（B）相接。

步骤 16 选取刚创建的颜色节点，在左侧细节面板中将 RGB 颜色数值设置为 0,0,1。接着，按住键盘 3 键的同时单击空白处，创建一个常量数值，将其设置为“1,1,0”，并与 Multiply（A）相连接。然后，在空白处右击，在弹出的快捷菜单的搜索栏中搜索 scalar，选择 ScalarParameter 选项，创建一个标量参数。最后，在左侧细节面板中，打开“通用”卷展栏，将“参数名”修改为“法线”，并与 Multiply（B）相连接。如图 4-20 所示。

步骤 17 在左侧细节面板中，选择“法线”标量参数，并将“材质表达式标量参数”卷展栏中的“默认值”设置为 1，使材质的纹理更加鲜明。完成调整后，单击“保存”按钮。

步骤 18 接下来，调整纹理坐标并设置纹理尺寸。在材质节点左侧的空白区域右击，在弹出的快捷菜单的搜索栏中搜索 Multiply 新建节点，并将材质节点与之建立连接。紧接着，在旁边的位置再次右击，搜索 tex 并选择 TextureCoordinate 选项，添加一个 UV 坐标，并与 Multiply（A）相连。随后，右击搜索 scalar，选择 ScalarParameter，添加一个标量参数，将其与 Multiply（B）相接。此时，单击标量参数，将其更名为“UV 坐标”，并将参数调整为 3。数值越大，纹理表现越精细。如图 4-21 所示。

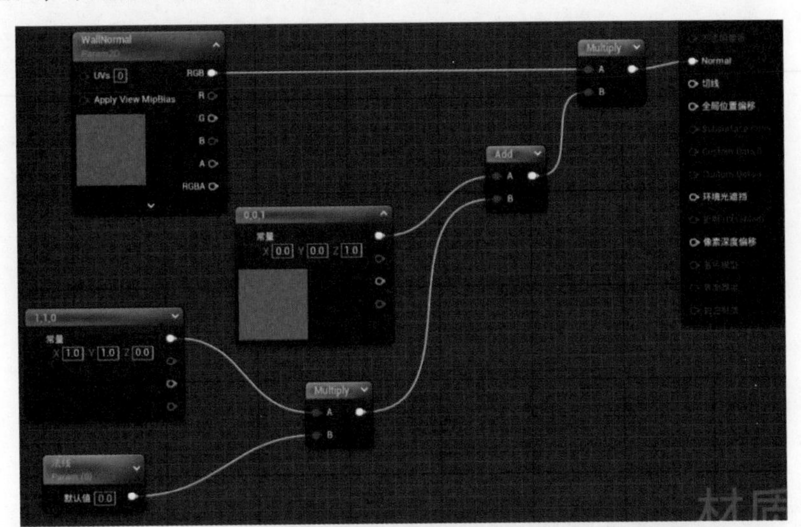

图4-20　新建常量数值和标量参数并与Multiply连接

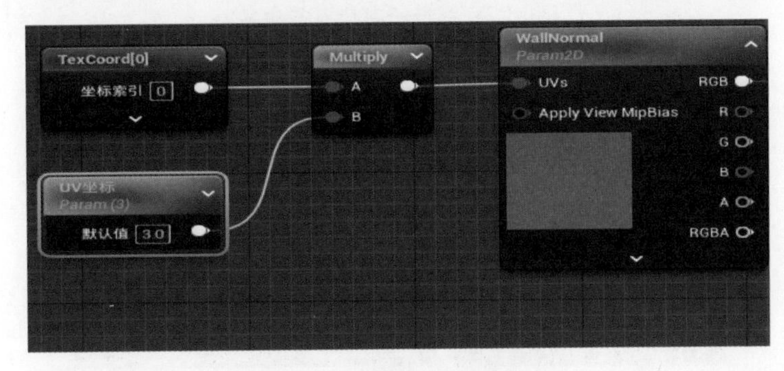

图4-21　创建纹理坐标节点

步骤 19 为了方便调整参数和优化墙面效果。在材质编辑器界面，选中所有节点，按 C 键将其命名为 Wall，最后单击“保存”按钮，如图 4-22 所示。如此一来，墙体材质便基本制作完毕。

步骤 20 在内容浏览器中，选择已设置完成的墙体材质，紧接着右击墙体材质对象，然后在弹出的快捷菜单中选择“创建材质实例”命令，即可轻松生成一个材质实例。如图 4-23 所示。

步骤 21 启动材质实例编辑器，在位于窗口右上方的细节面板中，打开 paintedWall 卷展栏。接着，选中所有参数复选框，这些参数均在材质编辑器界面中创建，均为标量参数（见图 4-24）。最后，单击“保存”按钮，即可完成设置。

步骤 22 拖动材质实例至墙面，即可在材质实例编辑器中直接修改墙面属性，实时观察材质变化效果。完成墙体材质设置后，即可预览最终墙面制作效果，如图 4-25 所示。

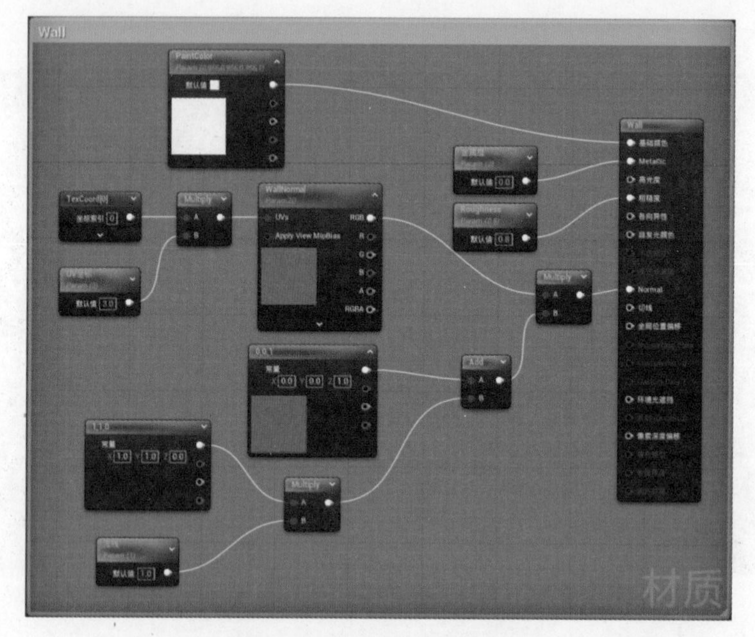

图4-22　框选所有节点并命名

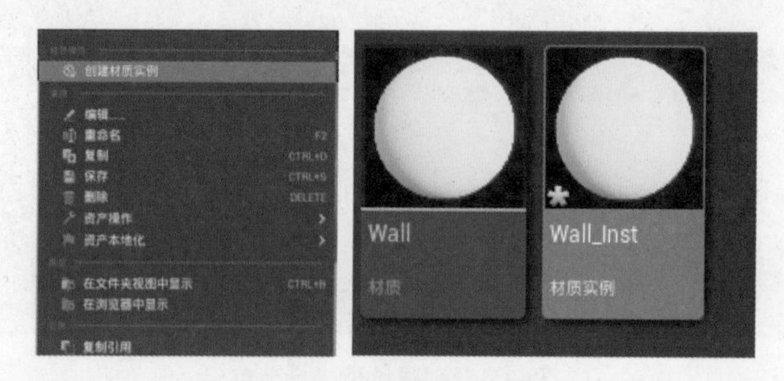

图4-23　创建墙体材质实例

图4-24　材质实例参数表

图4-25　最终场景墙面效果

4.2.2 墙体腰线材质的制作

墙体腰线材质的制作.mp4

在本节的讲解中，我们将深入探讨如何运用 UE5 制作墙体腰线材质，并通过材质球巧妙地展现墙体模型的质地、纹理和图案等细节，从而让我们的作品更具真实感和立体感。

墙体腰线材质的具体制作步骤如下。

步骤 01 启动 UE5，进入场景文件。在窗口左下角，单击“内容侧滑菜单”按钮，在弹出的内容浏览器中进入“mat_”（材质）文件夹，在空白处右击，创建一个新的材质球，命名为 wall_green。创建完成后，单击“保存”按钮。

步骤 02 在内容浏览器中，进入“tex_”文件夹（用于存放贴图），然后在工具栏中单击“导入”按钮，将三张纹理及法线贴图导入（见图 4-26）。导入完成后，单击“保存所有”按钮。

图4-26 导入素材到贴图文件夹

步骤 03 重新回到“mat_”（材质）文件夹，双击打开 wall_green 材质球，然后从内容浏览器中选取四张贴图，将它们拖入材质图表面板中。

步骤 04 选择绿色贴图，然后将绿色贴图的 RGB 端 RGB 连接到 wall_green 的“基础颜色”上。

步骤 05 在材质编辑器的材质图表面板中右击，在弹出的快捷菜单的搜索栏中搜索 Multiply，并为纹理添加倍增值。这一步将有助于精确限定纹理强度，使纹理材质更加细腻。接着，将纹理节点 RGB 端与 Multiply 和 Normal 节点相连，从而实现对纹理的多元控制和优化，如图 4-27 所示。

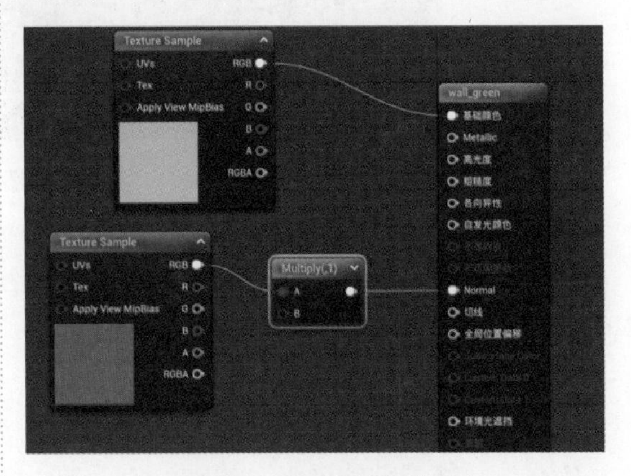

图4-27 添加倍增值节点

步骤 06 接下来调整纹理坐标，设置纹理大小。在材质节点左侧空白处右击，在弹出的快捷菜单的搜索栏中搜索 Multiply 创建节点，并将 Multiply（A）与贴图节点的 UVs 端 UVs 连接。再在旁边右击，在弹出的快捷菜单的搜索栏中搜索 tex，选择 TextureCoordinate 选项，添加一个 UV 坐标，与 Multiply（A）连接。

步骤 07 此处 Multiply（B）需要添加一个标量参数，右击在弹出的快捷菜单的搜索栏中搜索 scalar，选择 ScalarParameter 选项，创建标量参数，并与 Multiply（B）连接。此时单击标量参数框题，将其重命名为“UV 坐标”，将其参数设置为 10，数值越大纹理越细腻。

步骤 08 在空白处右击并在弹出的快捷菜单的搜索栏中搜索 Add，创建 Add 节点并与 Multiply（B）连接，如图 4-28 所示。

步骤 09 在材质图表面板的空白区域右击，搜索 constant 并新建一个常量参数。将 RGB 颜色端的 B 常量参数设置为 1，将其设置为蓝色，并将其连接到 Add 的 A 端。

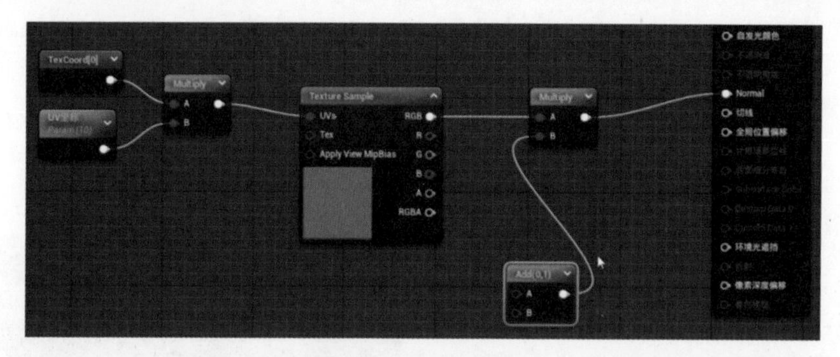

图4-28 添加Add节点

步骤 10 在材质图表面板的空白区域右击，然后在弹出的快捷菜单中搜索 Multiply，创建节点，用以增加纹理的倍增值。接下来，在同一区域空白处右击，添加一个常量参数。将 RGB 颜色端的 R 常量和 G 常量参数均设置为 1，将其设置为黄色，最后将其与 Multiply（A）节点相连。

步骤 11 在空白区域右击，搜索并添加一个名为“法线强度”的标量参数，用以控制法线的强度。将“法线强度”的默认值设置为 1，并将其与 Multiply（B）相连接，实现对法线强度的精确控制。材质图表面板中的设置情况如图 4-29 所示。

步骤 12 在此材质中，墙体无需金属度，我们可在材质图表面板空白处添加一个常量参数。右击空白处，在弹出的快捷菜单的搜索栏中搜索 constant，添加一个的常量参数，将其连接至 wall_green 的 Metallic 属性。

步骤 13 添加常量参数以调整粗糙度。在空白处右击，在弹出的快捷菜单的搜索栏中搜索 constant，然后添加一个常量参数。将该参数值设置为 0.8，并将其连接至 wall_green 的“粗糙度”属性，如图 4-30 所示。

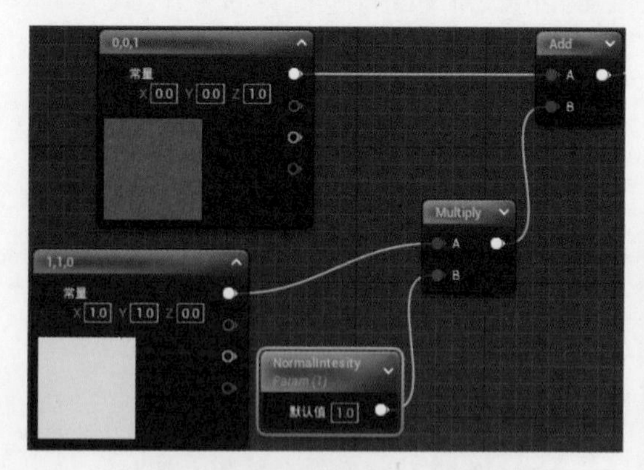

图4-29 创建“法线强度”标量参数

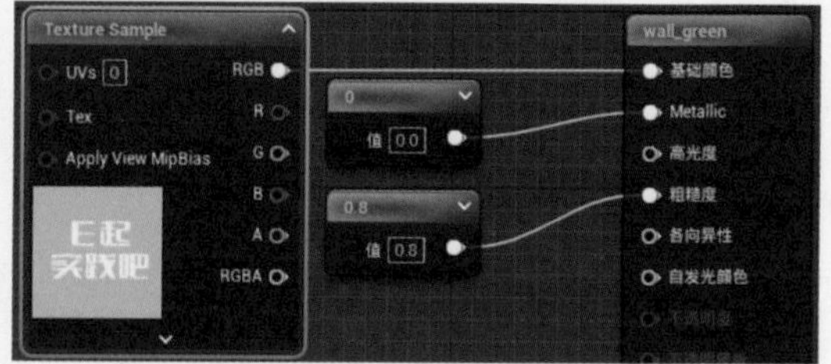

图4-30 添加金属度和粗糙度常量参数

步骤 14 创建腰线 logo1 标识，在内容浏览器中复制已制作好的 wall_green，并命名为 wall_green_logo1。接着，双击新复制的材质球，删除原有的贴图，替换为含腰线标志的“贴图 1”，并将其连接至“基础颜色”。其余部分保持不变。最后，单击“保存”按钮。

步骤 15 在内容浏览器中，将新创建的 wall_green_logo1 材质球拖动至墙体腰线位置，最终墙体腰线预览效果，如图 4-31 所示。

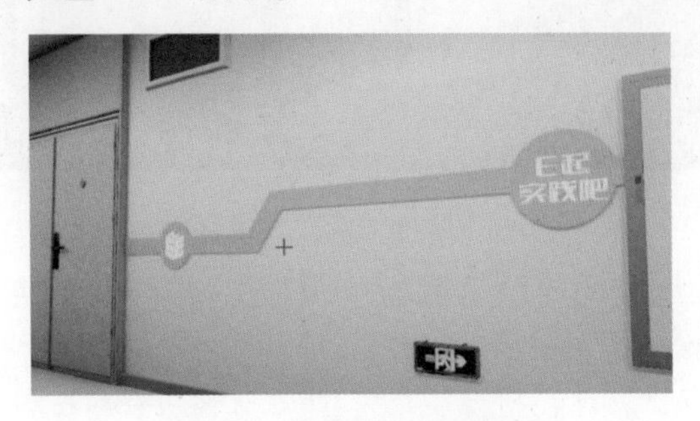

图4-31 墙体腰线预览效果

玻璃材质的制作.mp4

4.2.3 玻璃材质的制作

在本节的讲解中，我们将深入探讨如何运用 UE5 打造独具特色的玻璃材质。首先，我们需要了解玻璃材质的基本特性，如不透明度、折射率和纹理等。接下来，我们将详细解析 UE5 中的玻璃材质编辑流程，从创建基本材质到调整光线折射和添加纹理贴图。此外，我们还将探讨如何运用 UE5 的高级功能，如体积光照和反射探针，以实现更加真实的玻璃效果。最后，我们将通过实际案例来巩固所学知识，运用 UE5 打造一款具有透明纹理和光影效果的玻璃材质。总之，通过本节的学习，我们将掌握 UE5 玻璃材质制作的核心技巧，为我们的创作之路添砖加瓦。

玻璃材质的具体制作步骤如下。

步骤 01 打开场景文件，在内容浏览器的“mat_”文件夹中，新建一个材质球。

步骤 02 在内容浏览器中，将新建的材质球重命名为 glass-material，然后单击“保存所有”按钮，如图 4-32 所示。

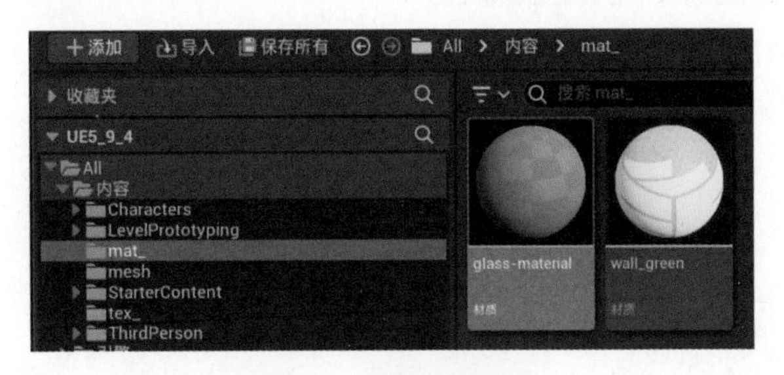

图4-32 材质球重命名

步骤 03 在内容浏览器中，双击打开“tex_”（贴图）文件夹，接着单击左上方的“导入”

按钮，弹出“导入”对话框，从中选择 glass-Normal 和 glass-roughness 两张材质贴图图片(见图 4-33)。导入完成后，单击“保存所有”按钮。

图4-33　导入贴图

步骤 04　按住鼠标左键拖动材质球至场景中的模型上，便可轻松为模型赋予相应材质。双击 glass-material 材质球，打开材质图表面板，接着将 glass-Normal 与 glass-roughness 两张贴图拖入材质图表面板中。

步骤 05　在材质球基础参数面板中，会发现“不透明度”一项呈灰色显示，表示尚未激活。为了激活这一参数，需要在细节面板的“材质”卷展栏中，将“混合模式”设置为“半透明”。这样一来,便可成功激活“不透明度”参数，如图 4-34 所示。

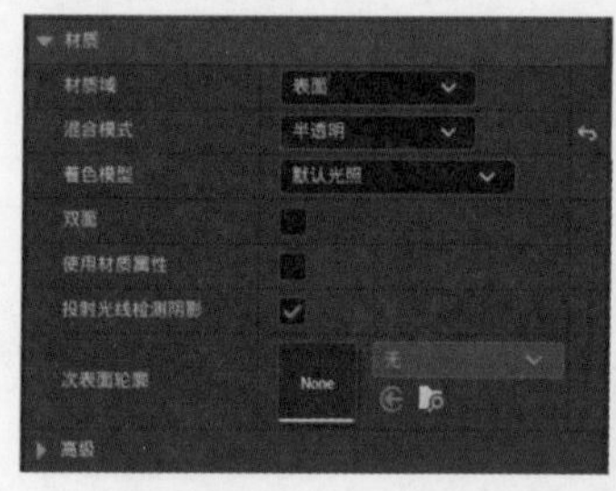

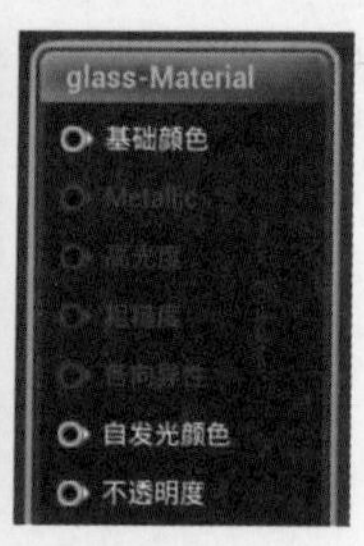

图4-34　修改材质“混合模式”

步骤 06　在激活“不透明度”参数之后，材质球基础参数面板中的“高光度”“粗糙度”“各向异性”等参数会呈灰色显示，表示它们处于未激活状态。为了激活这些参数，我们需要寻找到细节面板中的“半透明度”卷展栏，并将“光照模式”更改为“表面半透明体积”(见图 4-35 左图)。这样一来,“高光度”“粗糙度”“各向异性”等参数便会被成功激活，为材质球赋予更为丰富的表现效果，如图 4-35 右图所示。

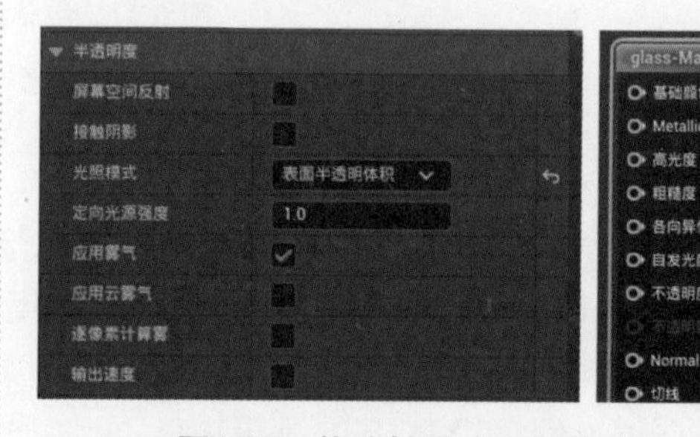

图4-35　修改材质“光照模式”

步骤 07　在材质图表面板的空白区域右击，通过搜索功能找到名为 constant3Vector 的材质常量，进而创建一个新的材质常量。

步骤 08　接下来，为玻璃赋予基础色彩，调整 constant3Vector 材质常量的“常量”属性，将 R、G、B 数值均设置为 0.8。此时，材质颜色呈现接近白色的状态。然后将常量节点连接到玻璃材质节点的“基础颜色”端，以便调整玻璃材质的色彩。

步骤 09　在材质图表面板中右击，在弹出的快捷菜单的搜索栏中重新搜索并找到材质常量 constant，进而创建一个新的材质常量，以调控玻璃材质的金属度。单击常量节点输入端，将其连接至玻璃材质节点的 Metallic 端，然后将左侧常量的参数值设置为 1（见图 4–36）。此时，玻璃材质便呈现出金属质感。

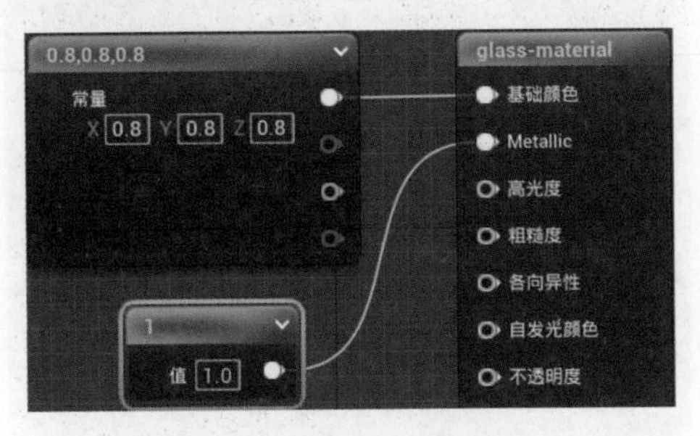

图4-36 设置金属度参数

步骤 10 在材质图表面板中右击，在弹出的快捷菜单的搜索栏中搜索并找到 ScalarParameter 材质标量，创建一个新的标量参数以调整玻璃材质的高光度，并将其重命名为 Spacular 以凸显其功能。接着，找到“材质表达式标量参数”卷展栏中的“默认值”，将其设置为 10，以增强高光强度。最后，将标量节点连接至玻璃材质节点的“高光度”端，完成玻璃材质的高光度调整。

步骤 11 在材质图表面板中右击，弹出快捷菜单后搜索 Multiply，创建一个常量参数，以此调控玻璃材质的粗糙度。接着，将 Multiply 常量节点连接到玻璃材质节点的“粗糙度”端上，然后将 TextureSample（纹理贴图）的 RGB 端连接到 Multiply 的 A 端上。

步骤 12 在材质图表面板中右击，在弹出的快捷菜单的搜索栏中搜索 scalar，选择 ScalarParameter 选项，创建一个标量参数，并将其更名为 Rough。接着，在“材质表达式标量参数”卷展栏中，将“默认值”设置为 0.25，最后将 Rough 节点连接至 Multiply 的 B 端上。效果如图 4–37 所示。

步骤 13 在材质图表面板中右击，在弹出的快捷菜单的搜索栏中搜索并找到名为 LinearInterPolar 的线性插值节点，创建一个标量参数，以此调控玻璃材质的不透明度。

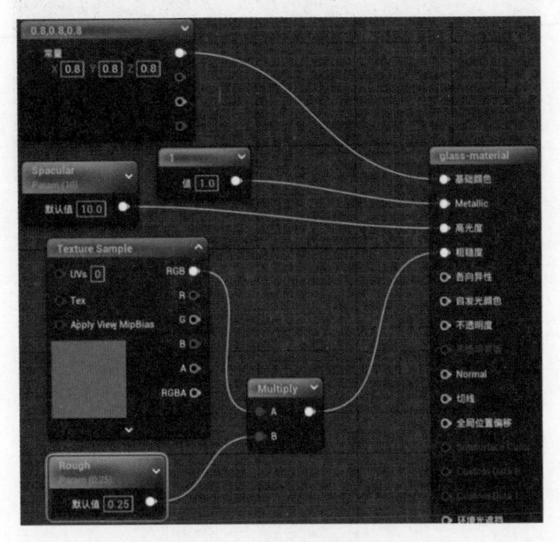

图4-37 设置粗糙度参数

步骤 14 将 LinearInterPolar 节点与玻璃材质节点的“不透明度”端相连；接着，创建一个名为 Opacity 的材质常量，并将“默认值”设置为 0.3；然后，将 Spacular 节点接入 LinearInterPolar 的 A 端。接下来，创建一个 Multiply 常量，将 Opacity 连接到 Multiply 的 A 端，再把 Multiply 常量节点接入 LinearInterPolar 的 B 端。

步骤 15 在材质图表面板中右击，在弹出的快捷菜单的搜索栏中搜索并找到名为 Fresnel 的材质节点。接着，创建一个新的节点，用于调整玻璃材质的不透明度。

步骤 16 将 Fresnel 节点的 ExponentIn 连接至 LinearInterPolar（线性差值）的 Alpha 端；接着，创建一个名为 Spacular 的常量，将其重命名为 Fresnel；在“材质表达式标量参数”卷展栏中，将“默认值”修改为 4；最后，将常量 Fresnel 节点与 Fresnel 的 ExponentIn 端连接。效果如图 4–38 所示。

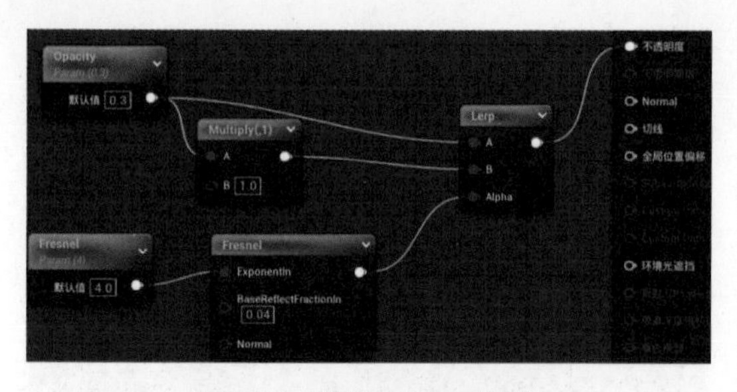

图4-38　连接Fresnel节点

步骤17 单击法线贴图，将贴图的RGB节点连接至Normal端，接着新建一个名为Multiply的节点，将其连接至法线贴图的UVs节点，从而实现贴图颜色与法线信息的融合。

步骤18 在材质图表面板中右击，在弹出的快捷菜单中选择命令添加一个贴图坐标TextureCoordinate。接着，将TextureCoordinate节点与常量Multiply的A端相连。然后，添加一个名为Spacular的常量，将其命名为UV，并将UV节点连接到Multiply的B端上。同时，将常量UV的默认值设置为5，以便实现更精确的控制。

步骤19 玻璃材质制作完成，蓝图节点连接流程图预览，如图4-39所示。

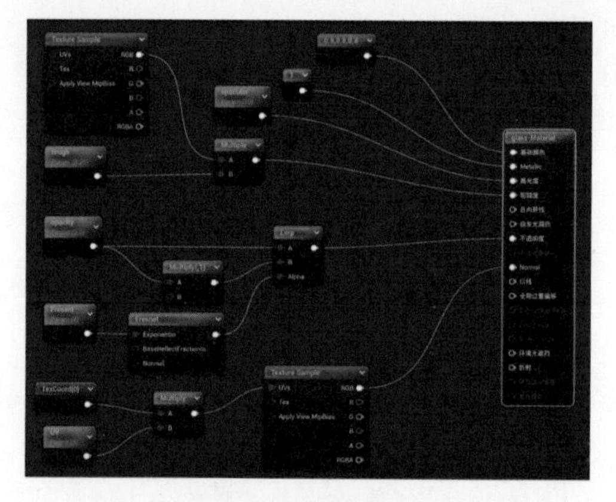

图4-39　蓝图节点

步骤20 将玻璃材质拖动至场景转盘区的玻璃模型上，即可预览最终效果，如图4-40所示。

图4-40　转盘区玻璃最终效果预览图

4.2.4 大理石地面材质的制作

大理石地面材质的制作.mp4

在本节的大理石地面材质制作教程中，我们将探讨如何运用材质图表面板，为大理石地面塑造出逼真的颜色、光泽度和粗糙度。同时，我们将学习如何利用材质实例调整材质参数，进一步提升材质的真实感。

大理石地面材质的具体制作步骤如下。

步骤01 在UE5场景文件中，我们先打开内容浏览器，接着在“mat_”文件夹中新建一个材质球。

步骤02 将新建好的材质球重命名为Marble，此时预览图的左下角有一个花型图标，表示该模型还未保存到项目中，需要单击“保存所有”按钮，弹出对话窗口，单击“保存选中项”按钮，此时添加的材质已成功保存到当前项目。

步骤03 在内容浏览器中打开“tex_”（贴图）文件夹，单击“导入”按钮，在文件夹中选中素材包提供的Marble_AO、Marble_Base_Color A（基础颜色）、Marble_Normal2

（法线）和 Marble_Roughness2（粗糙度）四个文件，将四个文件导入“tex_”（贴图）文件夹，并单击“保存所有”按钮。导入后的四张贴图，如图 4-41 所示。

图4-41　导入贴图素材

步骤 04 回到“mat_”（材质）文件夹，双击打开 Marble 材质球，打开材质图表面板，将材质球拖动到地面，以便后续边观察边调整。

步骤 05 在“tex_”（贴图）文件夹中选中导入的四张贴图，将四张贴图拖动到材质图表面板中，并调整好位置。

步骤 06 首先设置基础颜色。在材质图表面板中右击，搜索选择 Multiply，添加一个乘法节点，再次在面板中右击，在弹出的快捷菜单的搜索栏中搜索选择 TextureCoordinate，添加一个贴图坐标节点。如图 4-42 所示。

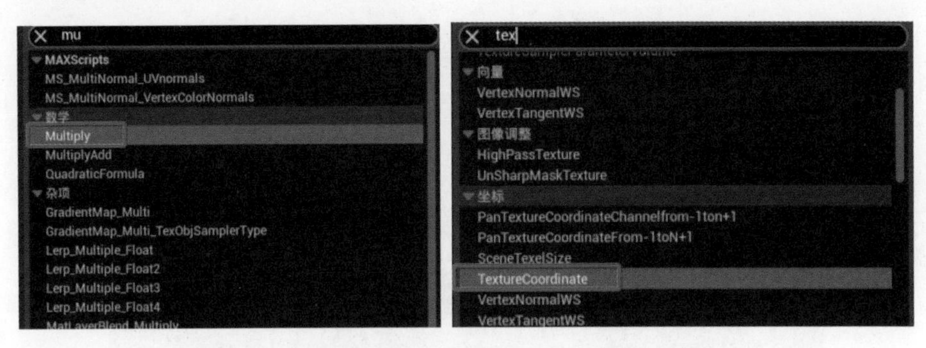

图4-42　添加Multiply节点与TextureCoordinate节点

步骤 07 在材质图表面板中右击，在弹出的快捷菜单的搜索栏中搜索并选择 ScalarParameter，创建一个新的标量参数，并将其重命名为“UV 坐标”。将该节点的默认值设置为 20，然后将 UV 节点连接至 Multiply 的 B 输入端。

步骤 08 设置金属度。在材质图表面板中右击，在弹出的快捷菜单的搜索栏中搜索并选择 constant，新建一个常量参数。鉴于金属度在此处并无需求，我们可以将其值设置为 0，然后将其与 Metallic 属性相连。

步骤 09 接下来，我们需要调整粗糙度。直接将“粗糙度”贴图与粗糙度相连效果不佳，因此，我们需添加线性插值节点。在材质图表面板中右击，搜索 Linear，在列表中选择 LinearInterpolate 选项。这样，便能实现平滑的过渡效果。

步骤 10 连接线性插值节点与贴图 RGB，创建一个名为“粗糙度”的新标量参数，并将其与 Alpha 端相连接。接着，将“线性插值”结果与“粗糙度”参数相连接，完成粗糙度设置后，单击“保存”按钮。材质图表面板中的设置情况如图 4-43 所示。

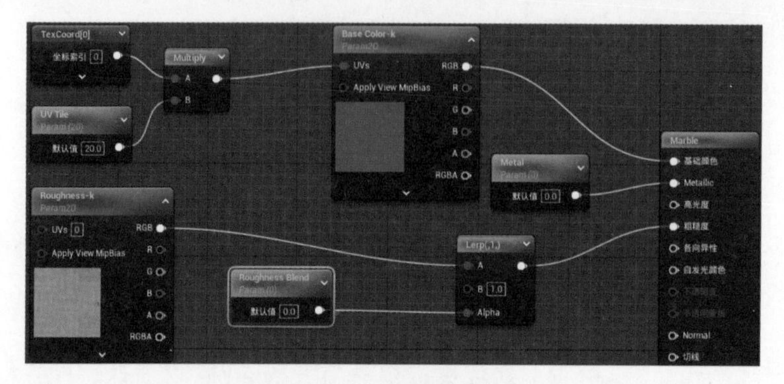

图4-43　设置粗糙度参数

步骤 11 下面我们来优化纹理效果。首先，添加一个 Multiply 节点，将其与法线 Normal 相连接。接着，将贴图坐标的 RGB 端与 Multiply 节点的 A 端相连。最后，将之前创建的 UV 坐标 Multiply 节点与贴图坐标的 UVs 端相连。

步骤 12 在材质图表面板的空白区域右击，搜索并新建一个常量参数。将 RGB 颜色端的 B 常量参数设置为 1，将其设置为蓝色，并将其连接到 Add 的 A 端。

步骤 13 在材质图表面板的空白区域右击，搜索并创建 Multiply（乘法）节点，用以增加纹理的倍增值。接下来，在同一区域空白处再次右击，添加一个常量参数。将 RGB 颜色端的 R 常量和 G 常量参数均设置为 1，将其设置为黄色，最后将其与 Multiply（A）相连。

步骤 14 在材质图表面板空白区域添加一个标量参数，搜索并添加名为“法线强度”的标量参数，用以控制法线的强度。将“法线强度”的默认值设置为 1，并将其与 Multiply（B）相连接，实现对法线强度的精确控制。如图 4-44 所示。

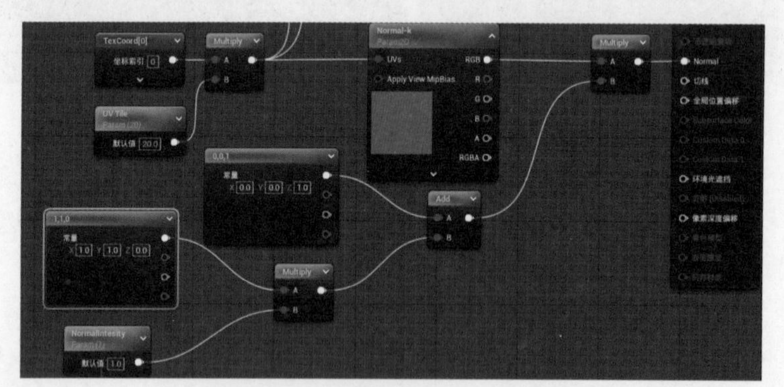

图4-44　创建“法线强度”标量参数

步骤 15 接下来，我们要设置环境光遮挡。首先，创建一个名为 AO 的标量参数，并将其原有默认值设置为 10。接着，添加一个叠加节点 Add，并将 UVs 坐标与之前的 UV 坐标 Multiply 进行连接。将 R 与 Add 的 A 端相连，再把 AO 参数连接到 B 端，最后将 Add 节点与“环境光遮挡”进行连接。

步骤 16 大理石地面材质制作完成，蓝图节点连接流程图预览，如图 4-45 所示。

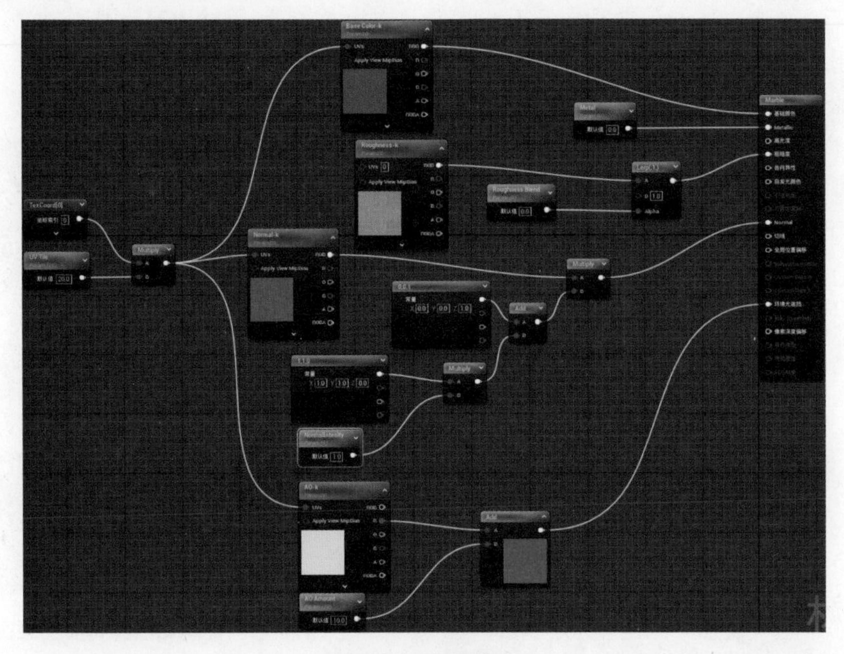

图4-45 蓝图节点

步骤 17 在“mat_”（材质）文件夹中，选中 Marble 材质球，右击并在弹出的快捷菜单中选择命令创建材质实例。接着，双击新创建的材质实例，在右侧细节面板中调整各参数。在调整过程中，可在场景中实时查看效果，一边观察一边调整，直至达到满意的效果。最后，单击“保存”按钮，即可锁定所调整的参数。

步骤 18 将大理石地面材质拖动至场景地面模型上，即可预览最终效果，如图 4-46 所示。

图4-46 大理石地面最终效果

4.2.5 金属材质的制作

金属材质的制作.mp4

在本节的金属材质制作教程中，我们将深入探讨如何运用材质节点模拟金属表面的反射、法线、粗糙度等特性，以及如何借助材质实例调整参数，从而提升金属物体的真实感。

金属材质的具体制作步骤如下。

步骤01 打开UE5场景文件后，单击左下角的“内容侧滑菜单”按钮，在内容浏览器中打开为“mat_”文件夹，在此文件夹内，新建一个材质球。

步骤02 在内容浏览器中，进入“tex_”文件夹，单击“导入”按钮。在文件夹内选取基础颜色和法线两个素材，单击“打开”按钮，将这两个文件导入“tex_”文件夹。

步骤03 在内容浏览器中找到“mat_”文件夹，单击新建的金属材质球，紧接着双击进入材质编辑器。然后，将刚刚导入的两张贴图分别拖动至材质图表面板中，如图4-47所示。

步骤04 打开材质图表面板右侧的控制面板，在搜索栏内输入constant，继而选择constant3Vector常量，将其拖动至材质图表面板。将基础色调调整为灰白色调。

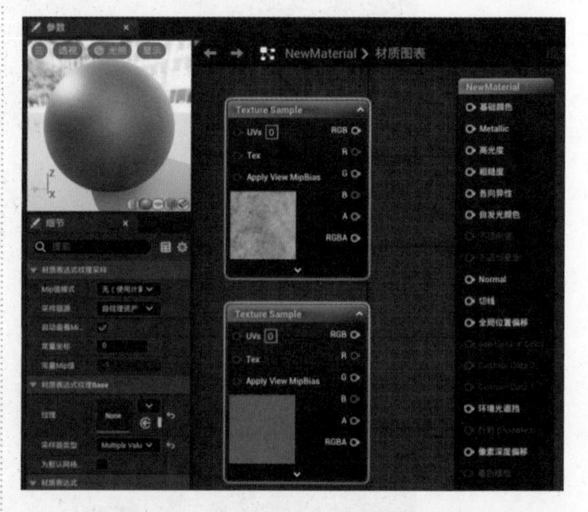

图4-47 拖动贴图到材质图表面板

步骤05 右击空白处，在弹出的快捷菜单中搜索选择Multiply，将常量节点的端口与Multiply的A端连接，再将Multiply的输出端连接到“基础颜色”。

步骤06 在空白处右击，然后在弹出的快捷菜单中搜索并选择constant，创建一个常量。接着，在细节面板中将“材质表达式常量”卷展栏“数值”设置为1。最后，将此常量连接到Metallic端，从而为材质球添加金属度。材质图表面板中的设置情况如图4-48所示。

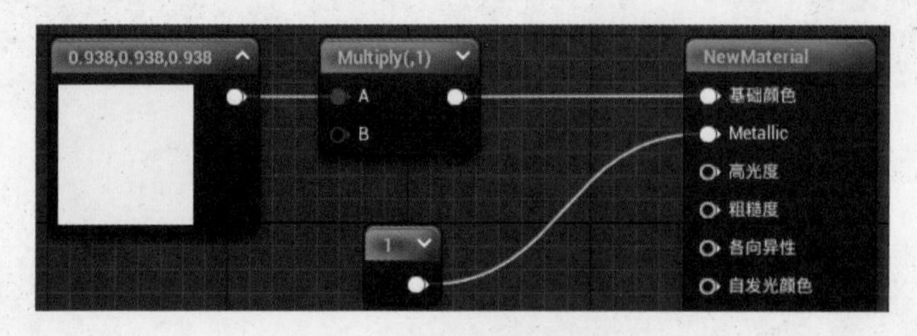

图4-48 添加Multiply节点

步骤07 在空白处右击，然后在弹出的快捷菜单中搜索并选择Power，将其连接到Multiply的B端。将粗糙度贴图的RGB端接入Power的Base端，接着将左侧Power中的材质表达式幂次常量指数调整为0.05。材质图表面板中的设置情况如图4-49所示。

步骤 08 在空白处右击，然后在弹出的快捷菜单中搜索并选择 Multiply，将其与“粗糙度”相连。接着，再次右击，在弹出的快捷菜单中搜索并选择 Power，并将 Power 链接至 Multiply 的 A 端。最后，将粗糙度贴图中的 R 参数连接至 Power 中的 Base 端。

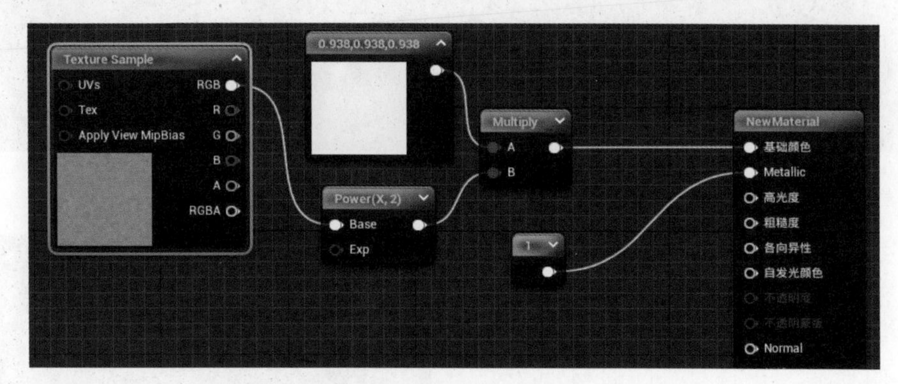

图4-49 添加Power节点

步骤 09 在空白处右击，从弹出的快捷菜单中搜索并选择 ScalarParameter，并将其重命名为 roughness。接着，将此参数的默认值设置为 0.2。最后，将 roughness 连接至 Multiply 的 B 端，材质图表面板中的设置情况如图 4–50 所示。

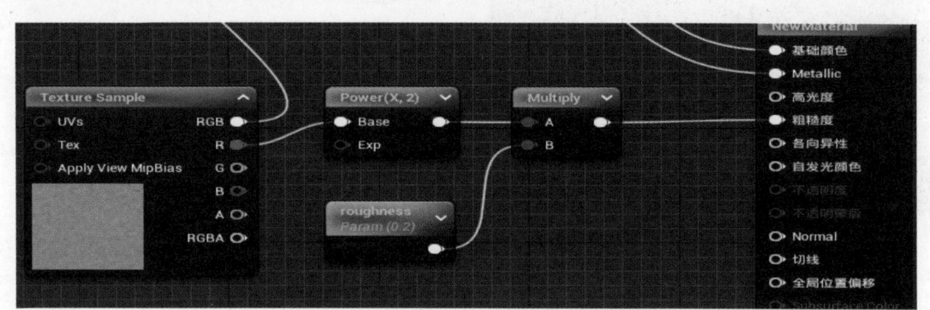

图4-50 添加roughness数值节点

步骤 10 在空白处右击，然后在弹出的快捷菜单中选择 Multiply，接着将其与 Normal 相连接，最后将法线贴图的 RGB 端接入 Multiply 的 A 端。

步骤 11 在空白处右击，然后在弹出的快捷菜单中搜索并选择 constant3Vector。接着，调整该常量 3 向量的 RGB 数值分别为 0/0/1，并将之连接到 Multiply 的 B 端。

步骤 12 在材质图表面板空白处右击，然后在弹出的快捷菜单中，依次选择 Rotator（旋转坐标）和 Constant（常量数值），将它们分别连接到法线贴图的 UV 坐标和 Rotator 的 Time 属性。接下来，将 Constant 的材质表达式常量值设置为 6，即可完成设置。材质图表面板中的设置情况如图 4–51 所示。

步骤 13 在材质图表面板中，右击空白区域，在弹出的快捷菜单中选择 Multiply（乘法），将其连接到 Rotator 的 Coordinate 节点。接着，右击空白处，在弹出的快捷菜单中选择 TextureCoordinate（纹理坐标），添加 UV 坐标，并将其连接到 Multiply 的 A 端。

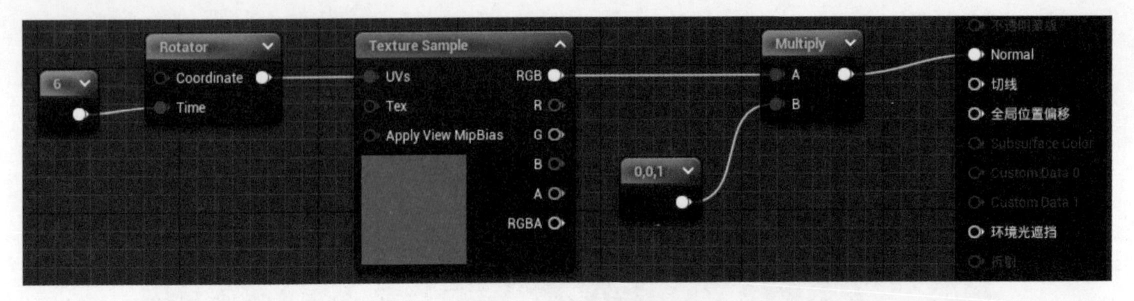

图4-51　添加旋转坐标

步骤 14　在空白处右击，然后在弹出的快捷菜单中选择 ScalarParameter，将其重命名为 UV-N。接下来，将其连接到 Multiply 的 B 端，并将 UV-N 的材质表达式标量参数的默认值设置为 1，从而完成设置。材质图表面板中的设置情况如图 4-52 所示。

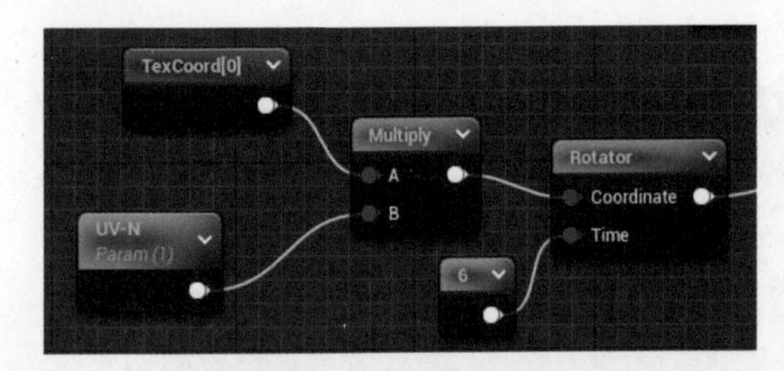

图4-52　设置UV数值

步骤 15　在空白处右击，然后在弹出的快捷菜单中选择 Constant。将其材质表达式常量值设置为 1，并将其连接到“环境光遮挡”。完成材质制作后，单击左上角的“保存”按钮。材质图表面板中的设置情况如图 4-53 所示。

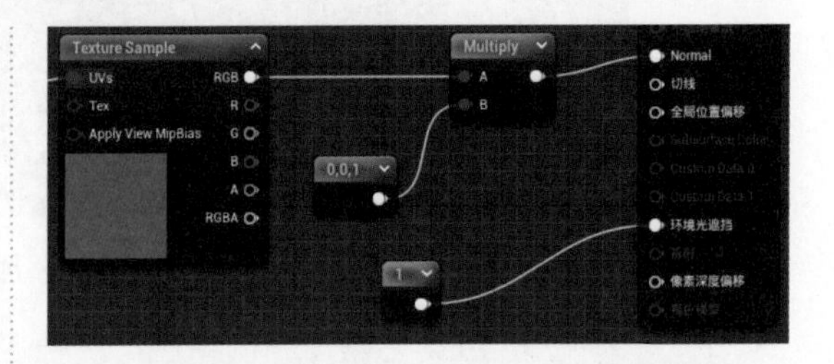

图4-53　给“环境光遮挡”添加常量值

步骤 16　打开内容浏览器，右击材质文件夹中的金属材质，创建一个材质实例。接着，将此材质实例拖动至视野中的目标模型上，实时调整材质属性。

步骤 17　金属材质制作完成，最终预览效果，如图 4-54 所示。

图4-54　金属物品最终预览效果

4.2.6 金属拉丝材质的制作

金属拉丝材质的制作.mp4

在本节的金属拉丝材质制作教程中，我们将深入探讨如何运用材质节点巧妙地模拟金属表面的反射、粗糙度、法线等特性，进而打造出现真感十足的金属拉丝效果。

金属拉丝材质的具体制作步骤如下。

步骤 01 在 UE5 场景文件中，进入内容浏览器中的“mat_”文件夹，在空白处右击，在弹出的快捷菜单中选择“材质”命令，新建材质球。将其重命名为 Metal2，并将新建的材质球拖动至视口中的目标模型位置，如图 4-55 所示。

步骤 02 打开内容浏览器中的“tex_”文件夹，单击左上角的“导入”按钮，在弹出的窗口中选择贴图，单击“打开”按钮，即可将贴图导入到文件夹中。

图4-55　创建材质球

步骤 03 打开 Metal2 材质球材质编辑器界面，选取刚导入的两张贴图，将它们拖动至材质图表面板中。如图 4-56 所示。

步骤 04 在材质图表面板中，右击空白区域，在弹出的快捷菜单中搜索并选择 Multiply 选项，并将新建的 Multiply 输出端连接至“基础颜色”。接着，创建一个 Linear Interpolate 节点，将其连接至 Multiply 节点的 A 端。

图4-56　贴图导入材质球

步骤 05 在材质图表面板中，右击空白区域，在弹出的快捷菜单中搜索并选择 constant3Vector。接着，将该材质表达式常量 3 向量的 RGB 数值依次设置为 0.2/0.2/0.2。复制一份 constant3Vector 节点，然后将其中的 RGB 数值设置为 0.1/0.1/0.1。将数值为 0.2 的常量节点连接到 LinearInterpolate 的 A 输入端，数值为 0.1 的常量节点连接到 B 输入端，最后将材质贴图的 R 端连接到 LinearInterpolate 的 Alpha 端。

步骤 06 在材质图表面板中，右击空白区域处，在弹出的快捷菜单中搜索并选择 constant3Vector，接着，将材质表达式常量 3 向量的 RGB 数值依次设置为 1/1/1，将此连接到 Multiply 的 B 端，最后单击“保存”按钮，材质图表面板中的设置情况如图 4-57 所示。

步骤 07 在材质图表面板中，右击空白区域，然后在弹出的快捷菜单中选择 ScalarParameter。将材质表达式标量参数的默认值设置为 0.5，并将其连接至 Metallic 属性。

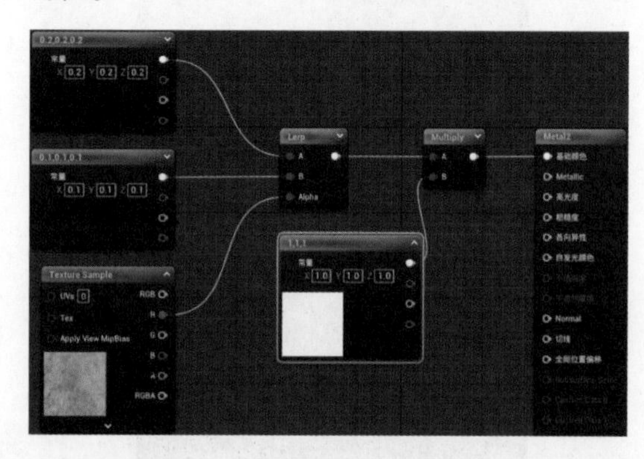

图4-57　添加constant3Vector

步骤 08 在材质图表面板中，右击空白区域，然后在弹出的快捷菜单中搜索并选择 ScalarParameter。将材质表达式常量设置为 0.5，并将其连接至“粗糙度”属性。材质图表面板中的设置情况如图 4-58 所示。

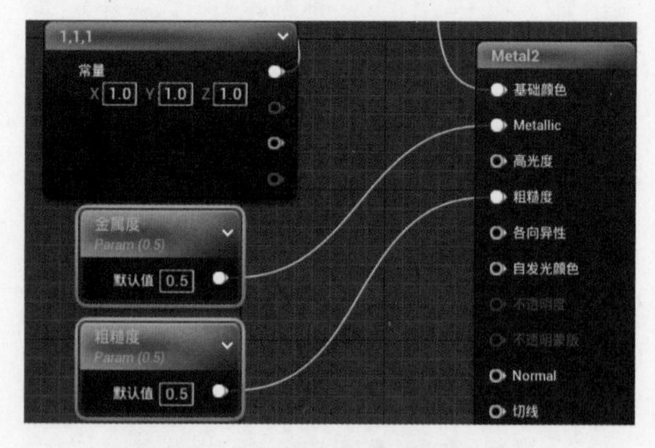

图4-58　添加标量参数设置粗糙度

步骤 09 在材质图表面板中，右击空白区域，然后在弹出的快捷菜单中选择 Multiply。将法线贴图的 RGB 端连接到 Multiply 的 A 端，并将 Multiply 本身连接到 Normal 属性。

步骤 10 在材质图表面板中，右击空白区域，然后在弹出的快捷菜单中搜索并选择 Add，创建 Add 节点，以调节法线强度，将其连接到 Multiply 的 B 端；接着右击，在快捷菜单中搜索并选择 constant3Vector，将材质表达式常量 3 向量的 RGB 数值依次设置为 0/0/1，最后将其连接到 Add 的 A 端。

步骤 11 在材质图表面板中，右击空白区域，然后在弹出的快捷菜单中搜索并选择 Multiply，创建 Multiply 节点，将其连接到 Add 节点的 B 端。接着右击，在快捷菜单中搜索并选择 constant3Vector，添加节点，将材质表达式常量 3 向量的 RGB 数值依次设置为 1/1/0，最后将其连接到 Multiply 节点的 A 端。

步骤 12 在材质图表面板中，右击空白区域，在弹出的快捷菜单中搜索并选择 ScalarParameter，创建节点，将其重命名为 normal，连接到 Multiply 的 B 端，如图 4-59 所示。

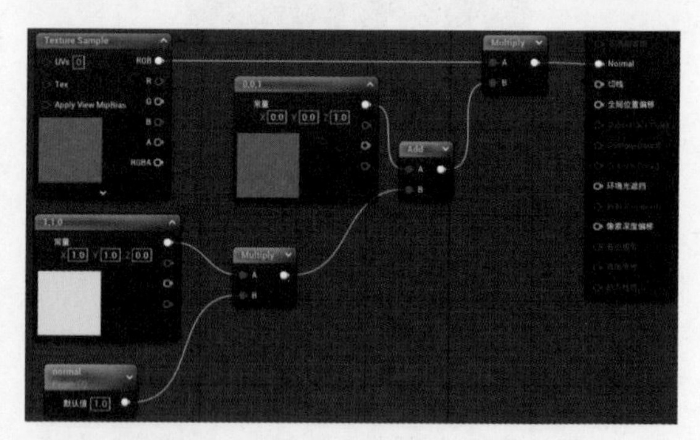

图4-59　创建ScalarParameter节点

步骤 13 在材质图表面板中，右击空白区域，在弹出的快捷菜单中搜索并选择 Multiply，以添加节点，将其与法线贴图的 UVs 端相连。接着，在快捷菜单中搜索并选择 TextureCoordinate 以添加 UV 坐标，并将新添加的 UV 坐标与 Multiply 节点的 A 端相连。

步骤 14 在材质图表面板中，右击空白区域，然后在弹出的快捷菜单中搜索并选择 ScalarParameter 以添加节点。将此节点重命名为 UV，并将“材质表达式标量参数”中的“默认值”设置为 1，最后将其连接至 Multiply 的 B 端，如图 4-60 所示。

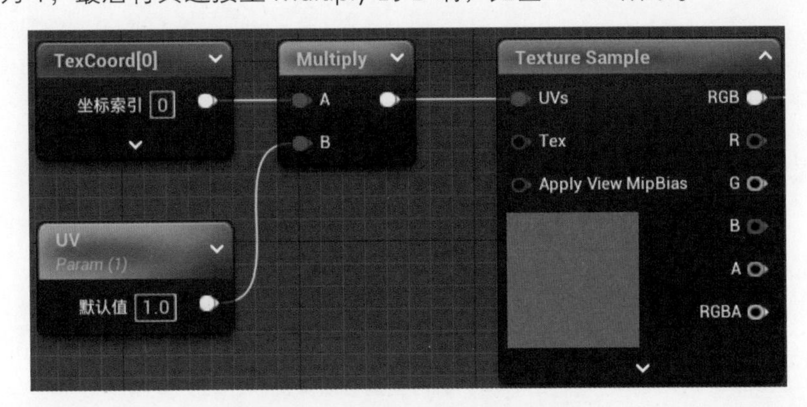

图4-60 添加ScalarParameter节点

步骤 15 完成材质制作后，将节点连接线的位置整理有序，按住鼠标左键框选，接着右击，在弹出的快捷菜单中选择“从选中项创建注释”命令，并将新注释命名为“金属拉丝效果“。材质图表面板中的设置情况如图 4-61 所示。

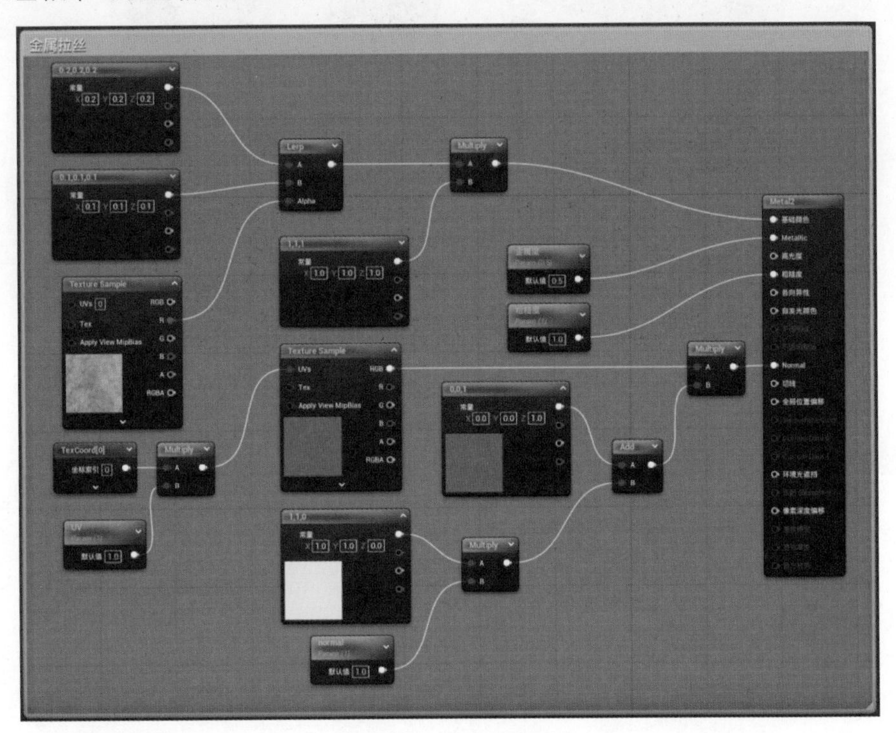

图4-61 添加注释

步骤 16 在内容浏览器中的“mat_”文件夹中，右击 Metal2 金属拉丝材质球，创建材质实例。

步骤 17 将新建的材质实例拖动到目标模型上，双击内容浏览器文件夹中的材质实例，对材质实例进行实时调整，如图 4-62 所示。

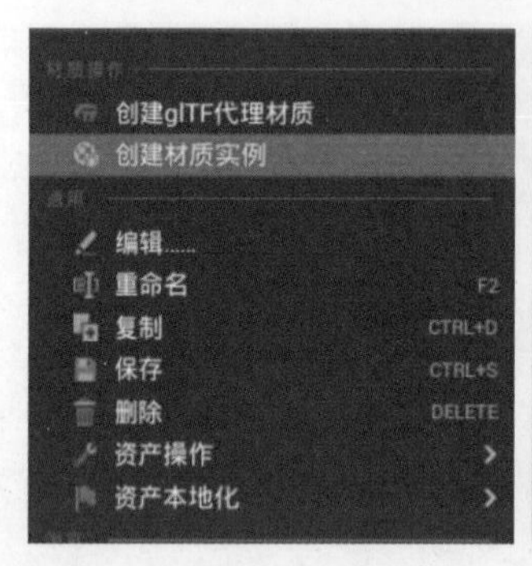

图4-62 实时调整材质实例

步骤 18 金属拉丝材质制作完成，打开关卡视口，预览最终效果，如图 4-63 所示。

图4-63 金属拉丝电梯门最终效果

4.2.7 漆面材质的制作

在本节的漆面材质制作教程中，我们将详细阐述如何打造独具特色的漆面材质，如何创建材质实例并调整其效果，进而将制作完成的材质巧妙地应用于场景中，实现场景转盘区座椅和吧台的完美呈现。

漆面材质的制作.mp4

漆面材质的具体制作步骤如下。

步骤 01 在 UE5 场景文件中，打开内容浏览器中“mat_”（材质）文件夹。于空白处右击，在文件夹内新建一个材质球，并将其命名为“漆面材质”。

步骤02 在内容浏览器中找到“tex_”文件夹，单击工具栏中的“导入”按钮。在弹出的对话框中，按照储存路径寻找“基础贴图”和wall_Normal（法线贴图）素材，选中并单击“打开”按钮，这两项素材便成功导入“tex_”文件夹。最后，单击“保存所有”按钮，确认贴图素材已成功保存，如图4-64所示。

图4-64 导入贴图文件

步骤03 在内容浏览器中，双击“漆面材质”材质球，便可进入材质图表面板。在编辑页面导入纹理贴图，打开贴图文件夹，然后将基础贴图与法线贴图分别拖动至材质图表面板，如图4-65所示。

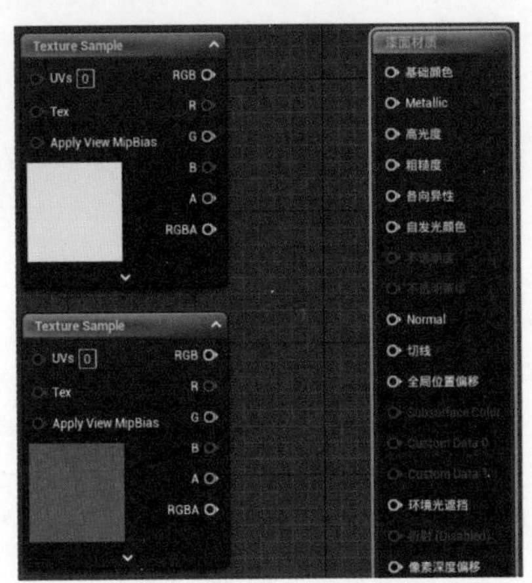

图4-65 导入的贴图文件

步骤04 接下来，制作材质的基础颜色。在材质图表面板中，右击空白区域，然后搜索并选择Multiply，创建一个乘法节点。将这个新创建的乘法节点与主材质节点中的“基础颜色”属性连接。

步骤05 在执行操作时，按住3键的同时单击面板空白处以创建一个新节点。将此新节点与Multiply的A端相连接，接着将纹理节点的RGB端与Multiply的B端相连。

步骤06 在调整颜色节点时，打开细节面板中的“常量”卷展栏，并将常量RGB数值设置为0.1/1/0.1。这样一来，便成功实现了纹理贴图与颜色的完美融合。如图4-66所示。

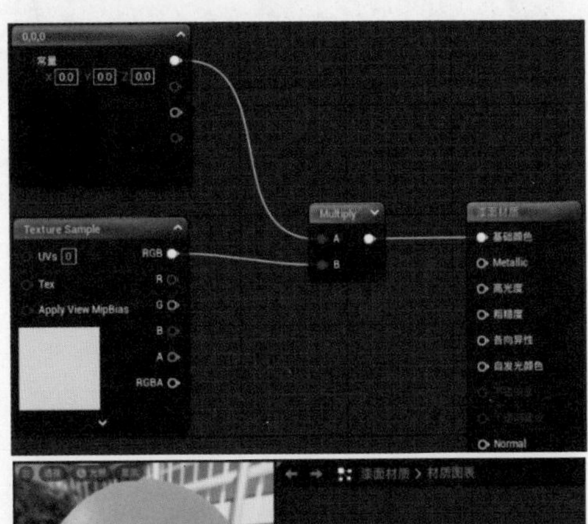

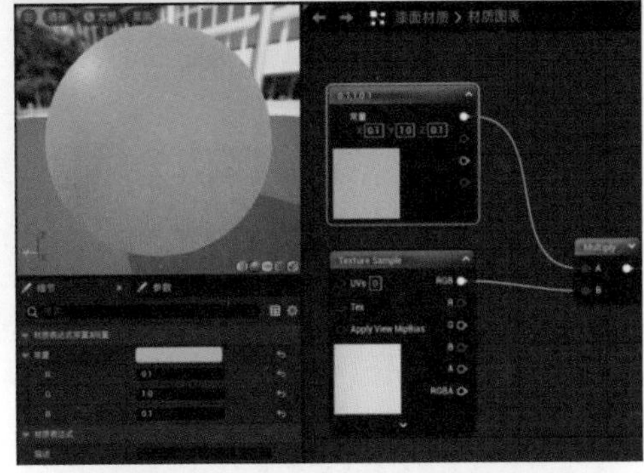

图4-66 纹理贴图与颜色的混合

步骤07 接下来，为基础材质的纹理节点设置坐标，以控制纹理的大小。首先，右击空白区域，在弹出的快捷菜单中选择命令创建一个Multiply(乘法)节点，并将其与纹理节点的UVs端进行连接。接着，创建一个Texture Coordinate节点，将其与Multiply（A）相连接。

步骤 08 再创建一个参数标量节点。右击空白区域，并在弹出的快捷菜单中搜索 scalar，并选择 ScalarParameter，创建后重命名为 UV，将其与 Multiply（B）相连接。选中 UV 节点，在“材质表达式标量参数”卷展栏中，将“默认值”设置为 3。如图 4-67 所示。

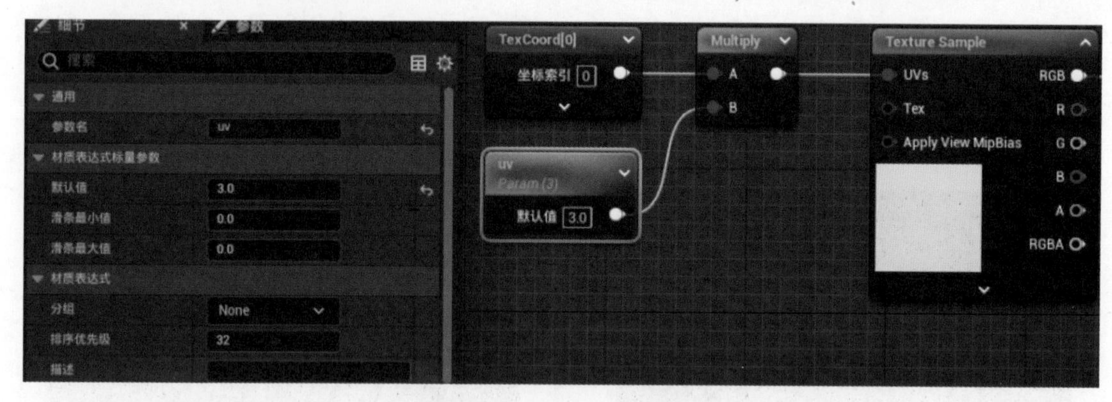

图4-67 纹理节点添加坐标

步骤 09 接下来，设置金属材质。按住 1 键的同时按住鼠标左键，创建一个新节点，并将其与主材质节点的 Metallic 属性相连。然后，单击页面左侧的细节面板，将材质表达式标量参数的默认值设置为 0.25。

步骤 10 再设置高光度。重复以上操作创建常量节点，设置默认值为 0.1。将其与主材质节点的“高光度”属性连接。

步骤 11 再为材质设置粗糙度。重复以上操作，创建粗糙度节点，与主材质节点的“粗糙度”属性连接，设置数值为 0.25，如图 4-68 所示。

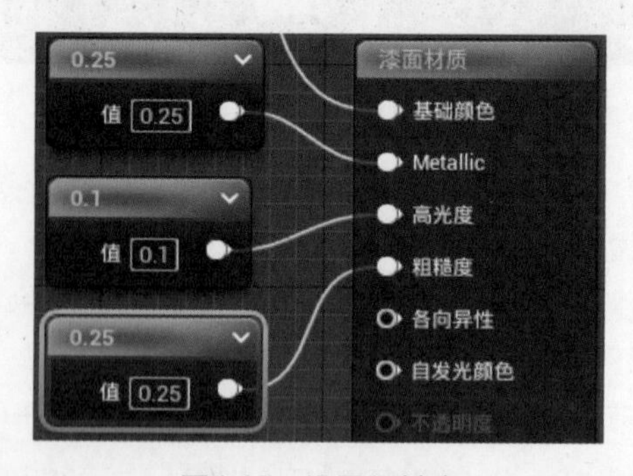

图4-68 设置粗糙度

步骤 12 接下来，对“法线纹理”节点进行设置。在材质图表面板中，右击空白区域，在弹出的快捷菜单的搜索栏中搜索并选择 Multiply，创建一个乘法节点。将其与 Normal 端连接，以实现法线纹理的映射效果。接着，将“法线纹理”节点与 Multiply（A）相连接。

步骤 13 在材质图表面板中，右击空白区域，在弹出的快捷菜单的搜索栏中搜索并添加 Add 加法节点，将其与 Multiply（B）连接。接着，按住 3 键的同时单击，创建一个颜色节点，将其与 Add（A）连接，并将颜色值设置为（0，0，1）。

步骤 14 接下来，继续创建一个 Multiply 乘法节点，并将其与 Add（B）相连接。然后，按住 3 键的同时单击，创建一个颜色节点。将该节点的 RGB 值设置为（1，1，0），并将其与 Multiply（A）相连。接着，添加一个标量参数。在空白处右击，在弹出的快捷菜单的搜索栏中搜索并选择 ScalarParameter，创建一个标量节点，将该节点的名称更改为 Normal Intesity（法线强度），并将其与

Multiply（B）相连接，设置其默认值为 1。如图 4-69 所示。

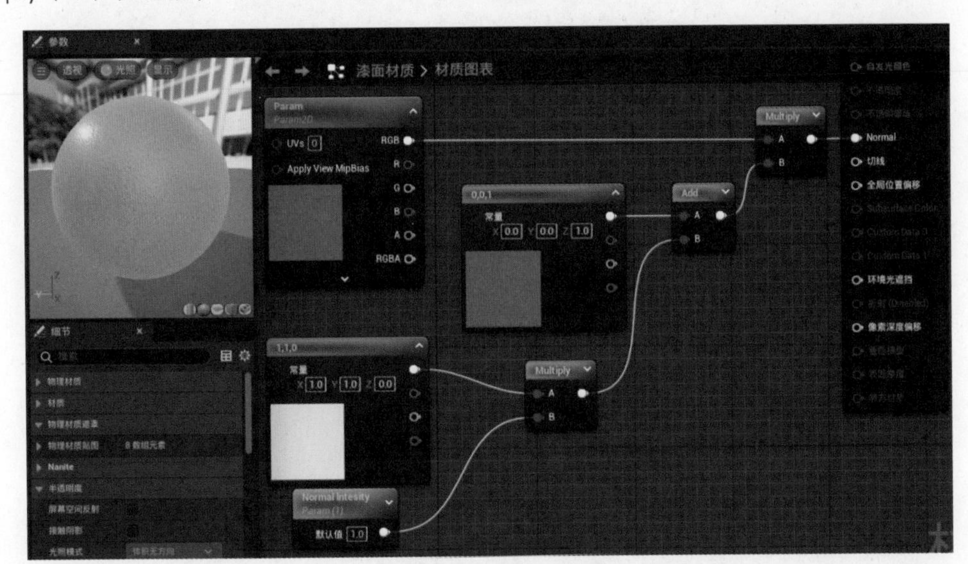

图4-69　设置法线强度

步骤 15 接下来，为“法线纹理”节点配置 UV 坐标。选中已设置好的基础材质的纹理坐标，按快捷键 Ctrl+C 进行复制，然后使用快捷键 Ctrl+V 进行粘贴。接着，将复制的坐标节点拖拽至“法线纹理”节点位置，并将 Multiply 与 UVs 进行连接。完成上述设置后，单击“保存”按钮，如图 4-70 所示。

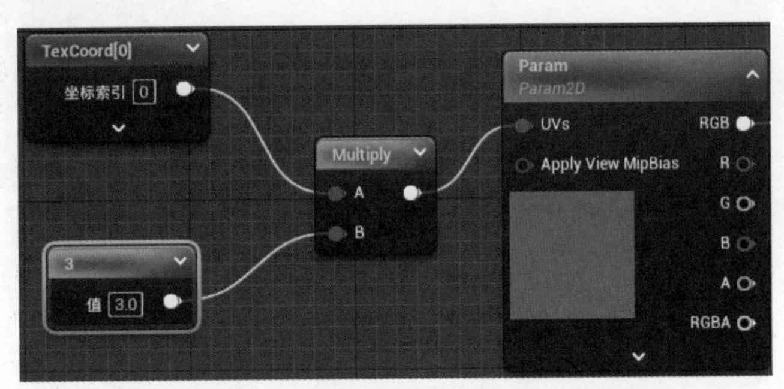

图4-70　“法线纹理”节点添加UV坐标

步骤 16 在完成材质设置后，接下来需选中所有节点，按键盘 C 键以添加注释。将注释内容设置为“漆面材质”，并单击“保存”按钮，如图 4-71 所示。

步骤 17 在内容浏览器中，选择刚刚设置好的漆面材质，右击材质球，在弹出的快捷菜单中选择相应命令创建一个材质实例，然后单击“保存所有”按钮。

步骤 18 在视口右上方，单击细节面板，打开 Global Scalar Parameter 卷展栏。逐一选中所有列出的参数项复选框，这些参数均为在材质编辑器界面中创建的实时可编辑标量参数，对材质实例进行实时调整，如图 4-72 所示。

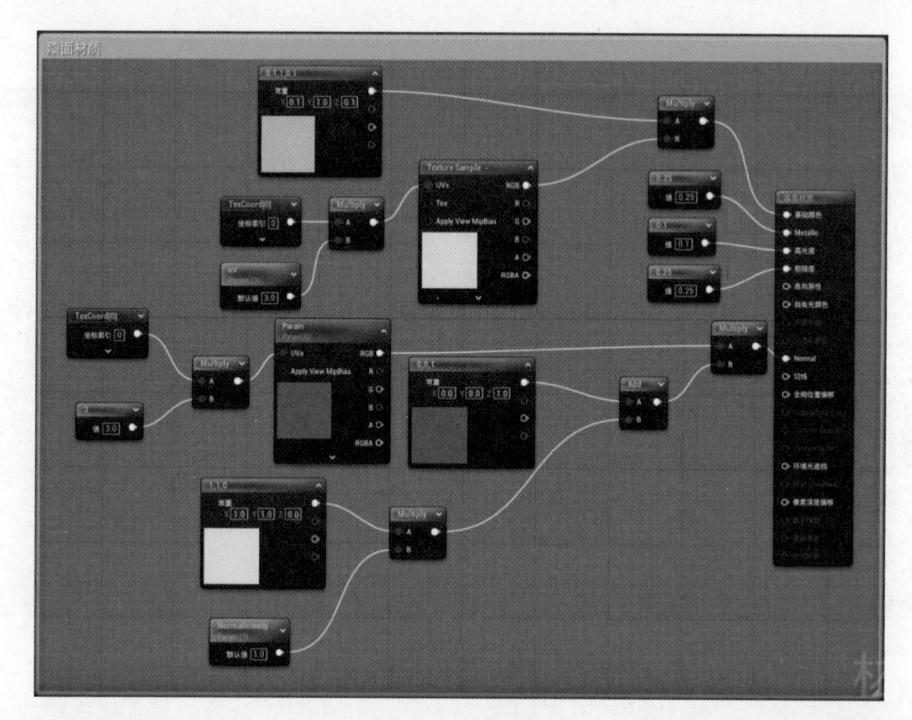

图4-71　设置注释

图4-72　材质实例参数表

步骤 19 创设多种颜色的漆面材质，并将这些材质应用于另一个场景模型中。选取母材质后，按快捷键 Ctrl+C 进行复制，按快捷键 Ctrl+V 进行粘贴，此时创建一个新的材质，将其颜色更改为白色，单击“保存”按钮。

步骤 20 完成漆面绿色与白色材质的制作后，将这个材质拖动到场景模型上，以呈现最终预览效果，如图 4-73 所示。

图4-73　转盘区座椅和吧台最终预览效果

4.2.8 广告牌材质的制作

在本节内容中，我们将重点学习 UE5 中广告牌、书封面等类似材质的制作技巧以及节点连接方法。通过以下步骤，我们将能够掌握这类材质的创建过程，从而提升我们的虚幻引擎技能水平。

广告牌材质的制作.mp4

广告牌材质的具体制作步骤如下。

步骤 01 在 UE5 中打开场景文件，于内容浏览器中，打开“mat_”文件夹，并新建一个材质球。将此新建的材质球命名为 Billboard（广告牌），接着导入 Billboard（基础贴图）与 N_Billboard（法线贴图）素材，最后单击“保存所有”按钮。

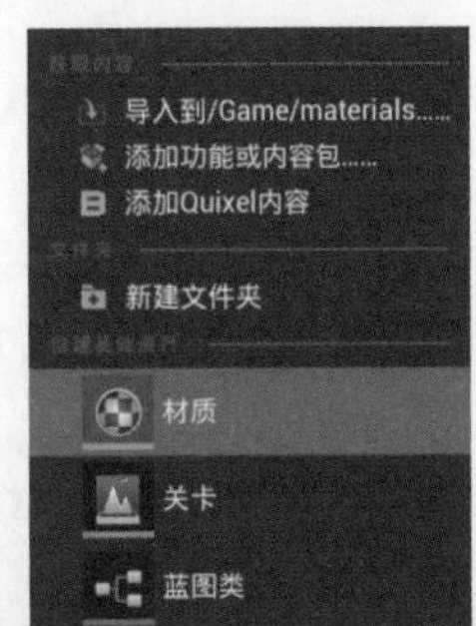

步骤 02 将贴图拖入材质图表面板中，接着将 Billboard 贴图的 RGB 节点与 Billboard 基础参数面板中的“基础颜色”属性相连，如图 4-74 所示。

步骤 03 此时，模型上已经有了贴图显示，但是略偏暗，添加一个 Multiply 乘法节点，将 Multiply 节点连接到 Billboard 基础参数面板中的“自发光颜色”属性上，并将图片贴图的 RGB 节点连接到 Multiply 的 A 端上，此时，提高了模型的亮度。

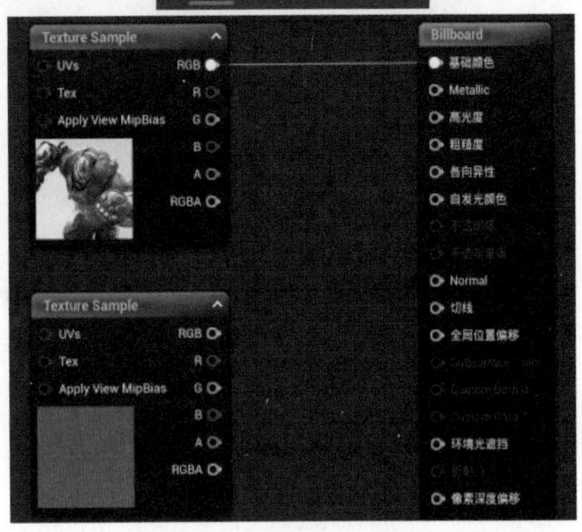

图4-74　设置基础颜色

步骤 04 再添加一个 ScalarParameter 标量，用以调控自发光颜色的亮度，将其更名为 Glow。接着，将左侧细节面板“材质表达式标量参数”卷展栏中的“默认值”设置为 0.01。

步骤 05 在材质编辑器中，添加一个名为“粗糙度”的常量参数，将其与基础参数面板中的相应节点连接，然后将左侧细节面板“材质表达式标量参数”卷展栏中的“默认值”设置为 0.25，以提高粗糙度。材质图表面板中的设置情况如图 4-75 所示。

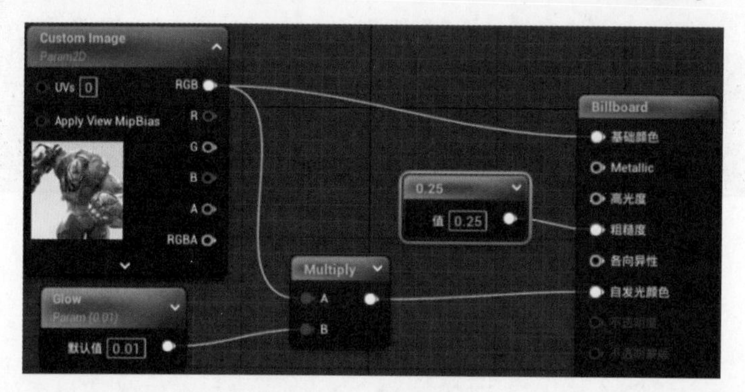

图4-75 设置粗糙度

步骤 06 在材质图表面板的空白区域右击，在弹出的快捷菜单的搜索栏中搜索 Multiply，添加乘法节点，这一步是为了为纹理赋予倍增值，从而精确控制其纹理强度。接着，将 Multiply 节点接入法线贴图的 UVs 节点，再添加一个贴图坐标 TextureCoordinate，并将该节点与常量 Multiply 的 A 端相连。随后，增设一个名为 UV 的常量 ScalarParameter，将该节点接入 Multiply 的 B 端。最后，将法线贴图的 RGB 节点与 Billboard 基础参数面板中的 Normal 属性相连，从而使纹理材质更具精确度，材质图表面板中的设置情况如图 4-76 所示。

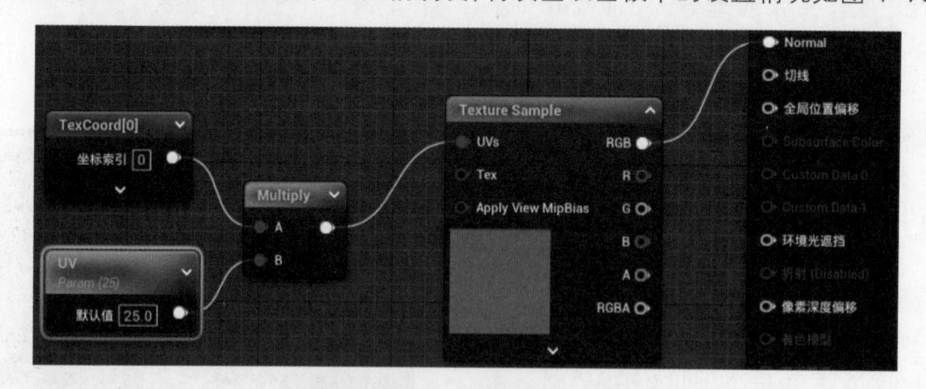

图4-76 添加“法线纹理”节点

步骤 07 完成材质设置后，在材质编辑器界面中，选中所有节点，按 C 键以添加注释。将该材质命名为“广告牌材质”，并单击“保存”按钮，如图 4-77 所示。

步骤 08 最后将调整好的材质应用于场景模型之上，以呈现制作预览效果，如图 4-78 所示。

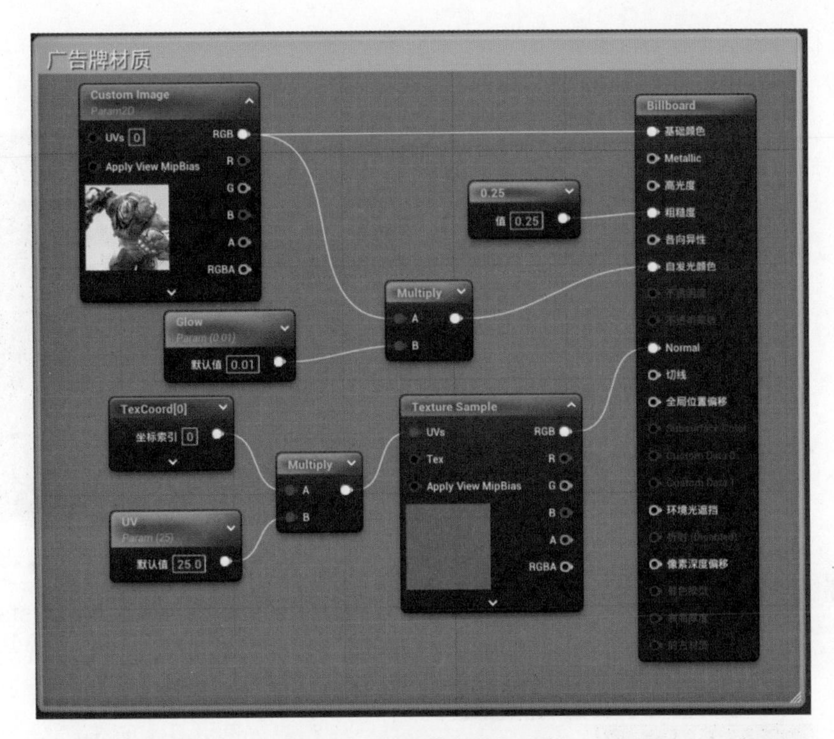

图4-77 材质节点添加注释

图4-78 广告牌最终预览效果

4.2.9 自发光材质的制作

自发光材质的制作.mp4

在本节中，我们将学习如何制作自发光材质，并探讨如何运用这种材质创造出各种颜色和强度的灯光效果。通过掌握自发光材质的应用，我们将能够轻松打造出各式各样的发光体，实现丰富多彩的灯光效果。

自发光材质的具体制作步骤如下。

步骤 01 在 UE5 中打开场景文件，于内容浏览器中，打开“mat_”文件夹，并新建一个材质球。将新建好的材质球重命名为 Light，此时的预览图左下角有一个花型图标，表示该模型还未保存到项目中，需要单击“保存所有”按钮，此时新建的材质已成功保存到当前项目。如图 4–79 所示。

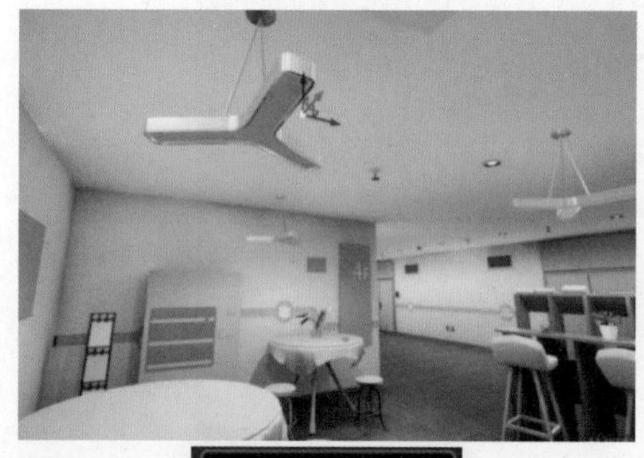

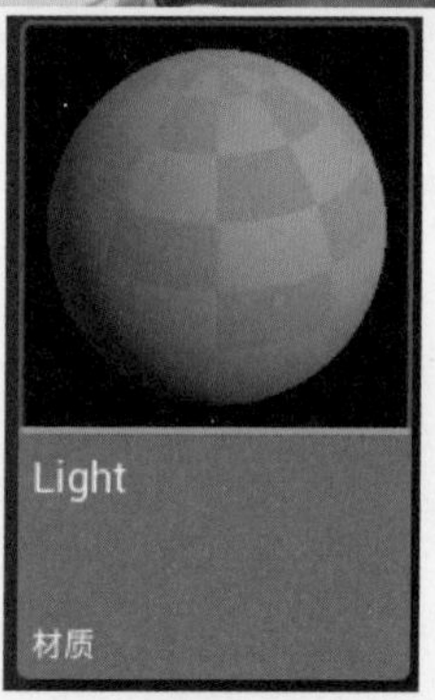

图4-79 材质重命名并保存

步骤 02 双击进入 Light 材质编辑器。单击细节面板，单击“材质”卷展栏中“着色模型”右侧的下拉按钮，在下拉列表中选择“无光照”选项，如图 4–80 所示。

步骤 03 在材质图表面板中右击，在弹出的快捷菜单的搜索栏中搜索并选择 Multiply，添加一个乘法节点。接着，再次右击，搜索并选择 constant3Vector，新建一个常量 3 节点。双击打开 constant3Vector，将其颜色设置为白色，然后将该节点连接到“自发光颜色”属性上。

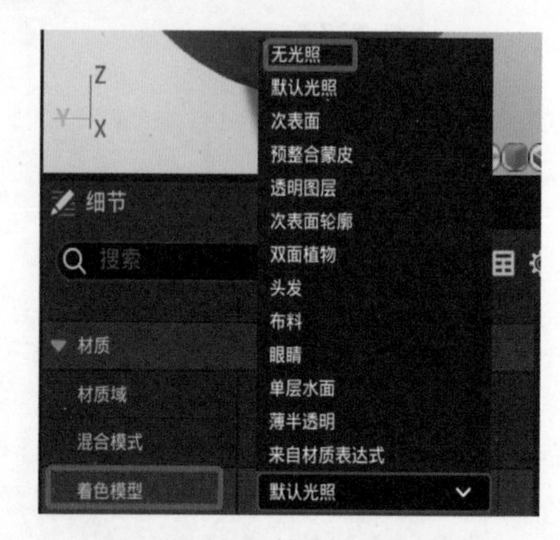

图4-80 选择“无光照”选项

步骤 04 创建一个名为 constant 的常量参数，并将其值设置为 30。接着，将此常量与 Multiply 的 B 端相连接，最后单击“保存”按钮。如图 4–81 所示。

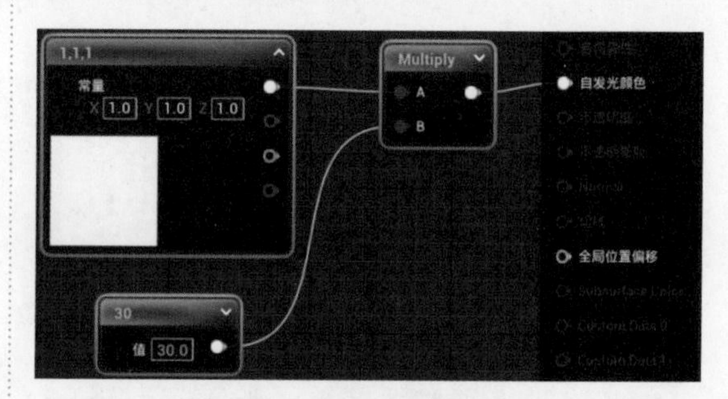

图4-81 设置自发光强度

步骤 05 在内容浏览器的“mat_”文件夹内，复制名为 Light 的自发光材质。接着，双击打开复制的自发光材质，然后双击常量 3 节点，将颜色设置为红色，并将常量值调整为 100，从而使自发光光线强度更为显著。最后，单击“保存”按钮，如图 4–82 所示。

步骤 06 现将设置好的红色和白色材质拖至灯箱处，以预览不同自发光效果，如图 4–83 所示。

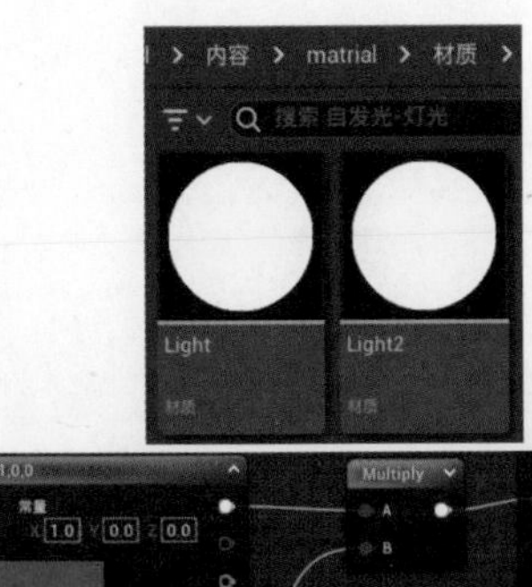

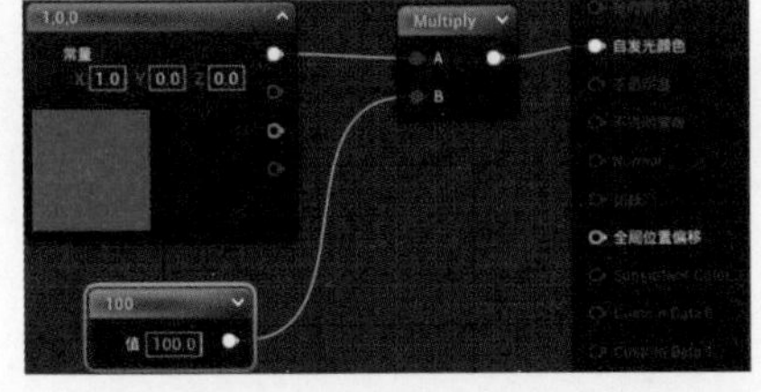

图4-82 复制自光发材质并调整

图4-83 不同颜色的灯光效果

4.3 习 题

1. 请简述 UE5 中的材质（material）和材质实例（material instance）的区别。

2. 在 UE5 场景中创建一个玻璃茶杯的材质，要求能够表现出玻璃的透明度、折射和反射效果。

3. 在 UE5 场景中创建一个摩托车油漆材质，模拟摩托车表面的光泽和颜色变化。

第5章

虚幻引擎蓝图交互系统

随着游戏产业的蓬勃发展，游戏开发者们对游戏引擎的要求也越来越高。虚幻引擎作为业界领先的实时 3D 创作平台，不仅为游戏开发者提供了强大的渲染能力，还提供了丰富的蓝图交互功能。

蓝图（blueprint）是虚幻引擎中一种可视化编程系统，它允许开发者通过拖放组件和节点来创建游戏逻辑。蓝图交互应用则是指将蓝图功能运用到游戏中的各种交互场景，如角色移动、敌人生成、关卡设计等。通过蓝图交互，开发者可以更快速地搭建游戏原型，减少重复性工作，提高开发效率。

5.1 虚幻引擎蓝图交互应用

虚幻引擎的蓝图交互功能为游戏开发者提供了强大的支持，使得游戏逻辑的搭建变得更加直观和高效。在未来的游戏开发中，蓝图交互应用能够进一步拓展，为玩家带来更加丰富和有趣的游戏体验。

在游戏开发中，角色移动是一个基本的交互需求。利用虚幻引擎的蓝图交互功能，开发者可以轻松实现角色的行走、跑步、跳跃等动作。通过设置蓝图节点，可以控制角色在不同地形上的移动速度、转向角度等参数。同时，还可以为角色添加碰撞检测和触发事件，以实现与环境之间的交互。

在许多游戏中，敌人会根据玩家的位置和行动来生成。使用虚幻引擎的蓝图交互功能，开发者可以实现敌人的自动生成、追踪、攻击等行为。例如，通过设置一个生成节点，当玩家进入某个区域时，系统将自动生成敌人。同时，利用条件判断和循环节点，可以实现敌人之间的协同作战和智能行为。

关卡设计是游戏开发中的重要环节。虚幻引擎的蓝图交互功能可以帮助开发者快速创建各种复杂的关卡。例如，可以利用蓝图生成随机地形、设置障碍物、调整难度等。此外，通过将关卡设计成可编辑的蓝图，开发者可以轻松地对关卡进行迭代和优化。

蓝图交互功能也可以用于游戏界面的开发。例如，开发者可以通过蓝图创建按钮、滑块、文本框等用户界面元素，并与游戏逻辑进行交互。这使得游戏界面开发变得更加简单和高效。

蓝图交互功能可以帮助开发者实现游戏中的任务系统。通过设置条件判断、事件触发和数据传递等节点，开发者可以轻松地创建各种任务，如收集物品、解锁关卡、击败敌人等。这将为游戏增加丰富的内容，提高游戏的可玩性。

蓝图交互功能还可以用于游戏音效和动画的控制。例如，通过设置条件判断和事件触发节点，开发者可以实现声音和动画的自动切换、渐入渐出等效果，从而提高游戏的沉浸感。

在多人游戏中，蓝图交互功能可以用于实现客户端与服务器之间的数据同步。通过设置蓝图节点，开发者可以轻松地实现角色位置、动作状态、物品属性等数据的同步，保证游戏的公平性和稳定性。

5.1.1 虚幻引擎蓝图概述与常用术语

1. 虚幻引擎蓝图概述

虚幻引擎蓝图（unreal engine blueprint）是虚幻引擎中一个非常强大的功能，它是一种可视化编程系统，可以帮助开发者快速、高效地创建和编辑游戏逻辑。蓝图系统在虚幻引擎中的地位十分重要，无论是在关卡设计、任务系统、交互逻辑等方面，都可以看到蓝图的身影。

蓝图系统的核心优势在于它将复杂的程序逻辑简化为拖放式的操作，开发者可以在蓝图编辑器中通过连接节点来组合各种功能，而不需要编写复杂的代码。这种可视化编程方式，不仅降低了开发难度，还提高了开发效率，使开发者能够更加专注于游戏内容的创作。

在虚幻引擎中，蓝图系统可以分为两大类：关卡蓝图和任务蓝图。关卡蓝图主要用于创建和编辑游戏场景，包括设置地形、生成关卡、添加 AI 行为等。任务蓝图则专注于游戏任务的逻辑设计，例如任务流程、条件判断、事件触发等。这两类蓝图相互配合，为游戏开发者提供了全面的工具支持。

虚幻引擎蓝图的另一个重要特点是它的高度可扩展性。开发者可以根据项目需求，自定义蓝图节点，甚至可以创建全新的蓝图类型。这为游戏开发带来了极大的灵活性，使开发者能够轻松实现独特的游戏设计。

随着游戏开发技术的不断发展，虚幻引擎蓝图也在不断演进和完善。在虚幻引擎中，蓝图系统引入了许多新的功能和优化，为开发者提供了更加强大的支持。首先，虚幻引擎的蓝图系统引入了“参数化蓝图”的概念。这意味着开发者可以为蓝图中的节点设置参数，从而实现更加灵活的逻辑控制。例如，在创建游戏角色时，可以通过设置参数来控制角色的外观、行为等属性，大大提高了开发效率。其次，虚幻引擎的蓝图系统还增加了“状态机”的功能。状态机允许开发者为游戏对象定义一系列状态，并通过条件判断和事件触发来实现状态之间的转换。这种设计模式使得游戏逻辑更加清晰，易于维护和调试。除此之外，虚幻引擎蓝图系统还支持与 C++ 代码互操作，这意味着开发者可以在蓝图和 C++ 代码之间自由切换，充分利用两者的优势。例如，开发者可以使用 C++ 代码来实现一些性能敏感的计算任务，同时利用蓝图来实现游戏逻辑的快速原型化。

总之，虚幻引擎蓝图作为一种可视化编程工具，已经成为游戏开发领域中不可或缺的一部分。随着虚幻引擎的不断升级，蓝图系统已经成为游戏开发者的得力助手。蓝图系统不仅降低了游戏开发的难度，还提高了开发效率，使开发者能够更加专注于游戏内容的创作。在未来，随着虚幻引擎的进一步发展，蓝图系统还将继续演进，为游戏行业带来更多的创新和变革。

2. 虚幻引擎常用术语

在虚幻引擎中，有许多常用的专业术语，了解这些术语对于开发者来说至关重要。这些术语涵盖了虚幻引擎的各个方面，帮助开发者更好地理解引擎的功能和原理，从而提高开发效率和质量。随着虚幻引擎的不断升级和发展，相信会有更多新的术语和功能加入这个强大的游戏引擎中。以下是一些虚幻引擎常用术语的概述。

1）项目

虚幻引擎项目中包含游戏的所有内容。项目中包含的大量文件夹都在磁盘上，例如蓝图和材质。可以按照自己的意愿命名文件夹并将其整理到项目中。虚幻引擎编辑器中的内容浏览器面板显示与磁盘上的项目文件夹相同的目录结构。每个项目都有与其关联的 .uproject 文件。使用 .uproject 文件是创建、打开或保存项目的方法之一。开发者可以创建任意数量的不同项目，然后并行处理它们。

2）蓝图

虚幻引擎蓝图是一种可视化脚本系统，专门用于虚幻引擎游戏开发。它让艺术家和设计师能够创建复杂的游戏逻辑和交互体验，而无需编写代码。虚幻引擎蓝图具有许多令人惊叹的优势和功能，使其成为动画制作、游戏开发和交互设计领域的首选工具之一。

3）对象

对象（object）是虚幻引擎中最基本的类——换而言之，对象就像建造系统的砖块，包含资产的大量基本功能。在 C++ 中，UObject 是所有对象的基类，可以实现多种功能，例如垃圾回收、用于将变量提供给虚幻引擎编辑器的元数据（UProperty）支持以及用于加载和保存的序列化。

4）类

类定义虚幻引擎中特定 Actor 或对象的行为和属性。类是分层的，意味着类从其父类中继承信息并将该信息传递给其子项。可以在 C++ 代码或蓝图中创建类。

5）游戏对象

虚幻引擎中的游戏对象是游戏世界的基本组成单位，游戏对象代表了游戏中的实体，如角色、怪物、道具等。

6）类型转换

类型转换是一种动作，将会提取特定类的 Actor 并尝试将其作为其他类进行处理。类型转换可能成功，也可能失败。如果类型转换成功，则可以在类型转换到的 Actor 上访问特定于类的功能。例如，如果要制作一款游戏，在其中具有能够以不同方式影响玩家角色的多种体积类型。其中一个体积是火焰，可以随着时间降低玩家血量。当角色与关卡中的任何体积重叠时，就可以将该体积类型转换到火焰上，以尝试访问其"损害玩家血量"功能。

如果类型转换成功——即如果玩家站在火中——玩家的血量将开始下降。

如果类型转换失败——即如果玩家站在任何其他类型的体积中——其血量将不受影响。

类型转换不同于简单地检查 Actor 是不是给定的类，它将返回一个二选一的答案（是或否），但不允许开发者与该类的任何特定功能进行交互。

7）组件

组件是一种可以添加到 Actor 的功能。将组件添加到 Actor 时，Actor 可以使用组件提供的功能。例如：点光源组件将使 Actor 像点光源一样发光；旋转移动组件将使 Actor 转动；音频组件将使 Actor 能够播放音效；组件必须附加到 Actor 上，不能独自存在。

8）Pawn

Pawn 是 Actor 的子类，作为游戏内的形象或人像（例如游戏中的角色）。玩家或游戏的 AI 可以控制 Pawn，将其作为非玩家角色（NPC）。当人类或 AI 玩家控制 Pawn 时，会将其视为被占有。相反，当人类或 AI 玩家未控制 Pawn 时，会将其视为未被占有。

9）角色

角色是计划用作玩家角色的 Pawn Actor 的子类。角色子类包括碰撞设置、双足运动的输入绑定以及用于玩家动作控制的其他代码。

10）玩家控制器

玩家控制器获取玩家输入，并将其转换到游戏内的互动中。每个游戏内部都至少具有一个玩家控制器。玩家控制器通常操控一个 Pawn 或角色作为玩家在游戏中的呈现方式。玩家控制器还是多人游戏的主要网络互动点。在多人游戏期间，服务器具有游戏中每个玩家的玩家控制器的一个实例，因为它还必须对每个玩家进行网络功能调用。每个客户端都只有一个与玩家对应的玩家控制器，并且只能使用其玩家控制器与服务器进行通信。

11）AI 控制器

就像玩家控制器操控 Pawn 作为玩家在游戏中的呈现方式，AI 控制器操控 Pawn 在游戏中呈现非玩家角色（NPC）。默认情况下，Pawn 和角色都以基本 AI 控制器终结，除非它们被玩家控制器专门操控或者收到指令不允许为自己创建 AI 控制器。

12）游戏模式

游戏模式是指游戏开发者为了满足不同类型玩家的需求，而在游戏中设置的不同玩法和规则。游戏模式可以分为单人模式、多人模式和混合模式等多种类型，每种类型都有其独特的特点和玩法。在单人模式下，玩家可以独自进行游戏，享受独立思考和解决问题的乐趣。单人模式通常包括故事模式、挑战模式、练习模式等，这些模式下的游戏难度逐渐递增，让玩家在不断挑战自我的过程中提高自己的技能。多人模式则是指多个玩家通过网络或本地联机的方式进行游戏。在多人模式下，玩家可以合作完成任务，共同对抗敌人，或者进行竞争。多人模式的游戏性更强，玩家之间的互动也更加丰富，可以有效提升游戏的趣味性和挑战性。

混合模式则是单人模式和多人模式的结合，玩家既可以在游戏中独自进行，也可以与其他玩家一起游戏。混合模式的游戏通常包括多种不同的玩法和规则，为玩家提供了更多的选择和可能性。

随着游戏行业的发展和玩家需求的多样化，游戏模式的种类和玩法也越来越多。游戏开发者需要不断创新和优化游戏模式，以满足玩家的需求，提升游戏的吸引力和竞争力。在未来，我们期待更多有趣和创新的游戏模式出现在我们的视野中。

13）关卡

关卡是定义的 gameplay 区域。关卡包含玩家可以看到并与其交互的所有内容，例如几何体、Pawn 和 Actor。虚幻引擎将每个关卡保存为单独的 UMAP 文件，在某些情况下关卡会被称为地图。

5.1.2 蓝图类工作的基本逻辑流程

蓝图类工作的基本逻辑流程.mp4

虚幻引擎中的蓝图可视化脚本系统，作为一款完备的游戏性脚本工具，它的核心理念是利用基于节点的界面，在虚幻引擎编辑器内构建游戏性元素。与多数常见的脚本语言一样，蓝图也用于定义引擎内的对象驱动类或对象。在使用 UE5 后，那些通过蓝图定义的对象，常常直接被称作"蓝图"。

虚幻引擎系统以其卓越的灵活性与强大功能著称，赋予设计师们前所未有的能力，使他们得以运用原本仅限于程序员的诸多概念与工具。与此同时，程序员也能借助虚幻引擎C++中特有的蓝图标记，构建稳固的基线系统。这一系统更成为设计师们深度拓展的强大基石。

1. 创建蓝图类

蓝图类工作的逻辑流程就是利用连线将节点、事件、功能和变量连接在一起，从而创建复杂的游戏性元素。蓝图以节点的不同用途组成图表，包括构造对象、独立功能、一般游戏性事件等。

虚幻引擎蓝图类创建的具体操作步骤如下。

步骤 01 打开 UE5 场景文件，单击窗口左下方的“内容侧滑菜单”按钮，打开内容浏览器，在“内容”目录下新建一个文件夹，命名为 BP（Blue print）。

步骤 02 打开 BP 文件夹，在空白处右击，在弹出的快捷菜单中选择“蓝图类”命令，弹出“选取父类”对话框，选择 Actor 选项，并重命名为 VR-Blueprint，单击“保存所有”按钮，如图 5-1 所示。

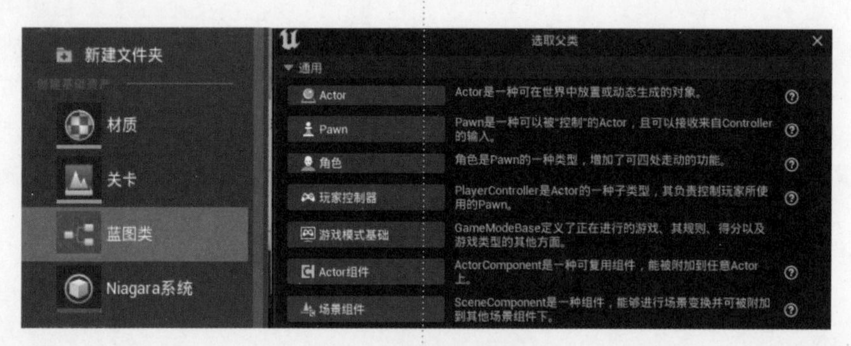

图5-1　选择创建蓝图

步骤 03 在内容浏览器中双击 VR-Blueprint 蓝图文件，即可对文件进行编辑。蓝图编辑器界面，如图 5-2 所示。

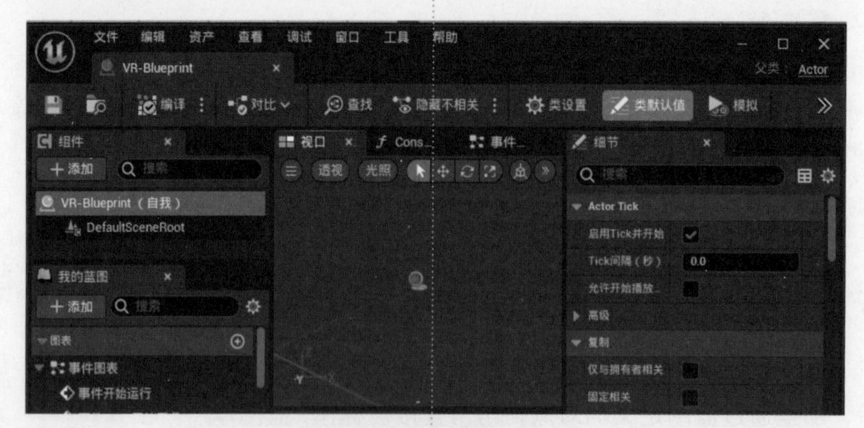

图5-2　蓝图编辑器界面

2. 添加组件

虚幻引擎组件是现代游戏开发和实时渲染领域的重要技术。它提供了一套完整的工具集，使得开发人员可以快速构建出高质量的虚拟世界。虚幻引擎组件包括了许多关键部分，例如渲染引擎、物理引擎、动画系统、音频处理等。在这些组件的帮助下，开发者能够轻松实现逼真的光影效果、复杂的交互场景以及流畅的角色动作。

虚幻引擎组件添加的具体操作步骤如下。

步骤 01 添加静态网格体。单击组件面板中的“添加”按钮，选择“静态网格体组件”命令，此时组件面板中显示创建的静态网格体组件。如图 5-3 所示。

图5-3　添加静态网格体组件

步骤 02 在细节面板可以对静态网格体进行编辑。选择“静态网格体组件”，单击组件面板的“添加”按钮，选择一个正方形，此时该网格体被添加进来，接下来可以在细节面板的“变换”卷展栏中对网格体进行移动和缩放变换。设置完毕后单击“编译”和“保存”按钮。如图 5-4 所示。

步骤 03 打开 BP 文件夹，此时图标状态发生变化，单击图标将 Actor 拖动到场景中，此时也可在细节面板的“变换”卷展栏中对 Actor 进行位置设置。如图 5-5 所示。

步骤 04 添加旋转移动组件。双击打开 Actor，进入蓝图编辑器。在组件面板的搜索栏中搜索并选择“旋转移动组件”命令，此时该组件被添加进来，再单击“编译”和“保存”按钮。

图5-4　添加静态网格体

图5-5　添加静态网格体组件的Actor

步骤 05 在细节面板中，选择“旋转组件”卷展栏中的“旋转速率”选项，可以对旋转速率进行调整，数字越大旋转速率越快，在工具栏中单击▶（运行）按钮，此时 Actor 呈现旋转状态。如图 5-6 所示。

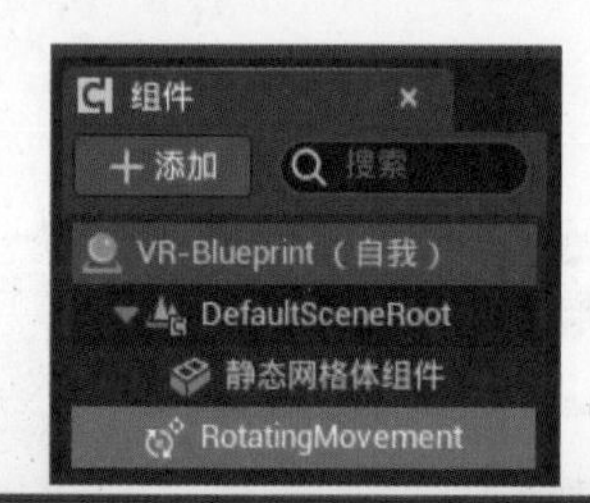

图5-6　调整旋转速率

3. 蓝图节点

虚幻引擎蓝图节点是虚幻引擎中用于创建游戏逻辑和交互的可视化节点。这些节点可以连接在一起，形成复杂的逻辑系统，用于实现游戏中的各种功能和效果。

虚幻引擎蓝图节点的种类和事件图表的组成说明如下。

（1）事件图表包含一个节点图表。节点图表使用事件和函数调用来执行操作，从而响应与该蓝图有关的游戏事件。它添加的功能会对该蓝图的所有实例产生影响，可以在这里设置交互功能和动态响应。

（2）节点（nodes）是指可以在图表中用来定义特定图表及其包含该图表的蓝图的功能的对象，比如事件、函数调用、流程控制操作、变量等，如图 5-7 所示。

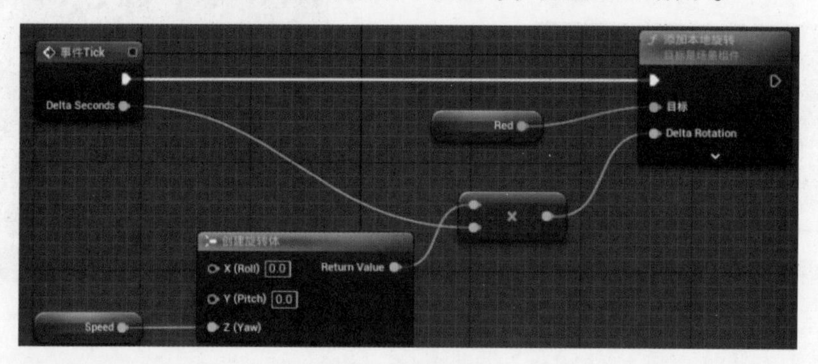

图5-7　事件节点

（3）红色的节点是事件节点，事件（events）是从游戏代码中调用的节点，从而在事件图表（event graph）中开始执行个体网络。 它们使蓝图执行一系列操作，对游戏中发生的特定事件（如游戏开始、关卡重置、受到伤害等）进行回应。蓝色并带有 *f* 标识的节点是功能节点，如图 5-8 所示。

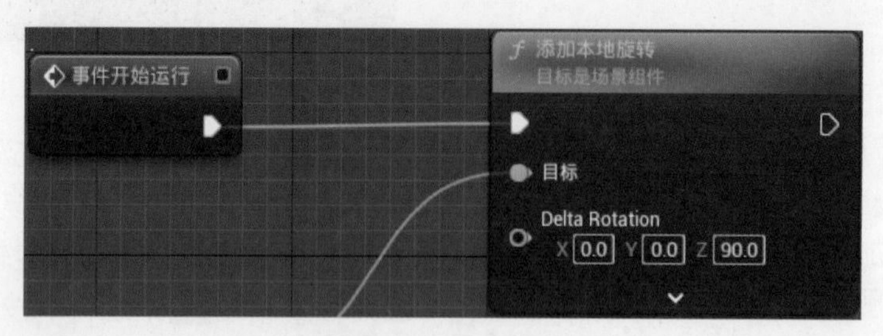

图5-8　功能节点

（4）灰色并带有工具图案的节点是宏，蓝图宏（blueprint macros）或宏（macros）本质上与节点的折叠图相同。它们有一个由隧道节点指定的入口点和出口点。每个隧道都可以有任意数量的执行或数据端，当在其他蓝图和图表中使用时，这些端在宏节点上可见，如图 5-9 所示。

图5-9　蓝图宏

（5）单独的椭圆节点是变量，变量用于保存值或参考世界场景中的对象或 Actor 的属性。这些属性可以由包含它们的蓝图通过内部方式访问，也可以通过外部方式访问，以便设计人员使用放置在关卡中的蓝图实例来修改它们的值，如图 5-10 所示。

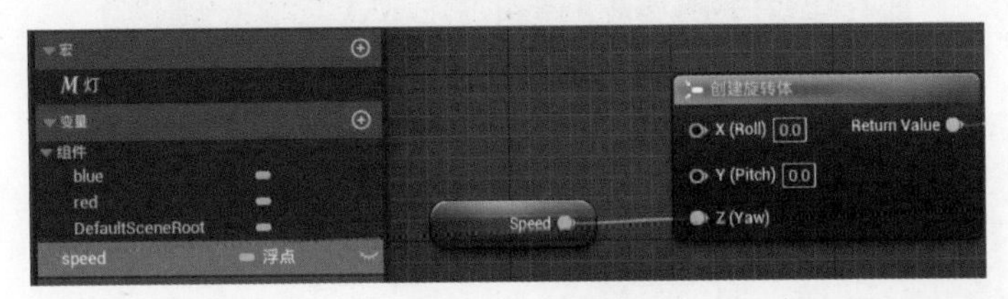

图5-10　变量

4. 创建连接节点

在虚幻引擎中，创建连接节点（或称为链接节点）通常是指在蓝图编辑器中构建逻辑图表的过程。

虚幻引擎创建连接节点的具体步骤如下。

步骤 01　在事件图表视口中创建节点，一种方法是将静态网格体组件拖动到事件图表视口中创建。另一种方法是在事件图表视中，右击空白区域，从弹出的快捷菜单中选择“添加本地旋转”命令，由此新建一个蓝图节点，如图 5-11 所示。

图5-11　创建节点

步骤 02　连接节点的最常用方法为端至端连接。在已有的两个节点之间按住鼠标左键并拖动一个端到另一个兼容的端上。鼠标悬停在一个兼容端上时将出现一个绿色的对钩。

步骤 03　尝试连接两个不兼容的端时，将出现图标提示节点无法连接的原因。端拥有典型的颜色编码，反映出它们接收的连接类型。也存在连接两个不同类型端的情况，此时将创建一个转换节点，如图 5-12 所示。

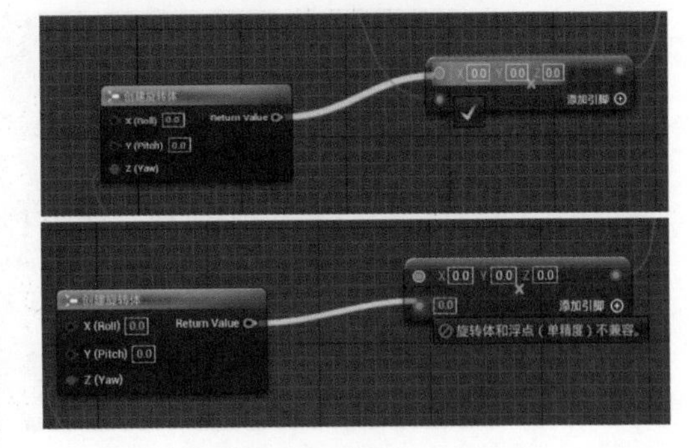

图5-12　连接示意图

步骤 04 将端拖动至图表中的空白处，以便放置新节点。松开鼠标左键后将出现快捷菜单，再进行搜索以添加节点并创建连接。

步骤 05 通过创建所需的连接节点，构成所需编辑的 Actor 蓝图图表。以为 Actor 添加旋转动作为例，设置完成后，单击“编译”和“保存”按钮。在场景界面单击▶（运行）按钮，Actor 即可旋转，如图 5-13 所示。

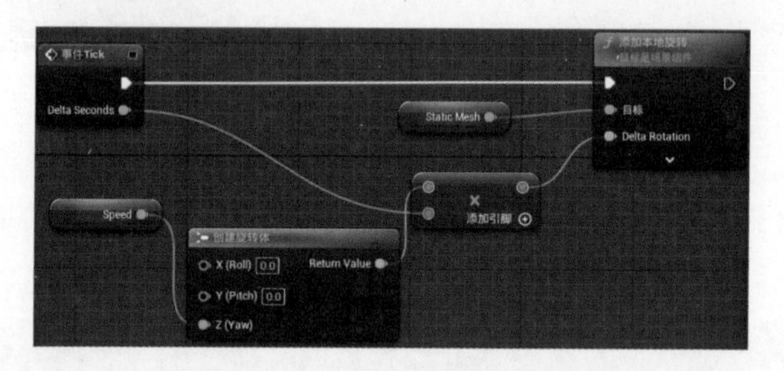

图5-13　蓝图实现旋转工作图

5.1.3 控件触发开门交互

控件触发开门交互.mp4

在 UE5 中，制作一个开门交互动画，需要我们构建门模型，为其注入开关动作，设计触发机制以响应玩家的操作，细致地编程以实现逻辑的流畅性，并且通过不断的测试与调整来确保交互的自然性与响应性。这一过程不仅涉及技术层面的操作，还要求开发者对用户体验有深刻的理解和前瞻性的设想。通过遵循这一系列精心设计的步骤，我们不仅能在 UE5 中构建出虚拟现实或游戏场景中的动态元素，还能让这些场景更加生动，增强用户的沉浸感和参与感。

控件触发开门交互的具体操作步骤如下。

步骤 01 打开 UE5，新建关卡之后，在内容浏览器中新建一个文件夹，命名为 BP。

步骤 02 将需要制作交互动画的门和门框模型加载到场景中，在 BP 文件夹内右击，在弹出的快捷菜单中选择“蓝图类”命令，在弹出的“选取父类”对话框中选择 Actor 选项并命名为“开门交互动画”，如图 5-14 所示。

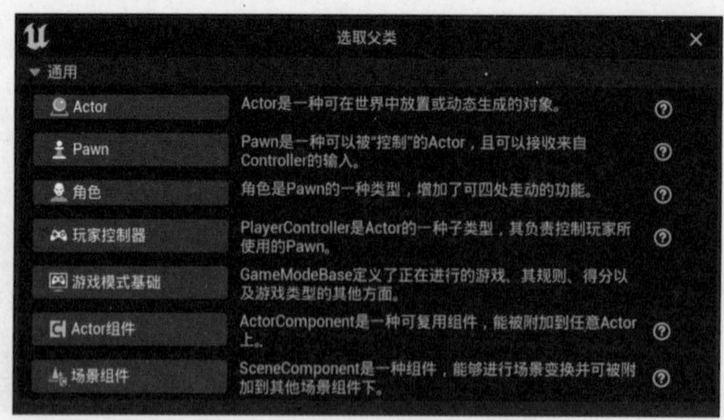

图5-14　新建蓝图类

步骤 03 打开“开门交互动画”蓝图类，将门和门框的模型导入蓝图类。在组件面板单击“添加”按钮，选择“静态网格体组件”命令，添加组件，并分别命名为“门框”和“门”，如图 5-15 所示。

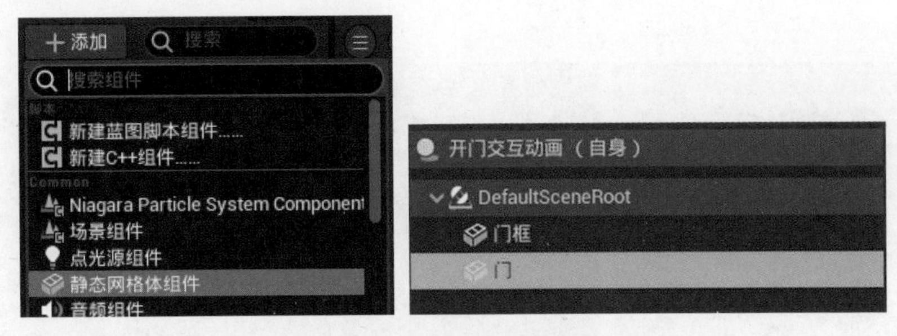

图5-15　添加静态网格体组件

步骤 04 在内容浏览器中将门框的模型选中，再打开右侧细节面板中的“静态网格体”卷展栏，单击“静态网格体”选项中的 （指定）图标，将门框的模型加载到蓝图的场景中。门的模型也用相同的方法加载到蓝图的场景中。如模型位置不准确，则利用旋转、缩放、移动工具调整准确即可，调整完成后单击左上角的“编译”和“保存”按钮。如图 5-16 所示。

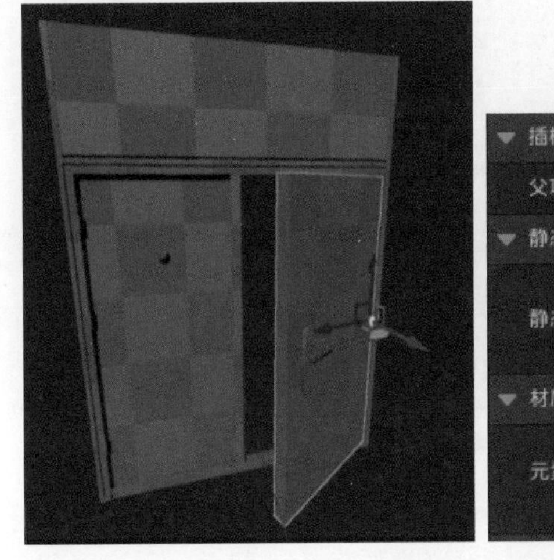

图5-16　加载门框和门模型

步骤 05 在事件图表视口中，右击空白处，弹出快捷菜单，在搜索栏中输入“时间轴”，以此创建一个新的“时间轴”。接着，将其重命名为“开门交互”，以制作门模型旋转动画。

步骤 06 在时间轴上，单击 Update 右侧的三角形执行箭头，然后拖动一条线，会弹出一个对话框。接下来，我们需要创建一个“设置相对旋转”节点，并进行节点连接。设置情况如图 5-17 所示。

步骤 07 打开“开门交互”时间轴节点，单击“轨道”按钮，在弹出的下拉菜单中，选择

“添加浮点型轨道”命令，创建新的轨道，并将其命名为“开门交互动画”。接着，在视图中右击，选择“添加关键帧到 CurveFloat”命令，设置两个关键帧。为新添加的关键帧设置数值，选择第一个关键帧设置为（0，0），选择第二个关键帧设置为（0.1，1），如图 5–18 所示。

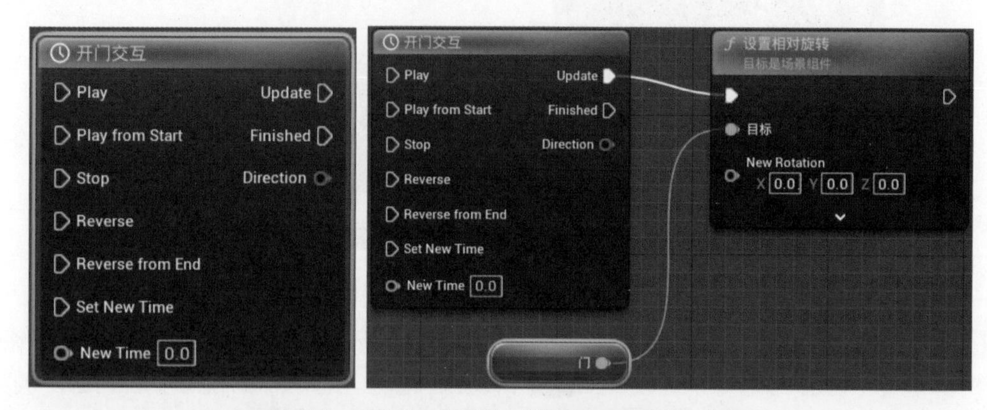

图5-17　创建“时间轴”“设置相对旋转”节点

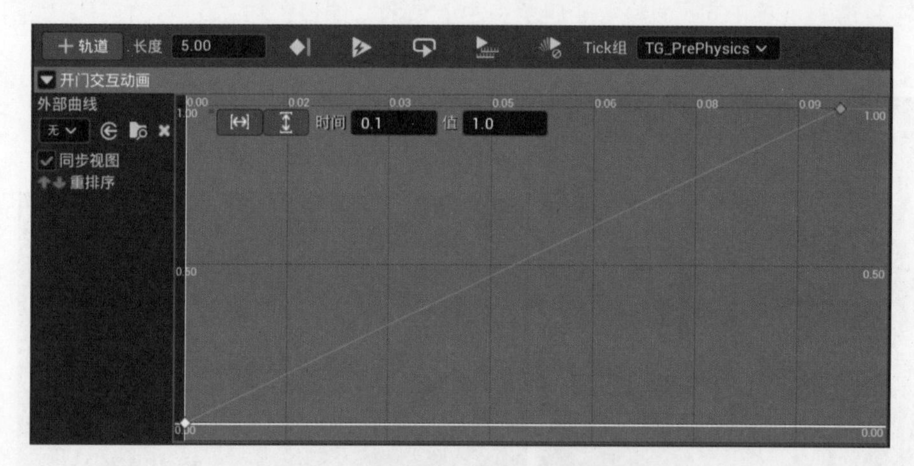

图5-18　添加时间轴关键帧设置关键帧数值

步骤 08　返回到事件图表视口中，单击 New Rotation 左侧的圆形端，然后拖动一条线，会弹出一个对话框。接下来，我们需要创建一个“设置相对旋转”节点，并进行节点连接。新建一个“插值”节点，进行节点连接。将“开门交互动画”节点与“插值”节点的 Alpha 端连接，并将 B 端上的 Z 数值设置为 90，表示开门是门沿着 Z 轴方向旋转 90° 的动画，如图 5–19 所示。

步骤 09　在事件图表视口中新建一个“任意键”节点，从而实现对门开关的控制。在创建完成后，在右侧“输入”卷展栏中将其输入键设定修改为 E。再新建一个 Flip Flop 节点，将其左侧与“任意键 E”节点连接，右侧将 A 端连接到“开门交互”节点的 Play 端，将 B 端连接到 Reverse 端上。如图 5–20 所示。

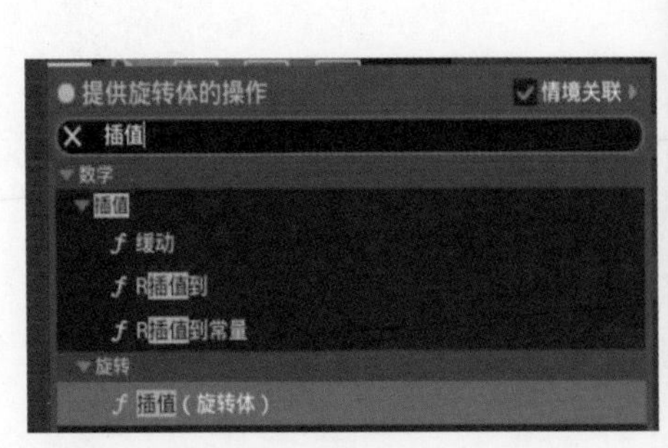

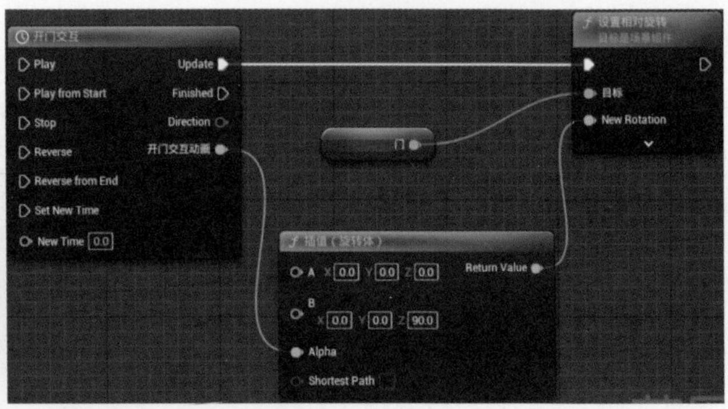

图5-19 新建“插值”节点设置门的旋转

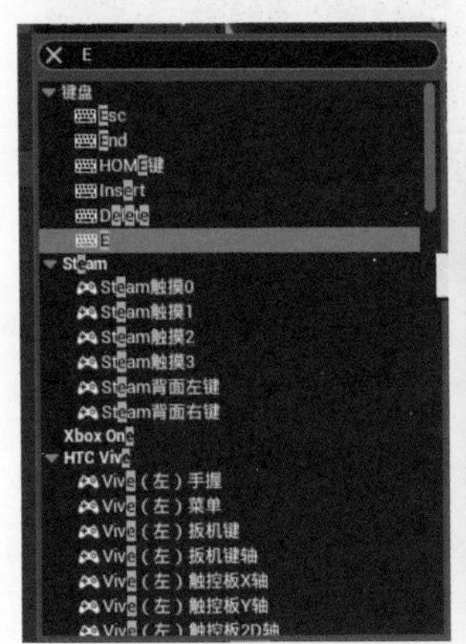

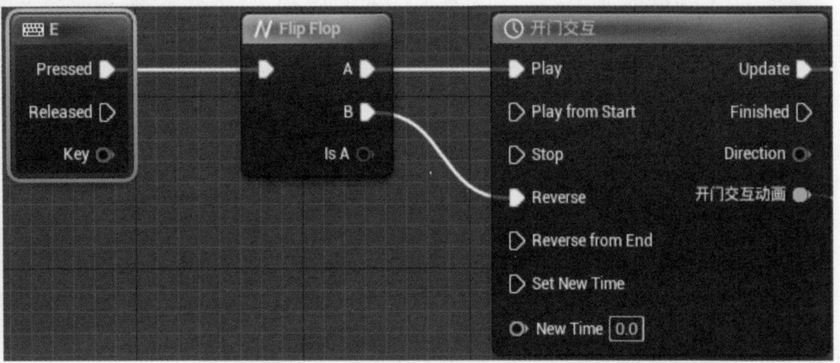

图5-20 新建Flip Flop节点

步骤 10 在蓝图编辑器工具栏中单击“类默认值”按钮，在右侧“输入”卷展栏中将“自动接收输入”修改为“玩家 0”。节点连接完成后，单击工具栏中的▶（运行）按钮运行关卡，在关卡视口中按 E 键即可实现开门动画。如图 5-21 所示。

图5-21 动画交互预览效果

5.1.4 控件触发开关灯交互

控件触发开关灯交互.mp4

在 UE5 中，我们将探索如何制作开灯与关灯的交互动画，深入解析控件触发机制的奥秘，并借助蓝图这一强大工具，打造一场虚拟光影变幻的视觉效果。

开关灯交互的具体制作步骤如下。

步骤 01 打开 UE5，在菜单栏中选择“文件”→“新建关卡”命令（见图 5-22 左图），弹出对话框，选择 Basic 并单击创建，创建一个新的关卡。在内容浏览器中新建一个文件夹，命名为 BP，如图 5-22 右图所示。

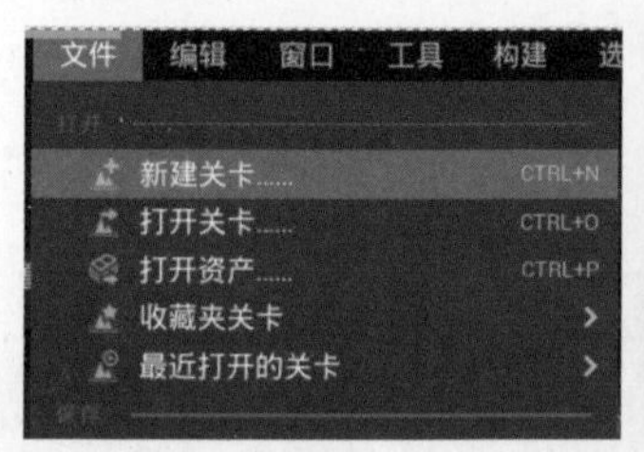

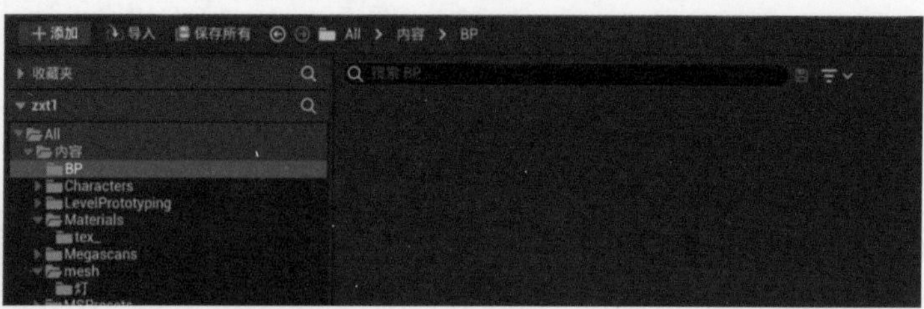

图5-22 新建关卡

步骤 02 在 BP 文件夹空白处右击，在弹出的快捷菜单中选择“蓝图类”命令，在弹出的对话框中选择 Actor 选项，我们就创建了一个蓝图，将其命名为“开灯交互动画”，如图 5-23 所示。

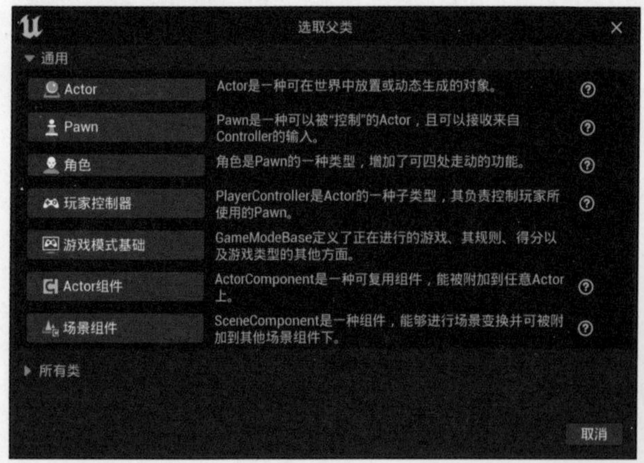

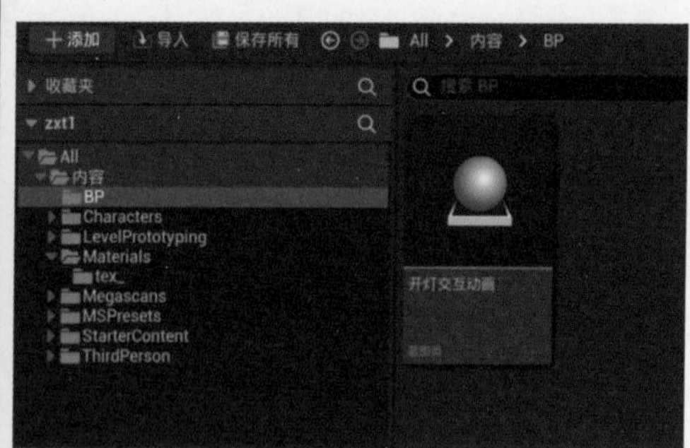

图5-23 新建蓝图类

步骤 03 现在“开灯交互动画”蓝图里面是空的，我们需要把模型添加进来。将已经准备好的模型导入内容浏览器。我们先创建一个文件夹，命名为 mesh。右击 mesh 文件夹，在弹出的快捷菜单中选择“在查找器中显示”命令，将素材“灯”T 模型导入 mesh 文件夹。然后可以在内容浏览器中的 mesh 文件夹下看到灯模型。如图 5-24 所示。

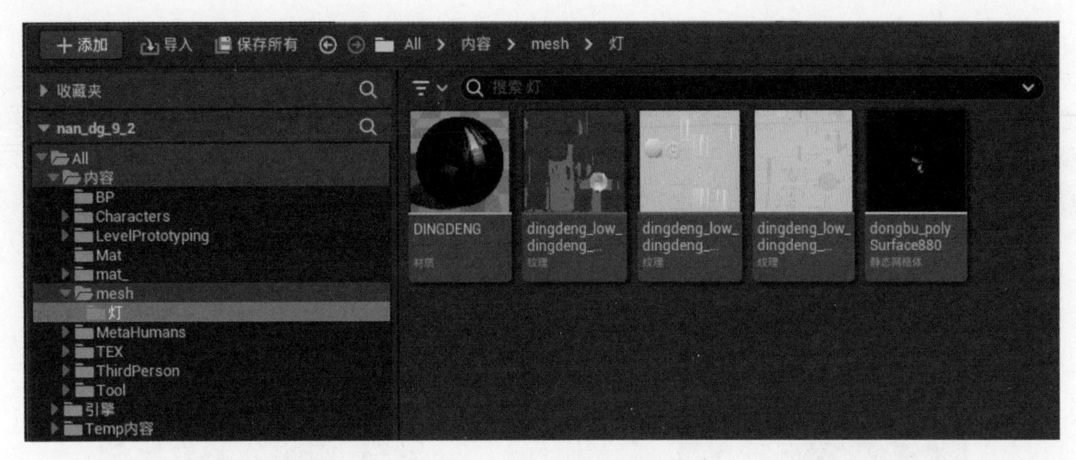

图5-24 导入灯素材模型

步骤 04 在内容浏览器的 BP 文件夹中，双击“开灯交互动画”，打开蓝图编辑器。在组件面板单击“添加”按钮，添加一个静态网格体组件，命名为“灯模型”，如图 5-25 所示。

图5-25 添加静态网格体组件

步骤 05 在内容浏览器中选中“灯模型”，再打开右侧细节面板中的“静态网格体”卷展栏，单击“静态网格体”选项中的图标，将灯模型加载到蓝图的场景中。我们将材质球指定给灯模型，在“变换”卷展栏设置缩放为“4*4*4”，并将灯放置在中间合适的位置，如图 5-26 所示。

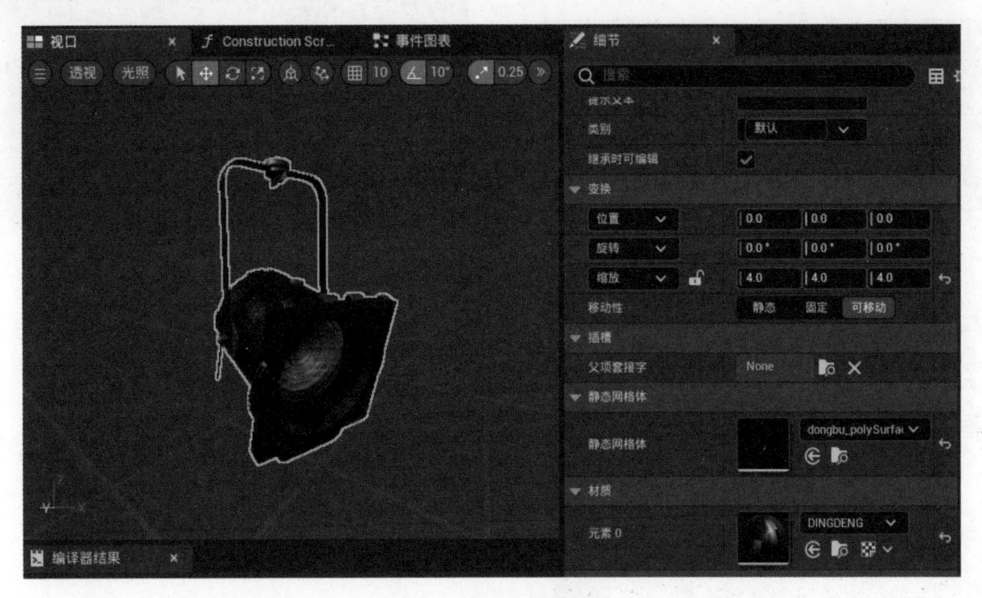

图5-26 指定模型材质

步骤 06 我们需要添加聚光源和点光源。点光源用于照亮灯口（灯模型）的位置；聚光源用于照亮场景地面。首先添加点光源，单击“添加”按钮，在弹出的下拉菜单中选择“点光源组件”命令（见图 5-27），创建一个点光源。

图5-27 创建点光源

步骤 07 将点光源放置在“灯模型”内部，调整到合适的位置。在场景中选择点光源，在“光源”卷展栏中将“强度”设置为 1000，“衰减半径”设置为 150，如图 5-28 所示。

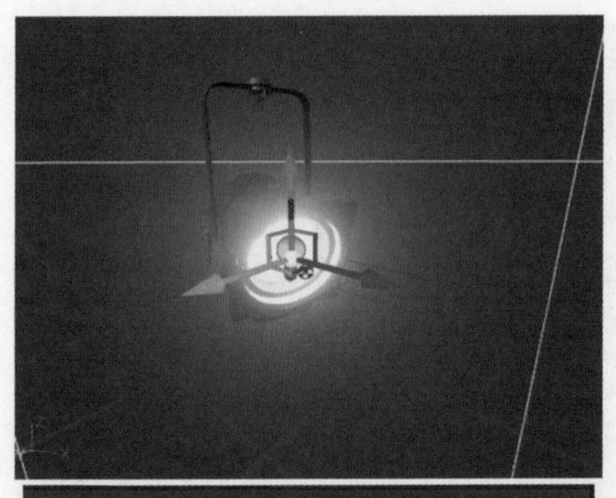

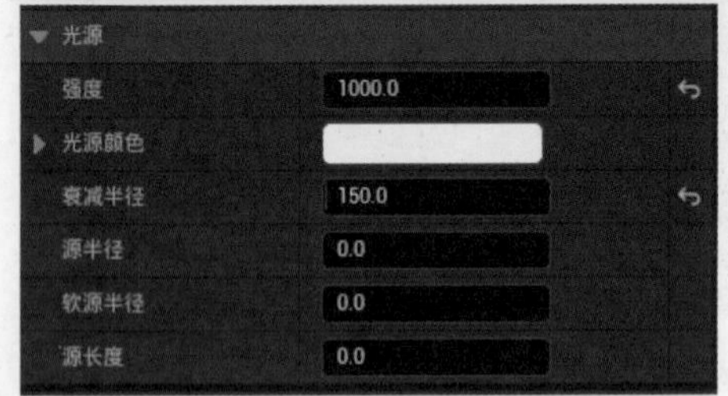

图5-28 调整点光源位置并设置参数

步骤 08 再创建一个聚光源，单击“添加”按钮，在弹出的下拉菜单中选择“聚光源组件”命令（见图 5-29 上图）。添加聚光源组件之后，我们需要调整聚光源的位置，使用旋转工具、移动工具等对聚光源位置进行调整。效果如图 5-29 下图所示。

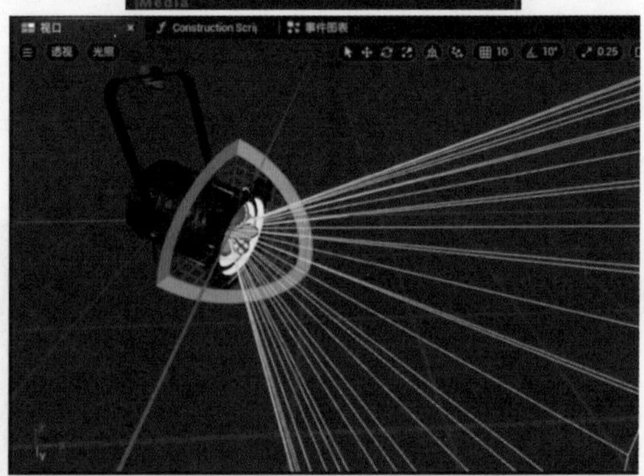

图5-29 添加聚光源组件并调整聚光源位置

步骤 09 将聚光源的强度设置为 100 000，并调节聚光源的长度、锥度等参数。接下来通过蓝图做灯光交互的动画，我们先将前面的制作保存，进入事件图表视口，将蓝图中间的默认事件删除，全部选中然后按 Delete 键删除。设置情况如图 5-30 所示。

步骤 10 我们需要制作控制灯光强度的动画，需要用时间轴来完成。在事件图表视口空白处右击，在弹出的快捷菜单中选择“添加时间轴”命令，并重命名为“开灯交互”。在时间轴上，单击 Update 右侧的三角形执行箭头，然后拖动一条线，会弹出一个对话框。接下来，我们需要创建一个“设置强度”节点，并进行节点连接，如图 5-31 所示。

图5-30　设置灯光强度、删除默认事件节点

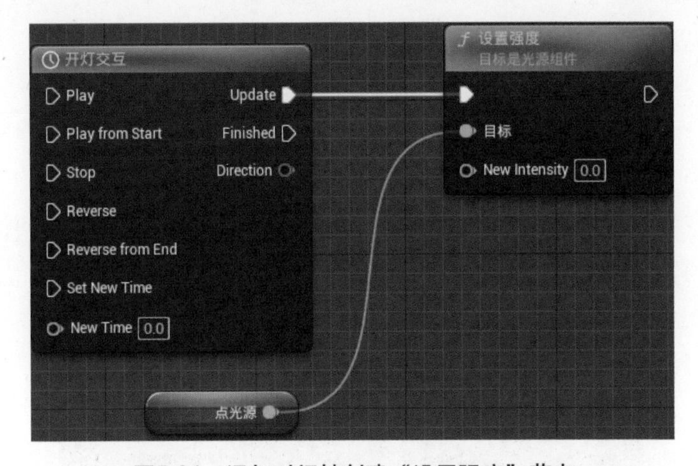

图5-31　添加时间轴创建“设置强度”节点

步骤 11 双击打开“开灯交互”时间轴节点，单击“轨道”按钮，在弹出的下拉菜单中选择“添加浮点型轨道”命令，创建新的轨道，并将其命名为“点光源强度”。接着，在轨道视口右击，在弹出的快捷菜单中选择“添加关键帧到 CurveFloat”命令，添加两个关键帧。选择第一个关键帧设置为（0，10000），选择第二个关键帧设置为（0.01，0），单击 图标按钮可以调整到最佳观看视角。如图 5-32 所示。

步骤 12 再回到事件图表视口，将“开灯交互”时间轴节点的“点光源强度”端连接到“设置强度”节点的 New Intensity 端上。接下来制作聚光源交互节点，将点光源蓝图节点全部选中，按快捷键 Ctrl+C 复制一份，如图 5-33 所示。

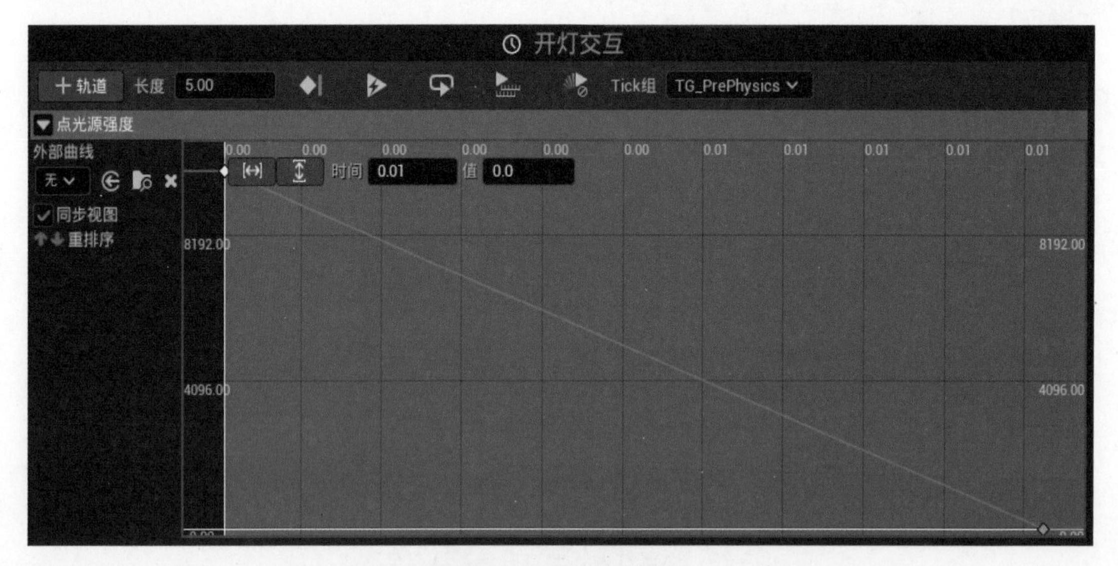

图5-32　设置关键帧数值

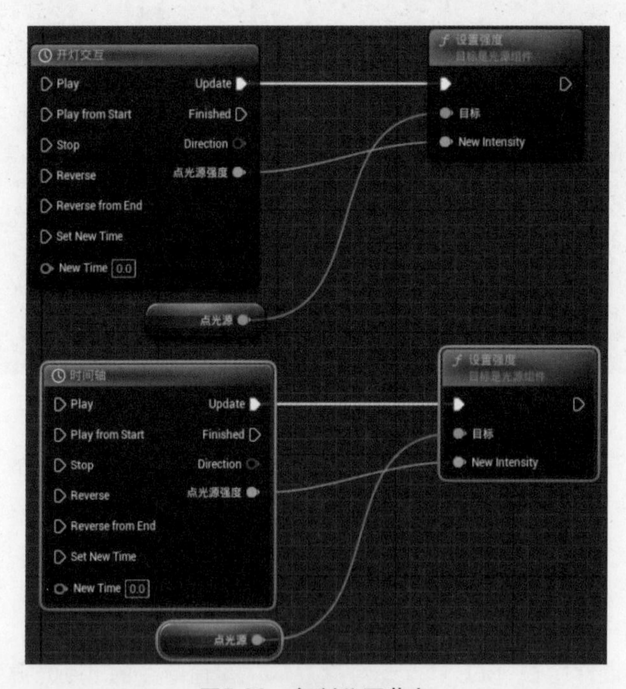

图5-33　复制蓝图节点

步骤 13 把复制的“点光源”节点按 Delete 键删除，然后将“聚光源”拖进事件图表视口来替换“点光源”，再将其连接在“设置强度”的“目标”端上。我们就可以通过一个按键控制两个灯。设置“聚光源”灯光的强度，双击打开“聚光源”节点，将开始时间的强度值改为 100 000。设置如图 5-34 所示。

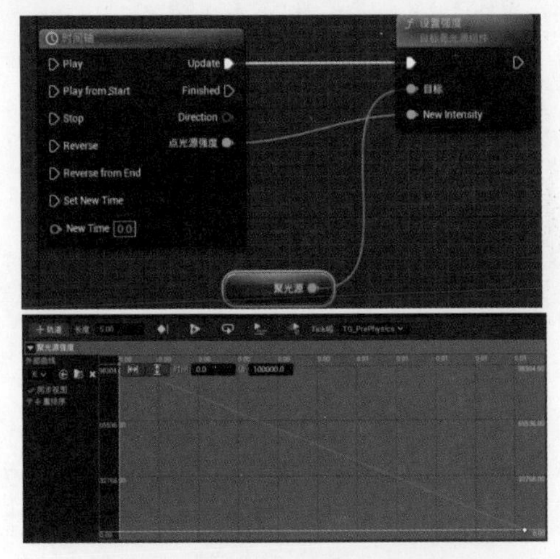

图5-34 设置聚光源节点强度数值

步骤 14 接下来，需要设置一个“任意键”节点来完成对光源的控制。在事件图表视口新建一个“任意键”节点。打开细节面板，在“输入”卷展栏中将其输入键设定修改为 E，便可进行交互操作。设置如图 5-35 所示。

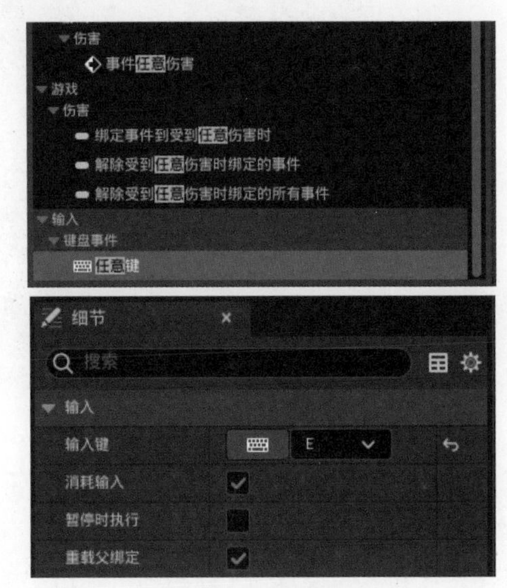

图5-35 添加任意键

步骤 15 再新建一个 Flip Flop 节点，将其左侧与“任意键 E”节点连接，右侧将 A 端连接到“开灯交互”的 Play 端，将 B 端连接到 Reverse 端上，如图 5-36 所示。

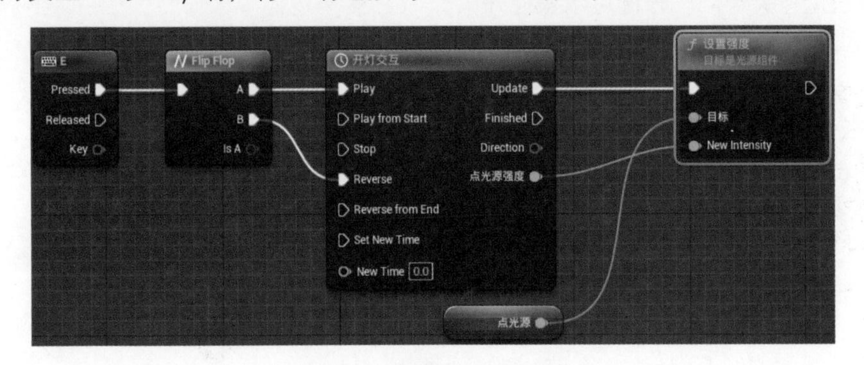

图5-36 新建Flip Flop节点

步骤 16 复制一份相同的 Flip Flop 节点给聚光源，同样将其左侧与“任意 E”节点连接，右侧将 A 端连接到“开灯交互”的 Play 端，将 B 端连接到 Reverse 端上。以上对开关灯蓝图设置完成，现在添加一个注释，将全部内容选中，然后按 C 键，命名为“开灯交互动画”，如图 5-37 所示。

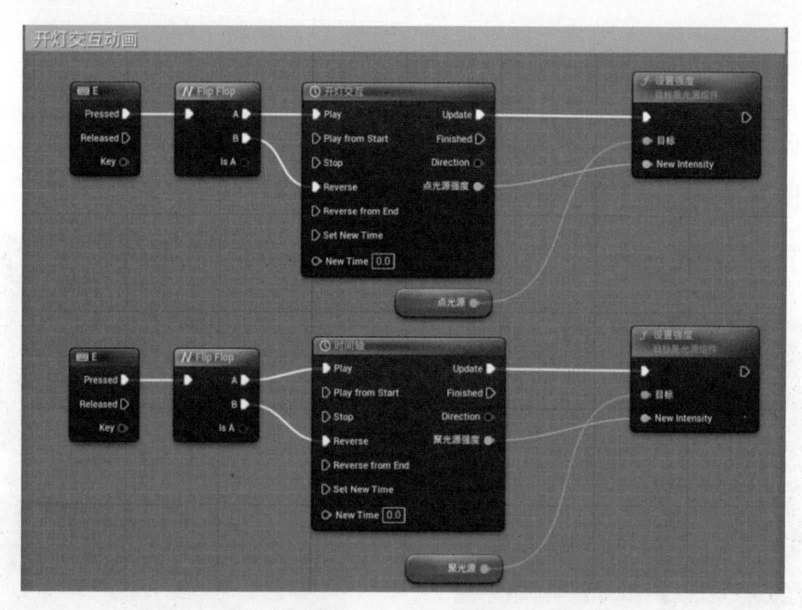

图5-37　添加注释

步骤 17　在蓝图编辑器工具栏中单击“类默认值”按钮，在右侧“输入”卷展栏中将“自动接收输入”设置为“玩家 0”,单击“编译”和“保存”按钮。在内容浏览器中，进入 BP 文件夹，将已经制作好的“开灯交互动画”直接拖入到场景中，在工具栏单击▶（运行）按钮运行关卡，按 E 键可以操控开关灯的动画。设置情况及效果如图 5-38 所示。

图5-38　将“开灯交互动画”加载到场景

步骤 18　在关卡视口中预览效果，如果亮度不够，可以回到蓝图中重新设置灯的强度数值。如果需要两个一样的灯，只需要将已经制作好的“开灯交互动画”复制一份即可，分别设置两个控件，单击▶（运行）按钮即可操控。设置情况及效果如图 5-39 所示。

图5-39　关卡视口中预览效果

5.1.5 控件触发霓虹灯交互

控件触发霓虹灯交互.mp4

在本节中我们将深入探索如何编制霓虹灯的动态交互，阐述构建霓虹灯蓝图的方法，并修改其参数，从而实现霓虹灯旋转效果。

控件触发霓虹灯交互的具体制作步骤如下。

步骤 01 打开 UE5，在菜单栏中选择“文件”→“新建关卡”命令，创建一个新的关卡，在内容浏览器中新建一个文件夹，命名为 BP。在 BP 文件夹空白处右击，在弹出的快捷菜单中选择“蓝图类”命令，在弹出的对话框中选择 Actor 选项，我们就创建了一个蓝图，并重命名为“霓虹灯交互动画”，如图 5-40 所示。

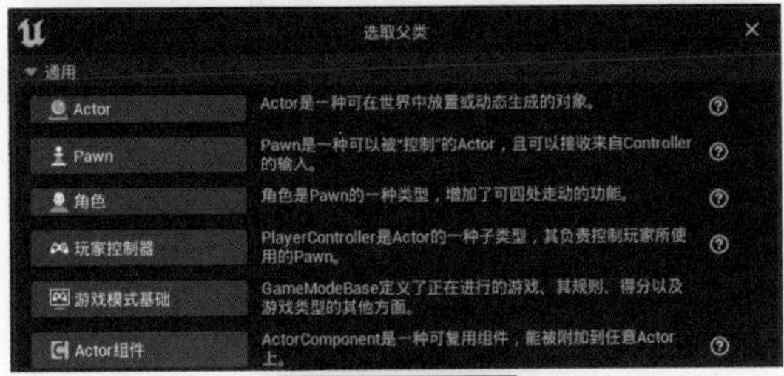

图5-40 创建蓝图类

步骤 02 双击“霓虹灯交互动画”，打开蓝图编辑器。在蓝图编辑器界面中，单击左上角的“添加”按钮，在下拉菜单中选择“聚光源组件”命令（见图 5-41 上图），创建一个聚光源组件。再重复以上步骤，共创建两个聚光源组件，分别命名为“红”和“蓝”，如图 5-41 下图所示。

步骤 03 选择其中一个聚光源组件，用旋转工具将它旋转 180° 。接下来对灯光参数进行设置。先选择“红”组件，在细节面板“光源”卷展栏中将“光源颜色”设置为红色，再设置“强度”为 10 000，“衰减半径”为 2800，“椎体外部角度”为 76。“蓝”组件“光源颜色”设置为蓝色，其余参数同“红”组件。设置情况如图 5-42 所示。

步骤 04 接下来为灯光增加蓝图节点。打开事件图表视口，将“事件开始运行”和“事件 Actor 开始重叠”节点框选，按 Delete 键删除。将“红”“蓝”灯光组件拖动到事件图表视口中。单击“事件 Tick”的执行端并拖动，在弹出的对话框的搜索栏中搜索并选择“添加本地旋转”。随后再将“红”“蓝”节点分别连接到“添加本地旋转”节点的“目标”端，如图 5-43 所示。

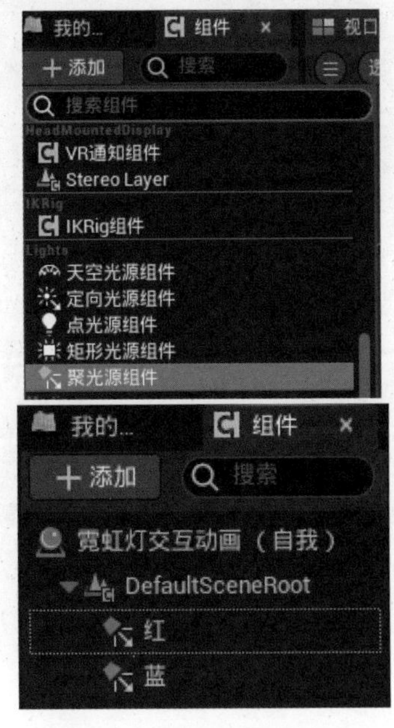

图5-41 创建聚光源组件

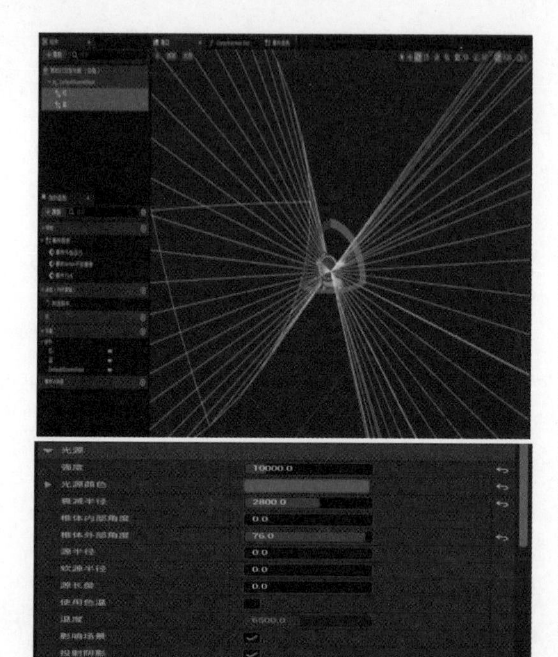

图5-42　设置红蓝灯光参数

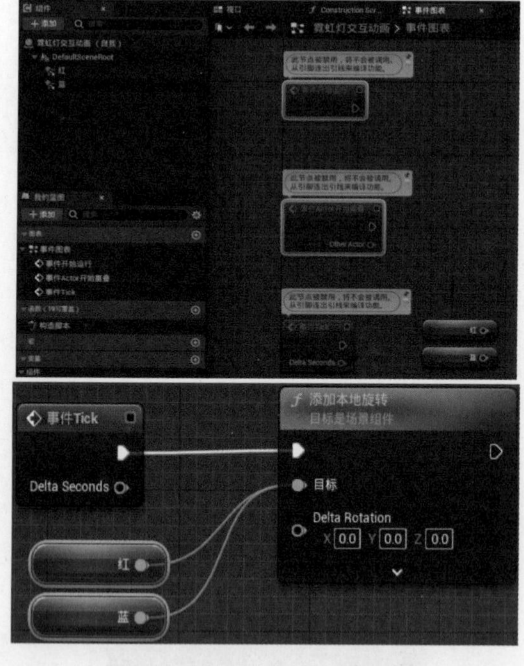

图5-43　连接“红”“蓝”节点

步骤 05 在事件图表视口空白处右击，在弹出的快捷菜单的搜索栏中搜索 *(乘法)，添加乘法节点，并将其与 Delta Rotation 连接。再单击乘法节点左侧紫色端，拖动添加“创建旋转体”节点，以控制旋转频率和角度。再将“事件 Tick”的绿色端与乘法节点的绿色端相连，如图 5-44 所示。

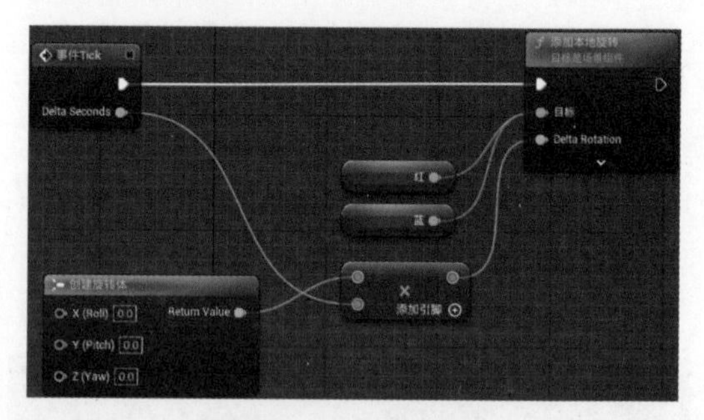

图5-44　添加乘法节点

步骤 06 在左侧我的蓝图面板“变量”卷展栏中，添加一个变量，命名为 speed，单击“布尔”按钮，将其类型修改为“浮点”，然后将变量拖动到事件图表中，放置时选择“获取 Speed”。将 Speed 节点连接到“创建旋转体”节点的 Z (Yaw) 端，单击“编译”和“保存”按钮，如图 5-45 所示。

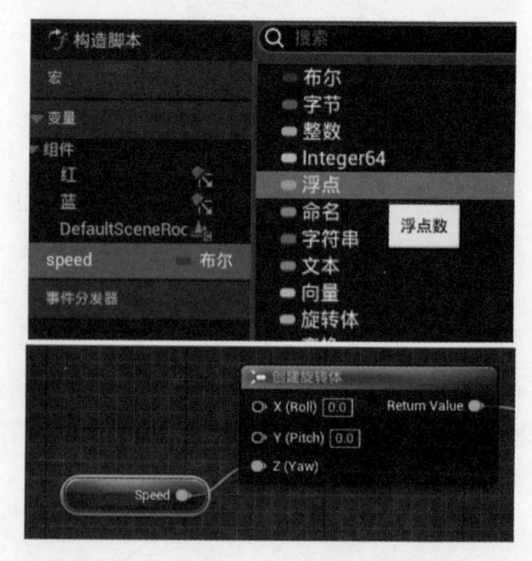

图5-45　新建Speed变量并连接节点

步骤 07 单击 Speed 节点，在右侧细节面板“默认值”卷展栏中，将 Speed 数值设置为 300，设置其旋转速率。再在工具栏中，单击“类默认值”按钮，在右侧“输入”卷展栏中将“自动接收输入”设置为“玩家0”，此时蓝图创建完成。框选所有节点，按 C 键为蓝图设置注释，命名为“霓虹灯动画交互效果”，再单击“编译”和“保存”按钮。设置情况如图 5-46 所示。

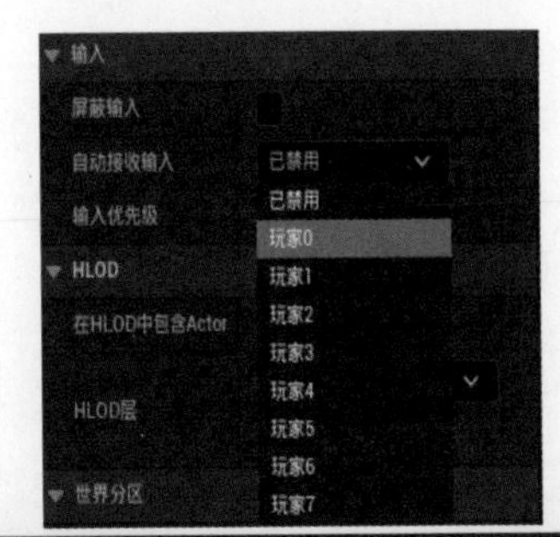

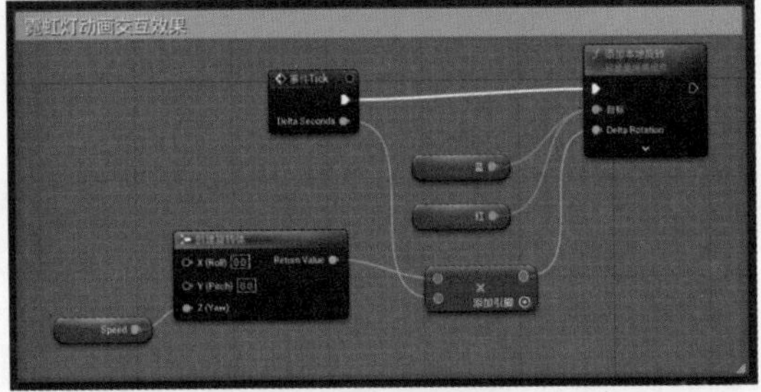

图5-46 更改“自动接收输入”项目并添加注释

步骤 08 编译完成后，回到场景关卡视口，将“霓虹灯动画交互效果”蓝图拖动到场景中，移动到合适的位置，单击视口关卡的▶（运行）按钮，灯光开始旋转，如图 5-47 所示。

图5-47 运行后预览效果

5.2 虚幻引擎材质与模型更换交互

在虚幻引擎中，材质与模型更换交互的实现涉及多个技术层面。首先，我们需要了解的是，虚幻引擎中的材质和模型是如何定义的。材质定义了物体的表面属性，如颜色、光泽度、粗糙度等，而模型则是物体的几何形状。在游戏开发中，通过更换不同的材质和模型，可以实现不同的视觉效果和动态变化。

虚幻引擎材质与模型更换交互的实现，主要依赖于虚幻引擎提供的蓝图系统。蓝图系统是一种可视化的编程系统，通过拖拽节点的方式，可以实现复杂的逻辑功能。在材质与模型更换交互的实现中，我们可以使用蓝图系统来创建一个材质和模型的更换逻辑，当玩家触发某个事件时，比如击败一个敌人或者完成一个任务，系统可以根据玩家的操作或者游戏逻辑，动态更换角色或者场景的材质和模型。

除了蓝图系统，虚幻引擎还提供了一些其他的技术手段来实现材质与模型的更换。比如，可以通过使用动画系统来实现模型的动态变化，通过使用粒子系统来实现材质的动态效果。此外，虚幻引擎还提供了一些高级的特性，如烘焙光照、环境遮蔽等，可以进一步提升材质和模型的真实感。

总的来说，虚幻引擎材质与模型更换交互的实现，需要结合虚幻引擎的各种技术和功能，来实现复杂的逻辑和视觉效果。在实际的游戏开发过程中，开发者需要根据自己的需求和虚幻引擎的功能，选择合适的技术手段来实现材质与模型的更换交互。通过虚幻引擎材质与模型更换交互，可以大大提升游戏的互动性和真实感，为玩家带来更好的游戏体验。

5.2.1 控件触发更换材质交互

控件触发更换材质交互.mp4

在本节中，我们将以控件触发更换材质交互制作为例，详细阐述如何对现有的书本模型封面进行交互式更换。

控件触发更换材质交互的具体制作步骤如下。

步骤 01 打开 UE5，在菜单栏中选择“文件”→“新建关卡”命令，创建一个新的关卡，在内容浏览器中新建一个文件夹，命名为 BP（见图 5-48 左图）。单击内容浏览器，在“内容”目录下的 mesh 文件夹上右击，在弹出的快捷菜单中选择“在浏览器中显示”命令，如图 5-48 右图所示。

图5-48 从浏览器中显示文件夹

步骤 02 在本地模型素材文件夹中，选取“咖啡厅吧台”素材包，并将其复制到 mesh 文件夹中。在内容浏览器中里，单击“咖啡厅吧台”模型材质球，将纹理贴图指定至材质球，然后单击“保存”按钮，设置情况如图 5-49 所示。

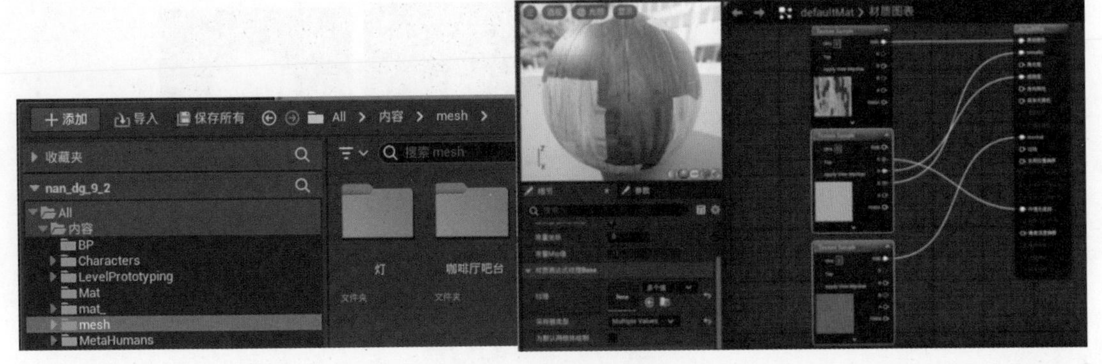

图5-49　导入素材贴图

步骤 03 返回内容浏览器中，双击打开“书架”模型。在弹出的窗口中找到细节面板，拖动上述的材质球到“材质插槽”选项即可指定材质。

步骤 04 在内容浏览器中将“书架”模型拖动至关卡视口，在细节面板中将“缩放”值设置为 0.08。然后，选择“移动”和“旋转”工具，并拖动书架模型，使其平稳地放置在地面上。设置效果如图 5-50 所示。

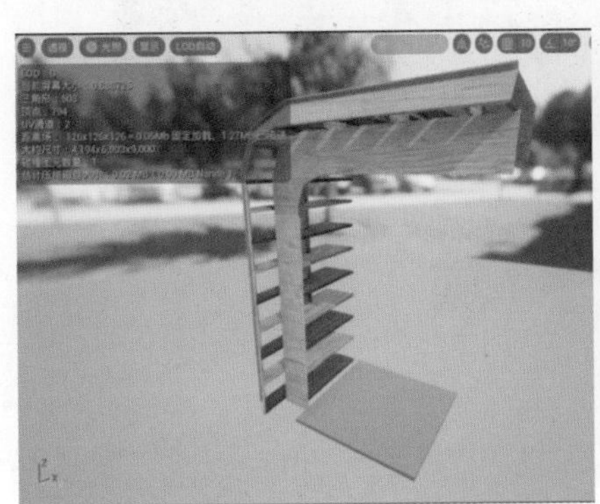

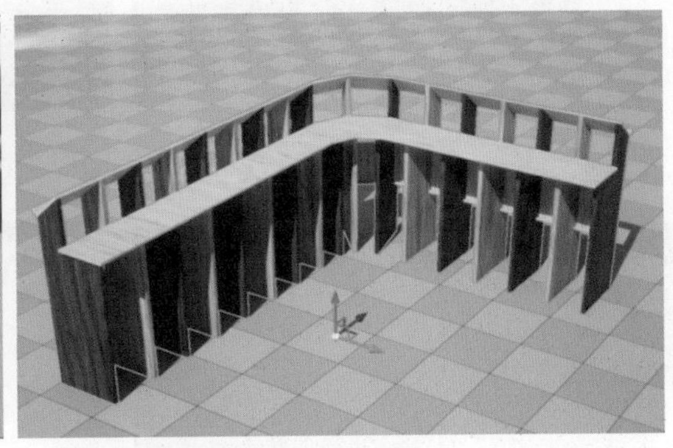

图5-50　书架模型加载到场景

步骤 05 右击 BP 文件夹的空白处，在弹出的快捷菜单中选择“蓝图类”命令，在弹出的对话框中选择 Actor 选项，我们就创建了一个蓝图，并重命名为“更换封面”，单击“保存”按钮，如图 5-51 所示。

步骤 06 打开内容浏览器中的 mesh 文件夹，将贴图模型导入引擎，材质指定给模型，操作与书架同理。

步骤 07 双击 BP 文件夹中的“更换封面”蓝图，打开蓝图编辑器，在蓝图编辑器界面面中，单击组件面板左上角的“添加”按钮，在下拉菜单中选择“静态网格体组件”命令，重命名为“书”，如图 5-52 所示。

步骤 08 在内容浏览器中打开“书”文件夹中的模型，将模型拖动至静态网格体中。将 BP 文件夹中“更换封面”蓝图拖动至场景中桌面上，在细节面板中调整书的大小（操作与调整书架同理），如图 5–53 所示。

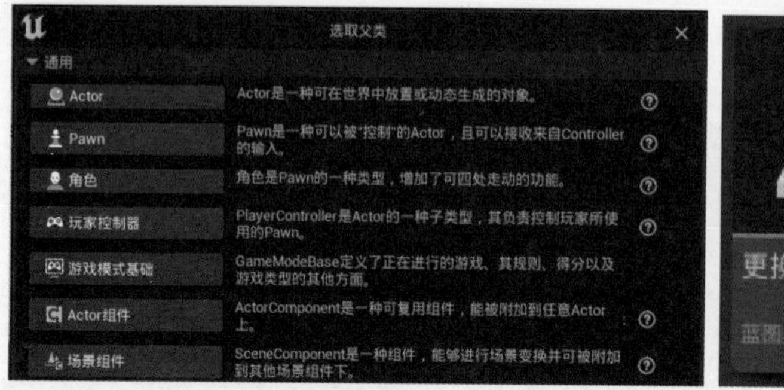

图5-51　新建蓝图

图5-52　添加静态网格体组件

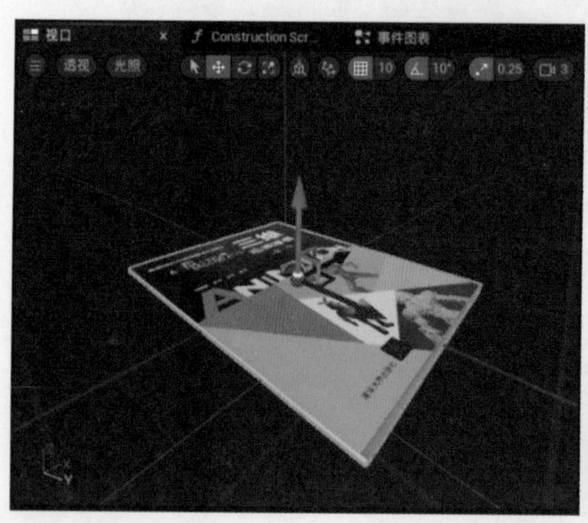

图5-53　蓝图添加至桌面

步骤 09 单击蓝图编辑器事件图表视口，框选其中所有默认事件节点进行删除。将“书”模型从组件中拖动至事件图表视口，单击并拖动，从“书”节点处延伸出一条线，弹出搜索对话框。在弹出的对话框中，搜索并选择“设置材质”命令，从而构建一个蓝图节点。接着，利用 Ctrl+C 和 Ctrl+V 组合键，复制出一个“设置材质”蓝图节点。然后，从“书”节点处再拉出一条线，将其连接至复制的“设置材质”节点的“目标”端。如图 5–54 所示。

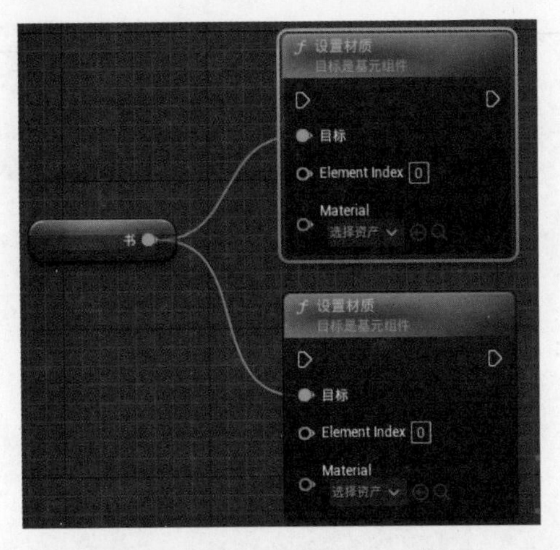

图5-54 添加“设置材质”节点

步骤 10 在内容浏览器中打开“书”文件夹，将材质球“封面 A”与“设置材质”（上）的材质接口引用对象进行关联，同时将材质球“封面 B”与“设置材质”（下）的材质接口引用对象进行关联。

步骤 11 在内容浏览器中打开“书”模型，确保选定封面所使用的材质通道为 2。接着，在事件图表视口中，将 Element Index 材质通道也设置为 2。如图 5–55 所示。

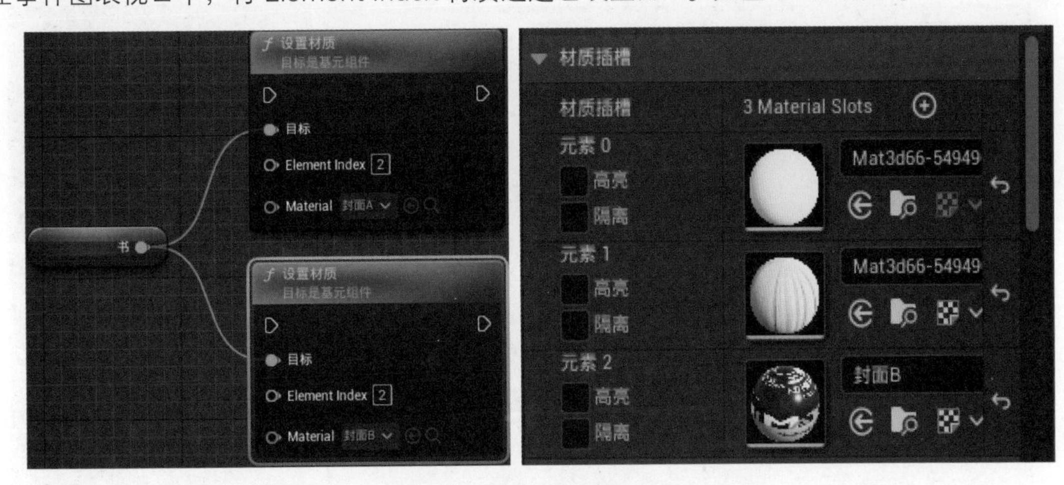

图5-55 设置改材质通道

步骤 12 在事件图表视口中，右击空白区域，打开快捷菜单后搜索并选择 Flip Flop 以创建一个蓝图开关节点。接着，将 Flip Flop 的 A 端连接到“设置材质”（上），将 Flip Flop 的 B 端连接到“设置材质”（下）。

步骤 13 在事件图表视口中，新建一个“任意键”节点。接下来，将“任意键”的

Pressed 连接到 Flip Flop。在细节面板中，找到“输入”卷展栏，将任意键设定为 E 键。如图 5-56 所示。

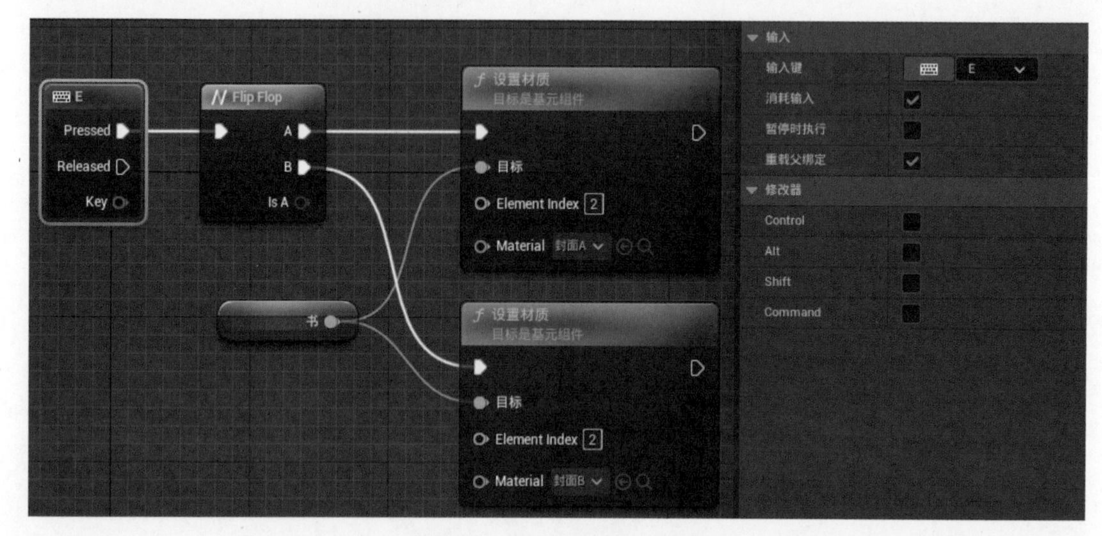

图5-56　新建“任意键”节点

步骤 14　在事件图表视口中，框选所有蓝图节点按 C 键添加注释，命名为“更换封面”。在蓝图编辑器工具栏中单击“类默认值”按钮,在右侧“输入”卷展栏中将“自动接收输入”修改为“玩家 0”，并单击“编译”和“保存”按钮。如图 5-57 所示。

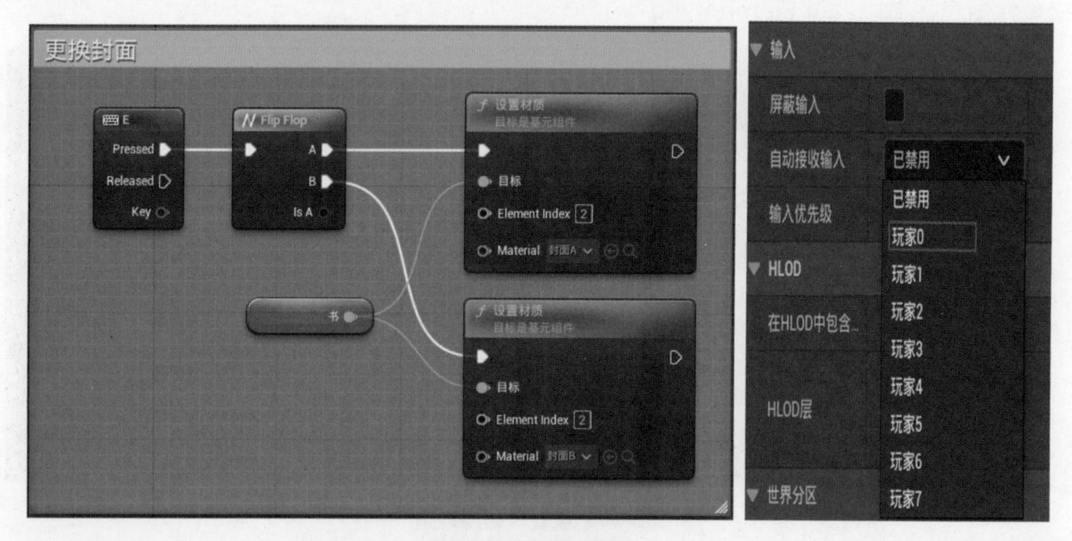

图5-57　添加注释后

步骤 15　返回关卡视口中，在工具栏中单击▶（运行）按钮运行关卡，按 E 键可以操控封面材质更换的交互动画，如图 5-58 所示。

图5-58 最终预览效果

5.2.2 控件触发更换模型交互

控件触发更换模型交互.mp4

本节将以控件触发更换模型交互制作为例，详细介绍如何使用蓝图设置静态网格体，实现更换模型的交互动画。

控件触发更换模型交互的具体制作步骤如下。

步骤 01 打开 UE5，单击“内容侧滑菜单”按钮，在内容浏览器中的 mesh 文件夹上右击，在弹出的快捷菜单中选择“在浏览器中显示”命令。

步骤 02 选择“在浏览器中显示”命令后，将会打开 mesh 素材文件夹。接着，将素材包文件夹中的“摩托车”和“跑车”模型复制到 mesh 文件夹中。

步骤 03 在内容浏览器中，我们首先打开 mesh 素材文件夹。接着，双击“摩托车”材质球，打开材质编辑器。在此界面中，我们选择纹理贴图节点，并在左下侧的细节面板中找到“纹理”卷展栏。接下来，我们将金属度、粗糙度以及法线纹理贴图指定至材质球，如图 5-59 所示。

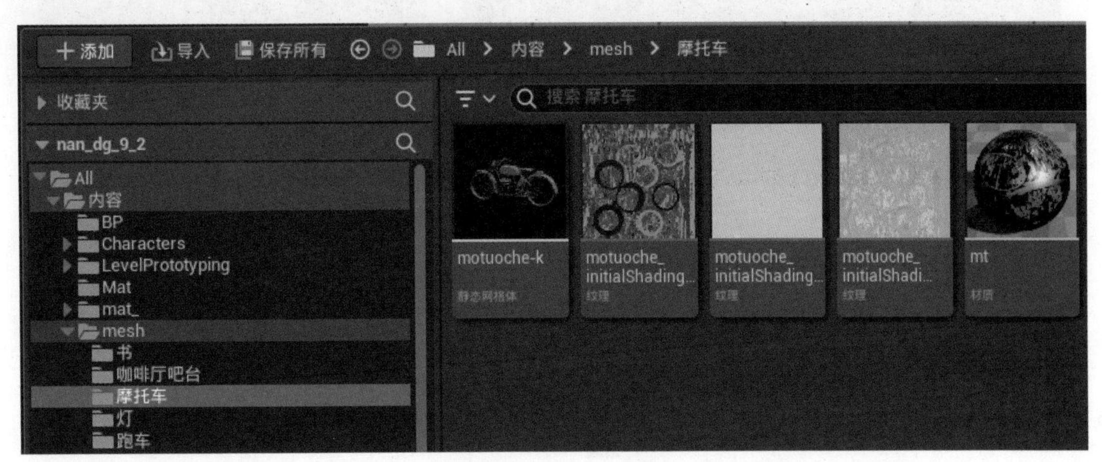

图5-59 添加素材模型

步骤 04 对于“跑车”模型，我们同样采用上述方法，双击打开材质编辑器，并选择相应的纹理贴图。

步骤 05 返回内容浏览器中，双击打开“摩托车”模型。在弹出的窗口中找到细节面板，将上述的材质球拖动到“材质插槽”选项，如图 5-60 所示。

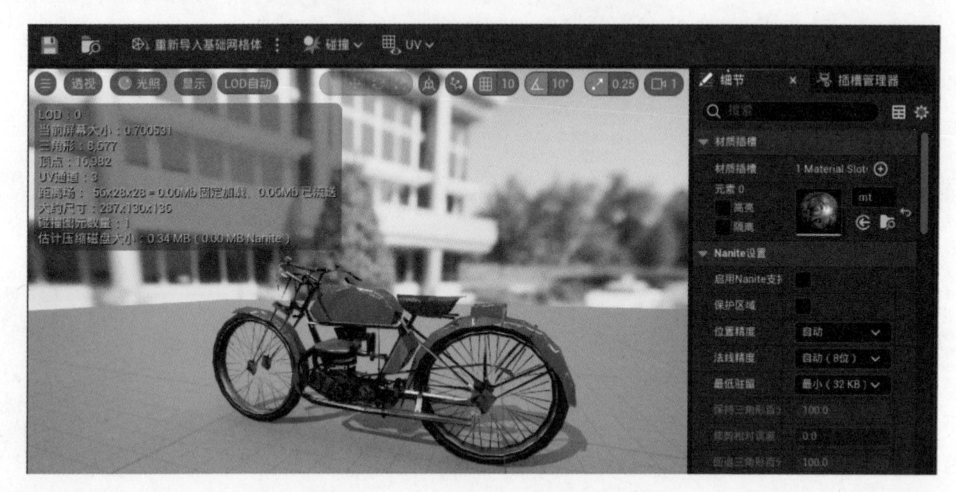

图5-60　为“摩托车”模型添加材质

步骤 06 将“跑车”模型的贴图和材质球进行指定，具体操作同上。

步骤 07 在 BP 文件夹空白处右击，在弹出的快捷菜单中选择“蓝图类”命令，在弹出的对话框中选择 Actor 选项，我们就创建了一个蓝图，并重命名为“更换模型”，单击“保存”按钮。如图 5-61 所示。

图5-61　新建蓝图重命名“更换模型”

步骤 08 双击 BP 文件夹中的“更换模型”，打开蓝图编辑器，在蓝图编辑器界面中，单击组件面板左上角的“添加”按钮，在弹出的下拉菜单中选择“静态网格体组件”命令，添加组件并重命名为“跑车”。

步骤 09 在内容浏览器中将“跑车”模型选中，再打开右侧细节面板的“静态网格体”卷展栏，单击“静态网格体”选项中的 (指定) 按钮，将“跑车”模型加载到蓝图中，如图 5-62 所示。

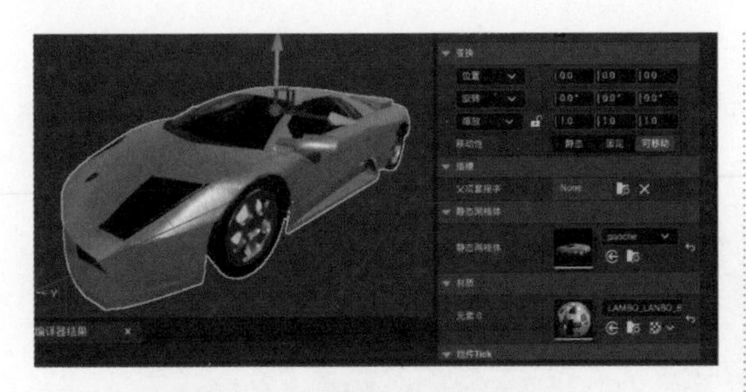

图5-62 模型导入静态网格体

步骤 10 打开蓝图编辑器界面后，首先单击界面上方的事件图表视口。接着，框选并删除视口内的事件节点。

步骤 11 在组件面板中，将跑车模型拖动至事件图表视口。接着，从“跑车”节点处拉出连线，然后在搜索菜单中选择“设置静态网格体”命令。接下来，我们在内容浏览器中选取“跑车”模型，最后单击“设置静态网格体”蓝图节点中的“选择资产”按钮，在下拉菜单中选择 paoche 模型导入。设置情况如图 5–63 所示。

图5-63 导入“跑车”模型

步骤 12 在“设置静态网格体”节点上单击，接着使用快捷键 Ctrl+C 和 Ctrl+V 复制出一个新的“设置静态网格体”节点。接下来，将这个新节点与“跑车”节点进行连接。

步骤 13 在内容浏览器中选择“摩托车”模型，接着单击新复制的“设置静态网格体”蓝图节点中的“导入模型”按钮，如图 5–64 所示。

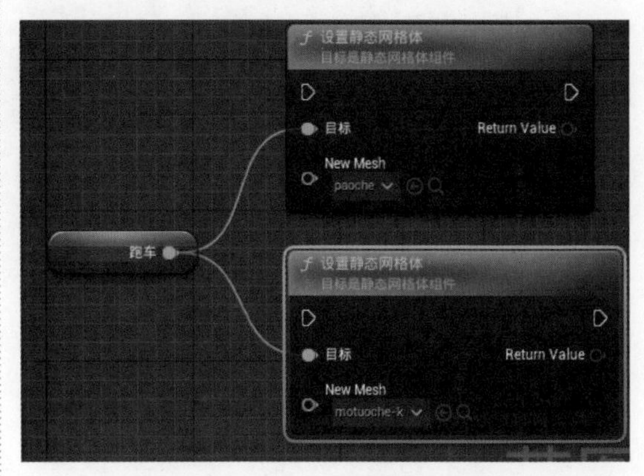

图5-64 导入“摩托车”模型

步骤 14 接下来，需要设置一个“任意键”控件来完成对模型更换交互的控制。在事件图表视口中添加一个“任意键”，并将任意键设定为 E 键。

步骤 15 在事件图表视口中，右击空白区域，在弹出的快捷菜单中选择 Flip Flop，创建一个蓝图开关节点。接着，将 Flip Flop 的 A 端连接到“设置静态网格体”(上)，将 Flip Flop 的 B 端连接到“设置静态网格体”(下)，如图 5–65 所示。

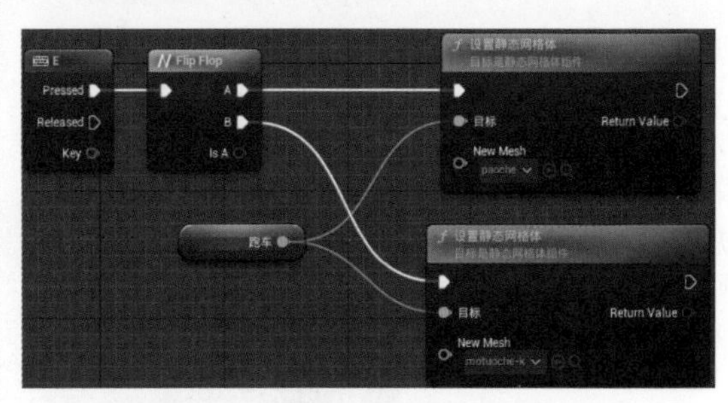

图5-65 添加Flip Flop开关节点

步骤 16 在蓝图编辑器工具栏中单击“类默认值”按钮，在右侧“输入”卷展栏中将“自动接收输入”修改为“玩家 0”。

步骤 17 在事件图表视口中，框选所有蓝图节点，按 C 键添加注释，命名为“更换封面”，单击左上方的“编译”和“保存”按钮。设置情况如图 5-66 所示。

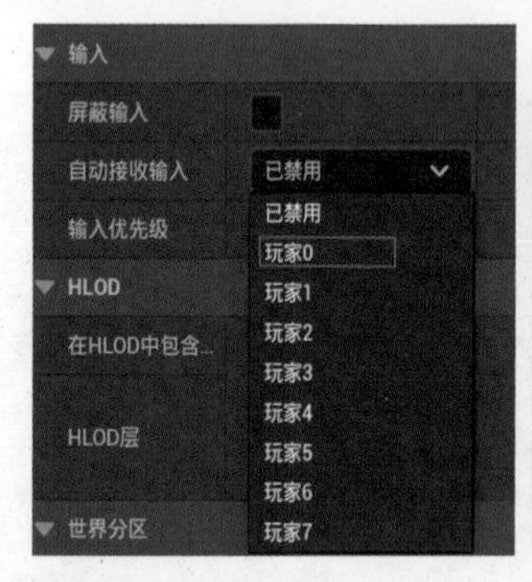

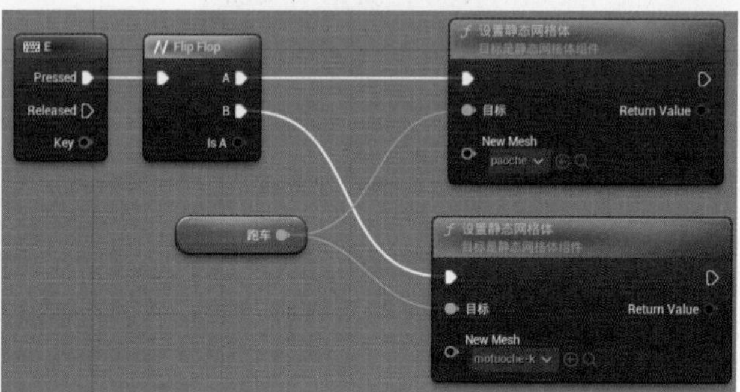

图5-66 添加注释

步骤 18 在内容浏览器中将“更换模型”蓝图拖入关卡视口，在工具栏中单击▶（运行）按钮运行关卡，按 E 键可以操控更换模型的交互动画，如图 5-67 所示。

图5-67 最终效果

5.3 习 题

1. 在 UE5 中创建一个新的项目，导入资产，使用蓝图和节点系统创建开灯、开门、视频播放交互动画效果，如图 5-68 所示。

图5-68 创建开灯、开门、视频播放交互动画

第6章

动画角色系统与蒙太奇

虚幻引擎动画角色系统与动画蒙太奇在游戏和影视领域中都有着广泛的应用。作为一款强大的游戏引擎，虚幻引擎能够为游戏开发者提供各种工具和功能，以实现高质量的游戏开发。其中，动画角色系统是虚幻引擎中非常重要的一个组成部分，能够帮助游戏开发者轻松地创建出各种逼真的动画效果，从而提高游戏的沉浸感和真实感。

虚幻引擎中的动画角色系统和动画蒙太奇有着密切的关系。通过使用动画角色系统，游戏开发者可以创建出各种逼真的角色动画，并且可以将这些动画效果与动画蒙太奇技术结合起来，从而实现更加震撼和真实的游戏场景。比如，在一场枪战中，游戏开发者可以使用动画角色系统来创建出各种逼真的角色动作，如躲避、射击、换弹等，并且通过蒙太奇技术将这些动作巧妙地组合在一起，从而营造出一种紧张刺激的枪战场面。

虚幻引擎动画角色系统与动画蒙太奇的结合，为游戏和影视领域带来了更加丰富和逼真的表现形式。游戏开发者可以利用动画角色系统和动画蒙太奇技术，创造出各种令人惊叹的游戏场景，给玩家带来更加真实的游戏体验。同时，动画蒙太奇技术的应用也可以让游戏开发者更加灵活地表达游戏中的情感和故事，从而提高游戏的内涵和可玩性。

6.1 虚幻引擎动画角色系统

虚幻引擎动画角色系统是一种基于游戏引擎的技术系统，它可以帮助游戏开发者轻松地创建流畅、逼真的动画角色。在虚幻引擎中，动画角色系统被广泛应用于游戏中的 NPC（非玩家角色）、怪物和玩家角色的制作。该系统具有许多强大的功能，可以帮助开发者实现各种动画效果，包括角色移动、跳跃、攻击、防御等动作。

虚幻引擎动画角色系统的主要特点之一是它的实时性。与其他游戏引擎中的动画系统不同，虚幻引擎的动画角色系统可以实时地播放动画，而不需要预先渲染。这使得游戏开发者可以更快地迭代和测试动画效果，从而提高开发效率。

虚幻引擎动画角色系统的另一个特点是物理仿真能力。该系统可以模拟真实的物理效果，包括碰撞、重力和惯性。这使得动画角色在游戏中的行为更加逼真，玩家可以更好地沉浸在游戏世界中。

虚幻引擎动画角色系统还提供了许多高级功能，例如面部动画、语音识别和手势识别等。这些功能可以帮助开发者更好地模拟人类角色的情感和行为，从而提高游戏的真实感和交互性。

虚幻引擎动画角色系统是一种非常强大的工具，可以帮助游戏开发者创建出流畅、逼真的动画角色。它的实时性、物理仿真能力和高级功能使得开发者可以更好地模拟人类角色的行为和情感，从而提高游戏的真实感和交互性。

在使用虚幻引擎动画角色系统进行游戏开发时，有以下一些技巧可以帮助开发者实现更好的效果。

1. 角色动作设计

游戏角色的动作设计是动画效果的关键。开发者需要关注角色动作的自然流畅性、节奏感和力量感。此外，合理地运用动作捕捉技术可以提高角色动作的真实性，从而提高游戏体验。

2. 镜头动画

游戏中的镜头动画对于营造氛围和展示场景至关重要。开发者可以利用虚幻引擎的摄像机系统，结合各种动画效果（例如缩放、平移、旋转等），来实现丰富的镜头动画。

3. 界面动画

游戏界面动画可以提升游戏的视觉体验。开发者可以使用虚幻引擎的 UI 系统，结合各种动画效果（例如滑动、弹出、缩放等），来实现丰富的界面动画。

4. 粒子特效

粒子特效可以增强游戏的视觉冲击力。虚幻引擎提供了丰富的粒子系统，开发者可以根据需要创建各种特效，例如火焰、烟雾、雨雪等。

5. 声音设计

声音是游戏体验的重要组成部分。开发者需要关注声音与动画的同步，以及声音效果的质量和层次感。合理地运用声音可以提高游戏的沉浸感。

6. 光照和阴影

光照和阴影对于游戏场景的视觉效果至关重要。开发者需要关注光源的设置、阴影的质量和光照效果的自然性。合理地运用光照和阴影可以增强游戏场景的真实感和氛围。

总之，游戏动画效果的提升需要多方面的努力，包括角色动作设计、镜头动画、界面动画、粒子特效、声音设计和光照阴影等。开发者需要综合运用虚幻引擎提供的各种工具和功能，关注细节，不断地调试和优化，以实现更好的游戏体验。

6.1.1 动画角色系统基本概述

虚幻引擎动画角色系统是游戏开发中一项至关重要的工具，它负责处理游戏角色的各种行为和动画效果。在虚幻引擎中，动画角色系统包括了角色绑定、动画、物理模拟等多个方面，它们共同协作以实现真实、流畅的游戏体验。

1. 角色绑定

角色绑定是将游戏角色的骨骼和动画数据进行关联的过程。在虚幻引擎中，开发者可以通过设置骨骼结构和动画数据，来实现角色在游戏中的运动和动作。角色绑定过程中需要关注的要素包括骨骼结构的设计、关节的旋转方向等，这些都直接影响到角色的动作效果和自然程度。

2. 动画

虚幻引擎提供了丰富的动画制作工具和功能，包括动画剪辑、混合动画、动画状态机等。动画剪辑是预先制作好的动画片段，可以在游戏中直接使用；混合动画则是将多个动画剪辑进行融合，以实现更复杂的效果；动画状态机则用于管理角色的动画状态，方便开发者对角色的动作进行控制。

3. 物理模拟

虚幻引擎的物理引擎可以模拟真实的物理效果，包括碰撞、重力和惯性等。在动画角色系统中，物理模拟主要用于处理角色与场景、角色与角色之间的互动。通过合理的物理模拟，可以提高游戏的真实性和交互性。

4. 角色行为

虚幻引擎动画角色系统还负责处理角色的行为逻辑，例如移动、攻击、防御等。开发者可以通过编写蓝图或使用C++代码来实现角色行为，从而让角色在游戏中具有更丰富的表现。

5. 动画状态机

动画状态机是一种管理角色动画状态的系统，可以帮助开发者更方便地控制角色的动画播放。通过为角色定义不同的动画状态（如待机、攻击、防御等），开发者可以轻松地实现复杂的动画效果。

6. 界面与控制

虚幻引擎提供了完善的界面和控制功能，让开发者可以轻松地为角色添加各种控件和交互元素。例如，开发者可以为角色添加血条、能量条等 UI 元素，以及攻击、防御等按钮，以方便玩家进行游戏操作。

7. LOD技术

LOD（Level of Detail，细节层次）技术是一种优化游戏性能的方法，通过在不同距离下使用不同精度的模型来减少渲染和计算负载。开发者可以利用虚幻引擎的 LOD 系统来优化动画角色的渲染，从而提高游戏的性能。

8. 资源管理

虚幻引擎提供了丰富的资源管理工具，例如材质编辑器、粒子系统等。合理地使用这些资源管理工具可以提高动画效果的质量，同时也要注意优化资源，以降低游戏的内存占用和提高性能。

9. 调试和优化

在游戏开发过程中，不断调试和优化动画效果是非常重要的。开发者可以使用虚幻引擎提供的调试工具，例如蓝图调试器、动画调试器等，来找出并解决潜在的问题。

综上所述，虚幻引擎动画角色系统涵盖了角色绑定、动画、物理模拟、行为逻辑以及界面与控制等多个方面，它们共同协作以实现真实、流畅的游戏体验。在游戏开发过程中，开发者需要关注这些方面的设置和优化，以达到最佳的性能和视觉效果。

6.1.2 游戏基本元素的创建

游戏基本元素的创建.mp4

在本节中，我们将介绍如何使用虚幻引擎的角色、玩家控制器、游戏模式和 HUD 基本元素，以及如何通过输入按键和响应动作蓝图的设置来实现场景摄像头的运行。

我们需要创建一个角色。在虚幻引擎中，角色是一个 3D 模型，可以控制其在游戏中的运动和动作。我们可以使用虚幻引擎自带的角色或者自己创建一个角色。接下来，我们需要创建一个玩家控制器，这个控制器可以处理玩家的输入，例如移动、跳跃、射击等。我们可以使用虚幻引擎自带的玩家控制器或者自己创建一个控制器。

我们需要设置游戏模式。游戏模式可以定义游戏中的规则和玩法，例如单人游戏、多人游戏、生存模式等。在虚幻引擎中，我们可以使用蓝图来创建游戏模式。蓝图是一种可视化编程工具，可以用来创建游戏逻辑和交互。我们可以使用蓝图来定义角色的动作、敌人的行为、关卡设计等。

我们需要设置 HUD 基本元素。HUD（Heads-Up Display）表示抬头显示器。在游戏中，HUD 通常显示玩家的生命值、弹药数量、得分等信息。我们可以使用虚幻引擎自带的 HUD

元素或者自己创建一个 HUD 元素。

最后，我们需要设置输入按键和响应动作蓝图。在虚幻引擎中，我们可以使用蓝图来创建输入按键和响应动作。例如，我们可以创建一个按键 A，当玩家按下 A 键时，角色就会向前移动。我们也可以创建一个按键 B，当玩家按下 B 键时，角色就会向后移动。这样，玩家就可以通过按键来控制角色的运动。

综上所述，通过对虚幻引擎角色、玩家控制器、游戏模式、HUD 基本元素的使用，以及输入按键和响应动作蓝图的设置，我们可以实现场景摄像头的运行。在接下来的章节中，我们将继续介绍更多的虚幻引擎功能，帮助大家更好地掌握游戏开发技能。

游戏基本元素的具体创建步骤如下。

步骤 01 打开虚幻引擎场景文件，在内容浏览器中新建一个文件夹，命名为 Character。在新建文件夹内右击，在弹出的快捷菜单中选择“蓝图类”→“选取父类”命令，在弹出的对话框中选择“角色”选项并命名为 VR_Character，如图 6-1 所示。

图6-1 新建VR_Character

步骤 02 以同样的操作步骤，在新建文件夹内右击，在弹出的快捷菜单中选择“蓝图类”→“选取父类”命令，在弹出的对话框中，选择“玩家控制器”和“游戏模式基础”选项，并将它们分别重命名为 VR_PlayerController 和 VR_GameMode。接下来，我们需要新建一个 HUD。在新建文件夹内右击，在弹出的快捷菜单中选择“蓝图类”→“选取父类”命令，我们只需在“所有类”下的搜索框中输入 HUD，随后打开 Object→Actor 层级，最后选择 HUD，即可成功创建，并命名为 VR_HUD。设置情况如图 6-2 所示。

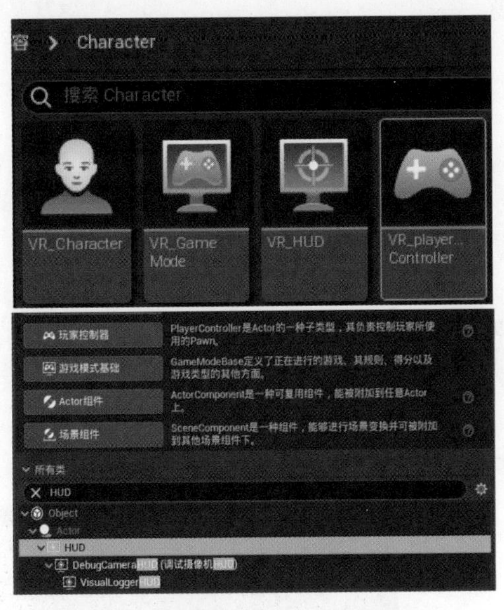

图6-2 新建VR_PlayerController、VR_GameMode和VR_HUD

步骤 03 在内容浏览器中双击打开 VR_GameMode，在右侧细节面板“类”卷展栏中单击 （指定）按钮，将 VR_PlayerController 指定到“玩家控制器类”，VR_HUD 指定到“HUD 类”，VR_Character 指定到“默认 pawn 类”，设置完成后，单击“编译”和“保存”按钮。

步骤 04 选择菜单栏中的“编辑”→“项目设置”命令，打开“项目设置”窗口，在“项目设置”窗口选择“地图和模式”选项，“默认游戏模式”选择 VR_GameMode 选项，如图 6-3 所示。

图6-3 设置游戏模式VR_GameMode

6.1.3 游戏输入响应

游戏输入响应.mp4

虚幻引擎中的输入响应是实现场景摄像头运行的关键。通过输入按键和响应动作蓝图的设置，可以实现对场景摄像机的精确控制。下面将详细介绍如何设置输入按键和响应动作蓝图。

虚幻引擎游戏输入响应的具体操作步骤如下。

步骤 01 在菜单栏中选择“编辑”→“项目设置”命令，打开“项目设置”对话框，在“项目设置”面板选择“输入”选项。打开“绑定”卷展栏，单击“操作映射”栏的⊕（添加）按钮，在文本框中输入 Jump，在⌨（选择键值）图标右侧的下拉列表框中搜索并选择“空格键”选项。此时 Jump 响应按键设置完成，如图 6-4 所示。

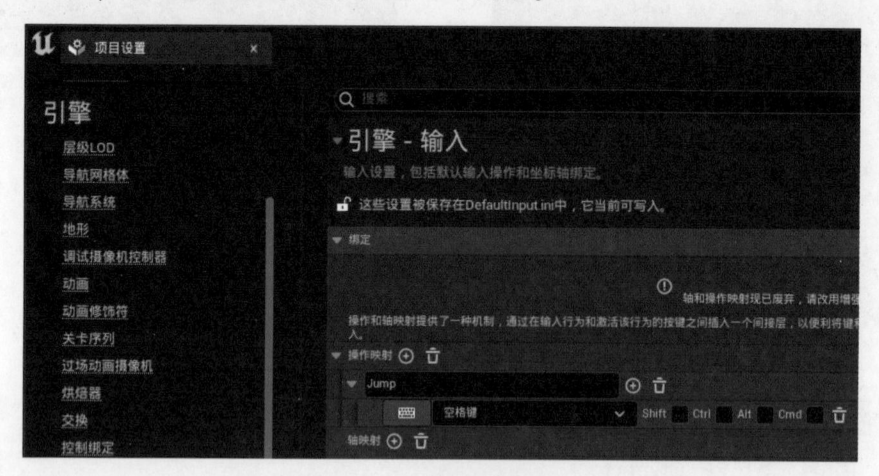

图6-4 Jump响应按键设置

步骤 02 单击“轴映射”栏的（添加）按钮，然后在文本框中输入 MoveForward。接着，单击文本框后方的按钮，添加两个键值设置。这两个设置分别对应前进和后退走向。在第一个键值设置图标右侧的下拉列表框中搜索并选择 W，“缩放”值为 1.0，代表前进。而在第二个键值设置图标右侧的下拉列表框中搜索并选择 S，“缩放”值为 –1.0，代表后退。通过这种按键的设置，我们可以更准确地控制前进和后退的动作。设置情况如图 6–5（a）所示。

步骤 03 单击“轴映射”栏的（添加）按钮，然后在文本框中输入 MoveRight。重复以上步骤，分别设置向左和向右走向。在第一个键值设置图标右侧的下拉列表框中搜索并选择 A，“缩放”值为 –1.0，代表向左。在第二个键值设置图标右侧的下拉列表框中搜索并选择 D，“缩放”值为 1.0，代表向右。设置情况如图 6–5（b）所示。

步骤 04 再设置两个旋转键。单击“轴映射”栏的（添加）按钮，分别设置：Turn，按键设置为 X，“缩放”值为 1.0；LookUP，按键为 Y，“缩放”值为 –1.0。此时所有输入响应设置完成，随后可直接单击关闭，如图 6–5（c）所示。

（a）前进和后退响应按键设置

（b）左右方向响应按键设置

（c）旋转响应按键设置

图6-5 响应按键设置

步骤 05 在虚幻引擎中打开已创建完成的场景。单击“内容侧滑菜单”按钮，在内容浏览器中找到 Character 文件夹，双击文件夹中的 VR_Character 文件，打开角色蓝图编辑器，在事件图表视口中，框选默认事件节点并全部删除。

步骤 06 再将输入响应节点置入蓝图中。在事件图表视口空白处右击，查找 MoveForward，选择坐标轴事件下的 MoveForward 节点，创建节点。随后分别创建“输入操作 Jump”“输入轴 MoveRight”“输入轴 Turn”和“输入轴 LookUP”节点。全部节点置入完成，如图 6-6 所示。

图6-6 创建输入操作节点

步骤 07 接下来对节点进行响应设置。选择“输入轴 Turn”节点，在执行端按下鼠标左键并拖动，在看到连接线后放开鼠标，在弹出的快捷菜单中查找“添加控制器”，选择“添加控制器 Yaw 输入”选项并创建。再将“输入轴 Turn”节点的 Axis Value 端与“添加控制器 Yaw 输入”节点的 Val 端相连，如图 6-7 所示。

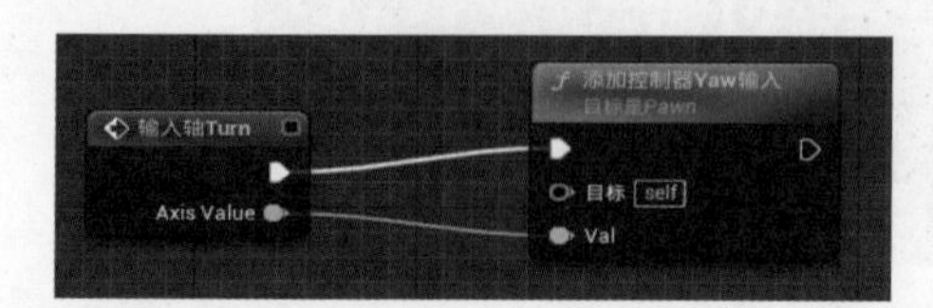

图6-7 “输入轴Turn”节点设置示意图

步骤 08 选择“输入轴 LookUP”节点，用同样的方法，在执行端按下鼠标左键并拖动，在看到连接线后放开鼠标，在弹出的快捷菜单中查找“添加控制器”，选择“添加控制器 Pitch 输入”选项并创建。将“输入轴 LookUP”节点的 Axis Value 端和“添加控制器 Pithch 输入”节点的 Val 端相连，单击“编译”和“保存”按钮。此时回到场景，单击▶（运行）按钮，通过单击进行场景旋转移动，如图 6-8 所示。

步骤 09 选择“输入轴 MoveForward”节点，单击执行端处添加节点并连接。在执行端按下鼠标左键并拖动，在看到连接线后放开鼠标，在弹出的快捷菜单中查找“添加移动输入”，选择“添加移动输入”选项并创建。选择 World Direction 端，在执行端按下鼠标左键并拖动，在看到连接线后放开鼠标，在弹出的快捷菜单中查找“获取向前”，选择“获取向前向量”选项并创建。再将“输入轴 MaveForward”节点的 Axis Value 端和“添加移动输入”节点的 Scale Value 端进行连接。设置情况如图 6-9 所示。

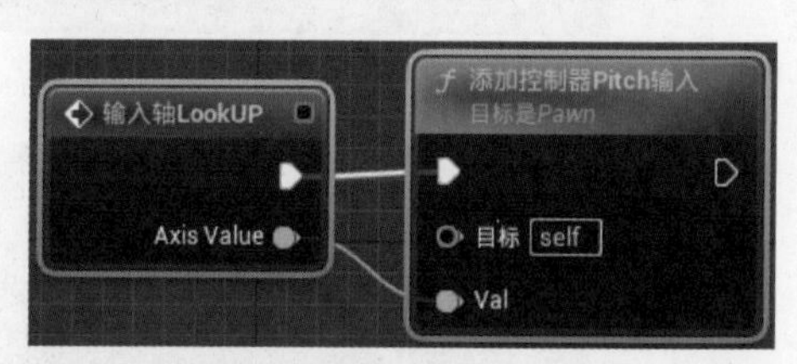

图6-8 “输入轴LookUP”节点设置示意图

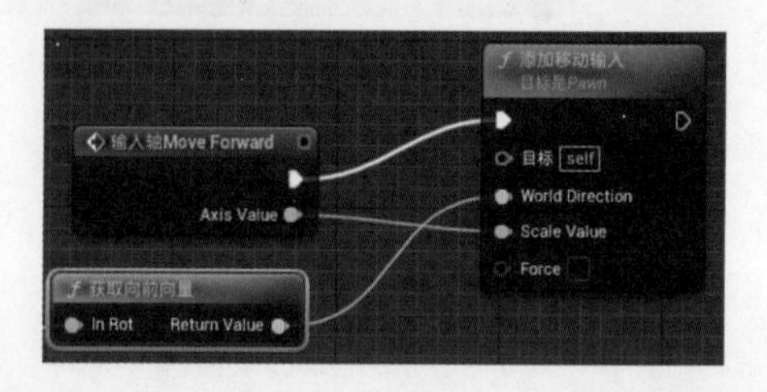

图6-9 “输入轴MoveForward”节点设置示意图

步骤 10 选择“输入轴 MoveRight”节点，重复以上操作，创建“添加移动输入”和“获取向前向量”节点，并同样采用以上方式进行连接。创建完成后，右击空白处，在弹出的快捷菜单的搜索栏中搜索“创建旋转体”，选择“创建旋转体”选项并创建，然后将此节点分别与“输入轴 MoveForward”和“输入轴 MoveRight”的“获取向前向量”连接。如图 6–10 所示。

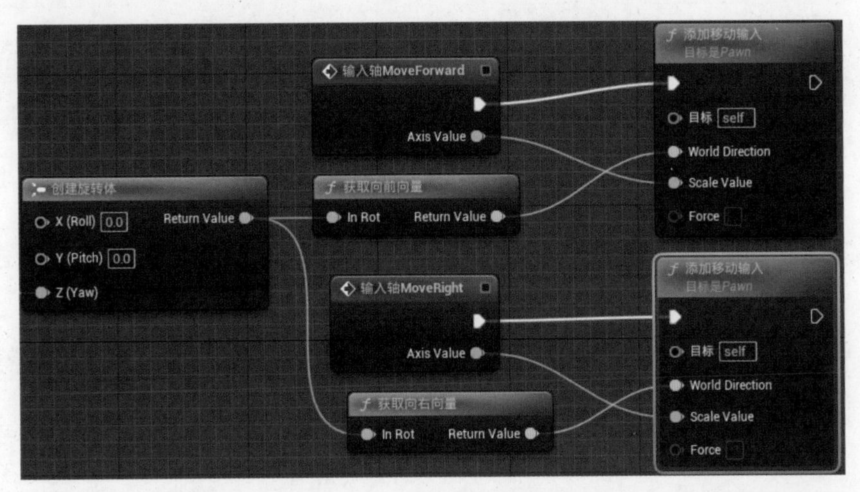

图6-10 “输入轴MoveForward”和“输入轴MoveRight”节点连接示意图

步骤 11 在“创建旋转体”节点旁边右击，在弹出的快捷菜单的搜索栏中搜索并选择“拆分旋转体”，添加节点，将其 Z（Yaw）端与“创建旋转体”节点的 Z（Yaw）端相连。再创建一个“获取控制旋转”节点，与“拆分旋转体”节点相连。单击“编译”和“保存”按钮，再回到场景，单击▶（运行）按钮，可以通过使用指定按键进行场景前后左右移动，如图 6–11 所示。

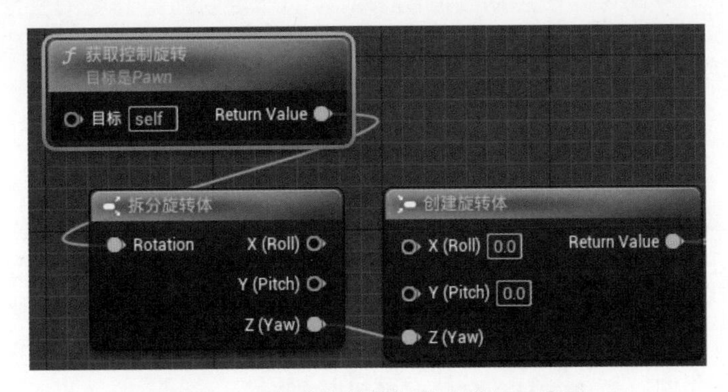

图6-11 “创建旋转体”节点连接示意图

步骤 12 选择“输入操作 Jump”节点，右击，在弹出的快捷菜单中选择“跳跃”选项并创建，将其执行端与“输入操作 Jump”节点的 Pressed 端连接。再创建“停止跳跃”节点，将其执行端与“输入操作 Jump”节点的与 Released 端相连接。

步骤 13 响应设置绘制完成，节点整理后，框选全部节点，按 C 键添加注释，命名为“输入控制”，最后单击“编译”和“保存”按钮。回到场景单击▶（运行）按钮，通过 ADWS 按键和单击查看“移动”“旋转”“跳跃”交互的动画效果，如图 6-12 所示。

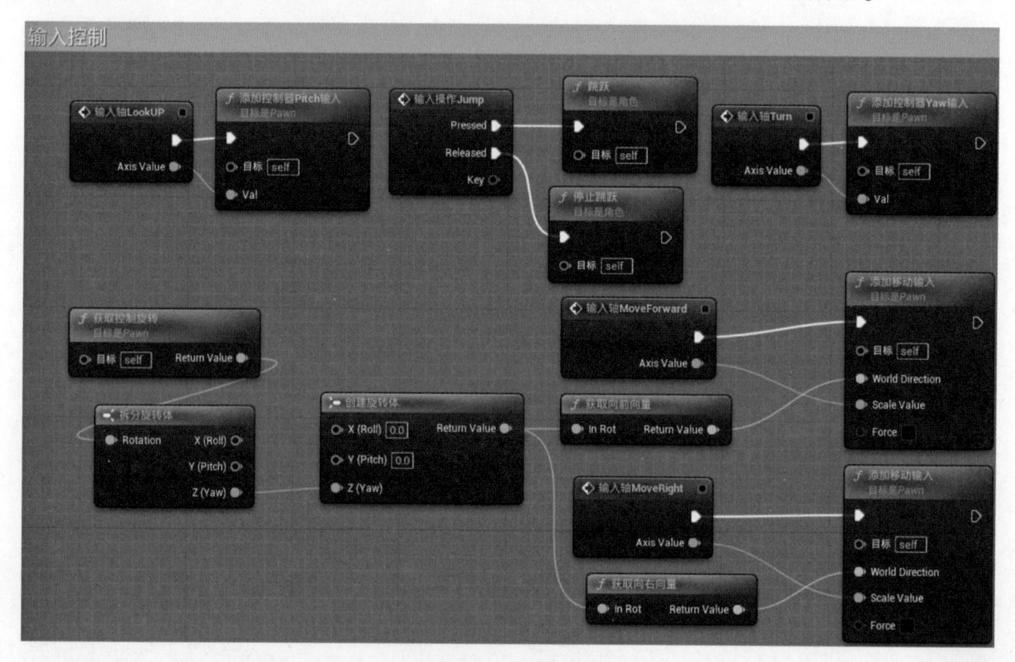

图6-12　添加注释

6.1.4 角色动画蓝图与混合空间编辑

角色动画蓝图与混合空间编辑.mp4

在虚幻引擎中，我们可以使用动画蓝图来创建动作混合。打开虚幻引擎编辑器，然后创建一个新的动画蓝图。在蓝图中，我们可以添加多个动画剪辑，这些剪辑将作为动作混合的组成部分。接下来，我们可以使用混合节点将这些剪辑混合在一起，以创建我们需要的动作。在混合节点中，我们可以设置各种参数，如混合模式、混合时间和混合权重等，以便我们可以根据需要自定义混合效果。

创建动画蓝图并将其置入角色。需要为角色创建一个骨骼结构，以便我们可以控制角色的运动。在虚幻引擎中，我们可以使用混合空间编辑器来创建和编辑角色的骨骼结构。在混合空间编辑器中，我们可以添加、移动和旋转骨骼，以及为骨骼设置动画剪辑。完成骨骼结构的创建后，我们需要将动画蓝图与角色关联起来。为此，我们可以在角色的动画组件中添加一个动画蓝图实例，并将它与角色的骨骼结构绑定。

通过建立摄像机以第三人称视角操作角色查看场景。在虚幻引擎中，可以使用第三人称控制器来操作摄像机。我们需要创建一个第三人称控制器实例，并将其添加到场景中。接下来，我们需要设置摄像机的视角和目标，以便可以控制摄像机在场景中的运动。最后，我们需要将摄像机与角色关联起来，以便可以通过操作摄像机来控制角色的运动。

总之，虚幻引擎角色动画蓝图与混合空间编辑为我们提供了一种强大的方法来创建动作混合、动画蓝图和第三人称视角控制。通过掌握这些技巧，我们可以更加高效地创建和操作角色，从而提高我们的游戏体验。

虚幻引擎角色动画蓝图与混合空间编辑的具体操作步骤如下。

步骤 01 首先导入角色模型和动作文件。在网页中搜索 www.mixamo.com 网址并打开。单击界面上方 Character 模式，选择所需角色模型 Leonard，单击 DOWNLOAD 按钮下载，如图 6–13 所示。

图6-13 选择角色形象

步骤 02 再单击界面上方 Animations 按钮，进入动作模式，在搜索栏中搜索所需动作（如：idle、walking、running），单击 DOWNLOAD 按钮，在弹出的下载设置窗口中，将 Skin 设置为 Without Skin，单击 DOWNLOAD 按钮下载到指定文件夹。如图 6–14 所示。

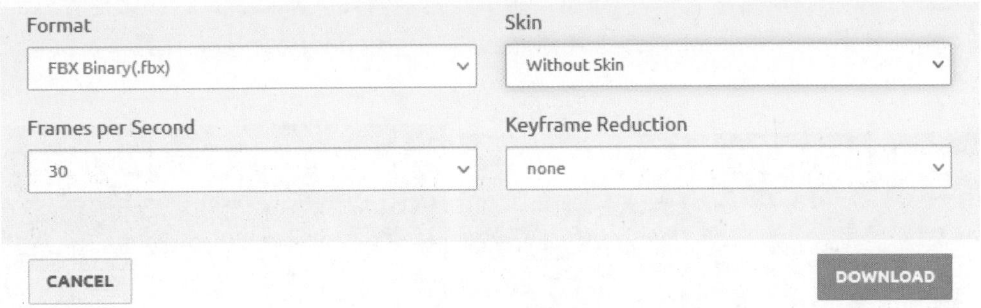

Format
FBX Binary(.fbx)
Skin
Without Skin
Frames per Second
30
Keyframe Reduction
none
CANCEL
DOWNLOAD

图6-14 下载设置

步骤 03 在 UE5 中打开所需场景，单击“内容侧滑菜单”按钮，在内容浏览器中打开 mesh 文件夹导入角色模型。打开 Animation 文件夹导入 3 个动作模型。如图 6–15 所示。

图6-15　导入角色模型

步骤 04 导入的角色模型头发贴图显示不完整。打开头发材质球，此时材质编辑器的预览框无物体显示。在材质编辑器左侧细节面板中，打开“材质表达式纹理 Base”卷展栏，单击（查找）按钮，此时弹出该贴图所在位置的文件夹。

步骤 05 将该贴图节点的 A 端连接在材质节点“不透明度”属性处。此时预览图显示材质。再次打开角色网格体，可发现角色已完整。设置情况及效果如图 6-16 所示。

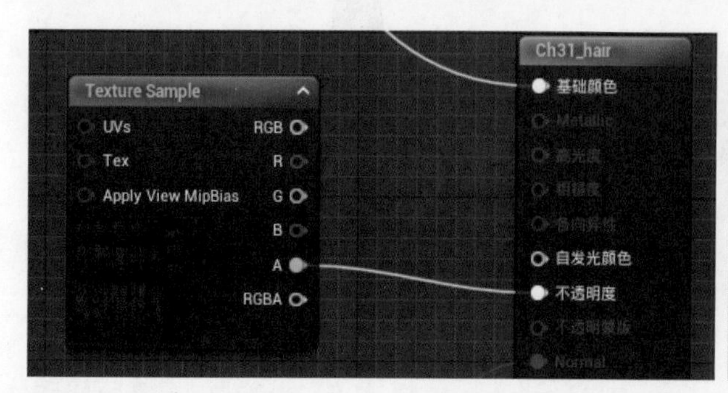

图6-16　指定头发贴图

步骤 06 接下来创建动作混合。在内容浏览器中打开 Animation 文件夹，在文件空白处右击，选择“动画→混合空间 1D”命令，弹出“选取骨骼”对话框，选择之前导入的骨骼 Ch31_nonPBR_Root_Skeleton，并将其重命名为 VR_BlendSpace1D。设置情况如图 6-17 所示。

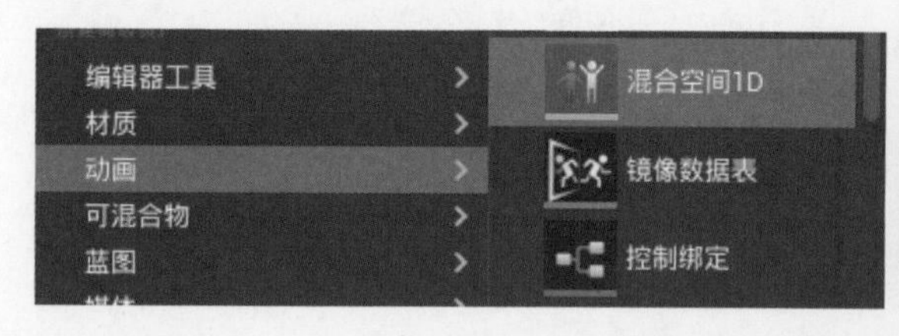

图6-17　新建混合空间1D

步骤 07 双击打开 VR_BlendSpace1D，在右下角“资产浏览器”一栏，分别选择已导入的动作 Idle_Root、Walking_Root 和 Running_Root，依次拖动到动作进度条中，按住 Shift 键的同时按住拖动鼠标左键拖动可以浏览人物动作变化。

步骤 08 在 VR_BlendSpace1D 编辑界面，在左侧单击资产详情面板，打开“水平坐标”

选项卡，将“名称”设置为 Speed，再设置最大轴值为 450，如图 6-18 所示。

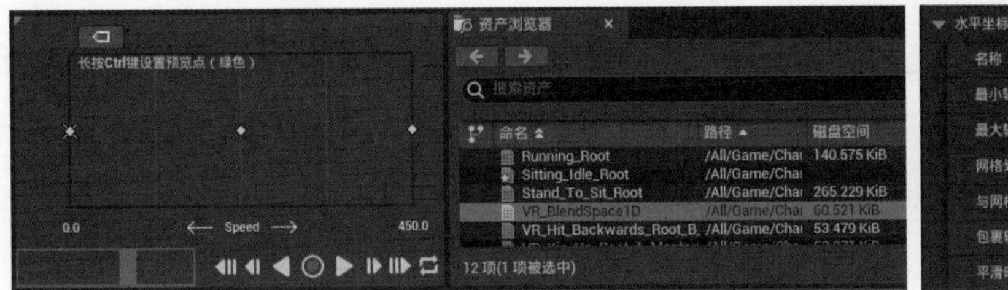

图6-18　设置动作和坐标值

步骤 09 右击 Animation 文件夹的空白区域，在弹出的快捷菜单中选择“动画”→“动画蓝图”命令，此时弹出“创建动画蓝图”对话框。接下来，从导入的骨骼中选择 Ch31_onoPBR_Root_Skeleton，然后单击“创建”按钮，并将其更名为 VR_AnimBlueprint。最后，单击“保存”按钮。设置情况如图 6-19 所示。

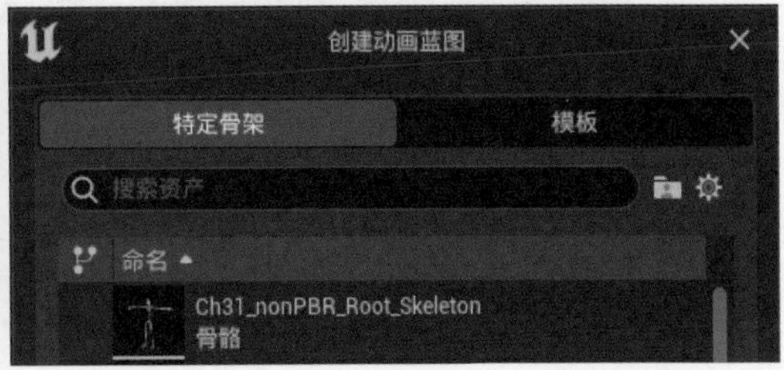

图6-19　创建动画蓝图文件

步骤 10 打开 VR_AnimBlueprint 动画蓝图编辑器，进入 AnimGraph 视口。在资产浏览器面板查找到 VR_BlendSpace1D，将其选中并拖至蓝图编辑器界面，生成新节点。接着，将新节点的输出端与“输出姿势”节点的 Result 端连接。然后，单击 VR_BlendSpace1D 节点的 Speed，将其设为提升变量。最后，单击“编译”和“保存”按钮，预览窗口中的人物模型即展示出相应动作。设置情况及效果如图 6-20 所示。

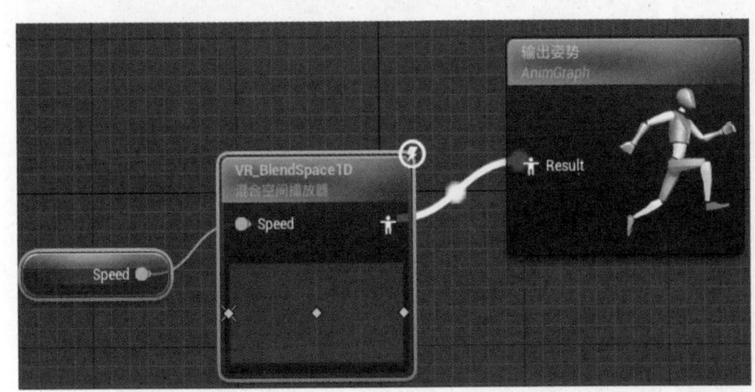

图6-20　动画蓝图编辑

步骤 11 打开事件图表视口，选取“事件蓝图更新动画”节点，接着将 Is Valid 节点的

Is Valid 端拖动进行搜索连接。然后，将“尝试获取 Pawn 拥有者”节点的 Return Value 端与 Is Valid 节点的 Input Object 端进行连接。

步骤 12 在蓝图编辑器左侧“我的蓝图”面板，展开“变量”卷展栏，单击 speed 并拖动到页面中，选择“设置 Speed”，将其与 Is Valid 节点的 Is Valid 端相连。再单击 SET 节点的 Speed 端，添加相连节点“向量长度”。随后单击“尝试获取 Pawn 拥有者”节点的 Return Value，添加并连接节点“获取速度”，并将“获取速度”节点与“向量长度”节点连接。设置情况如图 6-21 所示。

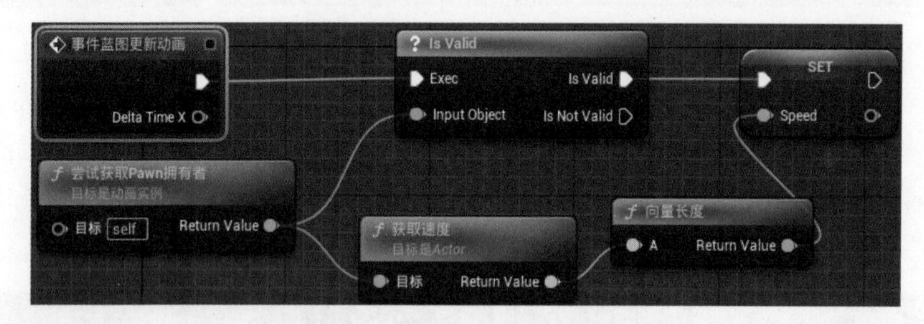

图6-21 动画蓝图节点示意图

步骤 13 打开关卡视口，在内容浏览器中，打开 Character 文件夹。双击打开 VR_Character 编辑器，此时场景无角色模型。单击页面左侧组件面板中的“网格体（CharacterMesh）”选项，此时在页面右侧细节面板中找到“网格体”卷展栏，设置“骨骼网格体资产”为导入的 Ch31_onoPBR_Root。此时模型角色导入视口。再打开“动画”卷展栏，将“动画类”设置为 VR_AnimBlueprint，此时界面内模型显示所设置的动作形态。

步骤 14 接下来调整角色模型尺寸。在细节面板中打开“变换”卷展栏，在“缩放”栏中设置数值为（0.9,0.9,0.9），单击“编译”和“保存”按钮。设置情况及效果如图 6-22 所示。

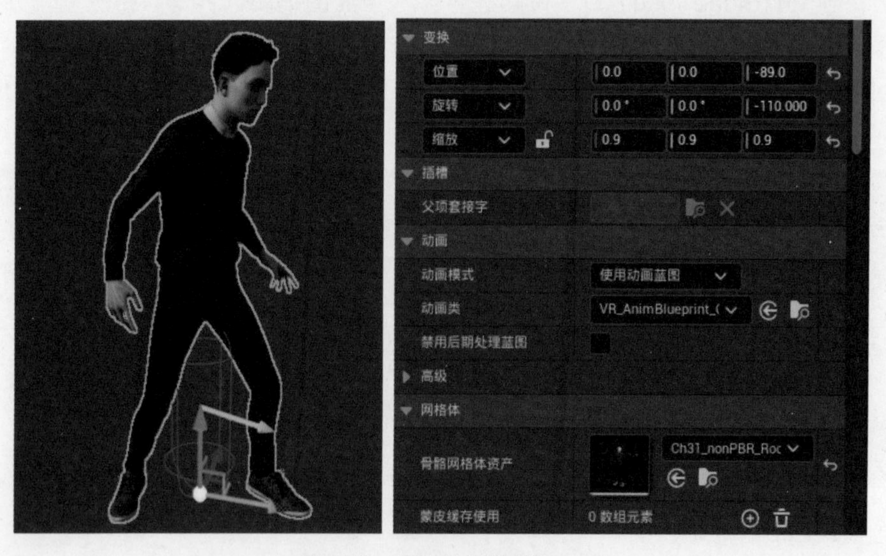

图6-22 调整角色模型尺寸

步骤 15 再创建一个摄像机。在组件面板中选择“胶囊体组件”选项，再单击“添加”按钮，在下拉菜单选择添加“弹簧臂组件”，再在“弹簧臂组件”下创建“摄像机组件”，此时视口摄像机创建完成。

步骤 16 将角色拖动到场景中，单击“旋转”按钮将角色旋转到面向玻璃的角度，单击 ▶（运行）按钮预览交互效果，如图 6–23 所示。

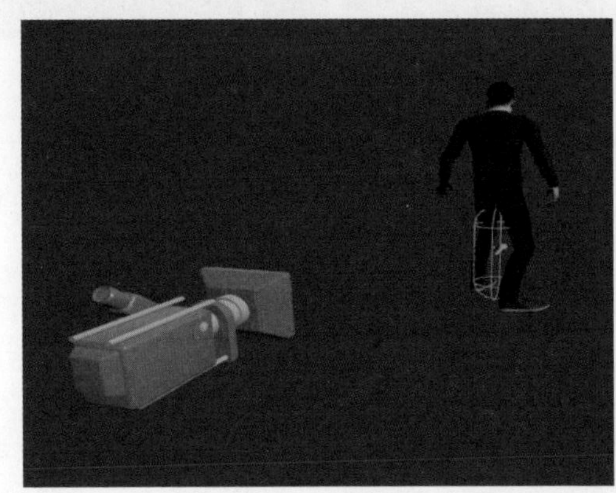

图6-23　创建摄像机后将角色置入场景

步骤 17 启动角色蓝图编辑器，根据交互效果调整摄像机位置参数。首先，选择 SpringArm，接着在细节面板的“摄像机”卷展栏中，将“目标臂长度”设置为 300。然后，切换至 Camera 选项，在视图中向上移动，根据视图将其调整至适当位置，通过这种精细调整，摄像机的位置得以优化。如图 6–24 所示。

图6-24　调整摄像机位置

步骤 18 接下来对摄像机移动参数进行设置。在组件面板中选择“角色移动”选项，接着在细节面板中打开“角色移动”卷展栏，将“旋转速率”Z 轴值设置为 540，并选中“将旋转朝向运动”复选框。然后，在组件面板中选择 SpringArm，在细节面板中打开“摄像机设置”卷展栏，选中“使用 Pawn 控制旋转”复选框。最后，在组件面板中选择“VR_Charcter（自我）”选项，并在细节面板中打开 Pawn 卷展栏，取消选中“使用控制器旋转

Pitch”复选框。设置完毕后，单击“编译”和“保存”按钮。如图 6–25 所示。

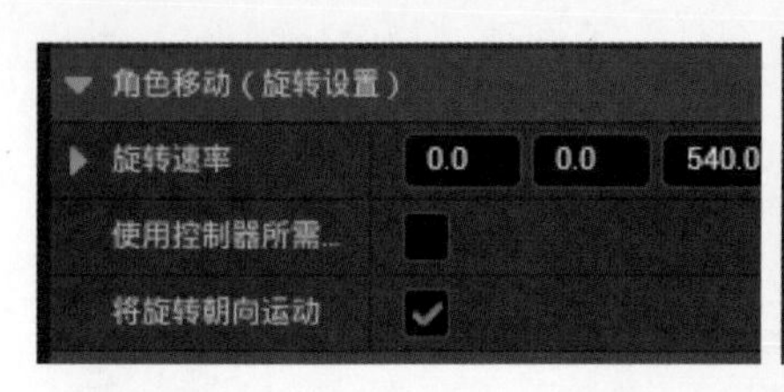

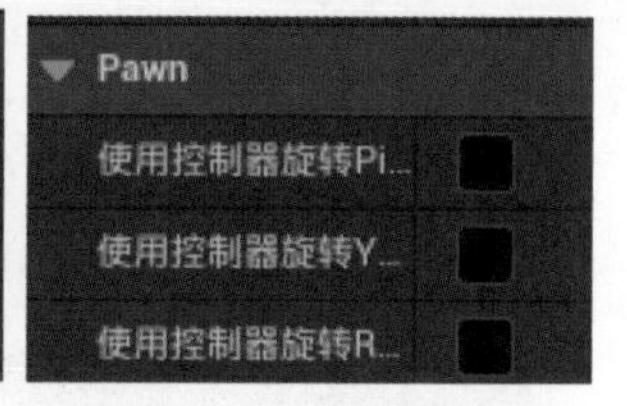

图6-25　设置摄像机移动参数

步骤 19　在关卡视口主工具栏中单击（创建）按钮，在弹出的下拉菜单中选择“基础”→“玩家出生点”命令，创建玩家出生点体积。在场景中单击该体积，将其拖动到设计的出生位置。

步骤 20　随后单击（旋转）按钮，将体积旋转 90°，将蓝色箭头旋转至面向玻璃的方向，这决定了角色出生后的朝向。设置完成后再单击（运行）按钮，通过预设键操作角色行走、跑步交互。如图 6–26 所示。

图6-26　设置完成后运行效果

6.2 动画蒙太奇连招技巧应用

虚幻引擎动画蒙太奇是一种在 UE5 中制作动画的方法，它使用了一系列的动画剪辑和过渡效果，以创建出更加流畅和逼真的动画效果。在 UE5 中，动画蒙太奇可以用于制作角色的移动、跳跃、攻击、防御等各种动作，让角色的动作更加自然和流畅。

使用 UE5 动画蒙太奇的第一步是创建动画剪辑。动画剪辑是一种包含多个动画片段的序列，这些动画片段可以在角色动作的过程中进行过渡和混合，以创建出更加逼真的动画效果。在 UE5 中，可以使用 AnimGraph 编辑器来创建动画剪辑。AnimGraph 编辑器提供了一个可视化的界面，让用户可以轻松地创建和编辑动画剪辑。接下来，需要将动画剪辑添加到角色的 AnimBlueprint 中。AnimBlueprint 是一种蓝图，用于定义角色的动画逻辑。在 AnimBlueprint 中，可以将动画剪辑添加到角色的动画状态机中，以定义角色在不同状态下的动画效果。

使用 UE5 动画蒙太奇的第二步是添加过渡效果。过渡效果是指在动画剪辑之间进行平滑过渡的效果，添加这种效果可以让动画更加逼真和流畅。在 UE5 中，可以使用动画混合树来添加过渡效果。动画混合树是一种可视化的界面，让用户可以轻松地添加和编辑过渡效果。

在动画混合树中，可以将不同的动画剪辑添加到树的不同节点中，然后使用混合节点来定义动画剪辑之间的混合和过渡效果。混合节点可以用于定义加权混合、插值混合和融合混合等不同的过渡效果，让动画更加逼真和流畅。

6.2.1 动画蒙太奇的主要功能和实际应用

UE5 是虚幻引擎系列的最新版本，它带来了许多强大的新功能和改进。其中，动画蒙太奇（animation montage）是一个非常好用的工具，它可以让动画师在 UE5 中更高效地创建和编辑动画。通过动画蒙太奇，动画师可以轻松地将多个动画剪辑组合成一个复杂的动画序列，这对于创建具有高度互动性和复杂行为的角色和场景非常有用。

在 UE5 中，动画蒙太奇的界面非常直观，动画师可以轻松地创建、编辑和组合动画剪辑。此外，UE5 还提供了一些高级功能，如混合动画剪辑和自动关键帧，使动画师可以更轻松地创建高质量的动画。UE5 动画蒙太奇具有以下几个主要功能。

1. 易于使用的界面

UE5 的动画蒙太奇界面非常直观，动画师可以轻松地创建、编辑和组合动画剪辑。界面的合理布局，使得动画师可以更高效地完成工作。

2. 混合动画剪辑

UE5 允许动画师将多个动画剪辑混合在一起，以创建更复杂的动画序列。这种混合可以基于时间、事件或其他参数，使得动画师可以更灵活地控制动画的行为。

3. 自动关键帧

UE5 可以自动为动画剪辑创建关键帧，从而提高动画师的工作效率。此外，动画师还可以手动添加和设置关键帧，以实现更精细的动画效果。

4. 参数控制

UE5 动画蒙太奇允许动画师使用参数控制动画剪辑的行为。例如，动画师可以控制动画的播放速度、插值方式和混合模式等，从而实现更丰富的动画效果。

5. 支持各种动画格式

UE5 动画蒙太奇支持多种常见的动画格式，如 FBX、BVH 和 SkelAnim 等。这使得动画师可以更方便地导入和导出动画资源。

UE5 动画蒙太奇在实际应用中具有广泛的优势，特别是在以下场景。

（1）游戏开发：UE5 动画蒙太奇可以用于游戏角色的动画制作，包括行走、跳跃、攻击等动作。通过动画蒙太奇，动画师可以轻松地创建和编辑复杂的动画序列，从而提高游戏角色的表现力。

（2）影视动画：UE5 动画蒙太奇可以用于影视动画制作，如角色动画、特效动画等。通过 UE5，动画师可以更高效地创建高质量的动画，从而提高影视作品的视觉效果。

（3）虚拟现实：UE5 动画蒙太奇可以用于虚拟现实项目的动画制作，如游戏、应用和交互体验等。通过动画蒙太奇，动画师可以轻松地为虚拟角色创建复杂的动画序列，从而提高虚拟现实体验的真实感。

总之，UE5 动画蒙太奇是一个强大且实用的工具，它可以让动画师在 UE5 中更高效地创建和编辑动画。无论您是游戏开发者、影视动画师还是虚拟现实项目制作人，UE5 动画蒙太奇都值得一试。

6.2.2 动画蒙太奇播放翻滚动作

动画蒙太奇播放翻滚动作.mp4

UE5 动画蒙太奇播放翻滚动作是一项非常有趣的功能，它可以让开发者更加方便地在游戏中制作动画效果。在使用这个功能之前，我们需要先了解虚幻引擎中动画蒙太奇的概念。动画蒙太奇是指将多个动画剪辑组合在一起，形成一个连贯的动画效果。在 UE5 中，我们可以使用动画蒙太奇来播放翻滚动作，让游戏角色在战斗中更加生动。

要使用 UE5 动画蒙太奇播放翻滚动作，我们需要先创建一个动画剪辑。这个剪辑可以包含多个翻滚动作，例如前翻、后翻、左翻、右翻等。我们可以使用虚幻引擎中的动画编辑器来创建这个剪辑，并将不同的翻滚动作组合在一起。

接下来，我们需要将这个剪辑添加到游戏角色的动画蓝图中。在动画蓝图中，我们可以使用动画蒙太奇节点来组合不同的动画剪辑。我们可以将创建好的翻滚动作剪辑添加到动画蒙太奇节点中，并设置相应的参数，例如播放顺序、播放时间等。

最后，我们需要测试这个动画效果，确保它能够在游戏中正常播放。我们可以使用虚幻引擎中的动画调试工具来测试动画效果，并对其进行调整和优化。

虚幻引擎动画蒙太奇播放翻滚动作的具体操作步骤如下。

步骤 01 在网页浏览器中搜索打开 www.mixamo.com 网站。单击界面上方 Animations 模式，在搜索栏处搜索所需动作 Corkscrew Kip UP。单击 DOWNLOAD 按钮，在弹出的下载设置窗口中，将 Skin 设置为 Without Skin，单击 DOWNLOAD 按钮下载到指定文件夹。

步骤 02 在 Maya 三维动画制作软件中给动作文件添加 Root 根骨骼。

步骤 03 打开 6.1 节中完成的场景蓝图，在内容浏览器中，打开 Animation 文件夹。接着，在工具栏中单击“导入”按钮，在弹出的对话框中，选择 Ch31_onoPBR_Root 作为骨骼网格体资产，并导入 Corkscrew Kip UP 动作文件，如图 6-27 所示。

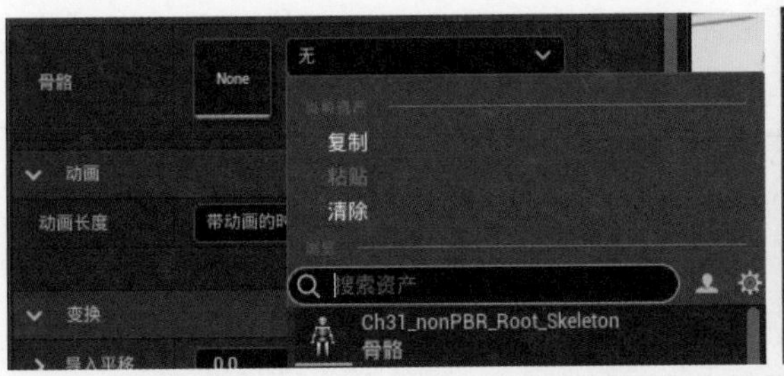

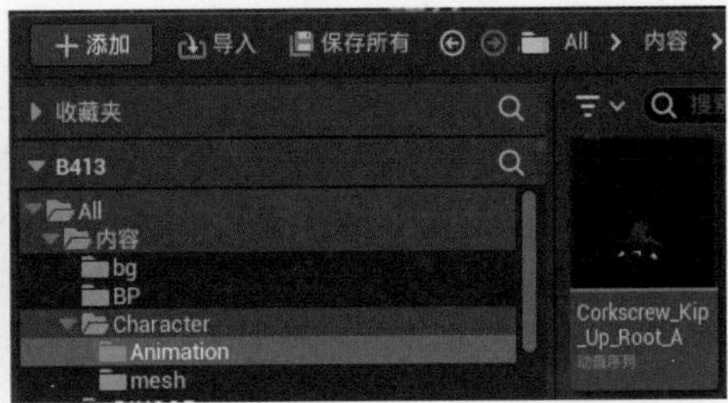

图6-27　导入动作文件

步骤 04 双击 Corkscrew Kip UP 动作文件，在浏览器中预览动画效果。之后在左侧资产详情面板中，展开“根运动”卷展栏，选中“启用根运动”复选框。如此一来，动作文件便能在原地正确播放动作。如图 6-28 所示。

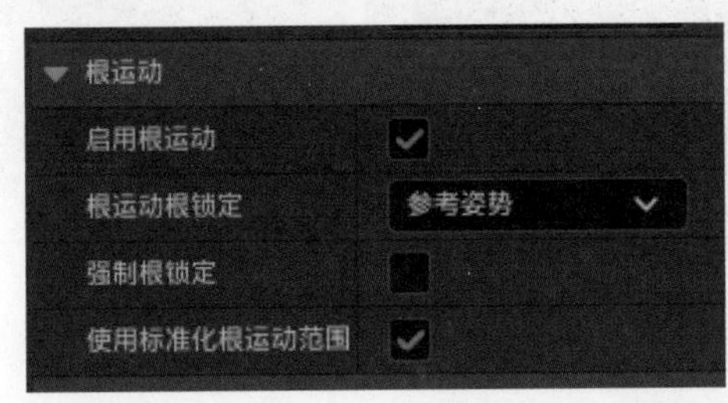

图6-28　设置根骨骼动画

步骤 05 选择 Corkscrew Kip UP 动作文件后，右击内容浏览器的空白处，在弹出的快捷菜单中选择“创建”→“创建动画蒙太奇”命令，并将新创建的蒙太奇命名为 VR_Kip_Up_Root_A_Montage。

步骤 06 双击打开 VR_AnimBlueprint 动画蓝图编辑器，在 AnimGraph 视口中创建一个“插槽 DefultSlot”节点，并将其右侧连接至“输出姿势”，左侧连接至 VR_BlendSpace1D。设置情况如图 6-29 所示。

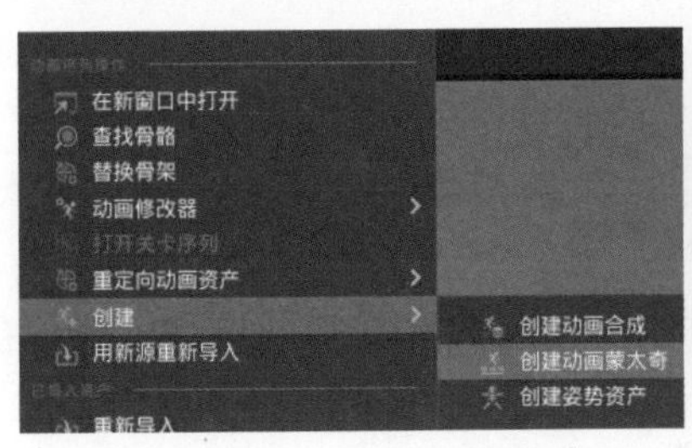

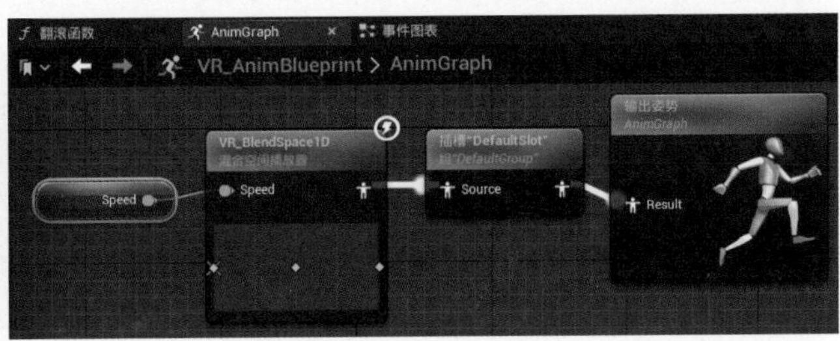

图6-29　新建动画蒙太奇与添加“插槽”节点

步骤 07 在内容浏览器的 Character 文件夹中，双击 VR_Character 以打开动画角色蓝图编辑器。接着，在事件图表视口中右击并在弹出的快捷菜单的搜索栏中搜索，添加一个“任意键”操作控件，并将其快捷键设置为 Z。

步骤08 通过在事件图表视口中右击并搜索，我们可以创建一个“播放蒙太奇”节点。接下来，在左侧组件面板的VR_Character栏中，我们将“网格体（CharacterMesh0）”拖动到视口中，并将其节点连接到“播放蒙太奇”的In Skeletal Mesh Component上。然后，在“播放蒙太奇”节点的Montage to Play的下拉列表中，我们选择将蒙太奇资产指定为VR_Kip_Up_Root_A_Montage。通过这样的操作，我们成功地完成了在事件图表视口中的设置，单击▶（运行）按钮预览效果。如图6-30所示。

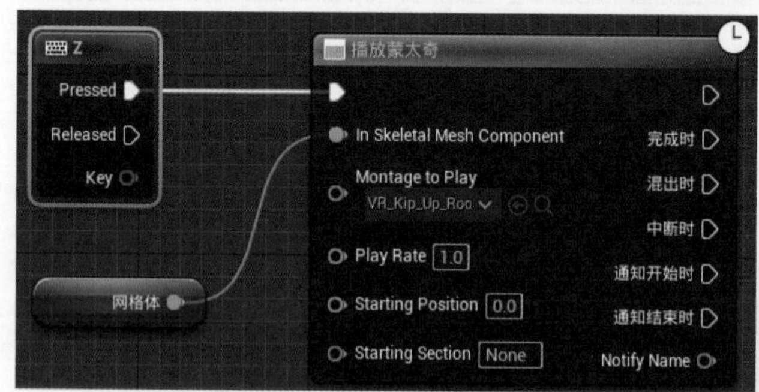

图6-30　新建控件“播放蒙太奇”

6.2.3 创建动画蒙太奇连招

创建动画蒙太奇连招.mp4

虚幻引擎是一种非常强大的工具，它可以帮助我们创建出令人惊叹的动画蒙太奇。在创建动画蒙太奇时，我们需要先设计好动画的节奏和关键帧，以便于我们后续的调整和优化。在虚幻引擎中，我们可以使用动画编辑软件来制作动画，它提供了丰富的动画曲线和调整工具，可以让我们轻松地制作出各种复杂的动画效果。

虚幻引擎可以帮助我们轻松地创建出动画蒙太奇。在创建过程中，我们需要注意素材的版权和授权问题，以及动画节奏和关键帧的设计。

创建动画蒙太奇连招的具体制作步骤如下。

步骤01 访问www.mixamo.com网站，该网站可通过网页浏览器打开。单击界面顶部的Animations模式。在搜索栏内输入所需的动作名称，如Quick Roll To Run和Getting Hit Backwards。完成搜索后，单击DOWNLOAD按钮。此时，会弹出一个下载设置窗口，将Skin设置为Without Skin。最后，选择下载文件的存放文件夹，等待下载完成。

步骤02 打开Maya软件，导入Quick Roll To Run和Getting Hit Backwards骨骼动作文件。在主界面中选择透视图视口，这里会显示角色和动作。

步骤03 我们需要创建一个Root根骨骼。在Maya的“骨骼”下拉菜单中，选择“创建关节”命令，在透视图中创建Joint骨骼关节。在左侧面板中，为根骨骼命名Root。这样，我们就成功创建了一个Root根骨骼。如图6-31所示。

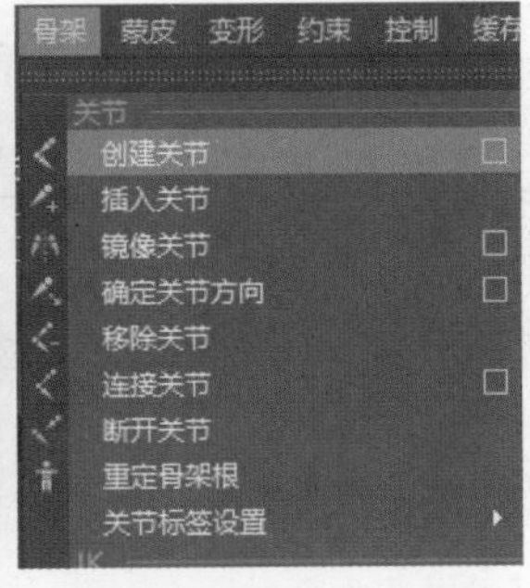

图6-31　创建根骨骼

步骤 04 我们需要将这个新创建的 Root 根骨骼与动作文件中的角色关联起来。选中动作文件中的角色骨骼，按住 Shift 键的同时单击鼠标左键加选 Root 关节，按 P 键与角色骨骼建立父子关系。此时，动作文件中的角色骨骼与 Root 根骨骼建立了关联，如图 6–32 所示。

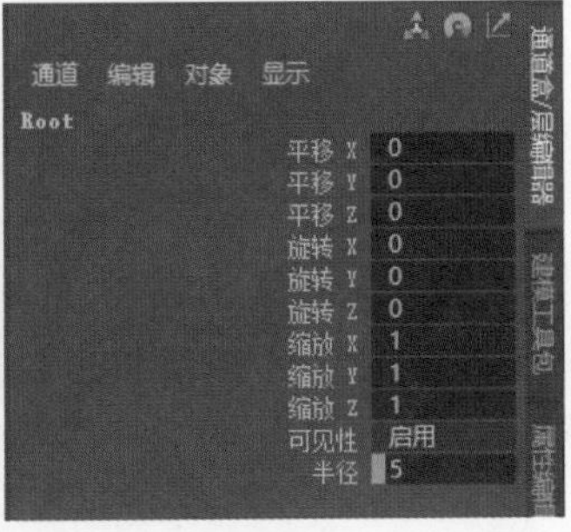

图6-32　关联根骨骼

步骤 05 在菜单栏中选择“窗口”→“动画编辑器”→“曲线图编辑器”命令，打开曲线图编辑器窗口。在曲线视口左侧面板中，复制 Hips 关键帧，然后将其粘贴到 Root 根骨骼上。

步骤 06 在曲线图编辑器面板的“统计信息”右侧栏中，选取 Root 根骨骼的 Z 轴关键帧，将其数值设为 0。接着，选择 Hips 关键帧，并分别设置其 X 轴、Y 轴的数值，使其等于该轴向第一个关键帧的数值。最后，保存并输出为 FBX 格式，如图 6–33 所示。

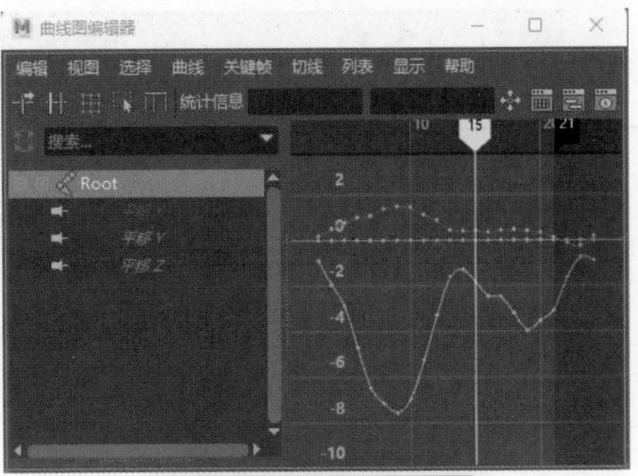

图6-33　设置Hips与Root关键帧

步骤 07 在内容浏览器的工具栏中单击“导入”命令，在弹出的对话框中，选择 Ch31_onoPBR_Root 作为骨骼网格体资产，并导入 Quick Roll To Run 和 Getting Hit Backwards 动作文件。

步骤 08 打开 Animation 文件夹，分别选择导入 Quick Roll To Run 和 Getting Hit Backwards 动作文件后，双击动作文件，在资产详情面板中展开“根运动”卷展栏，并选中“启用根运动”复选框。右击内容浏览器的空白处，在弹出的快捷菜单中选择“创建”→“创建动画蒙太奇”命令，并为这个新创建的蒙太奇命名为 VR_Hit_Backwards_Root_B_Monta 和 VR_Run_Root_C_Montage。如图 6–34 所示。

图6-34　导入动作创建动画蒙太奇

6.2.4 动画蒙太奇连招技巧

动画蒙太奇连招技巧.mp4

虚幻引擎动画蒙太奇连招，是指在虚幻引擎中，通过各种动画技术的组合，实现高效、流畅、视觉效果极佳的动画效果。这种技术广泛应用于游戏、电影、动画等数字娱乐领域，为观众带来极具震撼力的视觉体验。

虚幻引擎动画蒙太奇连招的核心技术之一是混合动画。混合动画通过将多种动画技术相互融合，创造出独特的视觉效果。例如，将角色的高速移动与瞬间停止相结合，形成极具动感的画面。这种技术的实现需要对动画中的各种参数进行精确控制，以保证动画效果的自然与连贯。

虚幻引擎动画蒙太奇连招还包括动作捕捉技术。动作捕捉技术通过捕捉真实演员的动作，将其转化为数字动画，从而使动画角色具有更为真实的表现力。这一技术的应用，使得动画中的角色动作更加丰富多样，同时也为动画师提供了更多的创作灵感。

虚幻引擎动画蒙太奇连招还利用了物理引擎技术。物理引擎技术通过模拟现实世界的物理规律，使动画中的物体具有更真实的运动状态。例如，在动画中加入风力、重力等自然因素，使动画效果更具现实感。

虚幻引擎动画蒙太奇连招还涉及计算机视觉技术。计算机视觉技术通过分析图像或视频中的内容，自动提取关键帧，从而实现动画效果的优化。这一技术的应用，使得动画师能够更加专注于创意的发挥，提高动画制作的效率。

总之，虚幻引擎动画蒙太奇连招是一种集多种动画技术于一体的综合应用，它将各种技术相互结合，创造出极具震撼力的动画效果。随着虚幻引擎的不断升级，动画蒙太奇连招技术也将得到进一步的发展，我们有理由相信，未来的数字娱乐产业将呈现出更加绚丽多彩的动画作品。

虚幻引擎动画蒙太奇连招技巧的具体应用如下。

步骤 01　打开 6.2.3 节中完成的场景蓝图，在内容浏览器中双击 VR_AnimBlueprint，然后单击事件图表视口。右击视口空白处，搜索“添加自定义”，选择“添加自定义事件”选项并创建，将其命名为“翻滚”。接下来，在页面右侧的细节面板中打开“输入”卷展栏，单击⊕（添加）按钮，添加一个整数，并将其命名为“翻滚”。

步骤 02 在事件图表视口中，单击“翻滚”节点的执行端，然后搜索并连接到“蒙太奇播放”节点。为了同时添加 3 个动作，需要在“蒙太奇播放”节点处添加一个集合类型的节点。选择 Montage to play 端，接着搜索并连接到“选择” 节点，最后将“翻滚”节点的 A 端与“选择”节点的 Index 端进行连接。如图 6-35 所示。

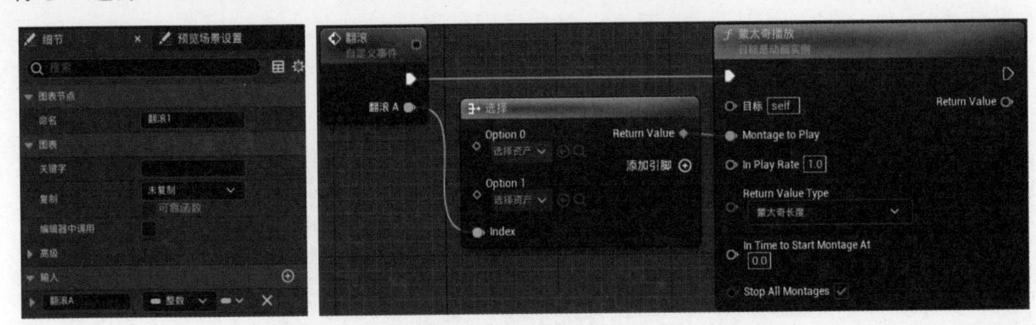

图6-35 添加“蒙太奇播放”与“选择”节点

步骤 03 在“选择”节点中，我们需添加 3 个动作。单击“添加引脚”按钮，这样就可以在原有引脚数量的基础上增加两个 Option。接下来，选择 Option0，并在“选择资产”下拉列表中选择 VR_Run_Root_C_Montage。然后，按照顺序依次添加 VR_Kip_Up_Root_A_Montage、VR_Hit_Backwards_Root_B_Monta 和 VR_Run_Root_C_Montage 这 3 个动作。如图 6-36 所示。

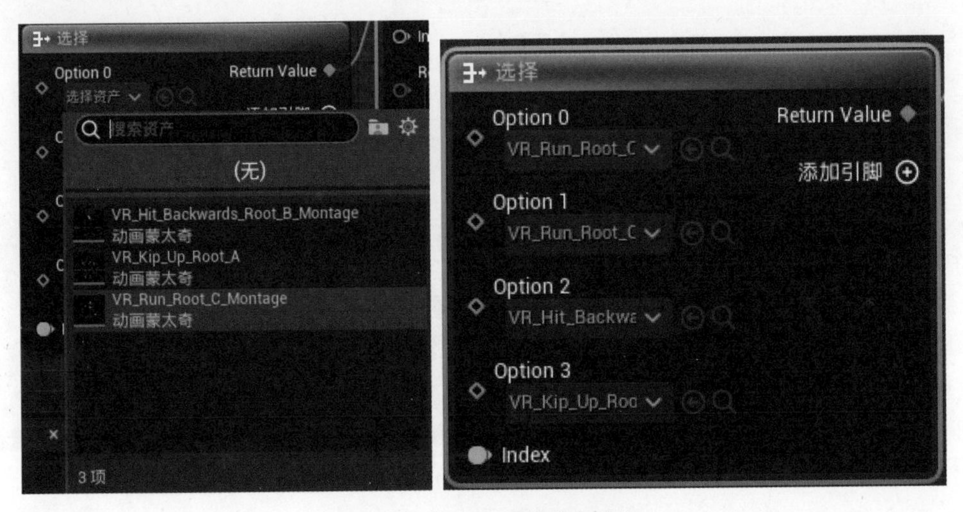

图6-36 指定动画蒙太奇动作

步骤 04 在蓝图编辑器左侧我的蓝图面板，需要新建一个函数。在“函数”卷展栏的单击 (添加) 按钮，新建一个函数并将其命名为“翻滚函数”。接下来，将事件图表视口中的“蒙太奇播放”节点和“选择”节点复制到翻滚函数视口中。

步骤 05 接下来，在函数中添加输入值和输出值。选中“翻滚函数”节点，在右侧细节面板中单击“输入”卷展栏中的 (添加) 按钮。选择整数类型并命名为“播放序号”，然后再次单击“输入”卷展栏中的⊕（添加）按钮，选择浮点类型并命名为“播放时间”。此时，界面将出现“输入”和“输出”节点。

步骤 06 首先，我们需要断开“翻滚函数”与“返回节点”之间的连接线。将“翻滚函数”与“蒙太奇播放”左侧的端进行连接。然后，将“翻滚函数”的“播放序号”端与“选择”节点的 Index 端进行连接。接下来，将“返回节点”与“蒙太奇播放”右侧的端进行连接。最后，将“播放时间”与“蒙太奇播放”的 Return Value 端进行连接。设置完成之后，单击“编译”和“保存”按钮。如图 6-37 所示。

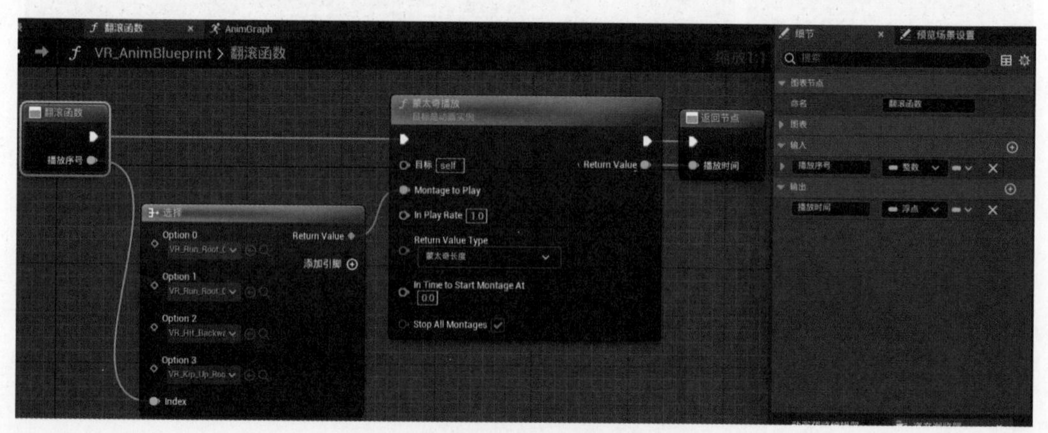

图6-37　设置“翻滚函数”节点

步骤 07 在内容浏览器的 Character 文件夹中，双击 VR_Character 以启动动画角色蓝图编辑器。首先，断开 Z 控件节点与“蒙太奇播放”的连接线，接着创建两个新的变量。在蓝图编辑器左侧我的蓝图中打开“变量”卷展栏，单击⊕（添加）按钮，选择整数类型，并为新变量命名为“当前翻滚”。然后，再新建一个布尔类型的“可以翻滚”变量。

步骤 08 单击“当前翻滚”，在右侧细节面板中展开“默认值”卷展栏，将“当前翻滚”的数值设置为 1。接着，单击“可以翻滚”，在右侧细节面板的“默认值”卷展栏中选中“当前翻滚”选项。然后，从左侧界面我的蓝图中，将“可以翻滚”拖动到界面中并选择“获取”。

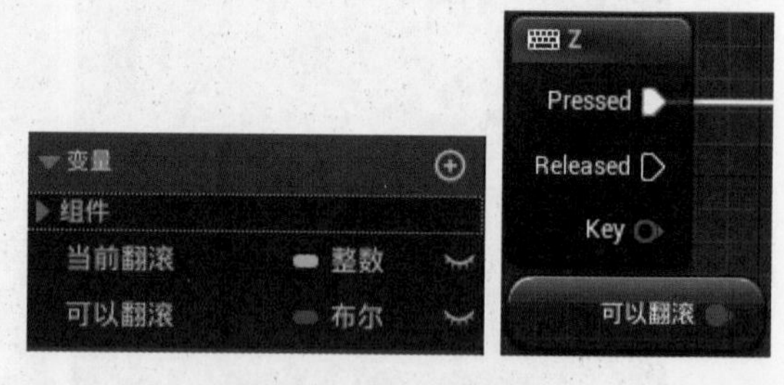

图6-38　添加变量节点

步骤 09 在角色蓝图编辑器的右侧组件面板中，选取“网格体”，然后按住鼠标左键并拖动，将其放置在视口中。接着，单击该节点的端，搜索并连接到“获取动画实例”。最后，选择 Return Value，按住鼠标左键并拖动，搜索并连接到“类型转换为 VR_AnimBlueprint”。

步骤 10 在 Z 控件的右侧，我们添加一个名为 " 分支 " 的新节点，并将其与 Z 控件的 Pressed 端相连接。接着，我们将“可以翻滚”节点与“分支”的 Condition 端进行连接。然后，在视口中选择“可以翻滚”，并将该节点分别与“分支”节点的“真”端和“类型转换为 VR_AnimBlueprint”节点的 VR_AnimBlueprint 端相连。通过这样的操作，我们便完成了对控件 Z 节点的相关设置。如图 6-39 所示。

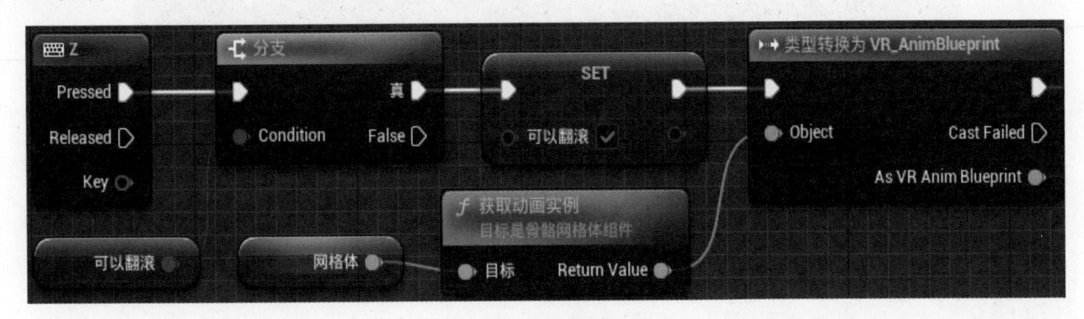

图6-39　设置Z控件

步骤 11 在我的蓝图面板中，选择“当前翻滚”，单击并拖入事件图表视口以获取相关节点。然后，选择“类型转换为 VR_AnimBlueprint”节点，并在搜索栏中输入了刚刚设置的“翻滚函数”。在找到该函数后，将 As VR Anim Blueprint 端与目标节点进行连接。

步骤 12 接下来，我们将为播放设置延迟效果。选择“翻滚函数”的端，搜索并连接“延迟”节点。接着，将“播放时间”端与 Duration 端进行连接。在我的蓝图中，选择“可以翻滚”，并将其拖动到视口中进行设置。最后，将该选项与“延迟”节点的 Completed 端相连接。如图 6-40 所示。

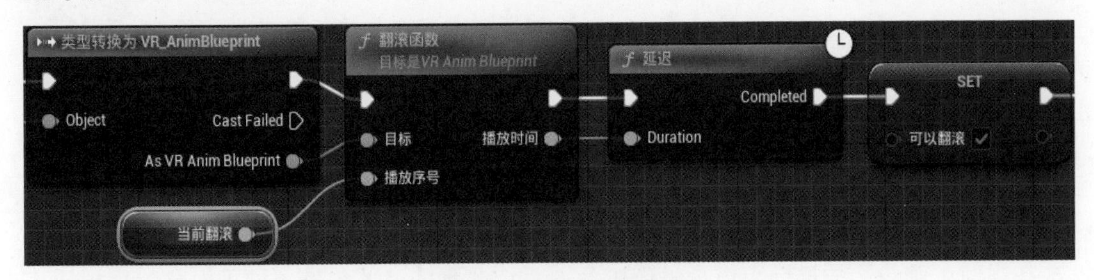

图6-40　节点连接示意图

步骤 13 为了实现播放多个动作的效果，选择 SET 节点，并拖动端。搜索并选择“++” M Increment Int 选项，并将“当前翻滚”节点与之相连接。然后，在“++”节点的右侧绿色端处，搜索并选择“>=”，将数值设置为 4。接下来，新增一个“分支”节点，将其与“++”和“>=”相连接。之后，再添加一个用于设置“当前翻滚”效果的节点，使其能够恢复至最初的状态，并将此节点与“分支”的“真”端相连接。最后，完成设置后，单击“编译”与“保存”按钮，如图 6-41 所示。

步骤 14 打开虚幻引擎关卡视口，单击▶（运行）按钮。接着，按三次 Z 键，即可实现连续三个翻滚动作的预览效果。如图 6-42 所示。

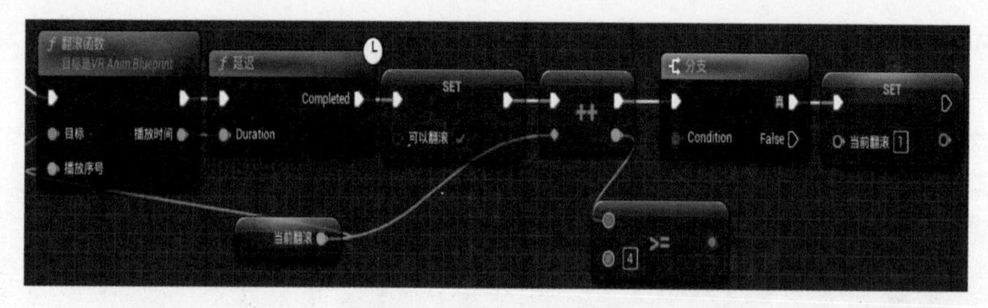

图6-41　节点连接示意图

图6-42　三连招运行效果

6.2.5 角色骨骼添加插槽绑定道具

角色骨骼添加插槽绑定道具.mp4

在使用虚幻引擎进行角色骨骼制作时，添加插槽绑定道具是一个非常实用的功能。通过插槽绑定道具，可以轻松地将道具与角色骨骼进行关联，从而实现更加丰富的交互和动画效果。

首先，需要确保角色骨骼已经制作完成，并且拥有了足够的骨骼关节。在虚幻引擎中，可以通过将骨骼关节与骨骼控制器关联，从而实现对骨骼的控制。一旦骨骼控制器被创建，就可以开始添加插槽绑定道具了。

在虚幻引擎中，插槽绑定道具是通过蓝图系统实现的。蓝图是一种可视化的编程语言，可以用于创建游戏逻辑、交互效果等。在蓝图中，可以添加一个新的节点，用于控制插槽绑定道具的添加和删除。这个节点有两个输入端口，分别是“插槽”和“道具”。“插槽”是指定要添加道具的骨骼关节，而“道具”则是指定要添加的道具模型。

除了添加插槽绑定道具外，还可以通过蓝图系统实现对插槽绑定道具的删除。在蓝图中，可以添加一个按钮节点，用于删除指定的插槽绑定道具。当玩家按下按钮时，会通过“插槽”和“道具”节点来删除指定的插槽绑定道具。

综上所述，通过虚幻引擎中的蓝图系统，可以轻松地添加和删除插槽绑定道具，从而实现更加丰富的交互和动画效果。下面将介绍如何在虚幻引擎中添加插槽绑定道具。

角色骨骼添加插槽绑定道具的具体实现步骤如下。

步骤 01 打开 6.2.4 节中完成的场景蓝图，将帽子模型导入 mesh 文件夹中。接着，在内容浏览器中选择 Animation 文件夹，然后单击 VR_BlendSpace1D 混合空间。在资产浏览器中，找到 Ldle 并选中，单击 ⏸（停止）按钮使动作停止。

步骤02 首先，我们需要定位支持头部的骨骼，以便为其添加插槽。在VR_BlendSpace1D左侧的“骨骼树”栏中，选择“Head”骨骼，这时模型相应的位置会显示出坐标。接下来，右击Head，在弹出的快捷菜单中选择“添加插槽”命令，并为它命名为“帽子”。然后再次右击，在弹出的快捷菜单中选择“添加预览资产”命令，将之前导入的帽子模型添加进来，如图6-43所示。

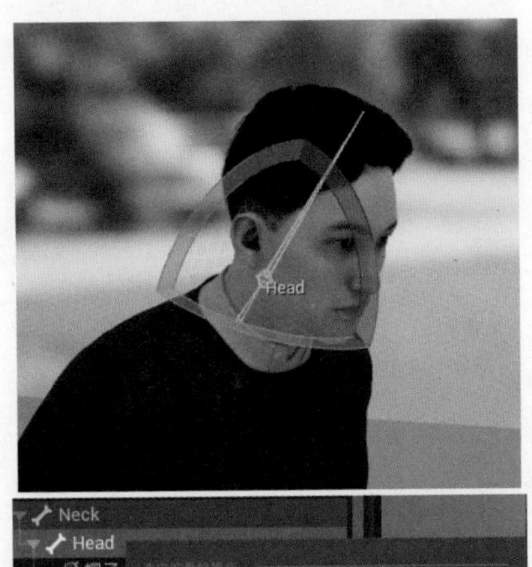

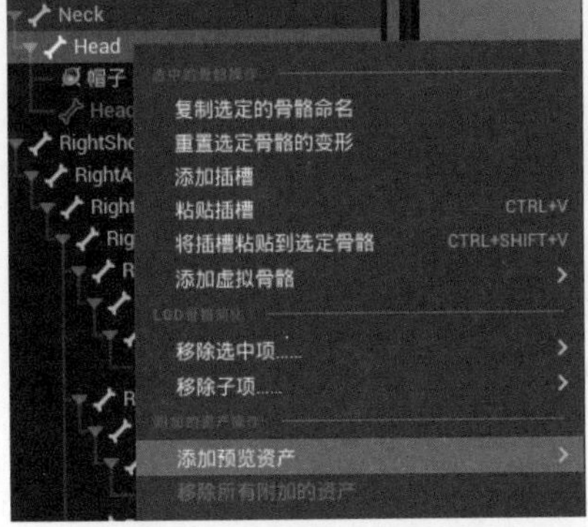

图6-43 选择头部骨骼添加帽子静态网格体

步骤03 在添加帽子模型之后，我们会发现帽子的大小有所增大。为了设置帽子的方向，我们可以操作坐标轴。在右侧的细节面板中，我们打开“插槽参数”卷展栏，选择“相对缩放”选项，然后设置帽子的大小，将数值设置为0.5、0.5、0.5。接下来，单击（移动）按钮，使用数轴来移动帽子，以达到理想的位置。

步骤04 在内容浏览器的Character文件夹中，单击VR_Character以启动动画角色蓝图编辑器。选取角色模型后，在左侧组件中按下添加“添加”按钮，搜索并添加“静态网格体组件”，将其命名为“帽子”。接着，在细节面板中展开“插槽”卷展栏，单击（查找）按钮，选择已命名的“帽子”。此刻，帽子插槽已被成功添加至角色中。然后，在静态网格体中搜索并选取“帽子”模型，使其附着在角色上。一切设置就绪后，单击“编译”与“保存”按钮。

步骤05 在虚幻引擎关卡视口中，单击（运行）按钮后，我们发现角色人物已经佩戴上了一项帽子，如图6-44所示。

图6-44 添加插槽绑定道具预览效果

6.3 表情捕捉虚拟数字人交互系统与智能动画节点编排程序控制系统在虚幻引擎中的应用

表情捕捉虚拟数字人交互系统与智能动画节点编排程序控制系统在虚幻引擎中发挥着重要的作用。通过对虚拟角色的细腻刻画，它们为动画制作赋予了灵魂，使得角色栩栩如生。

在虚幻引擎这个强大的平台上，表情捕捉虚拟数字人交互技术与智能动画节点编排程序控制技术的融合，为动画师提供了无与伦比的创作空间。

表情捕捉虚拟数字人交互系统与智能动画节点编排程序控制系统的应用并非仅限于虚幻引擎。实际上，它们在整个动画产业中都发挥着举足轻重的作用。随着动画技术的不断发展，这两大技术的融合将为动画制作带来更多可能性，使得虚拟角色更具个性与魅力。

6.3.1 表情捕捉虚拟数字人交互系统 V1.0 在虚幻引擎中的应用

表情捕捉虚拟数字人交互系统能够精确捕捉角色的面部表情，将其实时传输至虚拟角色，实现真实情感的再现。这一技术的出现，为动画制作开辟了新的可能性。以往，动画角色的情感表达受限于动画师的技术水平，而今，借助表情捕捉，角色情感更加丰富、真实。

表情捕捉虚拟数字人交互系统在虚幻引擎中应用的具体操作步骤如下。

（1）启动 Maya 三维建模软件，导入数字人三维角色模型。单击菜单栏中“天工”菜单，在下拉菜单中选择“表情捕捉虚拟数字人交互系统”命令，此时即可开始使用。

（2）在表情捕捉虚拟数字人交互系统窗口右侧，单击“生成控制器”按钮，随后在弹出的对话框中，单击“生成面部控制器”按钮。

（3）在文件导入区域单击“导入动作文件”按钮，选取 HF_B 表情动作捕捉文件，将其导入场景中。接着，在右侧窗口单击“面部表情非线性编辑”按钮，在弹出的对话框中，选择表情动作文件，然后单击“应用”按钮。这样一来，动作文件便会被指定至数字人角色模型面部骨骼对应的控制点上，如图 6-45 所示。

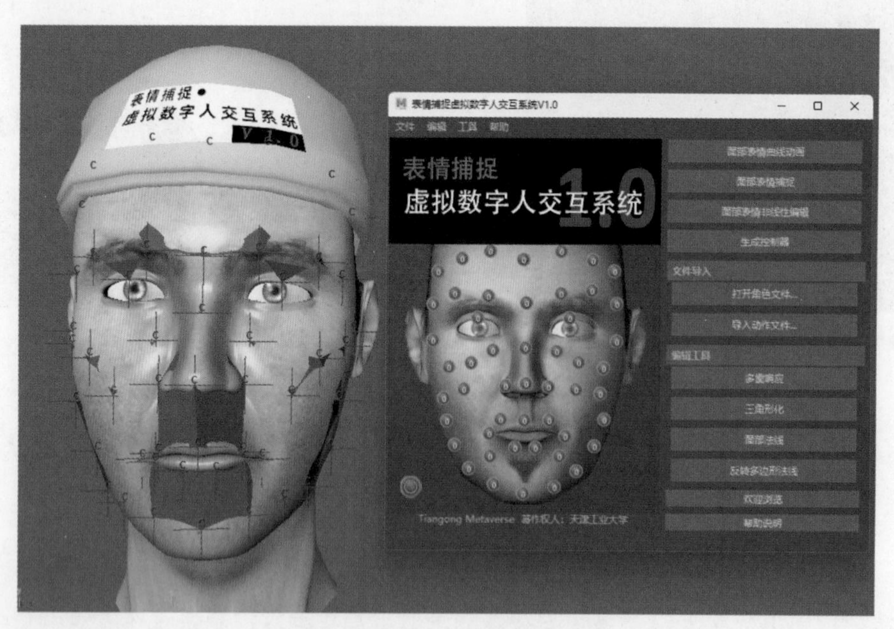

图6-45 生成控制点匹配表情动作

（4）选择数字人头部模型与面部骨骼节点，将面部表情动作烘焙至模型，接着导出 ABC 格式文件。

（5）在虚幻引擎中导入虚拟数字人角色模型，创建一个新的关卡序列。在视口中选定模型后，右击关卡序列轨道，加载数字人头部模型。接着，单击“添加轨道” + 轨道 按钮，在弹出的下拉菜单中选择“几何体缓存”命令。拖动时间线，可预览动画效果，如图 6-46 所示。

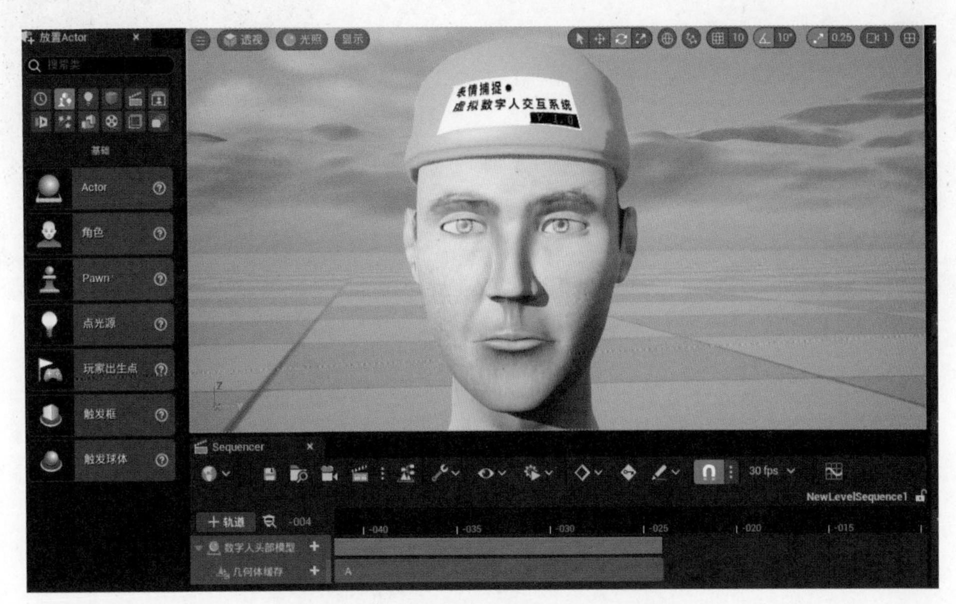

图6-46　虚拟数字人角色导入虚幻引擎

6.3.2 智能动画节点编排程序控制系统 V1.0 在虚幻引擎中的应用

智能动画节点编排程序控制系统在虚幻引擎中的应用有重要意义。该系统能够根据动画师的需求，自动调整虚拟角色的动作轨迹、姿态等细节，从而实现高度定制化的动画效果。此外，通过运用人工智能技术，该系统还能在动画制作过程中自动优化角色动作，消除不自然之处，让动画更加流畅与生动。

智能动画节点编排程序控制系统在虚幻引擎中应用的具体操作步骤如下。

步骤 01 启动 Maya 三维建模软件，生成智能动画节点三维模型。单击菜单栏中“天工”菜单，在下拉菜单中选择“智能动画节点编排程序控制系统”命令，此时即可开始使用。

步骤 02 在智能动画节点编排程序控制系统窗口右侧，单击“生成选择集控制器”按钮，随后在弹出的“生成控制器”对话框中，再次单击“生成选择集控制器”按钮，即可生成智能动画节点，如图 6-47 所示。

步骤 03 在虚幻引擎的动画编辑器中，将创建的动画蓝图绑定到角色资产上。通过关卡序列来设置动画的触发条件和播放方式，拖动时间线，可预览动画效果。

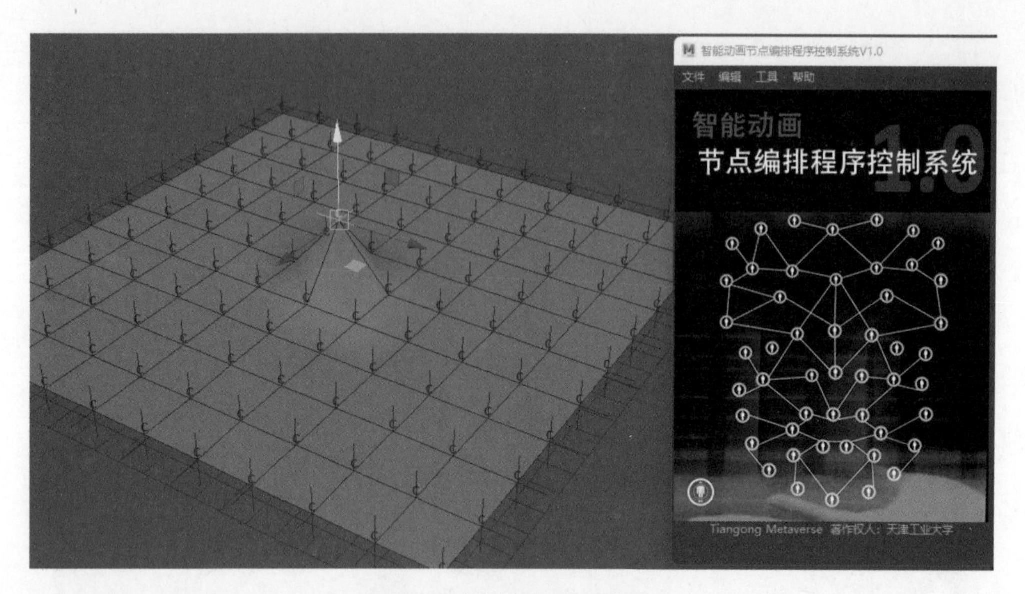

图6-47 生成智能动画节点

6.4 习 题

1. 什么是虚幻引擎中的动画角色系统？请简要描述其功能和用途。

2. 在虚幻引擎中，如何创建一个新的动画角色？请列出所需的步骤。

3. 请解释虚幻引擎中的动画蓝图（animation blueprint）是什么，以及它如何用于创建和控制动画。

4. 如何使用虚幻引擎中的动画混合（animation blending）技术来实现角色在不同动画状态之间的平滑过渡？

5. 如何在虚幻引擎中创建和编辑角色技能的动画蒙太奇（animation montage）？

6. 请举例说明如何在虚幻引擎中创建一个具有多个动画状态（如走路、跑步、跳跃等）的角色，并实现这些状态之间的平滑过渡。

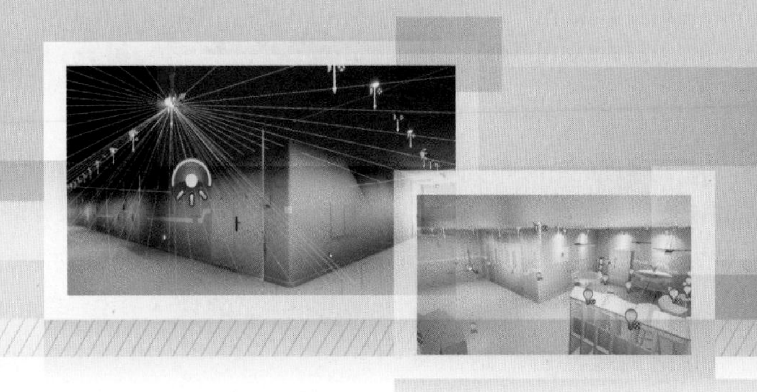

第7章

关卡序列剪辑系统与虚拟现实 UI

虚幻引擎关卡序列剪辑系统与虚拟现实 UI 为游戏开发者提供了更强大的工具和更广阔的创作空间。通过关卡序列剪辑系统，开发者可以轻松地创建和管理游戏资产，而虚拟现实 UI 则能够为玩家提供更加沉浸式的游戏体验。

关卡序列剪辑系统为游戏开发者提供了一个直观、高效的剪辑设计工具。使用该系统可以对关卡进行分段、剪辑和组合，使得开发者能够快速地创建出复杂多变的游戏场景。此外，关卡序列剪辑系统还可以与其他虚幻引擎的功能相结合，如物理引擎、动画系统等，进一步丰富游戏场景的视觉效果和交互性。

虚拟现实 UI 为玩家提供了一个全新的交互方式。在虚拟现实游戏中，玩家可以通过头部和手部动作来控制游戏角色，而虚拟现实 UI 则能够为玩家提供更加直观的界面和操作方式。例如，玩家可以通过注视某个按钮来触发相应的操作，或者通过手部动作来调整游戏界面。

虚幻引擎关卡序列剪辑系统与虚拟现实 UI 为游戏开发者提供了更多的创新空间。例如，开发者可以在游戏中加入更多的虚拟现实元素，如虚拟现实商店、虚拟现实任务等，为玩家提供更加丰富的游戏体验。同时，虚拟现实 UI 也为开发者提供了更多的设计自由度，使得游戏界面更加符合玩家的需求和习惯。

7.1 关卡序列剪辑系统

虚幻引擎关卡序列是一种在游戏开发中使用的技术，可以让玩家在游戏过程中观看一些简短的电影或动画，以推动游戏剧情的发展。这种技术在游戏开发中已经被广泛使用，因为它可以为游戏增添更多的情感元素，提高游戏的可玩性和沉浸感。

虚幻引擎关卡序列的制作需要一定的技术和时间。首先，需要使用虚幻引擎中的动画编辑器来创建动画。这个编辑器可以让用户创建和编辑动画序列，包括添加动画关键帧、调整骨骼和添加特效等。其次，需要使用虚幻引擎中的粒子系统来创建特效，如爆炸、火焰和烟雾等。最后，需要使用虚幻引擎中的音频编辑器来添加音效和配乐，以增强动画的沉浸感。

虚幻引擎关卡序列还可以通过一些高级技术来提高其逼真度和交互性。例如，可以使用虚幻引擎中的物理引擎来模拟物理效果，如碰撞、重力和惯性等。还可以使用虚幻引擎中的虚拟现实技术来创建虚拟现实环境，让玩家可以在虚拟现实中观看动画，提高其沉浸感。

7.1.1 关卡序列的基本制作流程

关卡序列的基本制作流程.mp4

在本小节中，我们将深入探讨 UE5 关卡序列的制作流程，详细介绍如何给场景添加关卡序列，以及如何在关卡序列轨道中添加摄像机、模型、角色，并设置它们的位移、角度和大小，进而制作动画。

关卡序列的具体制作流程如下。

步骤 01 在 UE5 关卡工具栏中，单击（过场动画）按钮，在下拉菜单中选择“添加关卡序列”命令，在弹出的对话对话框中选择 BP 文件夹，在 BP 文件夹下创建一个名为 VR_LevelSequence 的关卡序列，单击“保存”按钮，完成关卡序列保存。

步骤 02 打开关卡序列后，右击左侧的空白处，在弹出的快捷菜单中选择“添加物体到轨道”命令，也可以单击“添加轨道”按钮，在下拉菜单中选择“添加物体到轨道”命令，如图 7–1 所示。

图7-1 新建关卡序列

步骤 03 在 UE5 关卡工具栏中，单击（创建）按钮，在下拉菜单里选择“形状”命令，随后在子菜单中选择“立方体”命令以生成模型，这样就能在场景中成功增添一个名为

cube 的模型。

步骤 04 在关卡序列面板中，单击“添加轨道”按钮，然后在“Actor 到 Sequence”下拉菜单的搜索框内输入 cube，接着选择 Cube 选项，便可将立方体成功地添加到关卡序列中。

步骤 05 在 Transform 卷展栏下，选择“位置”选项，滑动右侧的滑块，即可设置物体的位置。按下 Enter 键时，系统将在指定位置自动添加关键帧。如图 7–2 所示。

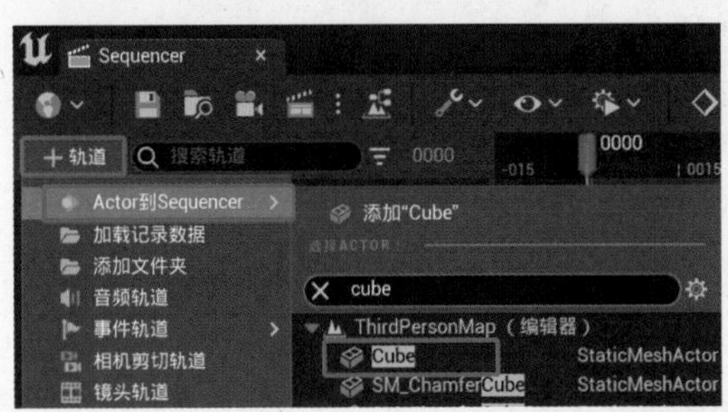

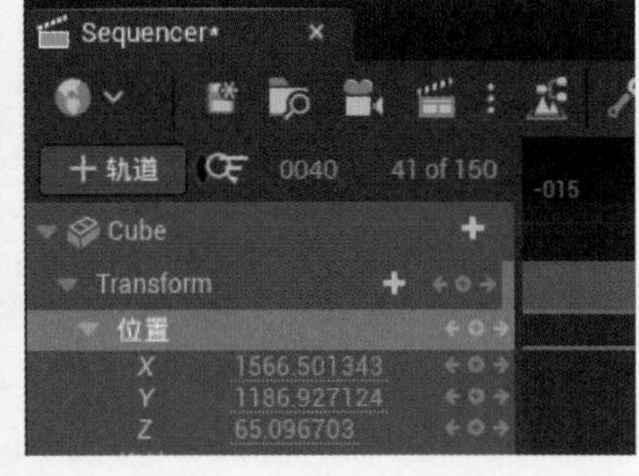

图7-2 添加关键帧

步骤 06 通过移动时间滑块，设置立方体模型的位置，最后按 Enter 键，即可为立方体模型增添相应的位移动画。

步骤 07 在视口工具栏中单击按钮，按下 Enter 键便创建了一个关键帧。利用按钮对物体进行旋转，设置好所需的帧数后，选取物体以适当的角度进行旋转。最后，按下 Enter 键，便可完成旋转操作。如图 7–3 所示。

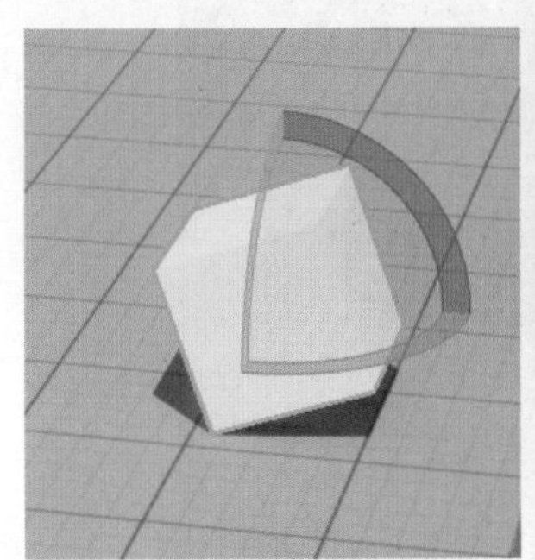

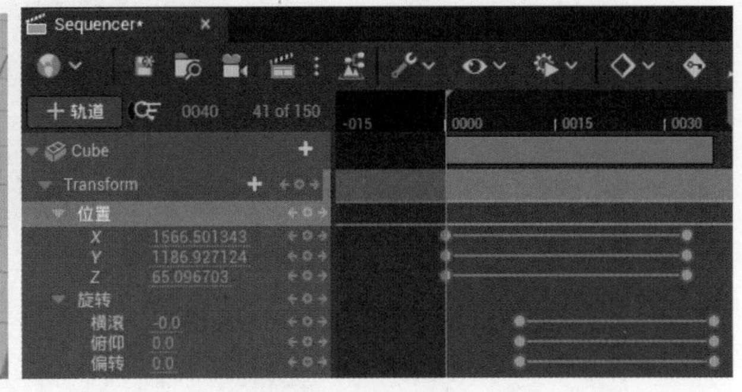

图7-3 旋转操作

步骤 08 在关卡视口中，首先新建一个名为 CameraActor1 的相机。接着，打开关卡序列，并单击“添加轨道”按钮。在弹出的“Actor 到 Sequence”下拉菜单中，选择 CameraActor1，摄像机被添加到关卡序列轨道上。

步骤 09 选择 CameraActor1 相机轨道，设定相应的帧数，按下 Enter 键设定首个关键帧。随后，将相机拖动至合适的位置，再次按 Enter 键以创建另一个关键帧。如此一来，相机的位移动画设置完成，如图 7–4 所示。

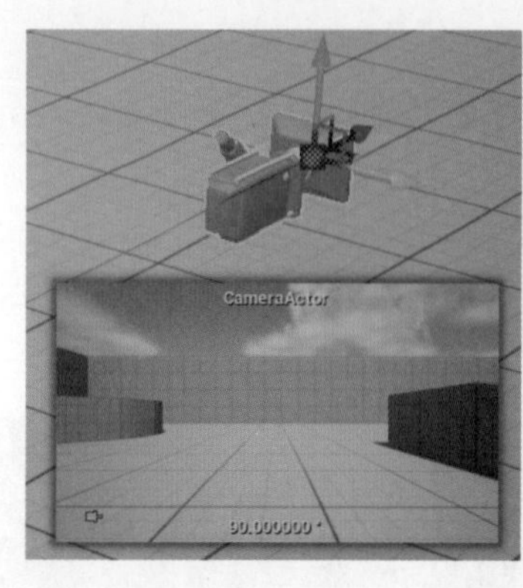
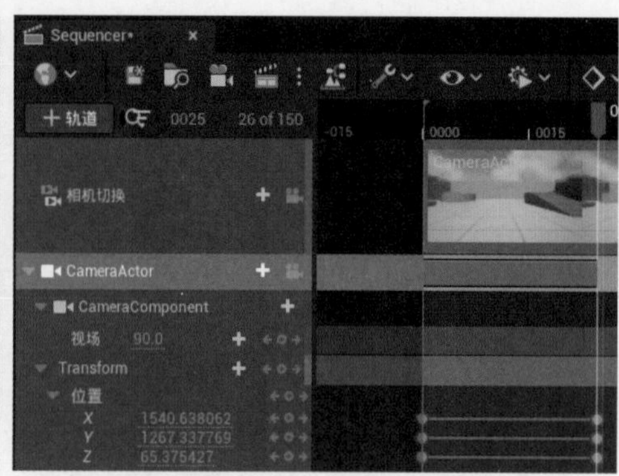

图7-4　相机位移运动

步骤 10 在关卡视口中，创建一个名为 CameraActor2 的相机。接着，打开关卡序列，将其添加到轨道中。然后，在“相机切换”轨道的右侧，单击+（添加）按钮，添加一个新的摄像机。选择第二个相机，并将 CameraActor2 放置在合适的位置。按下 Enter 键，完成移动关键帧的创建。

步骤 11 通过单击“相机切换”右侧的（相机）按钮，可以激活第二个相机的视角。将两个相机的视频进行连接，最终便可以得到一个融合了两个方向视角的合成视频，如图 7-5 所示。

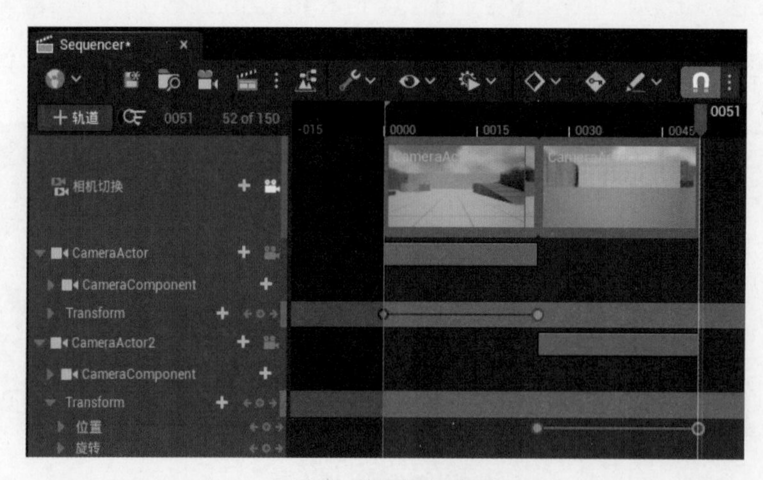

图7-5　剪辑相机动画

7.1.2 关卡序列轨道编辑与摄像机动画制作

关卡序列轨道编辑与摄像机动画制作.mp4

在本节中，我们将介绍如何使用虚幻引擎的关卡序列轨道编辑和摄像机动画制作功能，在休息厅场景中创建三个不同视角的摄像机动画。

对于休息厅场景，我们可以创建三个不同的摄像机视角。

第一个视角可以是鸟瞰视角，从高处俯瞰整个休息厅。然后，我们可以使用关卡序列编辑器中的“添加轨道”按钮，添加一个新的轨道，并使用关键帧将摄像机向下移动，以获得鸟瞰视角。

第二个视角可以是侧面视角，从左侧观察休息厅。为了创建这个视角，我们可以使用一个第一人称控制器作为摄像机，并将其放置在场景中的左侧。然后，我们可以使用关卡序列编辑器中的“添加轨道”按钮，添加一个新的轨道，并使用关键帧将摄像机向右移动，以获得侧面视角。

第三个视角可以是正面视角，从正面观察休息厅。为了创建这个视角，我们可以使用一个第三人称控制器作为摄像机，并将其放置在场景中的前方。然后，我们可以使用关卡序列编辑器中的“添加轨道”按钮，添加一个新的轨道，并使用关键帧将摄像机向后移动，以获得正面视角。

最后，我们可以将所有摄像机视角组合在一起，以创建一个完整的休息厅摄像机动画。我们可以使用关卡序列编辑器中的“激活相机”按钮，将所有序列连接在一起，并使用“播放”按钮测试动画。如果需要，我们可以对摄像机动画进行微调，以确保其流畅性和逼真度。

通过使用虚幻引擎的关卡序列轨道编辑和摄像机动画制作功能，我们可以轻松地在休息厅场景中创建三个不同视角的摄像机动画。这可以帮助我们更好地展示场景中的各种元素，并为玩家提供更好的游戏体验。

关卡序列轨道与摄像机动画的具体编辑、制作步骤如下。

步骤 01 打开制作完成灯光的虚幻引擎场景文件，在关卡视口中创建一个摄像机Actor，命名为CameraActor。按下Alt键将摄像机旋转一个角度，对准书籍。用鼠标选中相机进行移动，可以预览窗口书籍。

步骤 02 在UE5关卡工具栏中，单击 （过场动画）按钮，从弹出的下拉菜单中选择“添加关卡序列”命令，在弹出对话框中选择BP文件夹，在BP文件夹下创建一个名为VR_LevelSequence的关卡序列，单击“保存”按钮，完成关卡序列保存。

步骤 03 打开关卡序列后，在左侧的空白处右击，在弹出的快捷菜单中选择“添加物体到轨道”命令，也可以单击“添加轨道”按钮，在下拉菜单中选择“添加物体到轨道”命令。如图7-6所示。

步骤 04 鼠标拖动帧数时间线，将帧数时间线拖动到合适的位置，打开CameraActor卷展栏，选中Transform下的“位置”选项，将相机摆放至合适的位置，之后将帧数选择为0帧，按下Enter键完成创建。

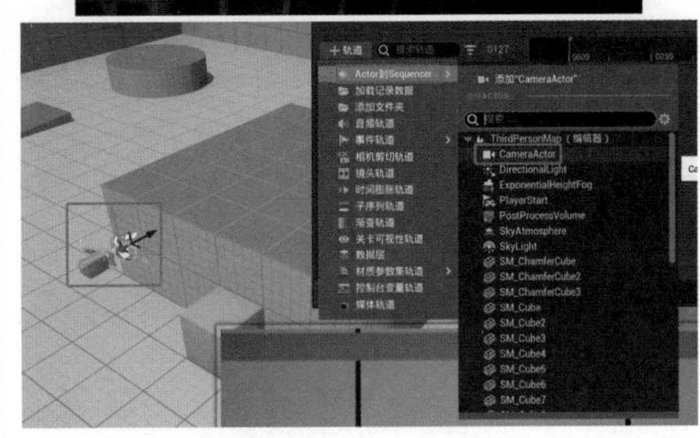

图7-6 添加摄像机

步骤05 将时间线拖动到150帧处，并将相机移动到书籍的另一端位置，按下Enter键完成末端关键帧创建。在关卡序列工具栏单击“在曲线编辑器中显示关键帧”按钮，在弹出的Sequencer曲线编辑器窗口中，框选位移运动曲线，在工具栏单击“线性插值”按钮，X、Z方向曲线呈直线显示，单击“保存”按钮，如图7-7所示。

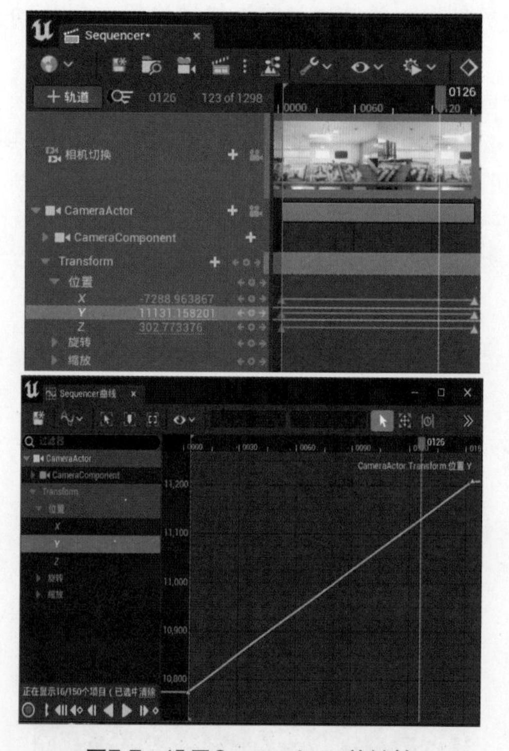

图7-7 设置CameraActor关键帧

步骤06 在关卡视口中，创建一个名为CameraActor2的相机。打开关卡序列，并将它添加到轨道中。为了更好地控制节奏，我们将时间线拖动到150帧。在此处，我们在轨道的“相机切换”的右侧单击 +（添加）按钮，添加一个新的摄像机。经过仔细比较，我们选择了第二个相机，并将其放置在恰当的位置，以实现理想的效果。

步骤07 将时间线拖动到150帧的位置，然后在Transform卷展栏下选择“位置”选项，最后按下Enter键。将时间线拖动到180帧，对CameraActor2的位置进行设置，接着按下Enter键以生成新的关键帧，如图7-8（a）所示。

步骤08 在关卡视口中，采用相同的方法，创建一个名为CameraActor3的摄影机。将CameraActor3移动至电视机所在位置，接着将其添加到轨道之中。

步骤09 将时间线定位在180帧的位置，保持“位置”选项的选中状态，并按下Enter键，以确立初始关键帧。接着，将时间范围扩展至240帧，并将摄像机向前推进至适当的位置，再次按下Enter键，以设定末端关键帧。最后，单击“激活”按钮，以预览镜头剪辑融合的效果。如图7-8（b）所示。

（a）CameraActor2关键帧动画

（b）CameraActor3关键帧动画

图7-8 设置CameraActor2、CameraActor3关键帧

7.1.3 关卡序列创建过道的长镜头动画

关卡序列创建过道的长镜头动画.mp4

在本节虚幻引擎关卡序列创建过道长镜头动画的制作中，我们将延续7.1.2节的内容，详细讲解如何运用关卡序列功能，通过旋转和推拉技巧，创建出电梯过道长镜头动画。通过本节的学习，我们将能够掌握关卡序列功能的更多应用技巧，使动画表现更加丰富和生动。

关卡序列创建过道长镜头动画的具体操作步骤如下。

步骤 01 打开虚幻引擎场景文件，在关卡视口中创建一个名为CameraActor4的摄像机。单击“透视” 透视按钮，在弹出的下拉菜单中选择“上部”选项，转成顶视图，然后将相机放置在过道的位置。

步骤 02 在时间线上进行设置，增加帧数并将其延长，将起始帧数定位在240帧的位置。单击“添加轨道”按钮，在“Actor到Sequence”下拉菜单的搜索框中搜索，找到CameraActor4并将其添加进来。然后，选择Transform卷展栏下的“位置”选项，按下Enter键，完成摄像机初始位置帧数的设置。

步骤 03 将时间线往后拖动至320帧位置处，将相机向后移动到合适的位置，按Enter键完成创建。单击 + （添加）按钮，添加并激活CameraActor4，随后将其视角纳入其中，如图7-9所示。

图7-9 添加相机CameraActor 4

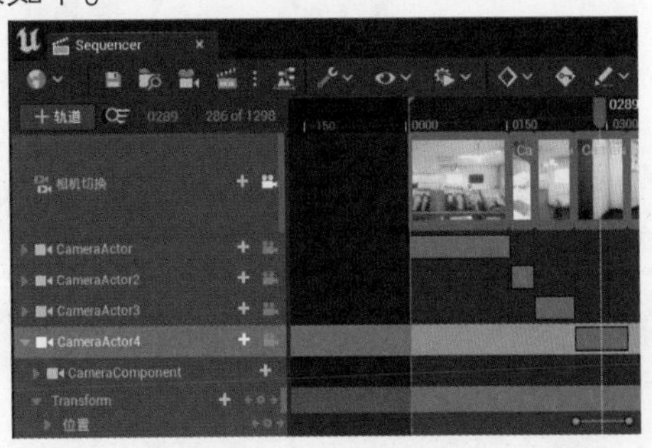

图7-9 添加相机CameraActor 4（续）

步骤 04 在关卡视口中，我们使用同样的方法，创建一个名为CameraActor5的摄像机。将视角切换至上视图，把CameraActor5移至过道所在的位置。

步骤 05 将时间线定位至320帧，接着在Transform卷展栏下选择“位置”选项，随后将相机移动至过道中合适的位置，按Enter键以创建关键帧。

步骤 06 在时间线上定位至第550帧，将相机精细设置至理想位置，按Enter键，完成关键帧的设定。若运行速度过快，可灵活设置结束帧数，例如将之设置为600帧，以实现更优化的效果。单击 + （添加）按钮，添加并激活CameraActor5，随后将其视角纳入其中。如图7-10所示。

步骤 07 在关卡视口中，使用相同的方法，创建一个名为CameraActor6的摄像机，并将其放置在恰当的过道位置上。

步骤 08 在将时间线拖动至600帧之后，选择Transform卷展栏下的中“位置”选项，并按下 Enter 键，从而设定相机的初始帧数。接着，将帧数定位至 680 帧，并将相机推移至目标过道的尾部，最后按 Enter 键，完成相机的创建。

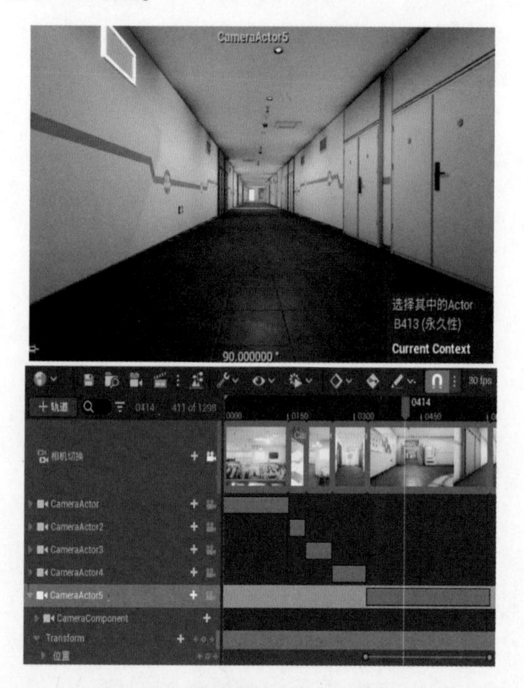

图7-10　添加相机CameraActor5

步骤 09　单击 + （添加）按钮，添加并激活 CameraActor6，随后将其视角纳入其中。如图 7-11 所示。

步骤 10　在关卡视口中，使用相同的方法，创建一个名为 CameraActor7 的摄像机，并将其放置在恰当的过道位置上。

步骤 11　在 Transform 卷展栏下选择“位置”选项，将帧数设置为 680 帧，按下 Enter 键，便可生成摄像机的初始帧数。接着，将时间线拖动至 750 帧，把相机移动至对应过道的尾部，再次按 Enter 键，便可顺利完成创建。

步骤 12　单击 + （添加）按钮，添加并激活 CameraActor7，随后将其视角纳入其中。如图 7-12 所示。

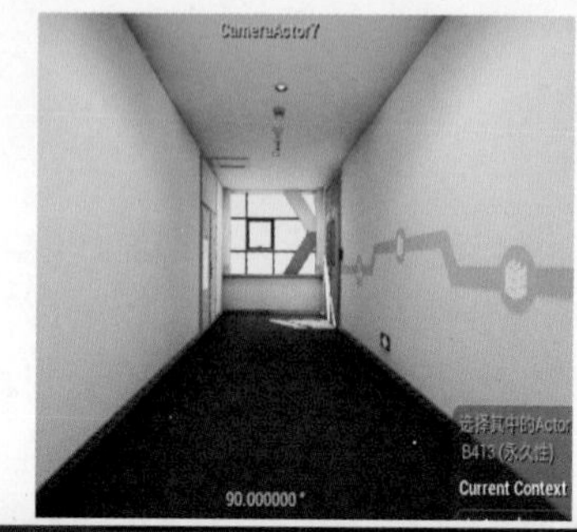

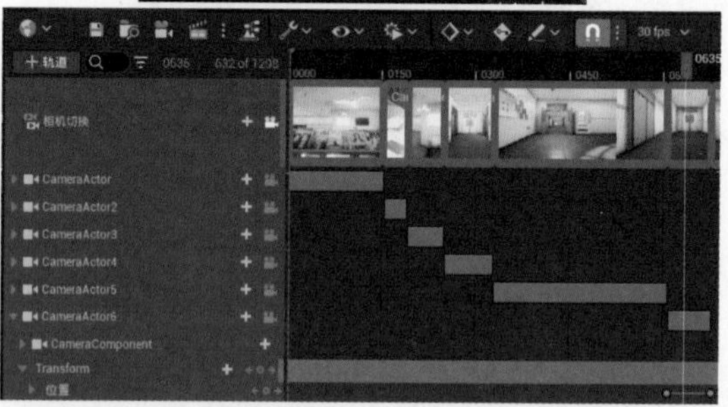

图7-11　添加相机视图CameraActor6

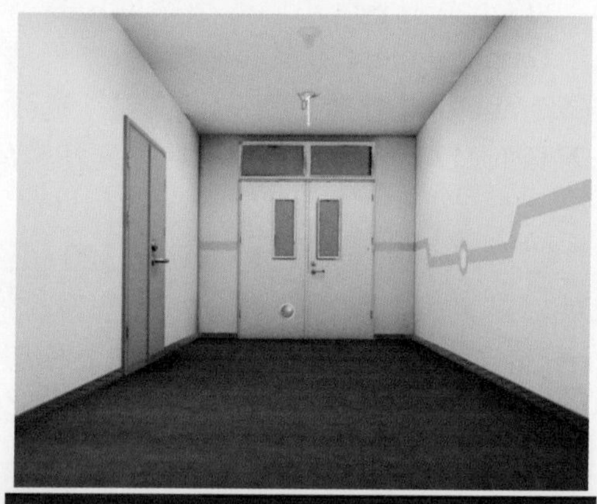

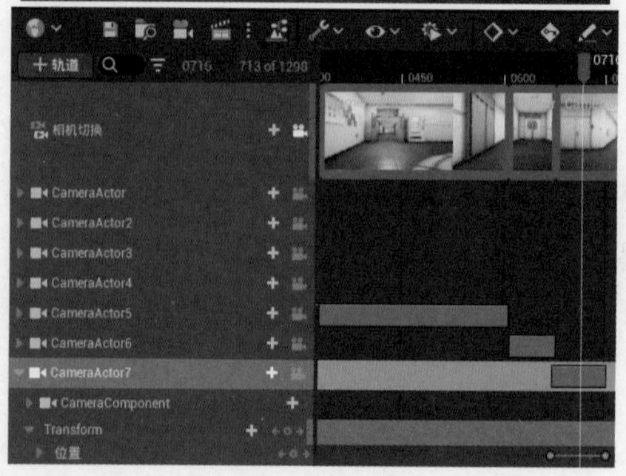

图7-12　添加相机CameraActor7

7.1.4 关卡序列摄像机动画制作

关卡序列摄像机动画制作.mp4

在本节虚幻引擎关卡序列摄像机动画制作教程中，我们将承接7.1.3节的内容讲解，深入剖析如何运用关卡序列功能。通过设置摄像机关键帧动画，我们将在转盘与机房过道间，制作出旋转和推拉的动态镜头效果。

关卡序列摄像机动画制作的具体操作步骤如下。

步骤01 在虚幻引擎场景文件中，首先在关卡视口中创建一个名为CameraActor8的摄像机。将起始帧数设定在750帧的位置。在工具栏单击"添加轨道"按钮，然后在"Actor到Sequence"的下拉菜单中搜索并找到CameraActor8，将其纳入。接下来，选择Transform卷展栏下的"位置"，按下Enter键，即可完成摄像机初始位置帧数的设定。

步骤02 在840帧处设置帧数，然后按下Enter键，为CameraActor8创建一个关键帧。接着，将时间线移动到850帧位置处，引导相机向前移动，并对相机角度进行90°的旋转。最后，再次按下Enter键，在中间位置创建另一个关键帧。

步骤03 在910帧位置处，将摄像机前移，按Enter键，关键帧创建完成。

步骤04 单击+（添加）按钮，添加并激活CameraActor8，随后将其视角纳入其中。如图7-13所示。

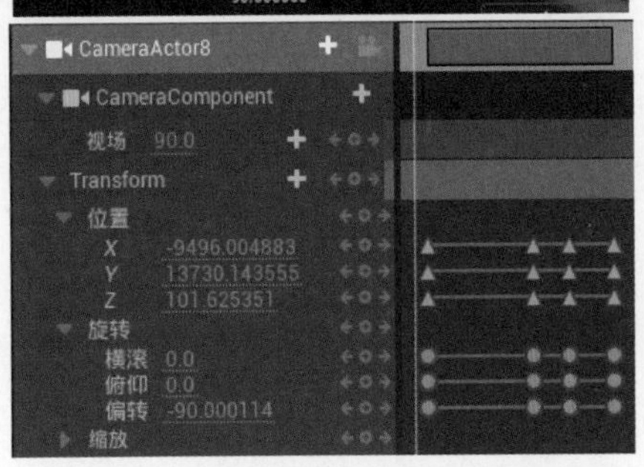

图7-13 添加相机CameraActor8

步骤05 将时间线拖动至910帧位置处，在关卡视口中再创建一个名为CameraActor9的摄像机。

步骤06 单击"添加轨道"按钮，在"Actor到Sequence"的下拉菜单中找到CameraActor9并加载。选择Transform卷展栏下的"位置"选项，按下Enter键，即可完成摄像机初始位置帧数的设定。

步骤07 将时间线拖动至1300帧的位置，选取好相机后，让它沿着y轴方向向前移动，直至到达合适的位置。按下Enter键，便完成了相机关键帧的创建。

步骤08 单击+（添加）按钮，将CameraActor9添加并激活，接着将其视角整合到其中。当9个摄像机全部添加完毕后，单击"保存"按钮，即可保存关卡。如图7-14所示。

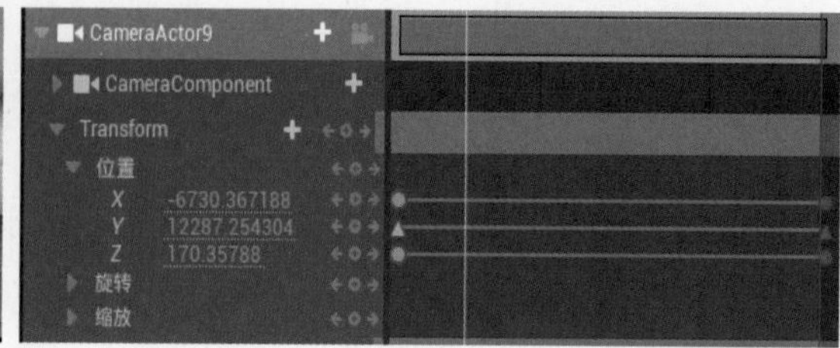

图7-14 添加相机CameraActor9

7.1.5 关卡序列摄像机动画位置和速度的编辑

关卡序列摄像机动画位置和速度的编辑.mp4

在本节中，首先我们将详细介绍摄像机动画位置和速度编辑方法，介绍如何切换摄像机场景和关键帧的前后位置，以及如何将摄像机动画设置为匀速运行。

其次，我们将探讨设置摄像机动画位置的编辑方法。为了实现这一目标，我们需要熟练掌握关卡序列编辑器中的相关工具。通过合理运用这些工具，我们可以轻松地改变摄像机在不同场景中的位置，以及关键帧在场景中的前后顺序。这不仅可以为我们的动画增加视觉层次感，还可以帮助观众更好地理解故事情节。

最后，我们将学习设置摄像机匀速运行的编辑方法。为了实现这一目标，我们需要对关卡序列中的摄像机动画进行细致地调整。通过合理设置关键帧和调整动画曲线，我们可以确保摄像机在场景中的运动保持匀速。这不仅可以提升动画的观感，还有助于增强观众的沉浸感。

综上所述，通过本节的学习，我们不仅可以掌握摄像机动画位置和速度的编辑方法，还可以学会许多实用的技巧。将这些知识运用到实际动画制作中，将有助于我们打造出更加精彩的作品。

关卡序列摄像机动画位置和速度编辑的具体操作步骤如下。

步骤 01 单击（相机）按钮，激活摄像机后，单击（运行）按钮，预览已设置的摄像机视角。

步骤 02 在设置镜头顺序之前，需要根据实际效果对摄像机进行重命名。首先，双击CameraActor，将其更名为“书架平移”。接着，将其他摄像机依次更名为“书特写”“推到电视机”“电梯口”“动捕机房过道”“窗台”“电箱”“转盘相机旋转”和“机房过道”。这样，摄像机的命名将更加贴切，方便后续的镜头设置工作，如图 7-15 所示。

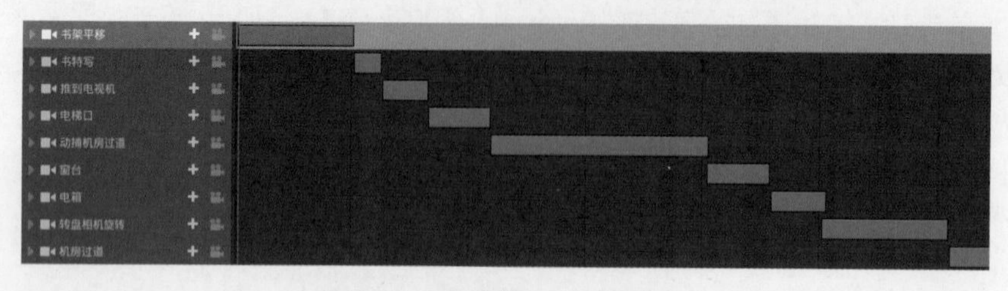

图7-15 重命名CameraActor

步骤 03 选取前三个摄像机，将它们放置在“电箱”和“转盘相机旋转”轨道之间。根据室内布局，合理设置摄像机的顺序，以实现更高效的监控效果。

步骤 04 设置预览窗口，选中前三个预览窗口后，按下 Ctrl 键进行剪切操作。接着，将后续窗口全部选中，并向前拖动，直至最前端时间线与 0 帧完全重合。

步骤 05 在关卡序列中单击“电梯口”摄像机，进而选中相应的关键帧。接着，将这些关键帧与预览窗口的视角帧数进行精确对齐。同样地,对于“动捕机房过道”“窗台”和“电箱”的关键帧，也需进行精确对齐。

步骤 06 激活摄像机后,可以预览已设置的摄像机视角,并运行所创建的动画,如图 7–16 所示。

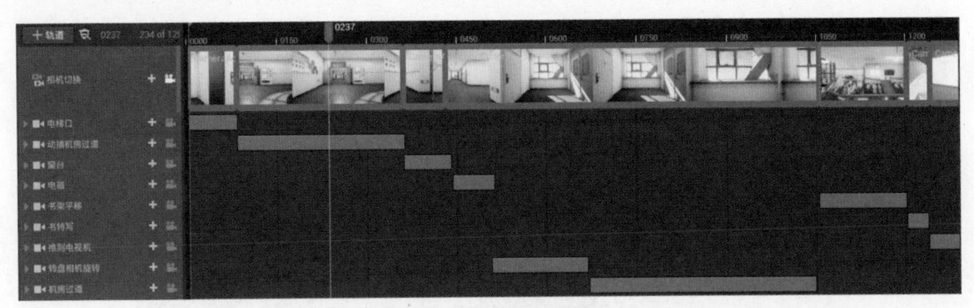

图7-16　预览动画

步骤 07 选择“电梯口”摄像机，在 Transform 卷展栏下选择“位置”选项，并选定 Y 轴轴向。然后，在关卡序列工具栏中，单击（曲线或波形）按钮弹出对话框，选取中间部分的速度曲线，并单击（展开）按钮选中“线性”，将相机设置为匀速运行。按照相同的方法，对“动捕机房过道”“窗台”“电箱”“书架平移”“书特写”“推到电视机”“转盘相机旋转”以及“机房过道”摄像机进行调整，使其均保持匀速运行。最后，单击”保存“按钮，即可完成设置。

步骤 08 单击（相机）按钮激活摄像机之后,可以预览已设置的摄像机视角和位移曲线,如图 7–17 所示。

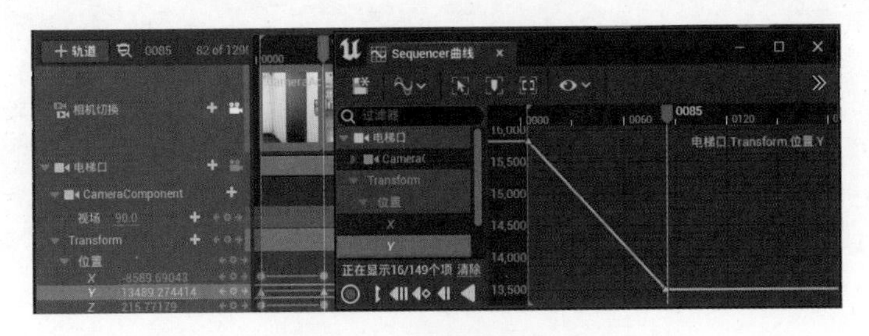

图7-17　设置相机为匀速

7.1.6 关卡序列摄像机动画转场的制作

关卡序列摄像机动画转场的制作.mp4

本节将通过动画转场制作教程，详细阐述如何打造吸引人的动画转场。

为了消除不同摄像机场景转换时的突兀感，我们在切换位置时加入了渐变效果。通过设置渐变轨道的数值，从 0 逐渐过渡为 1，再回到 0 的连续操作，完成动画转场效果的制作。

关卡序列摄像机动画转场的具体制作步骤如下。

步骤 01 打开 7.1.5 节中完成的关卡序列，单击（相机）按钮将摄像机激活，单击（运行）按钮对所设置的摄像机视角进行预览，运行所创建的动画。

步骤 02 在关卡序列左侧右击，在弹出的快捷菜单中选择“渐变轨道”命令，将“渐变”轨道中的值设为 1，将时间线放置在第一个镜头和第二个镜头的交界处，然后选中右侧渐变效果窗口，按 Enter 键完成创建。

步骤 03 将时间线向左拖动，再选中渐变效果窗口，按 Enter 键再创建一个关键帧，之后将“渐变”轨道中的值设置为 0，再将时间线向右拖动，选中渐变效果窗口并按 Enter 键创建关键帧，然后将“渐变”轨道中的值设置为 0。便将渐变效果添加完成，如图 7-18 所示。

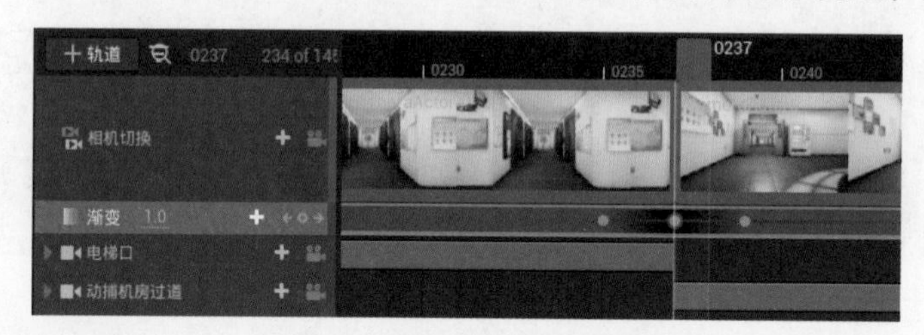

图7-18 添加“渐变”关键帧

步骤 04 通过采用相同的方法，对“动捕机房过道”“窗台”“电箱”“书架平移”“书籍特写”“推到电视机”“转盘相机旋转”以及“机房过道”摄像头的交汇点进行渐变效果的添加。通过这一处理，画面更加丰富，呈现出一种视觉上的渐进变化。

步骤 05 将时间线拖动至起始帧位置处，单击（相机）按钮激活摄像机，最后单击（运行）按钮，即可浏览过场动画，如图 7-19 所示。

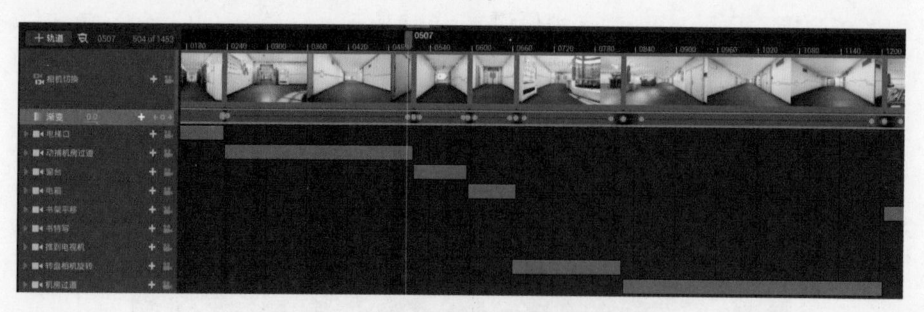

图7-19 设置摄像机转场渐变效果预览

7.1.7 关卡序列轨道音效和高清影片的输出

关卡序列轨道音效和高清影片的输出.mp4

在本节中，我们将以关卡序列轨道音效和高清影片输出教程为例，详细介绍如何添加背景音乐，设置背景音乐格式，并将相应关键帧对应上，最后对视频进行渲染，确保渲染图片输出与场景动画一致。这些技巧将帮助我们更好地将音乐与场景动画相结合，提高我们的项目质量。

关卡序列轨道音效和高清影片输出的具体操作步骤如下。

步骤 01 在虚幻引擎场景中，先打开 7.1.6 节中制作的关卡序列。接着，单击“内容侧滑菜单”按钮，打开内容浏览器并将相应的音效素材导入场景中。然后，在关卡序列左侧面板的空白区域右击，在弹出的快速菜单中选择“音效轨道”命令，以创建新的“音效”轨道。通过这样的操作，我们便可以为关卡序列添加丰富的音效元素，进一步优化游戏体验。

步骤 02 在“音效”轨道上单击“添加音频”按钮，在下拉菜单中选择需要导入的音效素材，然后将其移动到与摄像机场景相匹配的位置。

步骤 03 最后单击▶（运行）按钮，即可浏览过场动画视频音效，如图 7–20 所示。

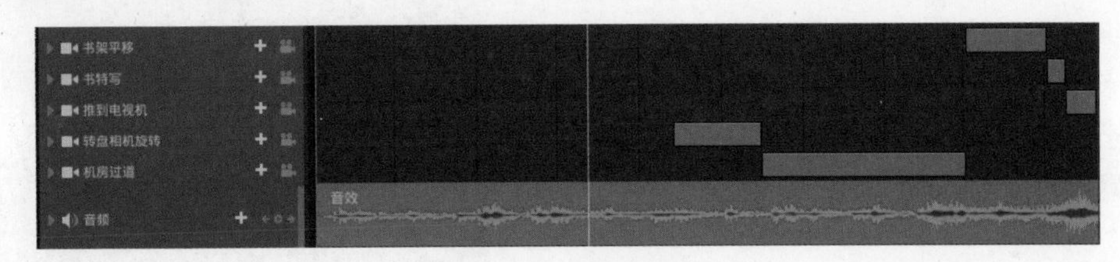

图7-20 添加音效

步骤 04 在关卡序列工具栏中，单击🎬（过场动画）按钮，弹出“渲染影片设置”对话框。在其中的“图像输出格式”下拉列表里，选择“自定义渲染通道”选项。

步骤 05 在“复合图选项”卷展栏中，单击“添加渲染通道”，从下拉列表中选择“粗糙度”“金属”“基础颜色”等效果。如果希望进一步丰富视觉效果，还可以添加其他通道。如若不需要某个通道效果，单击右侧的移除符号即可。

步骤 06 在“常规”卷展栏中，单击“输出目录”右边三个小点按钮，在弹出的对话框里选择保存文件的目标位置。

步骤 07 在“捕获设置”卷展栏中，将“分辨率”设置为 1980X1080（16：9）。接着，单击“保存”按钮，将设定值保存下来。最后，单击“捕获影片”按钮，将渲染序列图输出。如图 7–21 所示。

图7-21 渲染输出设置

7.1.8 关卡蓝图控件播放关卡序列动画

关卡蓝图控件播放关卡序列动画.mp4

在本节中，我们将详细阐述如何通过关卡蓝图控件来实现关卡序列动画的播放。主要内容包括如何将功能键和播放器整合至关卡蓝图中，并设定特定的任意键，从而实现利用关卡蓝图控件播放关卡序列动画的目标。

关卡蓝图控件播放关卡序列动画的具体操作步骤如下。

步骤 01 在虚幻引擎的场景关卡视口中，在工具栏中单击（蓝图）按钮，接着在下拉菜单中选择“打开关卡蓝图”命令以打开蓝图编辑器。接下来，需要在关卡视口中选择关卡序列，然后在该关卡蓝图事件图表视口的空白处右击，在弹出的快捷菜单中选择“创建一个 VR_LevelSequence2 的引用”命令。

步骤 02 在将关卡序列导入关卡蓝图后，首先，将 VR_LevelSequence2 节点右侧的端拖动到任意空白处，以获取关卡序列 Actor 对象的引用。接着，在搜索栏中搜索“播放（SequencePlayer）”，并将其选中。此时，蓝图窗口中将出现播放器。通过这样的操作，我们便可以实现关卡序列的播放。

步骤 03 右击事件图表视口的空白处，在弹出的快捷菜单中搜索并创建“任意键”。在右侧细节面板打开“任意键”卷展栏，将 T 设定为快捷键，实现任意键与播放器的连接。通过这一系列操作，我们可以简化播放器的控制流程。如图 7-22 所示。

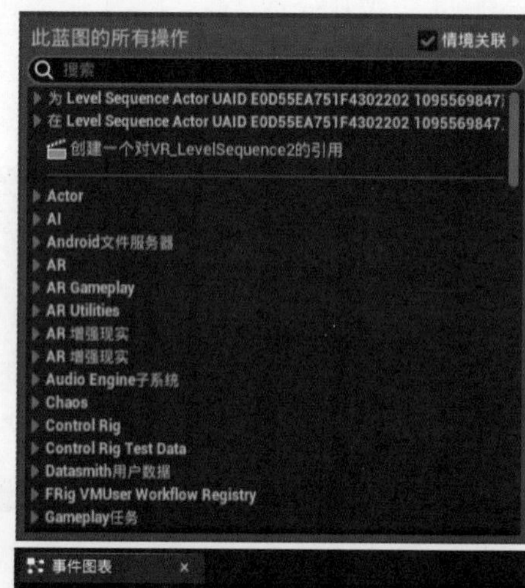

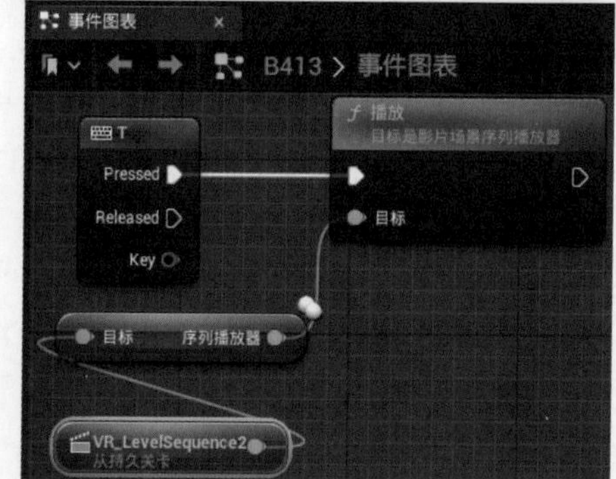

图7-22 创建任意键

步骤 04 在关卡视口工具栏中单击（运行）按钮，运行关卡预览。播放过程中无法暂停，为此，需添加相应按键来实现暂停功能。首先，选取 VR_LevelSequence2 节点，然后将其右侧的端拖动至任意空白处。接着，搜索“暂停（SequencePlayer）”，并将其添加至关卡中，以实现暂停功能。

步骤 05 选中所需的任意键控件，单击右侧的三角端并将其向外拖动，搜索并选中 Flip Flop 以创建一个新的开关。在成功创建开关后，将看到两个新的功能接口，分别为 A 和 B。其中，A 键负责播放功能，B 键则负责暂停播放功能。最后，单击“编译”和“保存”按钮。

步骤 06 单击▶（运行）按钮，按下 T 键来播放关卡序列，若想暂停播放，可再次按下 T 键。如需继续播放，只需再次按下 T 键即可。关卡蓝图如图 7–23 所示。

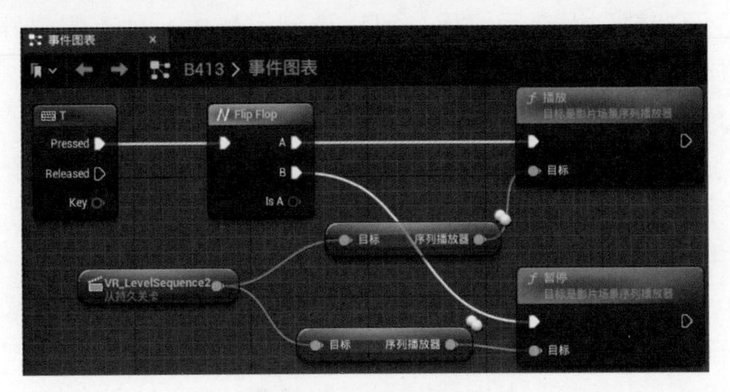

图7-23　关卡蓝图

7.2 虚拟现实UI的编辑制作

虚拟现实（VR）技术已经成为现代科技领域中最受欢迎的技术之一。在 VR 中，用户体验是非常重要的，而用户界面（UI）是影响用户体验的关键因素之一。因此，虚拟现实 UI 的编辑制作对于 VR 应用程序的成功至关重要。

虚拟现实 UI 的编辑制作需要专业的工具和技术。其中，最常用的工具之一是虚幻引擎用户界面控件蓝图。虚幻引擎用户界面控件蓝图可以让用户在虚拟空间中创建和编辑 UI 元素，使得用户可以更好地了解它们在实际使用中的效果。虚幻引擎用户界面控件蓝图还允许用户测试 UI 元素的响应性和交互性，以确保它们在实际使用中能够正常工作。

在虚拟现实 UI 的编辑制作中，用户需要考虑许多因素，例如用户体验、交互性、易用性和可访问性。用户需要确保 UI 元素易于使用，用户可以轻松地找到他们需要的信息或执行他们需要的任务。此外，UI 元素应该适应不同用户的需求和偏好，例如不同的语言和不同的视力水平。

虚拟现实 UI 的编辑制作还需要用户了解 VR 技术的特点和限制。例如，VR 技术中的运动和头部追踪可能会影响 UI 元素的稳定性和响应性。因此，在虚拟现实 UI 编辑制作中，用户需要考虑这些因素，并确保 UI 元素能够适应这些限制。

除了虚幻引擎用户界面控件蓝图之外，虚拟现实 UI 编辑制作还需要使用许多不同的工具和技术，例如 3D 建模软件、动画软件和编程语言。这些工具和技术可以帮助用户创建具有复杂交互性和动画效果的 UI 元素。

虚拟现实 UI 的编辑制作是一个复杂的过程，需要用户具备专业的技能和知识。但是，通过使用虚幻引擎用户界面控件蓝图和不同的工具和技术，用户可以创建出令人惊叹的虚拟现实 UI 元素。随着虚拟现实技术的不断发展，虚拟现实 UI 编辑制作也将成为一个不断发展和变化的领域，为用户带来更多的机会和挑战。

7.2.1 UI界面加载到关卡视口的基本方法

UI界面加载到关卡视口的基本方法.mp4

虚幻引擎UI界面加载到视口后，用户可以看到引擎中各种不同的界面元素，如场景视图、属性面板、关卡编辑器等。这些元素可以通过菜单栏、工具栏、热键等方式进行操作和切换。

在虚幻引擎中，用户可以通过调整视口大小和位置来更好地观察场景，还可以通过更改视角、缩放和平移来控制视口。此外，用户还可以通过选择不同的相机模式来更改视口显示的内容，例如，用户可以选择第一人称视角或第三人称视角。

除了场景视图，虚幻引擎还提供了其他工具来帮助用户创建和编辑场景。例如，用户可以使用关卡编辑器创建和编辑场景中的地图和对象。属性面板则可以帮助用户查看和设置场景中对象的各种属性，如位置、旋转、缩放、材质等。

虚幻引擎UI界面还提供了各种不同的视图和工具，以便用户可以更好地查看和编辑场景中的对象。例如，用户可以使用蓝图视图来创建和编辑场景中的逻辑和行为，使用材质编辑器来创建和编辑场景中的材质和纹理等。

总结起来，虚幻引擎UI界面加载到视口后，用户可以通过各种不同的界面元素和工具来查看和编辑场景，从而更好地创建和编辑游戏或应用程序。

UI界面加载到关卡视口的具体操作步骤如下。

步骤01 启动UE5，在菜单栏中选择“文件”→“新建关卡”命令，生成一个全新的游戏场景。接着，在内容浏览器中创建一个新的文件夹，并将其命名为UI。在UI文件夹的空白区域右击，在弹出的快捷菜单中选择“控件蓝图”命令，以生成用户界面蓝图控件。

步骤02 将选中的控件蓝图重命名为VR_UI，双击蓝图控件即可打开。

步骤03 在UI控件蓝图的控制板面板中，单击打开“面板”卷展栏，选择“画布面板”并将其添加至设计器视口。接着，单击打开“通用”卷展栏，选择“按钮”命令，将其作为子按钮添加至“画布面板”。此时，可以利用设计器面板“锚点”卷展栏中的“位置”“大小”等参数进行精细设置，如图7-24所示。

步骤04 在右侧细节面板ZOrder选项中，设置数值来调整按钮的上下层级关系。

图7-24 新建控件蓝图

步骤05 双击打开VR_Character角色蓝图，在事件图表视口中右击并在弹出的快捷菜单中选择命令创建一个事件，将其命名为“事件开始运行”。接着，在“事件开始运行”节点的执行端处拖出一条线，此时会弹出一个搜索框，我们选择“创建控件”。在控件Class 下拉列表中，选择 VR_UI，然后单击“编译”和“保存”按钮。设置情况如图 7–25 所示。

图7-25　添加控件蓝图

7.2.2 虚拟现实 UI 背景加载到屏幕

虚拟现实UI背景加载到屏幕.mp4

随着科技的飞速发展，虚拟现实技术逐渐成为人们关注的焦点。在 VR 应用中，用户界面的设计与加载速度对于用户体验至关重要。本文将探讨如何优化虚拟现实 UI 背景的加载速度，以提高用户体验。

虚拟现实 UI 背景与传统 UI 背景有很大的不同，它需要考虑虚拟环境中的空间关系、三维物体呈现以及交互方式。在 VR 中，UI 元素以 3D 形式呈现，用户可以在虚拟空间中与之互动。因此，虚拟现实 UI 背景的加载速度会直接影响到用户的体验。

虚拟现实 UI 背景加载到屏幕的具体操作步骤如下。

步骤 01 启动 7.2.1 节中完成的 UE5 虚幻引擎工程文件，双击打开 VR_UI 控件蓝图。在画布画板中创建一个按钮，并将其重命名为“UI 背景”。

步骤 02 在内容浏览器中的 UI 文件夹内，导入 UI 背景贴图。接下来，在 VR_UI 控件蓝图右侧的细节面板中，打开“普通”卷展栏，在“图像”下拉列表中，指定 UI 的背景贴图。

步骤 03 双击打开 VR_Character 角色蓝图，从“创建 VR_UI 控件”节点右侧输出端拖出一条线。弹出快捷菜单，在此快捷菜单中搜索“添加到视口”并创建节点。随后，将“创建 VR UI 控件”节点的 Return Value 端与“添加到视口”节点的“目标”端进行连接，然后单击“编译”和“保存”按钮。

步骤 04 单击 UE5 工具栏中的▶（运行）按钮时，预览 UI 控件蓝图会加载到视口的左下角。此时，我们可以观察并设置控件的位置、大小和显示效果，以确保它们在游戏中的表现符合预期。这种便捷的预览功能，可以帮助我们更快速、更准确地完成 UI 设计，为玩家带来更好的游戏体验。设置情况如图 7–26 所示。

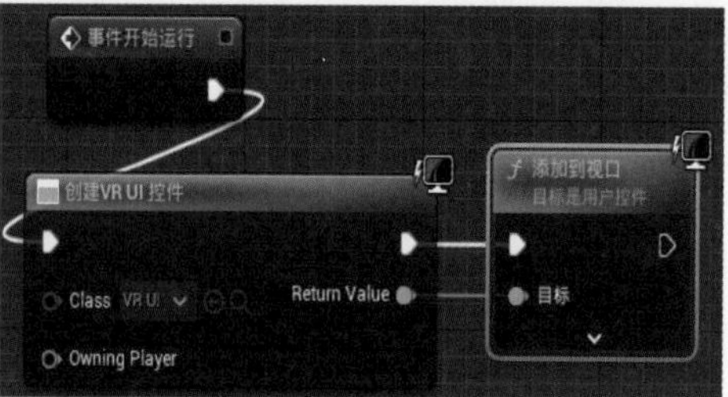

图7-26　VR_UI控件蓝图加载到视口

7.2.3 虚拟现实 UI 界面按钮贴图材质的制作

虚拟现实UI界面按钮贴图材质的制作.mp4

在 7.2.2 节中，我们已经成功完成了 UI 背景的制作。接下来，我们将进入虚拟现实 UI 界面按钮贴图材质的制作。要制作按钮贴图材质，我们需要先了解虚幻引擎中的材质系统。在虚幻引擎中，材质是由多个材质通道组成的，每个通道都负责控制材质的不同方面，例如颜色、纹理、光照等。下面介绍如何制作这些按钮贴图材质。

虚拟现实 UI 界面按钮贴图材质制作的具体操作步骤如下。

步骤 01 在已有的 UI 背景上添加一个按钮，首先在控制板面板中选取“按钮”，并将其拖动到画布面板，为其重命名为 1P。完成创建后，按钮便会出现在左下角的 UI 背景上。通过右侧的细节面板，可以对按钮的位置、背景颜色以及背景贴图进行设置。

步骤 02 在内容浏览器中的 UI 文件夹内，导入 UI 按钮贴图。接着，新建一个材质，将其重命名为 UI_Mat。双击材质球，打开材质编辑器。在细节面板的“材质”卷展栏中，选择“材质域”下拉列表中的“用户界面”选项，并将“混合模式”设置为“半透明”。接下来，将贴图拖动至材质图表视口。

步骤 03 将 RGB 节点连接至 UI_Mat 的“最终颜色”属性上，同时将 A 端连接至“不透明度”属性上，实现颜色与透明度的整合，然后单击“保存”按钮。设置情况如图 7-27 所示。

步骤 04 打开 VR_UI 编辑器，在右侧细节面板的“普通”卷展栏中，选择 UI_Mat 作为用户界面材质。设置细节面板中的“图像大小”参数，调整背景尺寸。

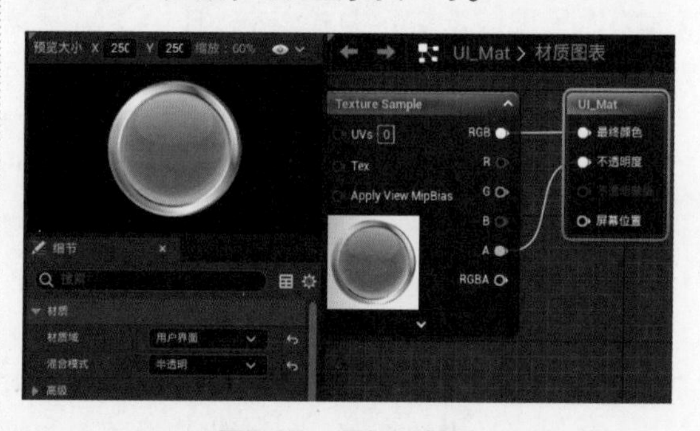

图7-27　添加UI材质

步骤 05 运行程序后，按钮随即出现在屏幕左下角。将鼠标光标置于按钮上，可观察到三种不同的颜色：首先是按钮的原始显示颜色，接着是鼠标悬停时按钮呈现的颜色，最后是单击按钮后发生变化的颜色。

步骤 06 通过相同的方法，再导入两张按钮贴图，创建一个材质来设定鼠标悬停在按钮上的颜色，同时也可以制作另一个材质以设定单击后的颜色。设置情况如图 7-28 所示。

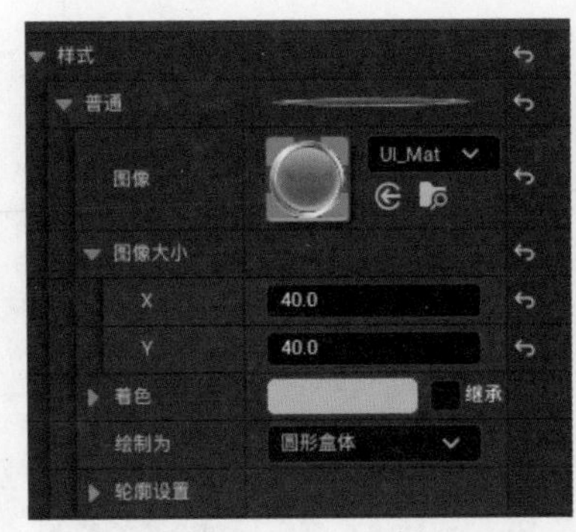

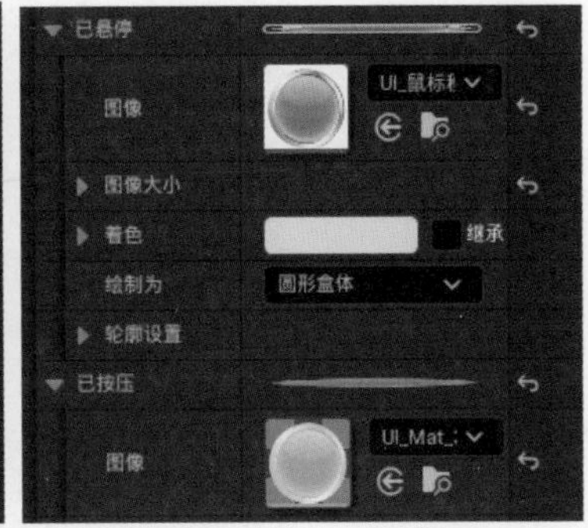

图7-28　添加按钮贴图材质

7.2.4 虚拟现实 UI 界面按钮文本的制作

虚拟现实UI界面按钮文本的制作.mp4

在 7.2.3 节中，我们已经成功完成了 UI 界面按钮贴图材质的制作。接下来，我们将进行虚拟现实 UI 界面按钮文本的制作。在游戏开发过程中，UI（用户界面）按钮的文本显得尤为重要，它直接影响着玩家对游戏的整体体验。虚幻引擎提供了灵活的 UI 文本编辑功能，使得开发者可以根据游戏场景和需求轻松调整按钮文本。

虚拟现实 UI 界面按钮文本制作的具体操作步骤如下。

步骤 01 将 UI 按钮拖动到 UI 背景的下方，并使用键盘方向键将其移动到中间。接着，在左侧层级命令面板中将该按钮命名为“退出”。

步骤 02 在此基础上，为按钮添加文字。在控件蓝图左侧控制板面板的“通用”卷展栏下方，将“文本”选项拖动到层级面板内的“退出”层级下面。选中文本后，在右侧“字体”卷展栏设置尺寸参数，以改变文字的大小。

步骤 03 将文字设置为“退出”，并将其移至按钮中心。接着，单击“编译”和“保存”按钮。运行程序后，会发现文字已成功添加到按钮中。设置情况如图 7-29 所示。

图7-29　按钮添加文本

步骤 04 将按钮复制一份，将其向下拖动至按钮背景的上方。接着，在层级命令面板中将该按钮命名为“传送”。随后，复制一层文本，将其中的文字设置为“传送”，并将其移动至按钮中心。

步骤 05 用同样的方法，选择“传送”按钮复制一份，放入 UI 背景当中，命名为 3P。然后再复制一份放入 UI 界面当中，命名为 1P。

步骤06 将UI背景设置至合适尺寸后，将文字复制两份，内容分别修改为1P和3P，并将它们嵌入相应的按钮中。接着，设定合适的文字大小。设置情况如图7-30所示。

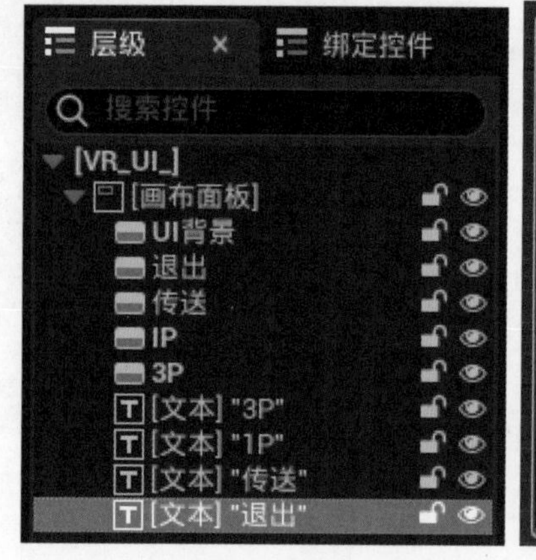

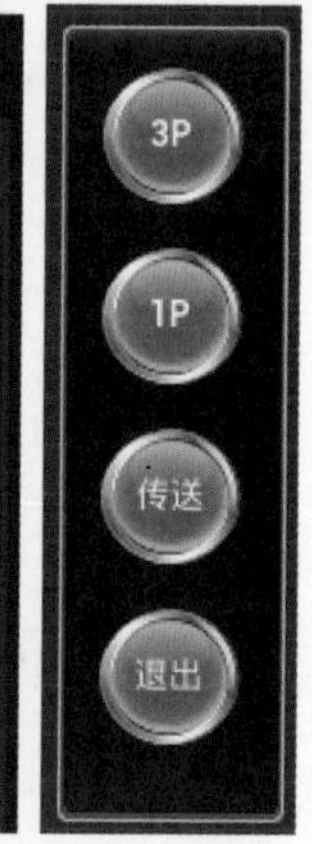

图7-30 复制按钮添加文本

7.2.5 虚拟现实UI按钮层级关系和退出功能

虚拟现实UI按钮层级关系和退出功能.mp4

在本节中，我们将进一步探讨虚拟现实UI按钮层级关系和退出功能的制作。层级关系设计是UI设计中至关重要的一个环节，它能够使界面元素呈现出更加立体和直观的效果。而退出功能则是用户在操作过程中，随时可能需要的功能，它为用户提供了便捷的退出方式。

虚拟现实UI按钮层级关系和退出功能制作的具体操作步骤如下。

步骤01 在VR_UI编辑器中，打开左侧的层级命令面板，将文本“退出”拖动至“退出”按钮中，实现二者的绑定。在细节面板“填充”卷展栏中，设定数值：“左边”为-2，“顶部”为0，“右边”为0，“底部”为-1。最后，调整文字位置，使其呈现出美观的效果。

步骤02 重复上一步骤，将“传送”、3p和1p文字与按钮进行绑定。设置文字与按钮的大小和位置关系，使其更和谐。若觉得图标间距紧凑，可单击图标并将其拖动至恰当的位置。如图7-31所示。

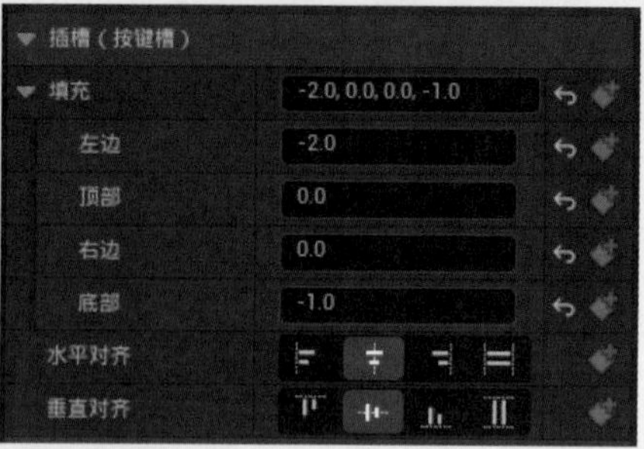

图7-31 文本与按钮绑定

步骤 03 设置 UI 背景透明度，在右侧细节面板“行为”卷展栏中将“渲染不透明度”数值设定为 0.7，从而实现背景透明度的优化。

步骤 04 单击“退出”按钮，在右侧的细节面板中展开“事件”卷展栏，单击“点击时”并创建一个节点。在事件图表视口中，选择“点击时（退出）”右侧的执行端，拖出一条线，弹出快捷菜单，搜索“退出游戏”并创建一个节点。如图 7–32 所示。

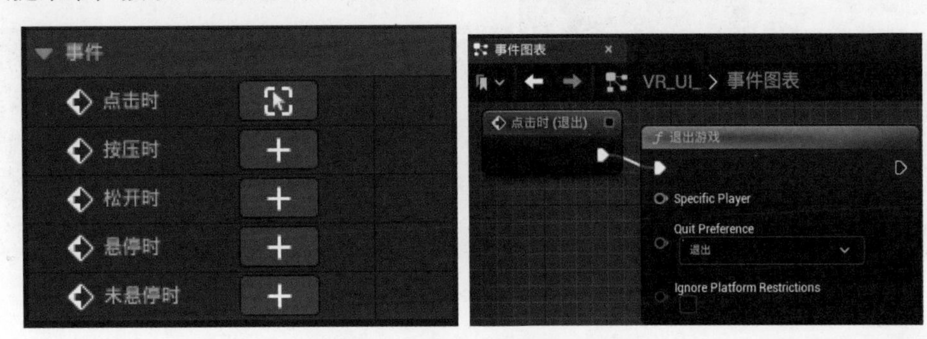

图7-32　创建“退出游戏”节点

7.2.6 虚拟现实 UI 鼠标加载到屏幕

虚拟现实UI鼠标加载到屏幕.mp4

虚幻引擎中鼠标加载到屏幕，这是一种全新的交互方式，将虚拟与现实相结合，为用户带来更为沉浸式的体验。

虚拟现实 UI 鼠标加载到屏幕功能制作的具体操作步骤如下。

步骤 01 启动 7.2.5 节中完成的 UE5 虚幻引擎工程文件，双击打开 VR_Character 角色蓝图。在事件图表视口中右击，在搜索框中输入“获取玩家控制器”并创建相应节点。

步骤 02 在“获取玩家控制器”节点右侧，单击 Return Value 并拖出一条线，随后弹出搜索快捷菜单。在搜索框内输入 Show Mouse Cursor，然后选择“获取 Show Mouse Cursor”创建 SET 节点。

步骤 03 单击“添加到视口”节点右侧的输出端，将其连接至先前创建的 SET，同时选中“显示鼠标光标”复选框。

步骤 04 单击▶（运行）按钮，即可在关卡视口中预览鼠标加载至屏幕的动态效果，如图 7–33 所示。

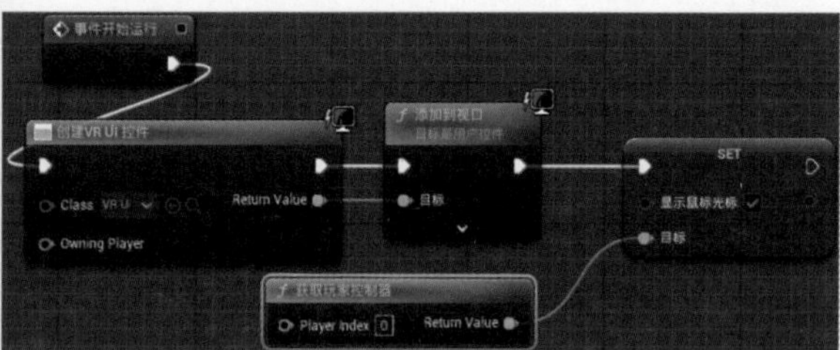

图7-33　鼠标加载到屏幕

7.2.7 虚拟现实 UI 单击显示与隐藏

虚拟现实UI单击显示与隐藏.mp4

在 7.2.6 节中，我们完成了鼠标加载到屏幕的制作。接下来，我们将进行虚拟现实 UI 界面单击按钮后显示与隐藏界面元素的制作。这是实现用户交互的关键环节，通过这个功能，用户将能够根据需要显示或隐藏特定的界面元素。

当用户单击按钮时，相应的 UI 元素将根据连接的蓝图节点显示或隐藏。为了实现更复杂的功能，我们可以添加更多的交互节点和逻辑，以满足游戏或应用的需求。

在虚幻引擎中制作 UI 界面按钮单击显示与隐藏功能是一个简单且直观的过程。通过使用交互蓝图和适当的节点，我们可以轻松实现用户与游戏或应用的交互，提升用户体验。

虚拟现实 UI 单击显示与隐藏功能的具体制作步骤如下。

步骤 01 在 VR_UI 编辑器中，打开左侧的层级命令面板，选取“传送”按钮，复制一份并将其移动至右侧，将其重新命名为“过道”，再次单击“过道”按钮，复制一份并向右移动，更名为“休息区”。最后，对文字大小进行适当的调整。

步骤 02 重复上面操作，复制一份“休息区”按钮并向右移动，更名为“动捕房”，设置字间距及其他文字效果，使按钮外观更具美感。设置情况如图 7-34 所示。

步骤 03 在左侧层级面板中，选取“传送”按钮，接着在右侧细节面板中展开“事件”卷展栏，单击“点击时”并创建一个“点击时（传送）”节点。

步骤 04 在“变量”卷展栏中，将“过道”“动捕房”和“休息区”这三个元素从左侧拖入视口创建节点。接着，在“休息区”节点上拖出一条连接线，在弹出的快捷菜单中搜索“设置可视性”并创建一个相应节点。然后，复制一个“设置可视性”节点，并在其下拉列表中选择“隐藏”选项，将其连接到“休息区”节点。这样一来，便完成了对该区域的可视性设置。

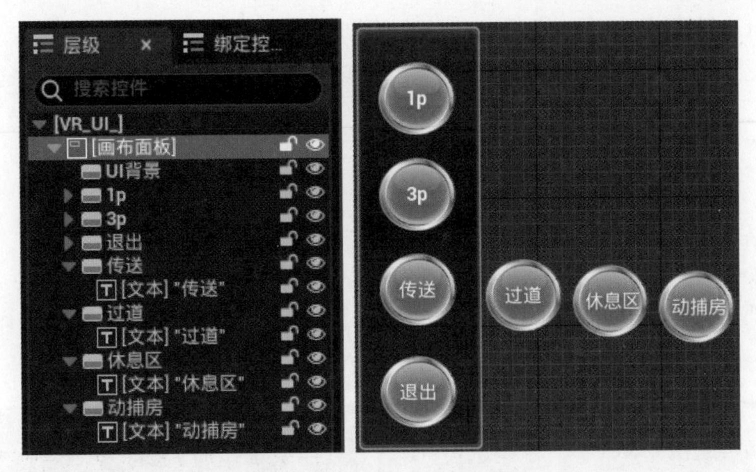

图7-34　添加子层级按钮

步骤 05 在事件图表视口中创建一个 Flip Flop 节点，将其左侧与“点击时（传送）”节点相连，右侧则将 A 端接入“设置可视性”的“可视”节点，将 B 端连接到“设置可视性”的“隐藏”节点。最后单击“编译”与“保存”按钮。设置情况如图 7–35 所示。

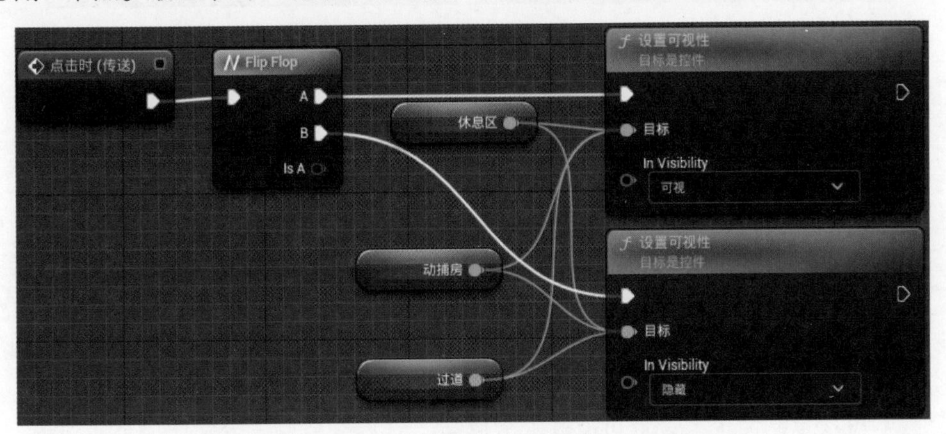

图7-35　“过道”“动捕房”“休息区”设置可视性

7.2.8 虚拟现实 UI 按顺序显示与隐藏

虚拟现实UI按顺序显示与隐藏.mp4

在 7.2.7 节中，我们完成了单击按钮后显示与隐藏界面元素的功能。接下来，我们将进行虚拟现实 UI 界面单击按钮后按顺序显示与隐藏界面元素的制作。这是为了让玩家在游戏过程中，能够逐步解锁内容，增加游戏的趣味性和挑战性。

在虚拟现实 UI 界面中，单击按钮后按顺序显示与隐藏界面元素的功能，不仅可以提高游戏的趣味性，还可以让玩家更好地了解游戏的世界观和故事情节。在下面的内容中，我们将进一步探讨如何在虚幻引擎中实现更复杂的 UI 交互效果，为玩家带来更加丰富的游戏体验。

虚拟现实 UI 按顺序显示与隐藏功能的具体制作步骤如下。

步骤 01 在 VR_UI 编辑器中，依次在设计器视口中选取“过道”“休息区”和“动捕房”三个按钮，接着在右侧细节面板的“行为”卷展栏中的“可视性”下拉列表中，选择“隐藏”选项。

步骤 02 启动设计器画布视口，在控制板面板中打开“通用”卷展栏。从中选取按钮元素，并将其拖入画布，命名为“过渡横条”，随后设置按钮的大小和位置。

步骤 03 将“过渡横条”选中，其颜色设置为蓝色。在右侧细节面板的“行为”卷展栏中，找到“可视性”下拉列表，选择“隐藏”选项，将“渲染不透明度”设置为 0.6，使画面效果更加细腻。设置情况如图 7-36 所示。

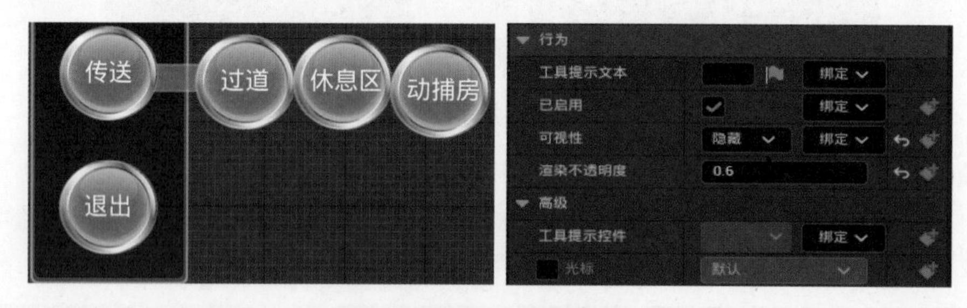

图7-36 添加“过渡横条”

步骤 04 在 VR_UI 编辑器中，将“过渡横条”从“变量”卷展栏中拖入事件图表视口。接着，断开“休息区”“动捕房”与“设置可视性”节点间的连接。然后，复制一个“设置可视性”节点，并将其拖动到目标位置，使其与“休息区”建立连接。

步骤 05 接下来，再复制一个“设置可视性”节点，并将其与“动捕房”进行连接。然后，将“过渡横条”连接到第一个“设置可视性”节点，最后将这三个“设置可视性”节点相互连接。

步骤 06 在首个“设置可视性”节点之后，添加“延迟”节点，并将时间设为 0.06 秒。接着，复制一份“延迟”节点，将其连接至第二个与第三个“设置可视性”节点中间。如此一来，可视化效果将呈现出流畅的过渡。

步骤 07 再次复制两个“设置可视性”节点与“延迟”节点，分别连接至“过道”“休息区”“动捕房”和“过渡横条”节点。将“设置可视性”节点的 In Visibility 参数设定为“隐藏”，以优化显示效果。设置情况如图 7-37 所示。

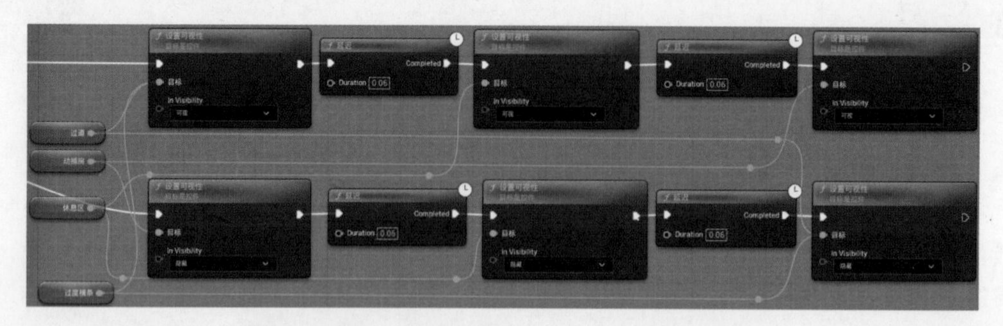

图7-37 添加“设置可视性”节点与“延迟”节点

步骤 08 单击蓝色线条，可以在其上添加点，这将有助于更有效地整理画布。随后，单击“编译”与“保存”按钮，即可预览效果。

7.2.9 虚拟现实 UI 单击自动回收

虚拟现实UI单击自动回收.mp4

在 7.2.8 节中，我们完成了单击按钮后按顺序显示与隐藏界面元素的制作。接下来，我们将进行虚拟现实 UI 界面单击按钮后自动回收界面元素的制作。当我们单击按钮时，UI 元素将根据动画和蓝图的设定自动回收。通过设置变量和蓝图节点，可以实现不同风格的回收效果。此外，还可以根据项目需求，为其他 UI 元素添加类似的自动回收功能。

虚拟现实 UI 单击自动回收功能的具体制作步骤如下。

步骤 01 在 VR_UI 编辑器中，首先在“变量”卷展栏中创建一个名为“UI 打开”的变量。接着，将此变量分三次拖动至事件图表视口中，其中一次选择“获取”操作，其余两次选择“设置”操作。

步骤 02 在事件图表视图口中右击，在弹出的快捷菜单中搜索“自定义事件”并添加节点，将其命名为“点击关闭”。

步骤 03 将“UI 打开”的变量节点 SET 分别连接到“设置可视性”的“隐藏”和“可视”节点，同时将“点击关闭”变量接入“UI 打开”节点。这样一来，系统便会根据不同的需求，自动调整界面的可见性，从而实现个性化定制。

步骤 04 在事件图表视口中，搜索并添加两个“分支”节点，然后将 SET 分别连接到这两个节点上。

步骤 05 连接两个“分支”节点与两个变量，将“分支”节点的“真”与变量的“隐藏”相连，将分支的 False 与变量的“可视”相接，如图 7–38 所示。

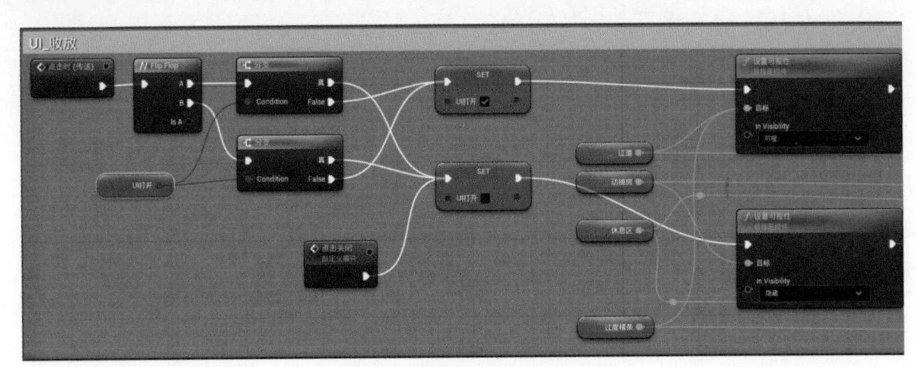

图7-38 设置变量节点

步骤 06 在关卡视口菜单栏中选择“编辑”→“项目设置”命令，打开“项目设置”窗口。在“项目设置”窗口左侧，单击“输入”按钮，添加一个新操作映射。在下拉菜单中，选择“鼠标左键”，并将其命名为“点击左键关闭”。

步骤 07 在 VR_Character 角色蓝图中，创建“创建 VR UI 控件”节点，接着单击

Return Value 并拖出一条线，在弹出的快捷菜单中选择一个变量，将其命名为“VR UI 变量”。然后，将“创建 VR UI 控件”与“添加到视口”节点进行连接。

步骤 08 将“VR UI 变量”拖动至事件图表视口中，接着在变量端口向外拖出一条线，以此新建两个节点，分别命名为“UI 打开”与“点击关闭”。

步骤 09 在事件图表视口中，右击新建一个“分支”节点，然后将该“分支”节点的右侧与“点击关闭”节点连接，左侧与“UI 打开”节点和“输入操作点击左键关闭”节点相连。此时，单击自动回收功能已成功设置，可以进行预览测试。设置情况如图 7-39 所示。

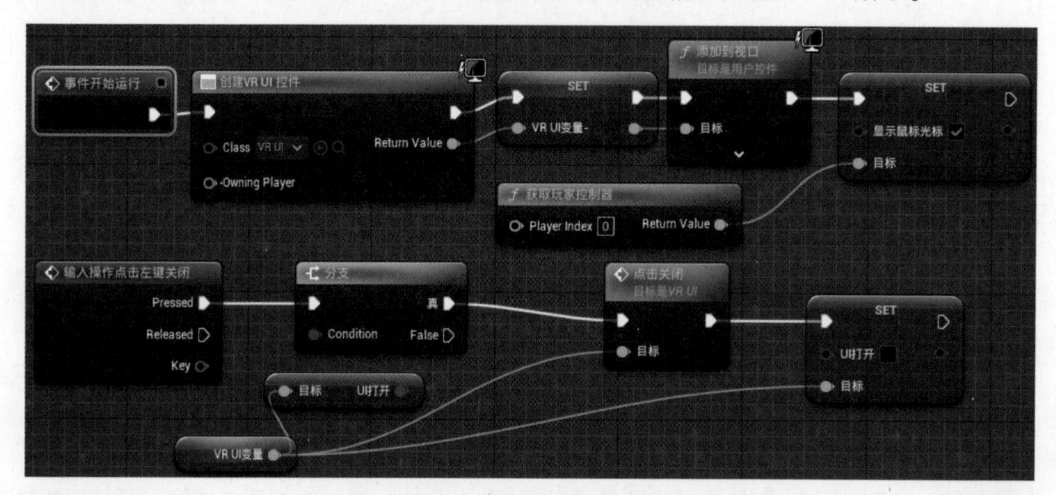

图7-39 单击自动回收功能蓝图节点设置情况

7.2.10 虚拟现实 UI 单击传送

虚拟现实UI
单击传送.mp4

在 7.2.9 节中，我们实现了在虚幻引擎中单击按钮后自动回收界面元素的功能。接下来，我们将进行虚拟现实 UI 界面单击按钮后传送功能的制作。

传送功能是游戏项目中非常实用的功能，它可以使玩家在游戏中快速到达特定位置，提高游戏体验。在实际游戏开发中，可以根据需求对传送功能进行扩展，例如设置传送动画、传送目的地等。这将有助于提高游戏的可玩性和玩家体验。

虚拟现实 UI 单击传送功能的具体制作步骤如下。

步骤 01 在虚幻引擎中打开关卡视口，单击工具栏中的 （创建）按钮，在弹出的下拉菜单中选择“所有类”→“目标点”命令，于视口中生成目标点，并将其放置在合适的空间位置。

步骤 02 在 VR_UI 编辑器中，单击“过道”按钮，接着在右侧的细节面板中展开“事件”卷展栏，然后单击“点击时”并创建一个节点。在事件图表视口中，选取“点击时（过道）”右侧的输出端，拖出一条线，弹出快捷菜单，输入“设置 Actor 位置”并进行搜索，最后创建一个节点。

步骤 03 在事件图表视口中，右击并在弹出的快捷菜单中选择命令创建一个“获取玩家 pawn”节点，接着创建一个“设置 Actor 位置”节点，并将这两个节点相互连接。同时，确保“目标点”的 X、Y、Z 位置数值与“设置 Actor 位置”的 XYZ 位置数值保持一致。

步骤 04 在事件图表视口中，右击并在弹出的快捷菜单中选择命令创建“获取玩家控制器”和“创建旋转体”节点。接着，从“设置 Actor 位置”节点拖出一条线，新建一个“设置控制旋转”节点。最后，将“获取玩家控制器”和“创建旋转体”节点连接到“设置控制旋转”节点，并将“创建旋转体”中的 Z 方向数值设置为 90°，从而实现旋转控制，如图 7–40 所示。

图7-40　设置“过道”传送位置

步骤 05 在创建的“所有类”中，执行相似的操作步骤，选择“目标点”选项，接着创建两个目标点，分别用作“休息区”和“动捕房”的传送位置。请确保将创建的目标点放置在相应的空间位置上。

步骤 06 复制“过道”传送的蓝图节点两份，分别与“休息区”和“动捕房”按钮的“单击时（休息区）”和“单击时（动捕房）”执行节点相连。同时，确保“设置 Actor 位置”的 X、Y、Z 数值与“目标点”的 X、Y、Z 位置数值一致，如图 7–41 所示。

图7-41　设置“休息区”“动捕房”传送位置

7.2.11 虚拟现实 UI 界面显示与隐藏

虚拟现实UI
界面显示与
隐藏.mp4

在本节中，我们将进一步探讨虚幻引擎中 UI 界面显示与隐藏功能的制作。UI 界面在游戏开发中起着至关重要的作用，它能够为玩家提供游戏状态、任务信息以及交互操作等重要指引。为了实现这一功能，我们需要掌握虚幻引擎中的 UI 系统，并了解如何运用显示与隐藏技巧来提升游戏体验。

在虚幻引擎中制作 UI 界面显示与隐藏功能是一个相对简单的过程。通过蓝图系统，我们可以快速搭建和设置游戏逻辑，为玩家带来更好的游戏体验。在接下来的教程中，我们将进一步探讨虚幻引擎中 UI 界面的显示与隐藏功能，为游戏开发打下坚实的基础。

虚拟现实 UI 界面显示与隐藏功能的具体制作步骤如下。

步骤 01 在 VR_UI 编辑器中，首先在层级命令面板中选取 VR_UI，接着在细节面板的“行为”卷展栏中，将“可视性”设置为“隐藏”，这样一来，关卡视口中的控制按钮便会被取消显示。

步骤 02 在 VR_Character 角色蓝图中，设置一个控件以实现显示与隐藏的控制。在事件图表视口处，创建一个“任意键”事件，并在细节面板中添加一个名为 Y 的控件。接着，将“VR UI 变量”拖入视口，选择“获取变量”操作。

步骤 03 在事件图表视口中，右击搜索并添加一个名为“设置可视性”的节点，然后将“VR UI 变量”与“设置可视性”连接。

步骤 04 复制一个“设置可视性”节点，将 In Visibility 属性设置为“隐藏”，接着将“VR UI 变量”与目标节点进行连接，从而实现隐藏目标元素的功能。

步骤 05 在事件图表视口中，右击空白处，在弹出的快捷菜单中选择“任意键”节点并创建。接着，在其右侧的三角端向外拖动，搜索并选中 Flip Flop，创建一个新的开关。成功创建开关后，将看到两个新的功能接口，分别为 A 和 B。其中，A 端与“可视”功能相连，B 端与“隐藏”功能相连。最后，依次单击“编译”和“保存”按钮，即可完成设置。如图 7-42 所示。

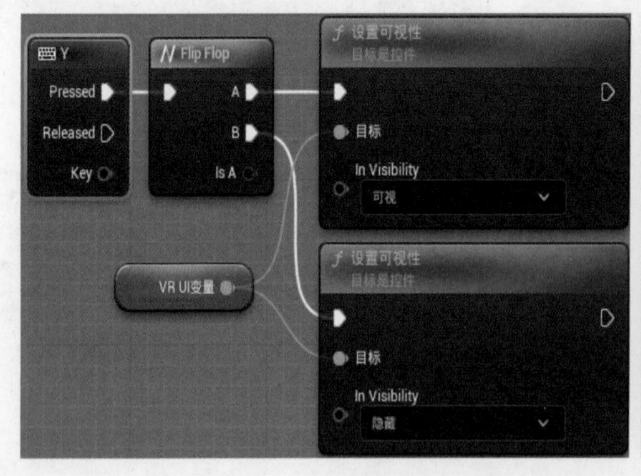

图7-42 设置UI界面显示与隐藏

7.3 习　　题

1. 请简述关卡序列剪辑系统的作用和基本功能。
2. 如何在虚幻引擎中创建一个新的关卡序列?
3. 如何为关卡序列中的动画创建关键帧?
4. 如何在虚拟现实环境中创建一个简洁明了的 UI ?
5. 请描述在虚拟现实 UI 设计中，如何为按钮等交互元素添加适当的反馈。

第 8 章

VR 虚拟现实项目应用

VR 虚拟现实项目应用在当今社会已经变得越来越普及，其在各个领域的应用也日益广泛。从教育、医疗到娱乐、旅游等，VR 技术都在改变着我们的传统生活方式。接下来，让我们一起来探讨 VR 虚拟现实项目在多个领域的应用前景。

教育领域是 VR 技术的重要应用领域之一。通过 VR 设备，学生可以身临其境地体验不同的历史时期和地理环境，从而提高学习兴趣和效果。此外，VR 技术还可以应用于职业培训，帮助学员在虚拟环境中掌握各种技能，降低实际操作中的风险。

医疗领域也是 VR 技术的重要应用市场。医生可以利用 VR 技术进行手术模拟训练，提高手术技能和安全水平。同时，VR 技术还可以用于康复治疗，帮助患者在虚拟环境中进行康复训练，提高康复效果。

娱乐领域是 VR 技术应用的一大亮点。虚拟现实游戏、电影和音乐会等娱乐项目可以让观众体验到更加真实、沉浸式的感受，从而提高娱乐效果。此外，VR 技术还可以应用于虚拟旅游，让游客在家就能体验到世界各地的美景，满足探险欲望。

VR 技术在家居、设计等领域也具有广泛的应用前景。通过 VR 设备，用户可以提前预览家居装修效果，节省装修成本。而在建筑设计领域，VR 技术可以帮助设计师更好地展示建筑方案，提高沟通效率。

VR 技术还在社交、商业等领域发挥着重要作用。通过 VR 设备，人们可以实现面对面式的在线交流，提高沟通质量。而在商业领域，VR 技术可以应用于产品展示、虚拟购物等场景，提高用户体验，促进销售。

总之，VR 虚拟现实项目在各个领域的应用潜力巨大，有望为我们的生活带来更多便利和惊喜。随着技术的不断发展和成本的降低，VR 技术的应用将更加广泛，让我们拭目以待。

8.1 游戏平台安装与配置

1. 安装虚幻引擎游戏平台

❶ 计算机满足虚幻引擎系统的要求。根据官方文档，需要安装 Windows 10 或更高版本（64 位）的操作系统，并具备 8 GB 以上的内存。此外，NVIDIA GeForce GTX 1080 或 AMD RX 5700XT 等同等性能及以上的显卡也是必需的。

❷ 访问虚幻引擎官方网站，下载对应版本的引擎。当前版本为虚幻引擎 5，可以根据需求选择免费版或旗舰版。下载完成后，双击安装包，按照提示完成安装。

❸ 安装过程中，需要输入邮箱地址进行注册。完成后，将收到一封确认邮件，在邮件中找到激活码并激活账户。

2. 配置虚幻引擎游戏平台

❶ 打开虚幻引擎，进入编辑器。在这里可以创建、编辑和管理游戏项目。首次打开时，引擎会提示创建一个新项目。可以根据提示设置项目的名称、位置、模板等参数。

❷ 在项目创建完成后，需要配置游戏的运行参数。选择编辑器顶部的“文件”→“项目设置”菜单命令。在这里，可以设置游戏的窗口大小、分辨率、帧率等参数。

❸ 为了让游戏在各种设备上流畅运行，建议在“目标平台”中选择相应的设备类型，如 PC、移动设备等。接着，根据目标设备的性能需求，调整游戏的图形设置、音频设置等。

❹ 配置完成后，单击编辑器左上角的▶（运行）按钮，启动游戏。在游戏运行过程中，可以查看游戏的表现，并根据需要继续调整设置。

3. 进一步学习与交流

❶ 为了更好地掌握虚幻引擎，可以通过官方文档、教程、社区论坛等途径学习。虚幻引擎官方网站提供了丰富的学习资源，从入门到进阶，满足不同层次用户的需求。

❷ 加入虚幻引擎的官方社区和微信、QQ 群等社交平台，与其他开发者交流经验、分享心得，有助于提高开发技能。

总之，虚幻引擎游戏平台是一款功能强大的游戏开发工具。通过本文的介绍，读者应该对虚幻引擎的安装与配置有了基本的了解。接下来，读者可以进一步学习虚幻引擎的相关知识，发挥自己的创意，打造属于自己的 VR 虚拟现实作品。

8.1.1 虚拟现实技术概述

虚拟现实（VR）技术是一种可以让人类沉浸在计算机生成的三维世界中的技术。它通过特定的设备，如头戴式显示器、手套和定位系统等，让人们体验到身临其境的感觉。随着科技的不断发展，VR 技术已经从游戏领域拓展到了教育、医疗、房地产、旅游等多个领域。

在教育领域，VR 技术可以帮助学生更加深入地理解复杂的概念和过程。例如，通过

VR 技术，学生可以进入虚拟的博物馆、历史遗迹或者科学实验场景，亲身体验和学习相关知识。此外，VR 技术还可以用于模拟实际场景，如外科手术、飞行员培训等，使学生在安全的环境中进行实践和训练。

在医疗领域，VR 技术可以用于治疗恐惧症、创伤后应激障碍（PTSD）等。通过让患者在虚拟环境中面对和应对恐惧源或创伤事件，医生可以帮助患者逐渐适应并克服恐惧或创伤。此外，VR 技术还可以用于远程医疗咨询和手术指导，使患者和医生之间实现更加高效的沟通和治疗。

在房地产领域，VR 技术可以用于房屋设计和展示。通过 VR，开发商和设计师可以提前展示房屋的各种装修风格和家具布置，让客户在购房前就能直观地感受到居住效果。此外，VR 技术还可以用于虚拟看房，方便购房者在线浏览和选择心仪的房源。

在旅游领域，VR 技术可以为游客提供虚拟的旅行体验。通过 VR，游客可以在不出门的情况下领略世界各地的美景和文化，提前了解目的地，为实际旅行做好规划。

在未来，随着 VR 技术的不断发展和完善，我们可以期待更多创新的应用和场景。结合人工智能技术，VR 有望成为一种改变人类生活方式的重要工具。在人工智能的助力下，VR 技术将更好地为各行业提供解决方案，推动社会进步和发展。

总之，VR 虚拟现实技术正逐渐改变着我们的生活，为各个领域带来前所未有的机遇。它不仅让我们体验到了更加丰富和多样的虚拟世界，还为我们提供了一个创造和探索的新世界。随着科技的不断进步，VR 技术将继续拓展我们的视野，引领未来世界的发展。

8.1.2 游戏平台 Steam 的获取与安装

游戏平台 Steam 的获取与安装.mp4

游戏平台 Steam 是一款广泛使用的游戏分发平台，深受全球玩家喜爱。在我国，许多玩家也开始使用 Steam 来获取和安装游戏。

游戏平台 Steam 获取与安装的具体操作步骤如下。

步骤 01 访问 Steam 官方网站（https://store.steampowered.com/）或通过百度搜索“steam 官方下载”，亦可于 360 软件管家搜索并下载 Steam Setup 安装程序。

步骤 02 双击 Steam Setup 安装程序，弹出“Steam 安装”对话框，单击“下一步”按钮，紧接着在下一步对话框中选择“简体中文”作为 Steam 使用的语言。随后，指定安装保存路径，连续单击“下一步”按钮，直至安装程序完成，如图 8-1 所示。

步骤 03 在计算机桌面底部双击打开 Steam 游戏平台，完成平台更新。在 Steam 弹出的登录对话框内，输入账户名称和密码。在此页面，可以利用已有的 Steam 账号登录，亦可选择创建一个新的账号。

步骤 04 在计算机桌面底部的任务栏中右击 Steam 图标，在弹出的下拉菜单中单击 SteamVR 命令。随后，开始安装 SteamVR 程序，待安装更新完成后，便可双击桌面上的 SteamVR 图标启动程序，如图 8-2 所示。

图8-1　Steam平台下载安装

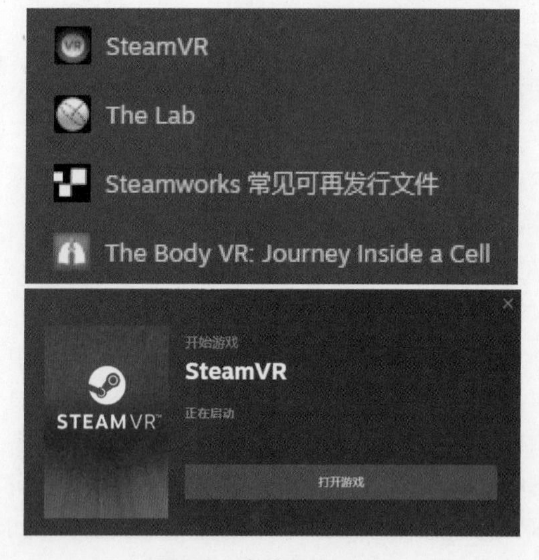

图8-2　安装SteamVR

步骤 05 登录后，将进入 Steam 的主页面。在这里，可以浏览各种游戏分类，包括动作、冒险、策略、角色扮演等。找到感兴趣的游戏后，单击游戏封面，进入游戏详情页面。在此页面，可以查看游戏的介绍、截图、评价等信息。

步骤 06 当决定购买游戏时，请单击页面上的“添加至购物车”按钮。接下来，需要确认购买信息。在弹出的窗口中，输入付款方式（如支付宝、微信支付等），并确保地址信息准确无误。确认无误后，单击“继续”按钮，完成付款。付款成功后，游戏将自动下载到计算机。在下载过程中，可以查看游戏的下载进度。当游戏下载完毕后，可以在 Steam 客户端中找到已下载的游戏，单击“安装”按钮，开始安装。

步骤 07 安装之前，请确保计算机满足游戏的系统要求。例如，如果您正在安装一款需要较高配置的游戏，请确保拥有足够的内存、硬盘空间以及显卡性能。安装完成后，可以在 Steam 客户端中找到已安装的游戏，单击“启动”按钮，开始游戏。此外，Steam 还提供了云存储功能，可以将游戏存档保存在云端，避免因电脑损坏或重装系统而丢失存档。如图 8-3 所示。

图8-3　打开Steam游戏平台

8.1.3 虚拟现实房间站立模式的设置

虚拟现实房间站立模式的设置.mp4

Steam VR 房间设置一直是 VR 玩家们的关注焦点，因为它不仅关乎 VR 游戏的顺畅体验，还影响着玩家之间的交流与互动。在这个平台上，玩家可以自由设置个人信息、游戏偏好以及 VR 房间的布局和参数，打造出属于自己的独特空间。接下来，我们将详细介绍如何在 Steam 中进行房间设置，以打造一个舒适的游戏环境。

SteamVR 房间站立模式设置的具体操作步骤如下。

步骤 01 在计算机桌面底部的任务栏右侧，右击 SteamVR 图标，然后在弹出的下拉菜单中选择“房间设置”命令。请确保 HTC 硬件设备已正确安装，以便顺利使用。

步骤 02 在“欢迎来到房间设置”界面中，选择“仅站立”模式，然后进入“建立定位”界面，接着单击“下一步”按钮。紧接着，在出现的“校准您的空间”界面中，单击“校准中心点”按钮。

步骤 03 在“定位地面”界面，先单击“校准地面”按钮，接着单击“下一步”按钮，即可完成设置，如图 8-4 所示。

图8-4 房间站立模式的设置

8.1.4 虚拟现实房间规模模式的设置

虚拟现实房间规模模式的设置.mp4

SteamVR 房间规模模式设置是一项重要的技术，它为虚拟现实游戏体验带来了无限可能。通过设置房间规模，玩家可以充分利用空间，享受到更加逼真的游戏世界。接下来，我们将详细介绍如何设置 SteamVR 房间规模模式。

SteamVR 房间规模模式设置的具体操作步骤如下。

步骤 01 在电脑桌面底部的任务栏右侧，右击 SteamVR 应用程序，然后在弹出的下拉菜单中选择“房间设置”。请确保 HTC 硬件设备已正确安装，以便顺利使用。

步骤 02 在“欢迎来到房间设置”界面中，选择“房间规模”模式，然后进入“腾出一点空间”界面，接着单击“下一步”按钮。紧接着，在出现的“建立定位”界面中，单击“下一步”按钮。

步骤 03 在“设定显示器位置”界面，执行“拖动并按住扳机”的操作，然后单击“下一步”按钮。接下来，在“校准地面”界面，将手柄置于地面，单击“校准地面”按钮，然后单击“下一步”按钮。紧接着，在出现的“测量空间”界面中，继续单击“下一步”按钮。

步骤04 在“绘出您的行动空间”界面，握紧手柄，扣动扳机，精确绘制房间规模。完成设置后，松开扳机，紧接着单击“下一步”按钮。随后，在“设置您的游戏范围”界面，再次单击“下一步”按钮，即可顺利完成房间规模的设定。设置情况及效果如图 8-5 所示。

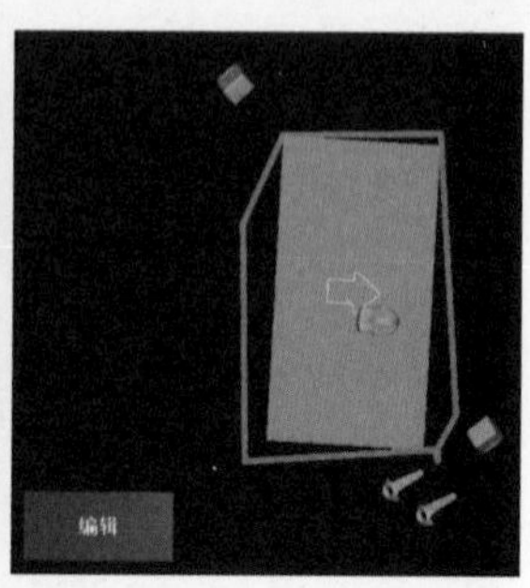

图8-5 房间规模模式设置

8.2 虚拟现实HTC交互体验的应用

自从 HTC Vive 面世以来，它便成为了虚拟现实（VR）领域的翘楚。这款由 HTC 推出的虚拟现实设备，凭借其精湛的工艺设计和卓越的硬件性能，赢得了全球消费者的喜爱。在众多科技创新中，HTC Vive 为用户带来了前所未有的沉浸式体验，让人类步入了一个全新的虚拟世界。

HTC Vive 在硬件方面表现得相当出色。它配备了高清显示屏，为用户提供了极致的视觉体验。同时，其独特的定位系统使得虚拟现实世界中的动作捕捉更加精确，让用户感受到身临其境的交互。此外，Vive 的耳机和手柄设计也相当人性化，为用户提供了一流的舒适度。

软件方面，HTC Vive 同样表现出色。它搭载了丰富的应用和游戏，涵盖了教育、医疗、娱乐等多个领域。用户可以在虚拟世界中学习新技能、探索未知领域，甚至可以与全球各地的朋友一起互动。随着虚拟现实技术的不断发展，HTC Vive 的软件生态也在不断完善，为用户带来更多优质内容。

值得一提的是，HTC Vive 还积极投身于行业合作，与众多企业携手共创虚拟现实产业的未来。通过与全球各大院校、研究机构以及产业链上下游企业合作，HTC Vive 不断推动虚拟现实技术的创新和应用，让人类更好地拥抱虚拟现实的美好未来。

总之，HTC Vive 作为一款领先的虚拟现实设备，不仅在硬件和软件方面具有卓越表现，还为用户带来了前所未有的沉浸式体验。随着虚拟现实技术的不断发展，我们有理由相信，HTC Vive 将继续引领行业潮流，开创人类通往虚拟现实的崭新纪元。

8.2.1 创建 VR 场景使用 HTC 头盔手柄传送

创建VR场景使用HTC头盔手柄传送.mp4

在过去的一段时间里，虚拟现实（VR）技术取得了巨大的进步，头盔设备也变得越来越受欢迎。其中，HTC 头盔凭借其出色的性能和便捷的操作赢得了众多消费者的青睐。接下来，将为大家详细介绍如何操作 HTC 头盔，以便能更好地享受虚拟现实带来的无尽乐趣。

虚幻引擎创建 VR 场景使用 HTC 头盔手柄传送的具体操作步骤如下。

步骤 01 在计算机桌面双击图标启动 UE5 虚幻引擎，即可进入“虚幻项目浏览器”界面。在此界面中，选择左侧菜单栏中的“游戏”模式，接着挑选“虚拟现实”体验模板。在“项目位置”处设定存储位置，并在“项目名称”栏输入项目名称，即可顺利完成项目创建。相关界面如图 8-6 所示。

图8-6 创建虚拟现实工程模板

步骤 02 启动虚幻引擎，连接计算机或游戏机，并确保其兼容 HTC 头盔。在工具栏中单击“修改游戏模式和游戏设置”按钮，在弹出的下拉菜单中选择“VR 预览”命令。按照提示调整头盔，如校准传感器和调整画面亮度等。

步骤 03 借助头盔和手柄控制，用户可轻松实现场景切换、菜单操作等。手柄控制器上的按钮使用户与环境进行互动和选择等操作变得便捷。如需进行精确操作，仅需借助附带的定位球或键盘鼠标，便可游刃有余地掌控各项功能。

步骤 04 进入虚拟现实的空间，尽情体验各类应用、游戏和景观。借助头盔配备的摄像头与麦克风，用户可与虚拟世界展开互动。设置情况及效果如图 8-7 所示。

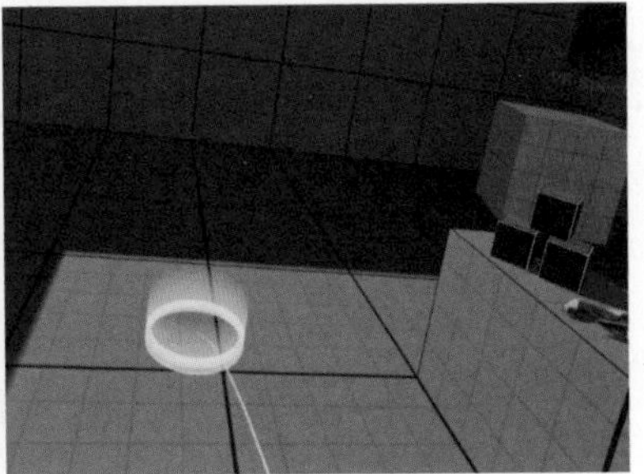

图8-7 创建虚拟现实场景

8.2.2 虚拟现实场景地面传送范围的设置

虚拟现实场景地面传送范围的设置.mp4

虚拟现实场景地面的传送范围设置是提高虚拟现实体验的关键环节。通过合理的传送范围设置，可以增强虚拟现实场景的真实感和沉浸感，为用户提供更加自然的虚拟现实体验。在实际应用中，设计师需根据场景特点、用户需求和行为等因素，灵活调整传送范围，实现更好的虚拟现实体验。

在未来的虚拟现实技术发展中，传送范围设置将更加智能化和个性化，为用户提供更加丰富和多样的虚拟现实体验。随着技术的不断进步，我们相信虚拟现实场景地面传送范围设置将更好地满足用户的需求，引领虚拟现实体验的新篇章。本文将探讨虚拟现实场景地面传送范围设置的方法和技巧，以实现更自然的虚拟现实体验。

虚拟现实场景地面传送范围的具体设置步骤如下。

步骤 01 打开 8.2.1 节完成的虚幻引擎虚拟现实场景文件，于关卡视口中选定墙体、枪械、球体、文字、火堆以及长方体道具等静态网格体模型，按键盘上的 Delete 键，将它们依次删除，仅保留地面。

步骤 02 删除场景中的物体后，地面呈现黑色，需要为地面添加灯光。在 UE5 的菜单栏中，选择“构建”→“构建灯光”菜单命令，对整个场景进行灯光构建。完成灯光构建后，地面将恢复正常显示。

步骤 03 在缩放地面时，设置 X 方向值为 35，Y 方向值为 25，确保 NavMesh Bounds Volume 的大小与地面尺寸吻合。完成设置后，单击工具栏中的“修改游戏模式和游戏设置”按钮，在下拉菜单中选择“VR 预览”命令以进行预览。效果如图 8-8 所示。

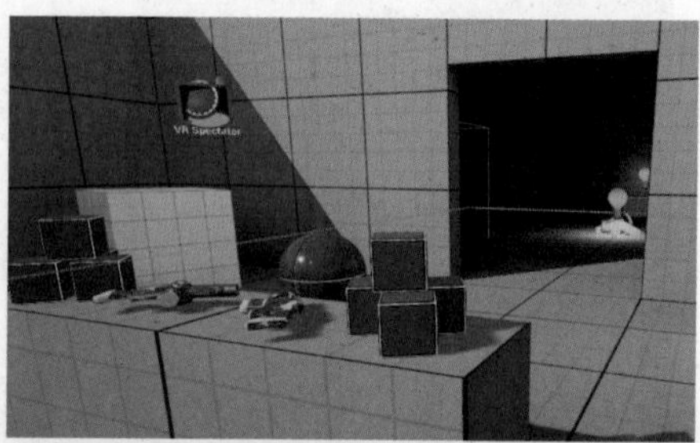

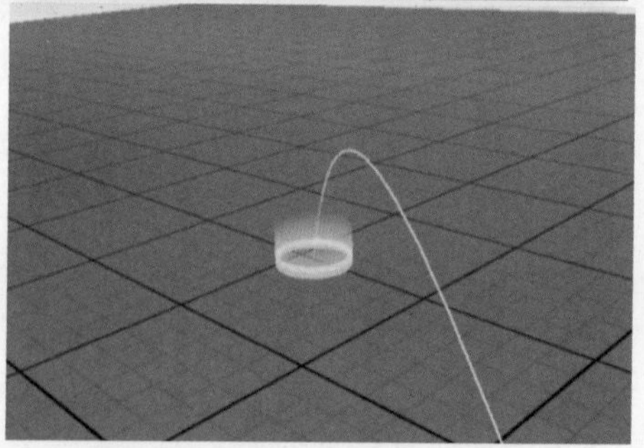

图8-8 场景地面传送范围设置

8.2.3 虚拟现实场景的关卡迁移

虚拟现实场景的关卡迁移.mp4

虚拟现实场景关卡迁移是一个非常复杂的过程，需要对引擎内部的各种资源进行细致的梳理和整合。在这个过程中，我们需要关注的核心问题包括场景数据的导入导出、关卡设计的优化以及引擎性能的提升等。

场景数据的导入导出是关卡迁移的基础。为了确保数据的准确性和完整性，我们需要对原有的场景文件进行细致的分析和处理。这包括对场景中各种对象（如地形、建筑、角色等）的位置、属性以及相互关系进行梳理。同时，我们还需要考虑如何将这部分数据迁移到新的场景中，以便在后续的关卡设计中得以充分利用。

关卡设计是场景迁移中的一个重要环节。在新的关卡设计中，我们需要根据游戏需求对场景进行合理的布局和规划。这包括地形的起伏、建筑的分布以及各种障碍物的设置等。此外，我们还需要考虑关卡中的任务流程、道具分布以及敌人设置等方面，以确保游戏的趣味性和挑战性。在这个过程中，利用虚幻引擎提供的丰富工具和系统（如蓝图、物理引擎等）将大大提高关卡设计的效率。

引擎性能的提升是场景关卡迁移中不可忽视的一环。在迁移过程中，我们需要关注虚幻引擎的各个性能指标，如帧率、内存占用等。为了达到优化性能的目的，我们可以采取多种措施，如场景的优化（减少 Draw Call、优化模型）、使用引擎提供的各种性能调试工具等。此外，还可以通过使用 NVIDIA 的 CUDA 技术或其他硬件加速方案，进一步提高引擎的性能。

总之，虚拟现实场景关卡迁移是一个涉及多个方面的复杂过程。为了确保迁移的成功，我们需要关注场景数据的导入导出、关卡设计的优化以及引擎性能的提升等方面。

虚拟现实场景关卡迁移的具体操作步骤如下。

步骤 01 打开虚拟现实交互场景文件，在内容浏览器中右击 B413 关卡，在弹出的快捷菜单中选择“资产操作”命令，在其子菜单中选择“迁移”命令。

步骤 02 在“资产报告”对话框中，单击“确定”按钮，紧接着选择 HTC 虚拟现实模板场景中的 Content 文件夹，完成迁移操作后，关闭场景即可。设置情况如图 8-9 所示。

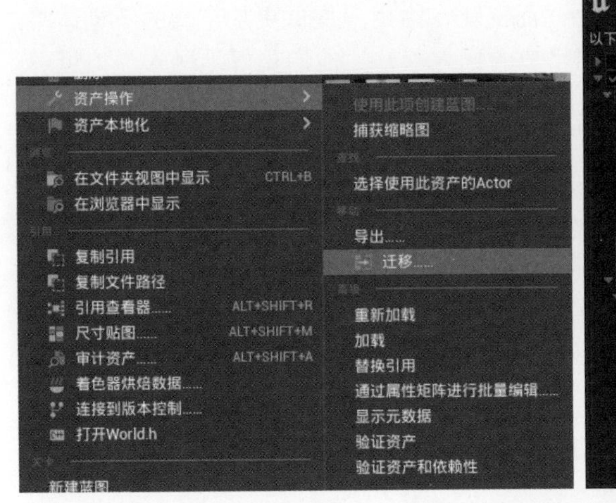

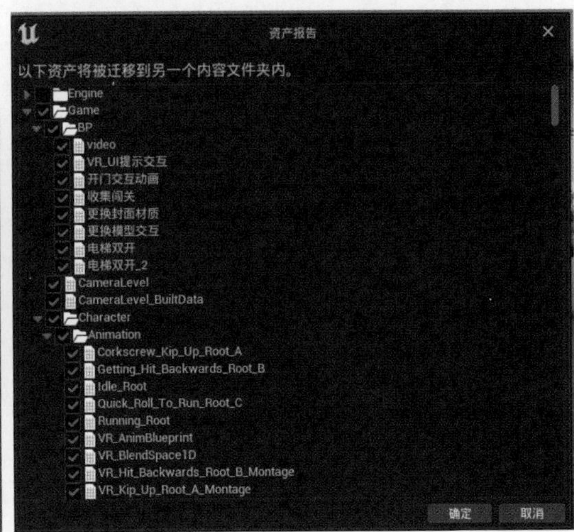

图8-9　迁移虚拟现实交互场景

步骤 03 打开 HTC 虚拟现实工程场景，在内容浏览器中的 game 文件夹中，双击启动 B413 关卡。在加载过程中，系统将自动读取并优化材质与灯光信息。

步骤 04 选择工具栏中的“修改游戏模式与游戏设置”→“VR 预览”命令，即可预览虚拟现实世界。设置情况及效果如图 8-10 所示。

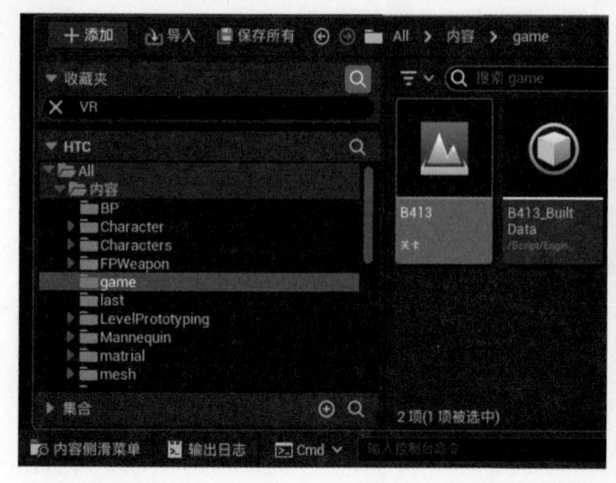

图8-10 关卡迁移后VR预览

8.2.4 虚拟现实环境音效的制作

虚拟现实环境音效的制作.mp4

在数字娱乐领域，虚幻引擎一直处于领先地位，为游戏开发者、影视制作人员和企业提供了强大的创作工具。虚幻引擎不仅具有出色的图形渲染能力，还能为用户提供丰富的音频资源，包括环境音乐和音效资源。这些音频资源可以帮助开发者创造出沉浸式的虚拟现实（VR）体验，让用户在游戏中感受到更为真实的游戏世界。

虚幻引擎中的环境音乐可以根据场景的不同而变化，为用户提供更加丰富的听觉体验。在开发 VR 游戏或应用时，环境音乐能够增强用户的代入感，让他们更好地融入虚拟世界。通过使用虚幻引擎的环境音乐功能，开发者可以轻松地为不同场景设置合适的音乐，从而提高用户的沉浸感。

除了环境音乐，虚幻引擎还提供了丰富的音效资源，包括自然声音、环境声音、人物动作声音等。这些音效可以帮助开发者创造出真实的虚拟世界，让用户在体验 VR 效果时感受到身临其境的感觉。虚幻引擎的音频编辑工具也非常强大，用户可以轻松地对音频资源进行剪辑、混合和调整，以满足不同场景的需求。

在虚拟现实体验中，音效和视觉效果的紧密结合至关重要。虚幻引擎充分利用了这一点，为开发者提供了丰富的音频资源和相关工具，以便他们打造出更具吸引力和沉浸感的 VR 世界。通过使用虚幻引擎的环境音效，开发者可以轻松地创建出令人沉浸的虚拟世界，为用户带来前所未有的体验。

随着虚拟现实技术的发展，虚幻引擎在音频和视觉效果方面的优势愈发明显。我们相信，在未来的游戏和虚拟现实领域，虚幻引擎将继续发挥重要作用，为广大开发者提供更多创作灵感。而虚幻引擎环境音乐和 VR 效果的结合，将为用户带来更加丰富和真实的体验，让虚拟世界变得更加生动和引人入胜。

虚拟现实场景环境音效制作的具体步骤如下。

步骤 01 打开 8.2.3 节中完成的资产迁移虚拟现实场景文件。在关卡视口左侧的放置 Actor 面板中，单击右侧的“所有类”按钮。在列表中，选择“环境音效”，并将它拖入关卡视口中。

步骤 02 在内容浏览器中的 mesh1 文件夹内，新建一个名为“音效”的文件夹，然后导入相应的“音效”素材。在视口中选定“环境音效”，并在细节面板的“音效”卷展栏中指定刚导入的素材文件。设置情况如图 8–11 所示。

图8-11　添加环境音效

步骤 03 在内容浏览器中的 mesh1 文件夹内，右击空白处，在弹出的快捷菜单中选择“音频→空间化→音效衰减”命令，新建一个“音效衰减”蓝图节点，并将其重命名为 VR_SoundAttenuation。接着，在视口中选择“环境音效”，然后在右侧细节面板的“衰减”卷展栏中，将 VR_SoundAttenuation 节点关联到衰减设置。

步骤 04 双击“环境音效”素材，以打开细节面板。在“音效”卷展栏中，选中“循环播放”复选框。这样一来，从而在 VR 预览过程中，音效将实现循环播放，从而营造出更加沉浸式的体验。设置情况如图 8–12 所示。

图8-12　添加音效衰减

步骤 05 双击“音效衰减”蓝图节点，即可弹出细节面板。在“衰减设置”卷展栏中，将“内半径”数值调整至 500，“衰减距离”数值设定为 1500。

步骤 06 在视口中选择环境音效，然后按住 Alt 键进行复制。接下来，在休息区、动捕机房过道以及电梯口等地点，分别放置相应的音效，并为其指定不同的音乐。

步骤 07 单击工具栏中的“修改游戏模式与游戏设置”按钮，从弹出的下拉菜单中选择“VR 预览”命令，即可预览虚拟现实世界与环境音效。效果如图 8–13 所示。

图8-13　VR预览虚拟现实世界

8.3 习　题

1. 在 UE5 中，如何使用蓝图系统创建一个简单的虚拟现实场景？请举例说明。

2. 请介绍 UE5 中常用的虚拟现实技术，如全景照片映射、球形映射等。并说明如何在项目中应用这些技术。

3. 请解释 UE5 中的位置追踪和动作捕捉技术，并阐述其在虚拟现实项目中的应用。

4. 在 UE5 中，如何实现虚拟现实场景中的物体交互？请举例说明。

5. 请阐述 UE5 在虚拟现实项目中的应用实例，如房地产展示、工业设计、医疗培训等。

参 考 文 献

[1] 何伟 .Unreal Engine 4 从入门到精通 [M]. 北京：中国铁道出版社，2018.

[2] 王晓慧，崔磊，李志斌 .Unreal Engine 虚拟现实开发 [M]. 北京：人民邮电出版社，2018.

[3] 罗丁力，张三 . 大象无形 – 虚幻引擎程序设计浅析 [M]. 北京：电子工业出版社，2017.

[4] 姚亮 . 虚幻引擎（UE4）技术基础 [M]. 2 版 . 北京：电子工业出版社，2021.

[5] 李铁，张海力，王京跃 . 动画场景设计 [M]. 3 版 . 北京：清华大学出版社，2018.

[6] 李铁，张海力，王京跃 . 动画角色设计 [M]. 3 版 . 北京：清华大学出版社，2018.

[7] 刘配团，李铁，王帆 . 三维动画建模 [M]. 3 版 . 北京：清华大学出版社，2018.

[8] 刘配团，李铁，王帆，李文杰 . 三维动画技法 [M]. 3 版 . 北京：清华大学出版社，2018.

[9] 刘配团，李铁，刘晶钰 . 三维动画特效 [M]. 3 版 . 北京：清华大学出版社，2018.